농협 이야기만 나오면 나도 목이 메인다

농협 이야기만 나오면 나도 목이 메인다

― 거꾸로 쓴 한국 농협 운동사 ―

권갑하 지음

좋은날

왜 이 책을 쓰는가

"농협 이야기만 나오면 나도 목이 메인다." 이 말은 농협 개혁을 위한 KBS 1TV '심야토론' 프로에 참여한 한 농민의 절규였습니다. 농민들은 부채로 허덕이고 있는데, 농협은 비대해져 제 역할을 하지 못하고 있다는 한 맺힌 탄식이요, 절절한 호소였습니다.

농협 이야기만 나오면 농민들은 왜 이처럼 목이 메이는 것일까요? 이 질문 앞에 저는 며칠 밤을 뜬눈으로 새워야 했습니다. 그러던 어느 날, 농민들의 이 응어리진 한(恨)은 어쩌면 농협의 한일지도 모른다는 생각이 들었습니다.

이 땅의 농민들은 질곡과 오욕으로 점철된 100년에 가까운 농업 관련 조합들의 역사와 그 삶을 함께 해오고 있습니다. 사정이야 어찌됐건 농민들은 그 파란만장한 역사를 절뚝이며 걸어온 농업 관련 협동조합의 주인이었습니다. 주인은 주인인데 주인으로서 대접을 받지도 못하고 행세도 할 수 없었으니 그 한이 오죽했겠습니까?

그러나 깊이 생각해보면 '농협 이야기만 나오면 속에서 불이 나고 목이 메이는' 농민들의 이 한은 근본적으로 이 땅의 농업, 다시 말해 갈수록 어려움만 안겨주는 이 땅의 농업과 그 정책에 뿌리가 깊이 닿아 있음을 알게 됩니다.

일제에 의해 미곡 단작 형태로 단순화되어 버린 우리 농업은 해방 후 미 잉여농산물의 폭탄 세례를 받음으로써 자립 기반을 송두리째 잃고 말았습니다. 거기에다 농업의 희생을 전제로 하는 경제개발정책과 계속된 농업 경시정책, 1980년대의 대책 없는 개방농업정책으로 우리 농업은 헤어날 수 없는 몰락의 늪으로 빠져들고 말았습니다.

이 과정에서 농민들의 자조 조직으로 농민들의 권익에 앞장서야 할 농협은 정부에 의해 하향식으로 만들어짐으로써 정부의 정책을 실현하는 관료적 하부기관으로 전락하고 말았습니다. 농민 권익대변 기능은 원천적으로 봉쇄되었고, 어느 때는 농정실패의 희생양으로 농협이 도마 위에 오름으로써 농민과 국민들로부터 원성과 지탄의 대상이 되어야 했습니다.

우리가 오늘을 바로 세우고 올바른 방향으로 미래를 열어 나가기 위해서는 지나온 과거를 냉철히 되돌아보고 철저하게 반성하는 과정이 중요합니다.

이 책에서는 일제의 농민수탈 과정과 해방 후 더욱 고착화된 우리 농업의 구조적인 문제, 그리고 일제 때부터 단추가 잘못 끼워진 협동조합 운동을 역사라는 거울을 통해 농민적 시각으로 적나라하게 펼쳐보고자 하였습니다.

이를 통해 우리는 당면한 농업·농협 문제를 보다 정확히 이해하고, 미래를 슬기롭게 대처해 나갈 수 있게 될 것입니다. 과거를 올바르게 되새기면서 역사 앞에 바로 설 때만이 잘못된 과거의 전철은 되풀이되지 않을 것이기 때문입니다.

저는 역사학자는 아니지만 농민의 아들로 태어나 농업과 농협을 공부하였고 최일선 단위농협에서 농민과 함께 호흡하는 농협운동을 몸으로 직접 경험하였으며, 중앙회 본부에 근무할 때는 농업과 농협 문제를 거시적이고 종합적으로 바라볼 수 있는 기회를 가졌습니다.

이 짧은 역정을 바탕으로 국민이나 정부, 우리 농민·농협인 모두가 보다 농업·농협문제의 본질을 정확히 인식하고 올바르게 접근해야 한다는 절박한 심정에서의 출발이었습니다.

이러한 관점에서 이 책은 특히 다음의 사항에 중점을 두고자 노력하였습니다.

우선, 철저히 농민을 중심에 둔 농업문제의 접근과 농협운동의 역사를 정리하고자 하였습니다. 그리하여 농민들의 요구와 역할이 무엇인지를 부각시키고자 하였습니다.

둘째, 그러한 농민들의 요구와 역할에 부응하는 농협운동과 농업문제에 대한 외적인 문제, 특히 농협운동과 정부와의 관계, 우리 농업과 외국 농산물 도입 문제와의 관계 등을 집중적으로 분석하였습니다. 외부적인 영향이 큰 상황에서 단순히 내부적인 문제의 접근만으로는 정확한 이해는 물론 문제의 해결이 어렵기 때문입니다.

뿐만 아니라 모든 농협 임직원들의 농협운동가적 사명과 역할을 재인식시킴과 동시에 그들에게 철저한 반성과 자각을 요구하고자 하였습니다. 누가 뭐라해도 그들은 우리 농업과 농촌을 지켜온 주역들이었으며, 누구보다도 농민들의 아픔을 잘 아는 사람들일 뿐만 아니라 앞으로도 우리 농업과 농촌을 지켜나갈 막중한 책임을 등에 진 이 땅의 진정한 파수꾼들이기 때문입니다.

마지막으로 이해하기 어려운 내용이나 사실, 또는 사업추진의 실적이나 내용 등의 나열은 피하고, 농업문제와 농협운동의 거시적인 흐름을 파악하는데 초점을 두었습니다.

자본주의가 존재하는 한, 그리고 이 땅에서 농업이 사라지지 않는 한 농협은 그 어떤 형태로든 농민과 더불어 발전해나갈 것입니다. 더 이상 농협의 한이 농민들의 한으로 전이되어 뼈에 사무치는 부끄러운 역사를 되풀

이해서는 안될 것입니다.

　농민은 농협의 진정한 주인으로, 농협은 농민의 경제적 사회적 지위 향상을 도모하는 진정한 농민의 조직으로, 그리고 정부는 농협에 대한 통제와 간섭이 아닌 진정한 지도와 지원의 농협 육성기관으로 거듭나야 할 것입니다.

　농협이 농민의 자주적인 참여와 감독 속에서 정상적인 기능만 수행한다면 우리 농업과 농민이 안고 있는 많은 문제는 자연스런 해소의 길을 찾게 될 것입니다. 이것은 자본주의 사회의 자연스런 사회적 기능입니다. 뿐만 아니라 이것은 오늘 우리가 추진하고 있는 개혁의 진정한 요체이며, 우리 농업의 백년 대계를 바로 세우는 일이기도 하는 것입니다.

　그런 의미에서 우리 농업과 농촌이 어떻게 유지 발전되어져야 하고, 농협운동도 농민과 더불어 어떻게 전개되어 나가야 하는가의 문제를 생각하는데 있어서 이 책이 조금이나마 보탬이 된다면 필자로서는 더 없는 기쁨이 될 것입니다.

　과장이나 수식은 가급적 피하고자 노력하였지만, 인식과 관점의 차이는 다소 있을 것입니다. 그러나 관련 사료들을 최대한 활용함으로써 보다 객관성을 확보하고자 노력하였습니다. 부족한 부분은 독자 여러분들의 진실된 이해와 분발에 의해 더욱 보완되어지리라 믿어 의심치 않습니다.

1999. 6.
권갑하

농협 이야기만 나오면 나도 목이 메인다
■ 차 례

■ 왜 이 책을 쓰는가 ·· 5

제1장 일제의 수탈과 농민의 저항 ·· 13
1. 일제의 강점과 한국 농촌의 현실 / 14
2. 통제와 지배 목적의 일제하 조합들 / 22
3. 자조적 민주적 근대적 협동조합운동의 뿌리 / 29
4. 일제 식민통치가 남긴 유산 / 41

제2장 농협, 잘못 끼워진 단추 ·· 49
1. 해방 후 농업정책의 흐름 / 50
2. 해방 후 협동조합 조직 움직임 / 63
3. '존슨' 안과 '쿠퍼' 안 논란 / 84

제3장 정부에 의한 농민의 농협 ··· 101

1. 정부에 의한 농협 탄생 / 102
2. 종합농협 창립 비화 / 114
3. 농협과 정부의 관계 / 131
4. 1960년대 농업정책과 농협운동의 한계 / 138

제4장 농협의 자립과 농촌경제의 악화 ··· 157

1. 읍면 조합 체제로의 자율적 합병 / 158
2. 새마을 운동과 협동사업 강화 / 171
3. 제5공화국과 출범과 2단계로의 조직 개편 / 183
4. 개방농정과 한국농업의 위기 / 192

제5장 민주농협법 탄생과 쌀 시장 개방 ·· 203

1. 민주농협법 탄생과 조합장 직선제 실시 / 204
2. UR 협상타결과 쌀 시장 개방 / 225
3. 문민정부와 농어촌발전대책 / 242

제6장 농협, 다시 도마 위에 오르다 ··· 261

1. 1999년 농협 사태 전말 / 262
2. 항변과 해명, 그리고 반박 / 281
3. 언론에 제기된 농협의 문제점들 / 298

제7장 '국민의 정부' 협동조합 개혁 ··· 307

1. '국민의 정부' 협동조합 개혁 추진 / 308

2. 모습 드러낸 정부의 농협개혁안 / 312
3. 정부개혁 초안 문제점 분석 / 324
4. 농협개혁안 추진과정과 진통 / 332

제8장 농협 자치시대 개막 ······················· 347

1. 조합장 출신 중앙회장 당선 / 348
2. 협동조합 개혁 주도적 역할 수행 / 353

제9장 자치농협을 위한 7가지 메시지 ··············· 357

메시지 ① / 21세기는 협동조합 시대다 / 358
메시지 ② / 협동조합 원론으로 돌아가자 / 362
메시지 ③ / 발상의 틀을 깨고 농민을 바라보자 / 369
메시지 ④ / 조합원 참가의 민주적인 조합운영이 중요하다 / 374
메시지 ⑤ / 농민이 변하지 않으면 말짱 도루묵이다. / 380
메시지 ⑥ / 정부는 농협을 진정으로 육성해야 한다. / 382
메시지 ⑦ / 개혁은 이제 시작일 뿐이다. / 383

제10장 농협회장(조합장)님께 드리는 10가지 고언 ······· 385

농협회장(조합장)님께 드리는 10가지 고언 / 386

■ 부 록 ·· 391
- 부록 ①/농업인협동조합법안 ··························· 392
- 부록 ②/1950~60년대 협동조합 운동 연표 ············ 441

제1장 일제의 수탈과 농민의 저항

일제는 강력한 행정력을 동원하여 빼앗은 막대한 토지를 일본인 토지회사에 헐값으로 불하하였으며 우리 농민을 일본인 소작인으로 만들어 비싼 소작료를 착취하기 시작했다. 1931년 만주 침공 이후에는 한국을 필요한 인력과 물자의 무제한 공급지로 삼음으로써 철저하게 전쟁의 제물로 전락시켰다. 식민지화에 항거하지 못하도록 일제는 두레나 대동계 등으로 단결된 우리의 마을 조직을 전면 해체시켜 나갔으며 금융조합, 식산계, 농회 등을 설치하여 한국 농촌을 포괄적으로 통제·지배·수탈해 나갔다. 이 무렵, 진정한 농민에 의한 농민의 협동조합 운동이 민간에서 싹터 전국으로 번져나감으로써 후진국 농민은 무지하기 때문에 상향식 조합은 안되고 하향식으로 조직해야 한다는 그릇된 인식을 깨어 버렸다.

1. 일제의 강점과 한국 농촌의 현실

일제의 한국농업 지배수탈과정

1905년 통감부 설치와 동시에 일본은 식민화의 첫 시도로서 동양척식주식회사, 한국흥업주식회사와 같은 단체를 설립하여 토지를 강제 매수하고 높은 소작료를 매김으로써 노골적인 토지 착취와 농민수탈을 강행해 나갔다.

일본 제국주의의 한국농업 지배·수탈과정은 크게 3단계로 구분되었다. 1단계는 토지조사사업을 중심으로 한 준비기간(1910~1919), 2단계는 산미증산계획을 중심으로 한 미곡 단작형태로의 식민지 재편성 과정(1920~1931), 3단계는 일본제국주의의 병참기지 및 자본 수출시장으로의 역할기(1932~1945)였다.

1910년에 착수되어 1918년에 종결된 토지조사사업은 토지의 사적 소유권 확립이라는 역사적 계기가 되기는 했지만 우리 농촌사회에 일찍이 볼 수 없었던 근대적 지주·소작인 관계를 형성해 놓음으로써 심각한 계급적 대립관계를 조장했다. 뿐만 아니라 토지조사사업은 토지의 상품화를 촉진하여 일본인들에게 토지 취득의 길을 열어주는 일본자본 침투의 정지

작업에 다름 아니었다.

일제는 강력한 행정력을 동원하여 빼앗은 막대한 토지를 총독부에 편입시켜 총독부의 재원으로 삼으면서 동양척식회사와 일본인 토지회사에 헐값으로 불하하였으며, 우리 농민을 일본인 소작인으로 만들어 비싼 소작료를 착취하기 시작했다. 적은 수의 일본인 지주는 절대다수의 한국농민을 소작인화하여 수탈함으로써 가족 부양에도 식량이 부족할 정도로 우리 농가경제는 극도로 궁핍해져갔다. 당시 우리 나라에는 농촌인구를 수용할 만한 근대공업도 아직 없었으므로 농촌은 더욱 곤궁한 상태로 빠져들었다.

동양척식회사의 소유농지는 주로 곡창지대인 호남, 황해, 충남지방에 집중되었다. 한국인에게서 탈취한 농토는 일제에 의해 유치되어온 일본인 농민들에게만 주어졌다. 이를 위해 1926년 9,000여 호의 일본인 농민이 총독부의 이 특혜를 받으면서 이주해왔다. 이로 인해 농토를 빼앗긴 우리 농민들은 만주로 쫓겨가기 시작했고, 그 수는 1926년까지 약 30만에 달하였다.

또한 일본은 자국내 인구증가와 공업화 진전 등으로 쌀이 부족하게 되자 조선농민의 경제생활 향상을 도모한다는 명목을 내세워 1920년 산미증산계획에 착수하여 생산된 쌀을 자국으로 강제 이출시킴으로써 우리 농촌을 더욱 심각한 식량부족에 허덕이게 만들었다. 이 계획으로 수리설비를 비롯한 토지개량과 경종법의 개선 등 우리의 전통 농업에 획기적인 변화를 초래하긴 했지만, 근본 목적은 조선 농업을 이른바 미곡 단작형태로 구체화시키고 증산량 이상의 값싼 미곡을 일본에 강제 이출시키기 위함에 있었다.

그러나 일본독점자본의 요구로부터 시작된 조선 쌀의 증산계획과 대량 강제이출은 결국 일본 내의 쌀값 하락과 1930년대의 공황으로 이어짐에 따라 일본 지주세력의 반대에 부딪혀 그 부담을 한국 농민에 전가시킨 채

중단되고 말았다. 1925년 조선의 벼 가격은 100척 당 11원 40전이던 것이 1931년에는 4원 63전으로 급락하였는데 이는 일본 농업공황의 한국 농민에의 전가가 얼마나 큰 것이었던가를 보여주는 것이었다.[1]

이러한 쌀값 폭락과 수리조합비의 과중한 부담은 결국 한국 농민의 몰락을 가속화시키는 요인이 되었다. 부족한 식량을 보충하기 위해 만주로부터 좁쌀, 잡곡, 콩깻묵 등이 들어왔으나 농민들의 영양부족과 굶주림은 날로 더해가기만 했다.

동아시아와 태평양 일대를 전쟁의 참화 속으로 몰아넣었던 1931년의 만주 침공 이후에는 한국을 필요한 인력과 물자의 무제한 공급지로 삼음으로써 철저하게 한국을 전쟁의 제물로 전락시켰다. 강제로 끌려간 징용·징병은 말할 것도 없고 심지어는 여자까지 정신대로 동원됨으로써 국내 인적 물적 자원부족은 매우 심각했다.

이런 상황에도 일본은 생산량을 감안하지 않은 강제공출을 강행해 나감으로써 농민들은 끼니조차 때우지 못해 시름해야 했다. 이른바 보리고개라는 '춘궁기'가 되면 곳곳에서 굶어죽는 사람들이 속출하였다. 춘궁기에 농민들이 겪어야 했던 비참함을 1930년대의 『조선일보』는 다음과 같이 기술하였다.

> 배고픔에 지친 농민은 어떻게 살아야 하나? 덕원(함경도 소재)에서만 2만 명이 굶어 죽어가고 있다. 집안에 앉아서 죽음만 기다릴 수 없기에 2,000여명이 넘는 사람들은 거리를 헤매고 있다. 비합리적인 농촌 경제체제는 이렇게까지 농민계급을 극악한 처지로 만들어, 농촌은 황폐화된 상태다. 천연 재해가 농작물에 큰 타격을 주었는데도 불구하고, 초가을에 소작민들은 그들이 지은 농산물을 거의 다 잔인한 지주와 파렴치한 고리대금업자에게 모두 빼앗겨 버렸다. 농민들은 식량의 부족으로 고통을 당해왔다. 초근목피로 연명하면서 죽음을 목전에 두

---

1) 박현채, "일제식민지 통치하의 한국농업", 변형윤외, 『한국경제와 농민의 현실』, 경세원, 1987, 85쪽.

고 있는 것이다. 이대로 가다간 절망적이다. 그들은 어린아이들을 업고 마을을 떠나 이리저리 방황하지 않으면 안될 처지에 있다.[2]

일제는 이에 아랑곳하지 않고 1937년 중일전쟁과 태평양전쟁으로 또다시 쌀이 부족하게 되자 산미증산계획을 재수립 추진하였다. 이제는 약탈적 농법으로 증산을 기도하는 한편 조선 민중의 소비를 직접적으로 감소시키는 악랄한 방법을 구사했다. 쌀 소비 감축을 위한 배급제도와 이출 증대를 위한 강제공출제도 도입 등 조선 전역에서 폭력적·비경제적인 수탈을 자행하였다. 이 강제공출제도로 쌀 생산고의 43.1%(1941년), 55.7%(1943년)가 강탈되었으며 1944년에는 그 정도가 63.8%에까지 이르렀다.

이를 위해 우리의 곡창지대와 원료생산지는 항구로 연결되었다. 이의 원활한 수송을 위해 항구로 통하는 모든 길에는 신작로가 생기고 아스팔트가 깔렸으며 철도가 놓였다. 길이 생겨서 좋아진 것 같았으나 이 길은 바로 우리의 생명선을 끊어 가는 줄기가 되었다. 예컨대 원산은 광산물, 부산과 인천은 정치적 침략의 교두보, 목포는 목면, 군산은 쌀을 약탈해 가는 통로가 되었다.

이 과정에서 농민층은 급속도로 분해되었고, 이촌 현상은 더욱 가속화되어 일부 소작농은 화전민 또는 노동자로 전락하였으며, 일부는 정처 없는 유랑길에 오르거나 조국을 등지고 북간도 등으로 이주해야만 했다. 전쟁이 장기화되자 일본은 자국내 부족한 노동력을 충당하기 위해 강제연행도 서슴지 않았다. 이때 끌려간 한국인들은 탄광, 철도건설 등 노예적 노동에 시달려야 했으며, 일부는 끝내 조국의 땅을 밟지 못한 채 어두운 탄광 속에서 죽어가야만 했다. 중일전쟁이 본격화되던 1940년 전후에는 농촌의 피폐를 못 견딘 농민의 아들들이 '살길을 찾기 위하여' 일본군대에

---

2) 『조선일보』, 1932.3.27, 박세길, 『다시쓰는 한국현대사』, 돌베개, 17쪽 재인용

지원하기도 했으며, 징집제로 바뀐 1944년 이후에는 수를 헤아릴 수 없는 많은 사람들이 전쟁의 총알받이로 내몰리거나 상상을 초월하는 혹독한 노동에 시달려야만 했다.[3]

농민들의 자각과 저항운동

수탈과 탄압으로 상징되는 식민지정책에 국제적인 반성과 식민국가의 자각이 일기 시작한 것은 제1차 세계대전 중 민족자결주의가 제창되면서부터였다. 이러한 기운으로 우리 나라에도 자주독립운동이 싹트기 시작하여 3.1독립운동을 기점으로 그 절정을 이루었으나 결국 일제에 의해 좌절되고 말았다. 그러나 이러한 기운의 영향으로 1920년에는 농민계급의 복리증진과 해방을 표방하면서 농민운동을 주도해 나간 노동단체인 조선노동공제회가 생겨났고, 조선노동총연맹 등 여러 농민단체가 등장하여 농민운동의 불을 당겼다.[4]

당시 전체 농민의 80%에 달하던 소작인들은 최고 9할에 이르는 고율의 소작료와 각종 고리대에 의해 일본인과 친일 조선인 지주로부터 극단적인 착취를 받아야만 했다. 이에 따라 소작인들은 자신들의 권익보호를 위해 소작쟁의를 벌이지 않을 수 없었으며, 이러한 소작쟁의는 당시 농민운동의 주된 바탕을 이루었다.

1920년경부터 남부지방에 모습을 드러내기 시작한 소작료의 감액요구 또는 운반량의 인하 요구 등의 소작쟁의는 해를 거듭함에 따라 그 수가 증가되었다. 매우 축소된 것이지만 총독부의 연보에 따르면 1920년에 15건이었던 것이 1923년에는 176건, 1928년에는 1,590건으로 급증하였다.

---

3) 조선사 연구회 엮음, 조성을 옮김, 『한국의 역사』, 한울,1985,228쪽, 박세길, 앞의 책, 17쪽 재인용
4) 조동열, 『일제하 한국농민운동사』, 한길사, 1970, 95쪽

발생지역도 1920년에는 경기도를 제외한 주로 남부지방에 한정되었으나, 1931년경에는 쟁의 발생을 보이지 않는 곳이 없을 정도였다. 쟁의에 참가한 인원도 1920의 4,040명에서 1931년에는 1만 202명에 이르렀다.[5]

1927년 전북 옥구군에서는 일본인 농장주가 수확고의 75%까지 소작료를 강요하자 농민들은 45%로 낮출 것을 요구했으나 거절당했다. 성난 농민들은 일본 주재소를 부수었는데 이 같은 일은 전국 각지에서 비일비재하게 일어났다.

이와 같은 소작쟁의의 격화와 이로 인한 농업생산의 장애는 결코 일제가 원하는 바는 아니었다. 뿐만 아니라 쟁의가 민족 해방운동 또는 사회주의적 농민운동으로 결합되는 것을 사전에 방지할 목적으로 일제는 1927년부터 5개년에 걸친 소작제도 관행 조사와 자작농 창설제 및 소작조정령 등 일련의 타협적 조치를 취해 나갔다.[6] 그러나 그 후에도 쟁의건수가 1933년 1,975건에서 1935년에는 2만 5,834건, 1936년에는 2만 9,975건으로 급격히 증가한데서 알 수 있듯이 이러한 조치는 근본적으로 농민의 이익을 위한 것이 아니었다. 그러나 총독부의 이와 같은 타협적인 조치로 농민운동의 고양은 억제되기 시작했고, 소농민층의 소시민적인 성향이 뚜렷해져 결과적으로는 농민운동을 크게 저해시키고 말았다.

그 외에도 정치적인 의미를 띤 항일독립운동 차원의 농민운동도 활기를 띠었다. 당시 조선 인구의 약 9할이 농민이었으므로 농민들은 독립운동의 주체세력이나 다름없었다. 농민들은 일제의 폭압적 파쇼통치하에서 스스로의 힘을 강화하기 위하여 비밀스런 지하 농민조합을 결성해 나갔다. 이러한 농민조합은 이 책에서 논하는 근대적 협동조합은 아니었고, 단지 일본의 압제에 저항하면서 독립을 꾀해 나가는 일종의 농민들의 정치적 비

---

5) 『조선농업발달사』 정책편, 525~526쪽, 변형윤 외, 앞의 책, 83~84쪽
6) 소작조정령은 1932년 12월에 제정 공포되어 1933년 2월부터 실시된 것으로 소작문제의 격화에 따라 일본의 소작쟁의조정법을 준용 소작쟁의를 조정하고자 한 것이다.

밀조직이었다. 일본의 조직적인 통제와 지배, 그리고 일본 독점자본의 거대한 틀 속에 예속되어 버린 한국의 농촌경제를 회복하는 일은 당시 농민들에게는 불가항력적인 현실로 받아들여졌다. 따라서 농민운동은 일상생활 속에서 일본의 통치에 조직적으로 저항하면서 독립을 추구해나가는 운동으로 나타났다.

이러한 형태의 농민조합이 특히 힘을 발휘한 곳은 함경도지방이었다. 이 지방은 당시 항일독립운동이 활발히 전개되었던 만주의 간도지방과 이어지는 지리적인 요충지였다. 따라서 이 지역의 농민운동은 독립무장대에는 인력과 물자를 공급해주는 공급원임과 동시에 작전의 협력자였고, 반면 독립무장대의 독립투쟁은 농민들의 독립의식을 끝없이 고무시키며 생명력을 유지시켜주는 상호 보완적인 역할관계에 놓여 있었다.

농민들은 군·면 단위까지 농민조합의 조직체계를 갖추고 있었고, 동시에 청년부, 부녀부, 소년부까지 설치하여 조직을 효과적으로 관리해 나갔다. 조직체계 못지 않게 농민들의 활동 역시 극히 주도면밀하게 이루어졌다. 11세에 불과한 소년이 경찰서의 동정을 살피는가 하면 총독부가 항일무장조직에 대항하기 위해 만들어놓은 관제 자위조직인 경방단 내부에도 농민운동의 정보원이 잠입해 있었으며, 농민들은 대규모 지하 저장소나 동굴에 식량을 비축하기까지 했다.

이 같은 강력한 조직력을 기반으로 농민들은 일제의 식민통치와 봉건적 착취에 저항하는 과감한 투쟁을 벌여 나갔다. 그 대표적인 예가 1934년에서 1937년까지 장기간에 걸쳐 일어난 명천 농민의 저항이었다. 1934년 봄, 이 지역 농민들은 고리대의 착취와 소작권의 박탈, 납세, 강제부역 및 농업노동자에 대한 박해에 반대하면서 빚문서, 소작계약서 등을 소각하고 주재소, 면사무소, 악질 지주들을 습격하는 등 각종 방법으로 싸워 나갔다. 특히 일제와 지주의 살인적 약탈에 대한 분노에서 시작된 '기아 반대 투쟁'은 전 군을 휩쓸었고 투쟁과정에서 농민들은 수탈된 양곡을 재탈환하기까지 했다.

이러한 대규모의 농민저항에 봉착한 일제는 더욱 야수적인 탄압을 가해 왔다. 각 동네마다 경찰을 배치함과 동시에 친일지주들을 중심으로 경방단과 같은 자위조직을 만들어 냄으로써 물 샐 틈 없이 농민을 조여나갔다. 대규모 검거, 투옥과 함께 농가와 곡식에 대한 무자비한 방화가 이러한 농민저항지역 일대에 휘몰아 쳤다. 그러나 이 같은 일제의 가혹한 탄압은 일시적으로 급한 불을 끌 수는 있었지만 농민들의 강인한 저항의지를 잠재우지는 못했다.[7]

독립운동의 일환으로 범농민적으로 전개된 이러한 조직적인 저항운동은 일제를 패망으로 몰고 간 원동력이 되기도 했지만, 그보다는 우리 농촌사회에 자주적 민주적 의지를 더욱 결집시키고 성숙시켜 나가는 계기가 되었다는 점에서 매우 중요한 의미를 가졌다.

어쨌든 일본은 토지조사사업을 통한 반봉건적 지주 소작관계의 형성과 행정강제에 의한 농업 증산방식인 산미증산계획을 통해 전 기간에 걸친 경제내외적인 수탈과 전근대적인 공출제도를 강행해 나감으로써 결국 한국농업의 자율적이고 자생적인 발전을 근본적으로 저해하였다. 이와 같은 행정 강제적 증산방식은 해방 후에도 거의 그대로 답습되어 저농산물 가격정책과 가격 유인 없는 행정지도에 의한 증산정책 등 우리 농업정책에 나쁜 관행을 뿌리 내리고 말았다.

---

7) 박세길, 앞의 책, 23~25쪽

2. 통제와 지배 목적의 일제하 조합들

　식민지화에 조직적으로 항거하지 못하도록 일제는 두레나 대동계 등으로 단결된 우리의 마을조직을 해체시켜 나갔다. 구시대의 관료층을 매개로 하여 관료적 착취구조를 지속적으로 강화해나가는 한편, 지주세력을 재편 강화하여 농민 지배에 앞장세웠다. 한편으로는 지형이나 관습, 일족 중심의 독자적인 경제 단위, 생활 단위, 자치적 단위를 형성하여 온 우리의 전통마을을 통치의 편의를 위해 행정 단위로 재구성해 나갔다. 특히 마을을 분할 또는 통합하여 전혀 새로운 이름으로 바꾸었는데, 일본의 천민 마을을 호칭하는 '부락'이라는 용어를 도입 사용함으로써 우리의 정감 어린 '마을'이란 이름으로부터 멀어지게 만들었다.[8]
　그러나 마을 단위에 직접적인 영향을 끼친 것은 일제가 만든 각종 조합[9]

---

8) 조홍래,『민주화시대의 농업정책』,로출판, 1987, 566쪽
9) 조선에는 '조합'이란 말은 없었고, 농촌조직으로 '계'가 일반적이었다. 그러나 러·일 전쟁 이후 일본인 이주 농민이 늘어나면서 이들 상호간에 '조합' 또는 '회'가 조직되었다. 1905년경에 생겨난 이들 조직으로는 군산농사조합, 강경토지조합, 군산토지연합조합, 부산농업조합, 대구농회, 한국잠업조합, 구포농산조합, 소사농회 등이 있었다.

들이었다. 이들 조합들은 우리의 전통 마을을 경제·사회적으로 통제하고 지배하였으며, 전시에는 행정대행기관으로 바뀌어 수탈과 탄압에 앞장섰다.

금융조합

보호정치라는 강권으로 구한국 화폐를 정리 통일시킨 일제는 1906년 농공은행을 설치하였다. 이것은 토지의 화폐화, 농산물의 상품화를 촉진시켜 한국농업을 화폐경제에 유입시킴으로써 일본자본의 투입을 통한 식민지 초과이윤을 얻을 수 있도록 하기 위한 기초작업의 일환이었다. 그러나 화폐의 정리통일이라든지 토지의 화폐화, 농산물의 상품화가 농공은행의 설립만으로 제대로 되지 않자 일본은 1907년 3월 농공은행의 보조기관으로 1개 군 또는 수개 군을 단위구역으로 하고 구역 내 농민을 조합원으로 하는 '지방금융조합'을 설치하여 농공은행에 지워진 임무를 수행토록 하는 한편 화폐정리작업의 일선기관으로 나서도록 하였다. 이 과정에서 막대한 농민의 재산을 빼앗거나 납세선전, 독려 등에 매달림으로써 농민들은 금융조합을 가리켜 '백성의 재화를 탈취하는 관청'이라고까지 성토하였다.[10]

이렇게 농민의 원성이 높아지자 그 방비책으로 또는 일본내의 심각한 불경기에 대한 대응책으로써 1914년 '지방금융조합규칙'을 폐지하고 새로이 '지방금융조합령'을 제정하였다. 1918년에는 농공은행을 해체하여 조선식산은행을 설립함과 동시에 지방금융조합을 '금융조합'으로 개편하여 도시중소상공업자의 금융업무까지 맡게 하였다. 이는 금융조합의 본질적인 변화는 아니었고, 이자증식기관으로서의 성격 강화와 관권의 지배를 보다 철저히 함으로써 농민으로부터 토지수탈과 이자수탈을 더욱 강화하기 위한 조치를 취한 것에 불과하였다.

---

10) 장상환, "농협의 역사와 현실", 변형윤 외, 앞의 책, 277쪽

이처럼 금융조합은 농업생산의 증대나 농민의 경제적 사회적 지위향상과는 무관한 조직이었다. 독일의 라이파이젠 신용협동조합의 원리[11]를 일부 받아들였다고 선전하였으나 말이 협동조합이었지 이는 한국 농촌을 통제·지배하기 위한 관제·관영의 행정기관에 다름 아니었다. 즉 '농민 자신의 소위 협동조합 정신에 입각하여 자기의 조합으로서 만들어진 것이 아니고 일제의 대농업·농민정책의 하나로서 나오게 된 것'이었을 뿐만 아니라 '지주와 양반들에게만 자금을 주어 이들은 금융조합에서 빌린 자금으로 영세한 농민들을 괴롭히는 고리대 노릇' 까지 했던 것이다.[12]

1933년에는 '조선금융조합연합회령'이 발표되었다. 이것은 총독부가 식산은행을 통한 금융조합 간접 지배를 연합회를 통한 직접 지배체제로 전환한 것으로써 금융조합의 2단계 조직체계는 한국 협동조합 발전사에 중요한 의미를 갖고 있다. 즉, 연합회 설치로 감독권이 중앙으로 집중되었고, 이에 따라 금융조합 운영에 관한 모든 지도 및 명령권은 총독부 재무당국 하에 놓이게 되었다. 이로써 대금사업을 중심으로 하는 전국의 금융조합은 연합회의 획일적인 지시와 사업추진으로 하부조직인 단위조합의 독립성과 자율성을 말살시켰고, 농민에 대한 수탈과 통치기구로서의 관료적 자세를 더욱 뚜렷이 하였다.

---

11) 당초 농촌의 신용협동조합으로 시작된 '라이파이젠' 조합은 점차 사업이 발전됨에 따라 판매·구매·보험·이용 등 농경에 필요한 각종 사업을 겸영하게 되어 뒤에 세계 농업협동조합의 원조가 되었고, 그 운영원칙도 로치데일원칙(시가·현금주의, 이용고 배당주의, 1인1표에 의한 표결 평등주의, 자유주의, 품질본위, 종교와 정치로부터 중립, 교육장려)과 함께 세계농업협동조합의 운영원칙으로 기초를 확립했다. '라이파이젠' 원칙으로는 단위조합의 소구역제, 조합원의 자격은 농민으로 제한하고 출자는 무한 책임제, 출자지분의 매수나 양도 불인정, 이익배당불인정, 출자에 대한 이자배당, 적립금·준비금의 분배금지, 윤번제 무보수에 의한 조합업무관리, 자금의 생산사업용에 국한 대부, 신용업무의 타사업 겸영, 중앙금고 설치와 전속거래, 신용조합의 계통조직 결성, 장기대출의 대인신용 등이다.

12) 고승제, 『한국촌락사회사연구』, 일지사, 344쪽

이러한 조직체계는 해방 후 농협 조직에도 직접적인 영향을 끼쳐 중앙회 중심의 운영에 따른 단위조합의 자율성 저해와 중앙집권적 관료성을 깊게 하는 요인이 되었다.

산업조합과 농회

또 하나는 1926년 '조선산업조합령'에 의해 설립된 산업조합이 있었다. 일제가 산업조합을 설치한 이유는 크게 두 가지였다. 첫째는 당시의 금융조합이 '관설전당포' '일제 총독부의 별동대'로 그 정체가 폭로되고, 금융조합이 경영의 안정화를 위하여 구매·판매·이용사업은 기피하고 대금업에 중점을 둠에 따라 산업조합을 설치하여 구매·판매·이용사업을 통한 농민수탈의 새로운 통로를 구축하고자 한 것이었으며, 다른 하나는 당시 민간에서 자발적으로 전개되던 민간협동조합운동에 산업조합을 대치시킴으로써 이를 소멸시키고자 하는 저의가 숨어 있었다. 당시 한국의 경제가 날로 궁핍해짐에 따라 식자나 청년층이 정치적 불만을 갖게 되었고, 이들이 민간협동조합운동에 광범위하게 참여하고 있었으므로 일제 통치권력으로서는 이를 조직적으로 저지하는 일이 무엇보다도 급박한 당면 과제가 아닐 수 없었던 것이다.

초창기 산업조합에는 민간협동조합에 참여하였던 많은 사람들이 임직원으로 참여하였다. 이로인해 처음에는 한국인이 중심이 되어 비교적 자주적이고 민주적인 방식에 의한 합리적인 운영으로 농민들의 지지를 받을 수 있었다. 그러나 민간협동조합운동이 산업조합 설치 및 각종 제도권의 탄압으로 자체의 힘을 잃고 점차 소멸단계로 접어들자 당초의 목적이 달성되었다고 판단한 총독부는 1935년 마침내 식산계령을 발표하여 산업조합을 궁지로 몰아넣었다. 즉 식산계로 하여금 산업조합에 경합되는 업무를 허용하였으며 거액의 보조금 투입으로 업무를 방해하는 한편, 지방상인과 일본인회사 등의 반산업조합운동을 묵인·옹호함으로써 1942년 당시 117개를 헤아리던 산업조합은 모두 해산되고 말았다.

금융조합 및 산업조합과 유사한 성격을 지닌 것으로 1926년 1월 '조선농회령'에 의해 발족된 농회[13]가 있었다. 그러나 농회는 협동조합과는 본질적으로 성격이 다른 것으로서 식민지 통치권력의 보조기관으로, 조선의 농산물을 생산하여 이출시키는 역할을 주도적으로 수행하였다. 주된 사업으로는 미곡의 판매, 비료의 공동구입, 비료구입자본금의 융자 알선, 농업창고의 경영 등이었다. 이 가운데서도 특히 농업창고의 경영은 한국 농민의 이해와 상관없이 조선쌀의 대일이출을 원활히 하기위한 기구로서 설립되었다.

이처럼 금융조합, 산업조합, 농회는 식민지 조선 농촌을 포괄적으로 장악하는 총독부의 수족들에 불과하였다. 즉 신용을 전담하는 금융조합과 판매·구매·이용사업을 수행하는 산업조합이 농촌 경제단체로서의 기능을 맡았고, 농회는 농사의 개량·발달에 관한 기술적인 지도역할을 담당함으로써 농촌을 완전 장악했던 것이다.[14]

농촌진흥운동과 식산계

금융조합에는 애초 구판사업 기능이 없었다. 그러나 1차 대전 후의 공황으로 경영난에 봉착하자, '대부금 회수와 이자 불입자원의 확보'라는

---

13) 1905년경부터 일인 중심으로 조직되어 농민들에게 단체비 부과, 회비 징수 등 폐해가 극심했던 각종 산업단체들이 1926년 조선농회령 공포로 정리 통합되었다. 이때 정리된 군·도 지역의 단체로는 보통농사계(169개), 군농회(120), 농사장려회(20), 권업회 및 권농회(15), 지주회(14), 축산조합(14), 양잠조합(108), 면작조합(52), 기타(68) 등이었다. 축산동업조합(206)과 산림조합(152)만 이때 포함되지 않았는데, 축산동업조합은 1933년 결국 합병되었다.
14) 박현채, "일제식민지 통치하의 한국농업", 변형윤 외, 앞의 책, 82쪽

지도금융의 원리를 내세워 구판사업의 필요성을 적극 거론하였다. 하지만 여러 가지 사정으로 수행이 어려워지자 금융조합연합회는 자체적으로 사업부를 설치하고 마을에 '식산계'를 조직하여 이를 적극 활용하고자 계획하였다. 이는 금융조합이 산업조합과 농회의 구·판매사업을 빼앗겠다는 것을 의미하는 것이었다.

당시 세계 대공황은 우리 나라 농촌에도 엄습하여 농촌의 사회적 위기는 고조되었고, 각지에서는 혁명적 성격의 항일농민운동이 광범위하게 전개되었다. 총독부는 이를 타개하기 위한 유화책으로 농공병진책이라 불리는 소위 '농촌진흥운동'을 1931년 경부터 대대적으로 전개하였다. '농가갱생 5개년 계획' 하에 펼쳐진 농촌진흥운동의 3가지 목표는 부채 퇴치, 부채 예방, 춘궁 퇴치였다. 농촌의 가난이 일제의 수탈에 기인하는 것이 아닌 농민 자신의 게으름과 낭비 때문인 것처럼 몰아붙여 극도의 내핍생활, 이른바 소비절약을 통해 생계비용을 절감하도록 조여 나갔다.[15]

당시는 이미 산업조합이 금융조합에 밀려 무력해진 상태였고, 금융조합은 대단위조합을 표방하면서 영역을 확장해나가고 있던 시기였다. 이에 총독부는 식민지 통치에 필요한 농민장악이란 정치적 목적에 입각하여 소위 '전농가 포용운동' 명분을 내세운 금융조합의 식산계 신설을 허용해주었다. 즉 총독부의 농촌진흥운동 추진이 금융조합의 식산계 설립을 결정적으로 도와준 셈이 되었다.

금융조합은 당초 지주 등 부농 및 자작농계급만 조합원으로 가입시켰는데 총독부가 영세농 구제에 중점을 둔 농촌진흥운동을 전개하자 어쩔수없이 영세농민까지 포용하게 되었다. 하지만 이들 영세 소농들의 재산이라고는 15~30원에 불과한 '집' 한 채 외에는 없었으므로 이들을 개인으로

---

15) 한도현, "국가권력의 농민통제와 동원정책"「한국농민농업문제 연구Ⅱ」, 한국농어촌사회연구소, 1989, 115~117쪽

가입시켜 거래한다는 것이 여러 가지로 우려되자 이들을 한 뭉치로 하는 단체를 조직하고 그 단체(식산계)에 법인격을 부여하여 거래의 상대로 삼았던 것이다.

그런데 농촌진흥운동은 1930년대 중반 마을마다 '마을진흥회'를 조직해나감으로써 농민에 대한 감시 및 통제 강화는 물론 이제 막 자율적으로 싹트던 민간의 협동조합운동 까지 강제로 해산시키거나 이 운동에 강제 합류시키는 결과를 초래하고 말았다.

어쨌든 1935년 3월 '식산계령' 공포로 태어난 식산계는 처음의 의도를 완전히 달리하여 전시에는 마을의 생산품을 남김없이 공출하고 이 루트를 통해 생필품을 공급하는 등 주민들을 철저히 통제 관리하는 일제의 이동별 세포조직으로 활용되어졌다. 이렇게 재무당국을 등에 업고 급속 과감하게 조직된 식산계는 1941년 2만 5,557계를 설치한데 이어(계원수 104만 6,471명) 1944년경에는 전국 거의 모든 마을에 설치되었다.

금융조합은 이처럼 식산계를 통해 마을 단위에까지 농민을 장악해나감으로써 농촌 조합원수만 해도 1929년 46만 명에서 1940년에는 199만 명에 이르러 전체농가의 65.4%를 포함하기에 이르렀다. 그러나 이러한 금융조합의 성장 이면에는 그에 비례하는 농민의 빈곤화가 수반되었다. 즉 채무를 갚지 못해 담보로 내놓았던 땅들이 금융조합에 압류되어 빼앗겼고, 그로 인해 대부분의 농민들은 소작농으로 전락하였다.

이렇게 협동조합의 탈을 씌워 우리 나라 농촌을 조직적으로 통제·지배해 나갔던 일제하의 조합들은 이 땅의 농촌경제 발전에 이바지하기커녕 농민들을 더욱 피폐의 질곡 속으로 몰아넣었다. 뿐만 아니라 우리 농민들에게 위로부터의 하향식 협동조합운동에 대한 원천적인 불신과 외면, 수동적 태도와 반발심만 심었다. 해방 후에도 이러한 조합들은 해체되지 않은 채 계속 정부와 밀착하여 영역을 확장해나감으로써 민주적이고 자주적인 농협의 결성과 정상적인 농민 협동운동의 전개를 원천적으로 가로막았던 것이다.

3. 자조적 민주적 근대적 협동조합운동의 뿌리

근대적 협동조합의 생성과 발전

산업혁명을 계기로 자본주의 경제체제는 인간의 자유회복이라는 인류 역사상 불멸의 금자탑을 쌓았다. 물질 면에서도 획기적이고 비약적인 생산력 증대를 가져와 인류의 생활을 윤택하게 만들었지만 19세기 후반부터는 사회적 불평등, 시장 독점과 가격 조작, 불공정한 분배, 실업과 경제공황 등 여러 가지 폐단을 드러내기 시작하였다.

더구나 부의 증가는 바로 부의 편재를 가져옴으로써 노동자나 소농업 생산자들은 상대적 빈곤과 불이익한 거래, 사회적 불평등 등을 받는 경제적 약자로 전락하였다. 이에 따라 경제적 약자인 노동자나 농민은 생존권 보장과 권익확보를 위해 무엇인가를 해야 한다는 필연적 요구에 이르게 되었다. 이것이 바로 협동조합의 생성 동기였다. 즉 자본주의 경제체제의 모순이 바로 협동조합을 생성시키고 성숙시킨 배경이 되었다.

그러므로 협동조합은 '자본주의 경제체제 속에서 경제적으로 약한 지위에 있는 사람들이 그들의 이익을 지키고 경제적 지위를 높여 균형적이고 공정한 사회를 실현하기 위해 자발적으로 조직한 인적 결합체'로 정의할 수 있다.

일제하 민간 협동조합운동

일제하 금융조합이 총독부의 별동대로 관제·관영에 의한 농민수탈기구로서 구실을 다하고 있을 무렵, 이 땅에는 진정한 농민을 위한, 농민에 의한, 농민의 협동조합운동이 민간에서 싹터 전국으로 번져나감으로써 후진국 농민은 무지하기 때문에 상향식 조합은 안되고 하향식으로 조직해야 한다는 그릇된 인식을 깨어 버렸다.

일제가 토지조사사업을 통해 수탈의 기반을 마련한 이후 농촌에서는 대지주와 일인에 의해 토지겸병이 자행되었고 소작농은 가속적으로 증가되었다. 생장 초기에 있었던 도시 상공업도 일본 독점자본의 압력에 의해 위축 일로를 걸었다. 이것은 일제식민정치의 계획된 진행과정이요, 결과이기도 했다. 이에 따라 도시에서는 실업자와 노동문제가, 농촌에서는 지주·소작관계와 고리대금업자의 발호가 날로 심각해지면서 농민들의 반발과 자각으로 농민운동은 전국적으로 확산되기 시작했다.

초창기의 농민 저항운동은 도시 노동자를 중심으로 한 노동운동과 함께 정치적 민족해방운동이 주류를 이루었으나, 후기에 들어서는 정치적 독립운동과 경제적 자조운동으로 양분되었다. 이렇게 농민운동이 경제적 자조운동으로 전환되면서 가장 눈길을 끌기 시작한 것이 민간에 의한 협동조합 운동이었다.

민간의 협동조합운동은 일본이 한국통치를 위해 만들고 운영되었던 금융조합이나 산업조합 그리고 농회와 대립하면서 우리 민족이 주체적으로 전개한 전형적인 자조적·민주적·근대적 협동조합운동으로서 진정한 우리 나라 협동조합운동의 효시가 되었다. 한마디로 민간협동조합은 '경제적 약자가 공동 출자하여, 이로써 물품을 공동구입, 공동구매, 공동판매, 공동이용하거나 저리 자금을 조합원에게 융통해 줌으로써 조합원의 경제적 이익을 도모하는 한편, 평등·협동의 관념으로써 조합원간의 단체적 생활을 훈련하는 조직체'였다.[16]

민간 협동조합 운동이 자조적·민주적·근대적 협동조합으로 규정될 수 있는 까닭은 첫째, '선입법, 후조직'이 아닌 스스로의 자각과 필요에 기초했다는 점, 둘째, 우리 고유의 전통적 협동조직인 계의 정신을 계승하였으며, 민족주의를 바탕으로 한 자조·자립·자율의 대중적 사회운동이었다는 점, 셋째, 한국인 조합원의 생활 상태를 개선하는데 주안점을 둠으로써 일제 독점자본의 해악을 조직적으로 줄이는데 힘썼다는 점, 넷째, 지도자들이 조합원에 의해 지지를 받음은 물론 이들은 조합원의 생활향상을 위해 최선으로 봉사했다는 점, 다섯째, 강제적이 아니라 자의적으로 선택한 생활개선의 수단이었다는 점, 즉 강제조합이 아니라 임의조합이었다는 점 등이다.[17]

민간의 협동조합 운동은 일본 유학생을 중심으로 한 협동조합운동사, 천도교계의 조선농민사, 기독교계의 협동조합운동으로 크게 분류된다.

유학생계의 협동조합운동사

유학생계의 소비조합운동은 일본 자본주의의 발달과 한국경제의 몰락상을 직시하고 이를 구제하는 동시에 민족운동의 기반을 조성할 목적으로 1926년 봄 동경에 '협동조합운동사(社)'를 조직하면서 비롯되었다. 전진한을 중심으로 한 이들은 협동조합의 학리적 연구에 힘쓰는 한편 국내에

---

16) 이항규, "1920년대 한국협동조합운동의 실태", 『한국협동조합연구』 제3집, 한국협동조합학회, 1985, 126쪽
17) 진홍복, "한국협동조합운동의 역사적 기점에 관한 고찰" 『한국협동조합연구』 제1집, 한국협동조합학회, 1983, 1~16쪽

는 선전대를 파견하여 협동조합의 조직 지도에 임하고, 기관지 『조선경제』를 발간하였다. 협동조합운동사는 1)중간이윤의 철폐, 2)고리대의 배제, 3)경제적 단결, 4)자주적 훈련 등을 표방하였으며, △우리는 협동·자립정신으로 민중적 산업의 관리와 민중적 교양을 한다. △우리는 이상의 목적을 관철하기 위하여 조합정신의 고취와 실지경제를 기한다는 강령도 채택하였다.[18]

협동조합운동사는 1926년 여름, 간부 수명이 귀국하여 경북지방을 돌며 협동조합에 관한 순회 강연을 하였으며, 1927년 1월에는 경북 상주군 함창면에서 전진한을 지도자로 하는 함창협동조합을 처음으로 설립하였다. 이것이 우리 나라 자주적·민주적 협동조합의 효시였다. 이어서 상주, 청리, 풍산, 예안 등지에서 그 같은 협동조합이 설립되었고, 이듬해부터 김천, 군위, 안동지방으로 확산되어 나갔다. 이로써 국내에 농촌문제에 대한 관심이 높아짐에 따라 유학생들은 『협동조합운동의 실제』라는 책자를 발간하여 그 취지를 선전·계몽하는 등 활발한 운동을 전개하였다.

1928년에는 동경에 있던 협동조합운동사 본부를 서울로 옮기고, 방학을 이용하여 본격적인 활동을 전개한 결과, 1928년 가을에는 조합수가 28개, 조합원 수는 약 5,000명, 자본금은 약 4만 5,000여 원에 달하였다. 그 후 충남, 경남 등지에서도 협동조합이 설립되어 1930년대에 들어 와서는 그 수효가 거의 100개에 이르렀다. 그러나 일제는 이 협동조합운동을 일제에 반항하는 민족운동으로 인식하고 그 추진자가 사회주의 사상을 가졌다는 구실을 붙여 지도자를 투옥시키고, 강제 해산명령을 내리거나 자진 해산하도록 압력을 가함으로써 1933년에는 절멸하고 말았다.

---

18) 조동열, 『조선협동조합론』, 1942, 184쪽

〈활동 사례〉 함창협동조합

1927년 1월 14일 저녁, 경북 상주시 함창면 오사리 한 농가에 농민 10여 명이 모였다.

"여러분! 우리가 힘을 합쳐 협동조합을 만듭시다. 석유도 공동으로 구입하고, 자금을 서로 융통하여 고리대금업자의 횡포로부터 벗어납시다."

26세의 동경유학생 전진한(1901~1972)은 카랑카랑한 목소리로 협동조합 결성의 필요성을 역설해 나갔다. 새벽 1시, 열띤 토론 끝에 참석자들은 조합 창립을 결의하고, 조합장에 황이정, 이사 전준한(전진한의 형), 감사 김제세·김한영 등 조합 임원진을 선출했다. 우리 나라 최초의 자조적·민주적·근대적 협동조합이 탄생하는 순간이었다.

날이 새자마자 창립발기인들은 조합원 모집에 나섰고, 며칠 사이에 조합원 60명에 출자불입금이 11원으로 불어났다. 1월 20일 석유 1관, 성냥 약간, 소다 1통을 매입하여 영업을 시작한 결과 하루 매상액이 5~6원에 달하였다. 자금이 늘어나자 조(粟), 양말 등을 추가로 구입 판매하는 등 품목을 늘려나갔다.

오사리에서 처음 문을 연 함창협동조합은 창립 1개월도 안된 2월 7일, 3원의 임대료를 주고 시장 한 켠(현재 함창 구시장터 함창양봉원 자리)의 허름한 창고를 얻어 사무실을 이전하였다. 이전 당시 113명이던 조합원은 6개월 사이에 422명으로 늘어났고, 출자금도 42원에서 149원에 이르는 등 날로 사업이 확장되어 갔다. 적은 규모의 출자불입액을 보완하기 위해 3월에는 쌀로 저축하는 사업을 시행하는 한편, 5월에는 조값을 떨어뜨리고 보리고개를 넘기기 위하여 손실보전준비금 1백여 원을 적립하여 조 1대를 시가보다 5전 싸게 공급하였다. 또 경비부족으로 중단되었던 여자야학을 다시 여는 등 교육사업에도 착수하였다.

함창협동조합 설립을 계기로 상주·중모·청리·풍산·예안협동조합이 뒤를 이어 결성되었고, 협동조합운동사가 본부를 서울로 옮긴 1928년 이후에는 전국에 그 수가 수십여 개에 이르렀다. 그러나 이들 조합은 전진한 등 운동사 간부들이 사회주의 사상을 가졌다 하여 투옥되는 등 일제의 탄압이 거세지고, 일부의 운영 미숙 등으로 1933년에는 완전히 소멸되었다.

함창협동조합 결성은 일제의 식민지적 착취를 민족경제자치를 통해 합리적으로 해결하려 한 민족주의적 몸부림이었으며, 경제적 단결과 민주적 훈련을 목표로 1인 1구 출자주의, 이용액에 따른 배당, 시가현금주의 등 근대적 협동조합 원리를 도입하여 조직된 우리 나라 최초의 협동조합이었다는데 그 의의를 찾을 수 있다.

전진한이 살았던 함창면 오사리 215번지 집은 현재 여진수씨 소유로 바뀌었고, 전진한을 기억하는 사람들은 많았지만 최초의 협동조합이 오사리에서 조직됐었다는 내용은 거의 알지 못하고 있었다. 또 3원의 임대료로 문을 열었다는 시장통의 조합 사무실 자리에는 현재 함창양봉원 등 상가가 들어서 당시의 흔적을 찾아 볼 수 없었다. 당시 활동에 참여했던 사람들도 이미 다 작고한 상태였다.

함창협동조합 활동 내용은 전진한 저 『협동조합운동의 실제』(1927, 동성사 인쇄소 간)에 자세히 실려 있는데, 이 책을 포함하여 관련 저서를 다시 한데 묶은 전진한 유고집 『이렇게 싸웠다』가 1996년 무역연구원(☎ 02-512-1242)에서 발간되었다.

함창농협 김한석 조합장은 "가난과 일제하라는 환경에서 자란 선생은 일찍부터 민족의식을 싹 틔워 평생을 가난한 농민과 힘없는 노동자를 위해 몸바친 분으로 지역 사람들은 그를 청렴결백한 지도자로 기억하고 있다"고 말했다.[19]

---

19) 권갑하, "한국농협운동 발자취", 『농민신문』, 1997.5.23

천도교계의 조선농민사

한편 천도교계의 협동조합운동은 천도교계 간부들이 주동이 되어 1925년 10월 29일 '조선농민사(社)'를 조직함으로써 시작되었다. 조선농민사는 처음에 교도들의 생활 향상과 교세의 확장을 도모하기 위하여 사우제로 출발하였는데, 집행기구로 이사제도를 두었으며 초대이사장에는 이성환이 취임했다.

이 운동은 첫 출발로서 『조선농민』(1925.12~1930.6)이라는 월간지를 발간하여 농민계몽과 사업추진에 힘쓰는 한편, 농민에게 소비품의 구입알선, 생산물의 판매알선 등 농민들의 당면생활을 도와주는 각종 사업을 전개함으로써 농민대중의 신임을 얻었고 나름대로 성과도 거두었다.

1928년 3월 제11회 중앙 이사회는 그 조직체계를 갱신하여 중앙에 조선농민사, 각 군에 군농민사, 면에 면농민사 그리고 이동에는 이동농민사를 두었으며, 각급 농민사는 사원대회 혹은 대표대회를 의결기관으로 하고 이사회를 집행기관으로 두었다. 그리하여 동년 4월에는 23개 농민사 대표 72인이 모여 제1회 대표자대회를 열고 농민의 지위향상과 인격해방 등을 제창하였으며 매년 12월 1일을 '농민의 날'로 정했다. 그 후 조선농민사는 해를 거듭할수록 성장하여 1930년 제4차 대표자대회에는 88개군 125명의 대표가 참석하였다. 이어 1930년 중앙이사회에서는 농촌의 소비품 구입과 생산품 판매에 있어서 종래의 수시 알선 방법을 지양하고, 농민공생조합을 조직하여 각급 조합을 통한 구판사업의 합리적인 체계를 확립해나갔다.

특히 이 공생조합은 중앙에 조선농민공생조합을 두었는데 관서지방에서의 활동이 특히 활발하였다. 1930년 7월경에는 평양과 함흥에 지부를 두었고, 1932년 6월에는 전국 181개 조합, 3만 7,962명의 조합원과 24만 5,571원의 조합자금을 조성하게 되었다. 이중에서도 평양의 '농민고무공장'은 하나의 큰 기업으로 공영농장과 함께 생산활동에 착수한 것으로 유명했다. 이어 1933년 1월에는 중앙이사회에서 농민공생조합중앙회를 비롯한 지방조합과 이용조합 등의 정관을 제정하기에 이르렀다.

조선농민사는 특히 농민계몽에 힘썼다. 월간지 『조선농민』은 1930년 6월까지 발간되다 조선농민사내 천도교계와 이성환계 두 파의 갈등으로 폐간되었고, 그 뒤로는 천도교계에 의해 『농민』이라는 제호로 1933년 12월까지 발간되었다. 1931년 5월부터는 『농민세상』이라는 신문을 발행하였으며, 1934년 2월부터는 월간 『농민』을 신문형의 『농민순보』로 매월 3회씩 발간하다가, 그해 12월부터는 주간 『농민시보』로 변경했다. 월간 잡지 『농민』(『조선농민』 포함)은 9년 동안 80여 호를 발간했는데, 현재 전해오는 것은 65권뿐이며, 신문형은 단 한 호도 전해오는 것이 없다. 현재 조선농민사 관련 자료는 거의 모두 『조선농민』과 『농민』지에 의존하고 있다.

이 외에도 조선농민사는 농민독본 발간, 야간학교 운영, 순회 강좌 실시 등 농민계몽을 위한 다양한 교육 활동을 전개하였다.

〈활동 사례〉 농민공생조합

"농촌사회에 조합경제를 수립하여 농촌경제조직을 합리화시키고 농민의 경제적 이익과 협동생활을 실현케 하여 농민의 경제적 사회적 소원을 이루어주기 위하여" 농민운동단체인 '조선농민사'는 1931년 4월 경제사업 부서인 '알선부'를 협동조합 형태인 '농민공생조합'으로 확대 개편하였다.

조합원은 조선농민사 사원에 한하였고, 출자금은 조합원 당 50구까지 허용하였으며, 총회와 감사회를 두었다. 중앙회 산하에 군조합을 두고, 직할조직으로 평양지부와 농민고무공장을 설립하였는데, 1933년 9월에는 그 규모가 2백여 조합에 조합원이 5만여 명에 달하였다. '지방조합 창립은 조합원 50명 이상일 때 할 것' '1군 1조합만 조직할 것' '물품판매는 현금으로 할 것' '상인과 경쟁을 피할 것' '조합원의 의식교양과 훈련에 힘쓸 것' 등의 운영원칙으로 일용품의 공동매입에서부터 공동판매, 신용·이용·위생사업 등을 수행하였다.

또 소비자를 결속하여 자본가의 폭리착취에 대항하기 위해 1931년 11월 10일 각 지방공생조합의 협력을 받아 생산부 사업으로 평양에 '농민고무공장'을 설립하고, 직공 1백여 명을 고용하여 '농' 자표 고무신을 하루 1천5백 켤레씩 생산하였다. 공생조합의 고무공장이 세워지자 자본가 고무공장에서는 '농민' '공생' 등의 상표를 찍은 고무신을 대량 제조·판매했으며, 일본대재벌 삼정(三井)과 남선고무공업협회는 고무신의 생산·판매를 통제하는 등 조직적인 탄압을 가해왔다. 이렇게 하여 공생조합은 탈곡기 등 개량농구를 비롯한 비료·생사·미곡류 등 생필품 판매알선 중심이었던 알선부 사업에 조합원 생산품 공동판매·알선사업을 추가하였다.[20]

농민계몽과 경제협동 중심의 농민운동단체로 출범한 조선농민사는 1928년 1월까지는 주로 농민계몽운동을 전개하였고, 이후 1930년 4월까지는 농민운동단체적 성격을 띠다 이후 조직분열 및 중일전쟁 발발과 함께 전시체제하에서의 일제의 탄압과 경영의 미숙 등으로 결국 소멸되고 말았다.

조선농민사 본부는 지금의 수운회관 터인 종로구 경운동 88번지에 위치했는데, 1921년 건립된 천도교 중앙청사 건물은 현재 우이동 254번지로 옮겨져 천도교 중앙총부 별관 종학대학원(『조선농민』『농민』 등 보관, ☎ 02-993-3358)으로 쓰이고 있다.

---

20) 나광호, "조선농민사" 농협대농협문제연구소, 『협동조합연구』 제5집, 1982. 2월호, 135~141쪽

기독교계 협동조합 운동

기독교계 협동조합 운동은 1923년 착수한 YMCA의 농촌사업의 일환으로 전개되었다. 농촌사업의 기본강령은 "우리 농민들의 경제적 향상, 사회적 단결, 정신적 소생을 도모"하자는 것이었다. 1925년 조선공산당이 비밀리에 창당되어 사회분위기가 점차 좌경화해나가자 이에 맞서 YMCA는 농촌조직을 전담할 농촌부를 새로이 신설하고, 홍병선에게 간사직을 맡김으로써 이 운동은 교구와 기독교계 학교를 거점으로 활발히 전개되어 나갔다.

서울 YMCA의 부속사업으로 서울 부근에 8개의 협동조합이 조직된 것을 시작으로 지방 YMCA도 부락단위로 협동조합을 조직, 1930년 서울지방에는 협동조합이 11개, 소비조합이 5개, 판매조합이 11개에 이르렀다. 당시 농민들은 4부 이자로 돈을 빚내어 써야만 했기 때문에 협동조합이 절대 필요했다. 협동조합을 이용하면 4부 대신 1부로 돈을 쓸 수 있었기 때문이다. 1931년 4월에는 중앙청년회관에서 협동조합연합회를 결성하였고, 협동조합이 65개, 총 자본금도 1만 1,273원으로 늘어났다.

1930년에는 『농촌협동조합과 조직법』(홍병선 저)이라는 책자와 『농민생활』이라는 잡지, 그리고 농업·농촌 및 협동조합에 관한 각종 교양 계몽도서를 발간하여 선전활동에 노력하였다. 그러나 이 운동 또한 1933년 총독부에 의해 농촌진흥운동이 전개되면서 YMCA계의 지방협동조합은 부락진흥회에 합류되었고, 중앙 YMCA가 경영하는 협동조합 역시 1937년 총독부의 폐쇄 명령에 의해 자취를 감추고 말았다.

결국 자생적으로 조직된 민간협동조합운동은 관제·관영 조합의 압력과 탄압에 의해 정상적인 발달을 보지 못한 채 그 뿌리를 잃고 말았다.

〈활동 사례〉 YMCA 협동조합 운동과 홍병선

농민들은 3부6리 이상의 고리대에 몰려 지주에게 땅을 빼앗기고 소작인으로 전락했다. 농민 한 가정의 연평균 수입은 250원(75달러)에 불과했다. 농민들을 절망 상태의 빚투성이에서 구제한 것이 협동조합운동이었다. 남편들이 노름판에 빠져 정신이 없을 때 부인들은 끼니마다 몇 줌씩의 쌀을 모아 1년만에 35원의 자본금을 만들었다. 보통 40가구가 모여 하나의 협동조합을 만들었고, 모은 돈이 3백원에 이르면 영농비 등에 싼 이자로 빌려주었다. 농민들의 단결심은 농산물 판매에도 적용되었다. 함흥YMCA는 사과판매조합을 결성하였다. 보통 1전5리 하는 사과 한 개가 일본에 수출하면 3전부터 5전까지 받을 수 있음을 알고 간사가 일본까지 가서 계약을 체결, 4천여 상자를 수출하였다. 이러한 판매조합은 농민들에게 경제적 이익뿐 아니라 정신적 확신과 희망까지 안겨 주었다. 당시 협동조합은 신용조합, 판매조합, 소비조합 등 여러 형태였다. 1929년 5월까지 전국에 49개(조합원수 1,629명)였다. 1930년 서울지방에는 협동조합 11개, 소비조합 5개, 판매조합이 11개였는데, 협동조합을 이용하면 1부의 저리 돈을 쓸 수가 있었다. 1931년 4월에는 중앙청년회 회관에서 협동조합연합회를 결성하였고, 1932년에는 협동조합 65개에 총자본금이 1만 1,273원에 달했다.[21]

일제의 식민통치가 강화되던 1925년 2월, YMCA는 농촌부를 신설하고 홍병선을 간사로 임명, 서울·선천·함흥·대구·광주·신의주 등 6개 지역에서 농촌운동을 전개했다. YMCA 국제위원회로부터 농업전문가들이 속속 파견되었고, 1929년부터는 홍병선, 계병호, 최영균, 이순기, 이기태 등이 이들과 함께 농촌을 돌며 활동했다. YMCA의 활동은 종교 활동을 중심으로 보건교육(체육, 성교육, 식생활 개선, 가정치료법), 농사개량 지도(종자개량, 비료 사용법, 원예, 양잠, 과수 재배, 임업, 농기구 사용 관리), 농촌 계몽과 문맹 퇴치운동, 협동조합 운동 등 다양했다.

본격적인 협동조합운동은 홍병선과 신흥우가 1928년 덴마크를 시찰하고 온 뒤부터로 특히 경기지방에서 활동이 활발했다. 한편 신촌 연희전문

---

21) 전택부, 『한국기독교청년회 운동사』, 정음사, 1978, 397~398쪽

교내에서는 덴마크식 농업기술교육 중심의 고등농민수양소가 문을 열었는데 이기태가 이를 담당했다.

그러나 YMCA 협동조합운동은 1933년 일제의 '농어촌의 진흥과 자력갱생' 정책에 강제 편입되면서 힘을 잃고 말았다. 국제위원회는 파견한 농업전문가를 하나 둘 소환해 갔고, 재정 지원도 중단되어 1935년경에는 거의 해산되었고, 1937년에는 중앙의 협동조합 활동도 중단되었다.

협동조합운동을 주도했던 홍병선(1888~1967.7.19)은 일본 됴시샤대학 신학부를 졸업한 뒤 YMCA 운동에 투신, 1925년 목사 안수를 받으면서 농촌부 간사가 되었다. 1928년 덴마크를 시찰한 뒤부터는 협동조합운동에 모든 정열을 쏟아 부었는데, 그의 협동조합 관련 저서로는 『정말(丁抹, 덴마크)과 정말농민』(1929), 『협동조합 강화』(1958)(이상 농협대 도서관), 『정말농민과 조선』(1949)(연대 도서관), 『소비조합원리와 실제』(1960)(장남 홍재영), 『농촌협동조합연구법』 등이 있고, 다수의 일반저서가 있다. 그 외 관련 자료는 거의 전해오는 것이 없고 주요 활동 내용만 전택부 저 『한국기독교청년회운동사』(1978, 정음사), 개정판(1994, 범우사)에 실려 있다. 1968년 권태헌 등 농협운동가들의 모금으로 세워진 추모비는 현재 하남시 창우동 산 24번지에 세워져 있다. YMCA 농촌운동의 중심지였던 한국YMCA전국연맹은 현재 서울 소공동 117번지에 위치하고 있다.[22]

---

22) 권갑하, "한국농협운동 발자취", 『농민신문』, 1997.6.27

4. 일제 식민통치가 남긴 유산

식민지 반봉건적 농업으로 개편

봉건제 농업은 농지소유 면에서 봉건적 생산관계를 청산하고 농민의 사적 토지를 기초로 하여 농업자본제를 형성하고 농업생산력이 증대되어 근대화 과정을 밟아 발전해 나가는 것이 일반적인 현상이다. 그러나 우리의 경우는 제국주의의 식민지 지배하에서 농업 자본제의 과정을 밟았기 때문에 합리적인 진화의 길을 걷지 못했다. 즉 일본이 한국을 강점한 후 봉건제하의 한국 농업을 일단 자본제 형식으로 개편하여 토지의 사적 소유를 확립하였던 기본적 목적이 지주계급을 통한 한국 농민의 지배를 강화하여 제국주의 경제침략의 목적, 다시 말해 식량 및 원료 공급기지, 제국주의 상품시장, 노동력 공급지원 등을 충족시키기 위한 데 있었다. 따라서 형식적으로는 조선 봉건제 농업이 농지의 사적 소유를 확립하여 자본제 농업으로 개편된 것 같으나 실제에 있어서는 오히려 봉건적 지주제도가 일제의 법적 보호 하에서 제도적으로 확립됨으로써 한국 농민은 지주와 일본 제국주의 수탈이라는 이중적 수탈에 신음해야 했다. 따라서 일제하의 한국농업은 식민지 반봉건적 농업으로 규정되는 것이다.

이러한 반봉건적 농업구조 하에서 농업 생산력의 발전은 있을 수가 없었고, 한국 농민은 일제에 의한 농업공황의 식민지 전가, 식민지 초과이윤을 위한 가혹한 농민 수탈로 자기 보유 토지를 상실한 채 소작농으로 전락해 갔다. 특히 농산물 강제증산과 수탈, 그리고 저곡가 정책은 한국농민의 생산의욕을 완전히 떨어뜨려 식량사정을 더욱 악화시켰고, 농가부채는 급증하였다. 1910년을 기준(100)으로 할때 1924년의 미곡생산량지수는 127인데 비해 수출량 지수는 875, 1937년은 258과 2,021, 1943년에는 180과 758로 일제하의 농산물 이출은 기아수출로 일관되었다. 뿐만 아니라 1945년 남한 농가의 사정을 보면 총 농가호수 201만 193호 중 지주겸 자작농이 14.2%였고, 자작겸 소작농은 35.6%, 소작농은 50.2%에 달했다. 농가 호당 경지면적도 1.08ha로 경작규모가 매우 영세하였다.[23]

그리하여 해방 당시의 한국의 농업도 영세경영과 봉건적 소작관계를 근간으로 한 지주적 토지소유제라는 특징을 이루고 있었다. 이와 같은 토지의 집중과 소작농의 주류는 일제 식민지 모든 기간에 걸쳐 지주·소작인 간의 대립 격화 및 소작쟁의를 고조시켰고, 농민들을 더욱 빈곤에 허덕이게 만들었다.

이처럼 일제 패망 직전의 우리의 농촌 사회상은 재기불능의 황폐한 모습이었다. 물가는 살인적으로 폭등하고 임금은 기아적이며 수탈은 더욱 더 강화되어 모든 조선인의 반일감정은 극도로 악화되어 있었다. 물론 징용이나 보국대 등의 노무를 강제적으로 공출하고 농민들이 노예나 다름없는 모습으로 사냥되어 공장과 광산 등에서 강제노역에 시달리거나 이에 더하여 징병과 학도병으로 끌려가 엄청난 생명의 전장으로 내몰리게 되었다. 그 결과 깊은 산중에는 탈주병과 징병 기피자가 무리를 지어 숨어살게 되어 바야흐로 조선은 게릴라전 전야의 모습을 띠게 될 정도였다.

---

23) 이우재, '한국 농업문제의 본질', 변형윤 외, 앞의책, 47~48쪽

한편으로는 식민지 통치권력의 관리하에 일본의 독점자본을 진출시킴으로써 광공업, 상업, 금융부분에서 식민지적 자본주의의 발전을 보았고 제한적이나마 민족자본의 축적도 이룰 수 있었다. 그러나 본국 일본에 철저히 예속되어 있었기 때문에 해방과 함께 연계고리가 끊어져 재생산 체계는 급속히 허물어졌다. 예컨대 해방 당시 제조업 부문의 94%가 일본자본, 그리고 기술자의 80%가 일본인으로 구성되어 있었는데, 일본이 패망과 더불어 자본과 기술자를 철수시킴으로써 극히 일부를 제외하고는 대부분의 공장이 가동을 멈추어야 하는 극단적인 상황에 직면해야 했다.

해방 당시의 남한의 총 경지면적은 232만 정보, 총 소작지면적은 147만 정보였는데 그 중에 일본인 소유였던 것은 23만 정보였다. 이는 총 경지면적의 9.9%, 소작지면적의 15.6%에 해당되었다. 논의 경우는 총 경지 128만 정보, 총 소작지 89만 정보 중에 일인들의 소유는 18만 정보로서 그 비중은 훨씬 높았다. 그러나 미군정은 이를 포함한 전체 남한 재산의 80%에 달하는 구 일본인 재산을 모두 군정청으로 귀속시키는 조치를 단행함으로써 대부분의 공장과 은행 그리고 일인 토지는 미군정 소유로 넘어가고 말았다.[24]

이렇게 됨으로써 일제의 반봉건적 지주·소작 관계를 비롯한 식민지 농업의 정형은 전혀 청산되지 않은 채 단지 그 지배·관리가 일본에서 미군으로 넘어간 데 불과했으며, 정부 수립 이후에도 저농산물 가격정책, 관료주의적 농업경시, 농민지배정책 등으로 이어졌다.

농산물 공출 독려기관으로 탈바꿈한 조합들

일제하에서 가장 세력을 확장해 나갔던 금융조합은 중일전쟁에 이어 태

---

24) 박세길, 앞의 책, 64~65쪽 재인용.

평양전쟁이 발발하자 전시체제로의 급격한 변모를 보였다. 1940년에는 마을단위의 생산 확충 계획을 수립하였고, 식산계는 일본 전시행정의 최첨단 기수가 되었다.

일제는 한국농촌을 더욱 통제·장악하기 위해 금융조합의 조합원 확충에 열을 올려, 1944년에는 조합원수가 281만 명으로 늘어났다. 식산계도 1945년 6월말에는 약 4만 8,800계에 계원 수는 320만 명을 헤아렸다. 이러한 조직의 확충에 관계없이 농민을 위한 대출과 판매업무는 극히 미미했고, 할당에 의한 강제저축에 의해 예금만 급증함으로써 금융조합은 완전히 강제 저축 동원기관으로 변모하였다.

반면 산업조합은 자체 경영난 외에도 농촌진흥운동에 따른 식산계의 등장으로 금융조합과의 업무 마찰이 심각해짐에 따라 조직 개편문제가 대두되었다.

농촌진흥운동 이래 농회와 금융조합이 판매·구매사업에 진출하여 산업조합과 경쟁과 마찰이 심하자 이 세 단체를 농림국으로 이관하여 농촌단체의 기구를 개편해야 한다는 목소리가 높았다. 총독부는 1937년 산업조합과 농회의 사무를 농림국 농정과에 이관하고 또한 당시 신설한 조선금융조합연합회의 사업부에 관한 지도사무만을 농정과의 소관으로 하였다. 농정과는 △농회는 존속하되 농사의 지도 장려만을 주된 업무로 할 것, △금융조합과 산업조합을 통합하여 4종 겸영 농업협동조합을 신설할 것 등을 골자로 하는 소위 농촌기구조정안을 작성하여 그 실현에 노력하였으나 금융조합연합회와 재무국이 극력 반대하여 성사를 이루지 못하였다. …그러다 전체주의적인 통제경제체제하에서 회원의 가입 강제권을 가진 농회가 구매·판매·이용사업을 급속도로 확대해나감으로써 산업조합이 경쟁에서 패하게 되고 세상에서 자유주의적인 색채가 점차 희박해지자 조선금융조합연합회는 1940년 산업조합을 해산시키라는 요구를 내세웠다. 그 때 농정과에 당시 동경에 상주하고 있는 조선총독부 재무국장으로부터 한 장의 전보가 날아들었다. "산업조합 손실금 전액 150만원을 국고에서 보조하겠으니 산업조합의 해산계획서를 작성하여 당무자를 상동시켜라." 이 전보에 의한 산업조합의 해산계획, 당무자의 동경 출장 그리하여 10년간 태동한 후 반병신

기형아로서 출산하여 보유 없이 15년간 심한 영양 불량과 비참한 생애를 영위하여오던 조선의 산업조합은 해산과정에 들어갔다.[25]

이렇게 하여 산업조합은 117개 조합의 손실금 전액인 150만원을 국고에서 보조하는 형식으로 1942년 완전히 해산되었다.

농회는 1937년 중일전쟁이 발발하면서부터 총독부 하청단체로 더욱 노골화되어 지방 행정기관과 밀접한 협조 아래 농산물 공출 독려기관으로 탈바꿈하였다. 그로 인해 농민들로부터는 완전히 이탈되었으며, 마침내는 농민들을 압박하는 단체로 군림하기 시작했다.

> 전시 하의 농회는 이미 생산의 장려와 기술의 지도와는 관련이 없어지고 군국 일본의 조선인 일반에 대한 모든 물자와 사람 공출에 적극적인 역할을 담당하는 기관으로 바뀌었다. 군수를 장으로 하고 군청 내에 사무소를 둔 농회는 평화시의 수배로 늘린 수많은 직원들이 군·도청 직원이라는 이름 아래 읍면 직원·구장·통반장 등을 앞세워 온갖 수단으로써 공출 완수에 힘썼다. …1937년 중일전쟁 이후 흉작이 계속되어 일반 국민들의 식량은 크게 부족하였다. 그러나 군량의 보급에 급한 일제는 수확예상고를 실수확보다 훨씬 높게 잡아 국민 1인당 소비량을 1일 평균 2홉5사로 제정하는 한편 이를 공제한 전량을 공출하게 하였다. 할당량의 공출을 위하여 군 직원과 농회 직원들은 책임량의 완수에 사력을 기울였고, 농민들은 1년간 먹을 한 두 가마의 양곡을 부엌 바닥 등에 매장 은닉하였으나 군 직원들은 이를 샅샅이 색출해내었다. 어떤 곳은 공동으로 산중 수풀 속이나 토굴 등에 매장하여 두고 공출 독려대의 내습에 망을 보며 대비하기도 하였다. 그러다 불행히 색출되는 날이면 온 동리 부녀자들의 울음소리가 산과 마을을 진동시켰다. 이 때의 민중은 이미 남녀노소의 구별이 없었고 비료용으로 배급받은 만주산의 부패한 대두박으로 끼니를 때워 영양실조로 목불인견의 형용이었다. …조선의 소는 전쟁 때마다 일본군의 다시없는 육식으로 활용되어졌다. 그러나 일제는 식량의 증산을 갈구하면서도 농업생산의 수단인 소를 강제 공출함으로써 자식을 징용 당한 늙은 농부가 농우를 구하지 못하여 늙은 처

---

25) 문정창, 한국농촌단체사, 일조각, 1961, 249~251쪽

와 며느리를 앞세워 밭을 가는 진풍경이 일어났으며 경운할 길이 없는 많은 전답은 황무지로 변하였다. …세탁·잡무 등 군 자체의 노무 공급이 부족하자 통·반 조직을 통하여 가정 부녀자에게 세탁의 노무를 시킴으로써 가업과 가정 생활상의 위협이 점차 심각하여졌다. 특히 1933년이래 '위안부'라는 명목으로 만주 방면으로 보내진 부녀자의 수는 수십만에 달하였다. 그 위안부의 수송이 끝나고 자원이 고갈되자 이제는 다시 모령의 미혼여성만을 대원으로 하는 여자정신대를 편성하여 전국 각지에서 많은 처녀들을 뽑아갔다. 이로 인하여 당시 평균 20세 이상이 되어야 결혼하였던 처녀들이 16~7세에 결혼을 하는 등 새로운 조혼의 풍습이 생겨났다. 노무자의 징용은 조선내용과 조선외용의 두 가지가 있었는데, 다같이 군수공장·군노무·군납품공장·광산 등에 취로하였다. 초기에는 당국의 명령에 의하여 자진 출두하거나 또는 군·면 직원 또는 순사 등에 의하여 연행되었으나 나중에는 때와 장소와 정황을 가리지 않고 잡아감으로써 그 징용의 수단과 방법이 18세기의 흑인노예의 수렵을 연상케 하였다. 이들이 출발할 때에는 삼엄한 경계 속에서 젊은 아내의 애절한 울음소리와 늙은 어버이의 통곡이 골수에 사무쳤고 떠나가는 차를 추격하다가 구르고 거꾸러지는 모습은 목격자로 하여금 오열과 단장의 정을 금치 못하게 하였다. …철 등 금속류가 부족하자 모든 금속을 철저히 회수 공출하였다. 심지어는 주요 교량의 난간까지 철수함으로써 인마가 다리 위에서 수중에 떨어지는 예가 허다하였다. 탄피용으로서 공출하는 철기의 강탈은 특히 심하였다. 원래 우리 민족에게 철기는 청동기시대의 꽃이라 할만큼 가지각색으로 우수하였다. 그래서 각 가정에는 여러 가지 기물들이 많았고, 집안에 놋그릇이 많은 것을 재산과 품격의 표준으로 삼았다. 이로 인해 조선인 관리들은 놋그릇의 공출에 무척 주저하였다. 그러자 일인 경찰서장은 젊은 부녀자들로 여자청년대를 편성하여 이들로 하여금 각 가정을 습격 색출하여 수저의 일부분만을 남기고 보이는 대로 강탈하게 하였다. 그리하여 경찰서 구내에는 철기의 산더미를 이루었으며 이로 인해 수 천년에 걸쳐 이 땅에 전해오던 청동기문화의 꽃은 그 자취를 감추게 되었다.[26]

이처럼 농민 위에 군림하면서 통제와 수탈, 그리고 탄압을 일삼았던 일제 관제·관영의 농민·농촌 관련 조합들이 해방을 맞아서는 또 다른 정

---

26) 문정창, 앞의 책, 259~263쪽

부의 대행기관으로 변신해나갔다. 이것은 일본 총독부의 지위와 체계가 미군정에 그대로 승계된 데 따른 것이었다. 한마디로 해방은 일제 식민통치 질서의 근본적인 해체가 아니라 통치권이 일본에서 미국의 손으로 넘어간 것에 불과하였다. 일제의 잔재는 고스란히 유지되었고, 토지분배 등 사회개혁에 대한 농민들의 요구는 지주들과 결탁된 미군정에 의해 철저히 억압당했다. 이처럼 미군정은 우리 민족의 역사를 일제시대라는 '지나온 어두운 터널' 속으로 다시 밀어 넣고 말았다.

제2장 농협, 잘못 끼워진 단추

경제안정이라는 미명하에 미 잉여농산물 도입으로 뒷받침된 저곡가 정책은 소비자들에게는 소비를 조장하는 한편, 농민에게는 생산의욕을 저하시켜 심각한 농업생산의 정체를 가져왔다. 해방이 되자 협동조합운동을 표방한 농촌단체들이 우후죽순격으로 생겨났는가 하면 농민 착취에 앞장섰던 일제하 금융조합은 조금도 변하지 않은 모습으로 새로 탄생할 협동조합의 주체가 되고자 획책했다. 결국 금융조합 상층부의 농간에 의해 금융조합은 농업은행으로 옷을 갈아입었고 농협은 금융조합과 재무부 당국자들에 의해 철저히 거세당한 채 반신불수의 빈털터리로 세상에 태어나게 되었다.

1. 해방 후 농업정책의 흐름

심각한 농촌경제

 해방을 맞은 이 땅의 농촌은 말로 표현할 수 없는 참담함 속에 놓여 있었다. 해방과 함께 일본 경제가 송두리째 빠져나감으로써 재생산체계가 완전히 허물어졌을 뿐만 아니라 남북 분단으로 말미암아 대부분 북한에 뿌리를 두었던 중화학공업부문, 특히 화학·전력·비료 등의 공급이 중단됨으로써 남한 경제 전반은 파멸 직전의 상황이었다.[1]

 해방 후 무엇보다 심각했던 것은 식량문제였다. 일제의 산미증산정책으로 우리의 농업경영구조가 미곡 단작형태로 개편되어 버린 데다가 반봉건적 지주제도의 광범위한 온존과 비료 등 농업자재의 절대 부족 및 값의 폭

---

1) 남한에는 삼척산업 삼척공장, 조선화학비료 인천공장, 왕자제지 인천공장 등 세 개의 비료공장이 남아 있었는데 이 공장들은 북한 흥남 질소공장의 70만 톤이라는 연간 생산 능력에 비해 그 생산능력이 6%에 불과한 4만 2,000톤 정도에 그치고 있었다. 때문에 남한에서는 1946년에 들어와서 미 군정청의 관리하에 겨우 3,603톤의 비료를 생산하였는데, 이것은 1935년에서 1944년까지의 10년간 평균 생산실적 55만 8,134톤의 0.6%에 지나지 않는 것이었다.(이종훈, "한국자본주의 형성의 특수성", 김윤환외, 『한국경제의 전개과정』, 돌베개, 1981, 125쪽, 박세길, 앞의 책, 64쪽)

등 등이 농업생산성을 감퇴시킴으로써 사상 초유의 식량위기가 초래되었다. 더구나 해방되던 해인 1945년에는 미증유의 흉작까지 겹쳐 농촌을 비롯한 도시의 민중들은 굶어죽는 사태까지 빚어졌다.

이러한 식량의 절대적인 부족 하에서도 미군정의 비호를 받는 일부 친일파 지주들과 관료들은 높은 물가상승을 악용하여 양곡을 매점 매석하였고 미군정 당국도 비밀리에 일본으로 반출시킴으로써 위기를 더욱 가중시켰다. 뿐만 아니라 '토지개혁을 예상한 부재지주들의 토지 방매와 토지구매자금을 얻고자 소를 팔고 고리부채를 꺼리지 않는 농민이 격증하는 한편, 생필품 배급을 받지 못함으로써 각종 금전적 부채가 늘어난 영세농민들의 약점을 이용한 고리대금이 남조선 농촌을 점차 침식하는 경향이 농후' 해져 갔다.[2]

이렇게 위기가 고조되자 이를 극복하기 위해 1945년 12월 8일에는 농민단체인 '전국농민총연맹(전농)'이 결성되기도 했다. 당시 전농의 발표에 의하면 전국 13도에 도연맹, 군단위에 188개 지부, 면단위에 1,745개의 지부가 조직되었으며, 조합원수는 330만 명에 달했다. 뿐만 아니라 전농은 일본 제국주의 및 민족반역자의 토지를 몰수하여 빈농에게 분배할 것, 친일파와 민족반역자 이외의 조선인 지주의 소작료는 3·7제로 하고 금납을 원칙으로 할 것, 일본 제국주의와 민족반역자의 산림·하천·소택 등을 몰수하여 국유로 하고 농민이 사용하게 할 것, 수리조합은 국영으로 하고 그 관리는 농민에게 하게 할 것, 금융조합·농회·산업조합 등을 즉시 협동조합으로 전환시키고 농민이 관리하게 할 것, 그 밖의 소작 조건 등을 내용으로 하는 20여 개 항의 강령을 채택하면서 문제 해결에 나섰다.[3]

---

2) 조선은행 조사부, 『조선경제년보』, 1948, 367쪽
3) 박세길, 앞의 책, 72쪽

시급한 과제로 떠오른 농지개혁

이에 따라 해방 후 최우선적 과제는 농지개혁과 농민조직문제, 즉 협동조합 결성 문제로 귀결되었다. 그 중에서도 토지문제, 즉 농지개혁은 가장 시급한 당면과제였다. 일제강점기 동안 더욱 심화된 지주·소작관계의 근본적 해소와 경자유전 원칙에 의한 토지소유제도의 개혁은 거의 전민족이 그 필요성을 인정하고 있었다. 따라서 농지개혁 없이는 민주주의적 경제 재건이 있을 수 없다고 생각되었으므로 좌·우익을 막론한 각 정당·사회 단체는 이 문제를 언급하지 않는 자가 없을 정도였다.[4]

앞에서 살펴본 것처럼 총독부의 토지조사사업은 우리 나라의 농민생활과 농업생산력을 향상시키기 위해 실시됐던 것이 아니라 '식민지 착취의 공작과정'에 다름 아니었다. 즉 토지의 사적소유권을 확립하고 토지의 상품화를 촉진함으로써 일인의 토지 취득의 합법적인 길을 터 주는데 목적이 있었을 뿐 소작은 소작인으로, 수조권자이던 호족관리들은 그대로 지주로 남아 있었다.

더구나 토지조사과정에서 신고를 하지 못한 순진무구하고 무지몽매한 우리 농민들의 토지 대부분은 국유로 편입되었고, 땅을 빼앗긴 농민들이 알지도 못하는 사이에 값싸게 일본인들에게 불하되었다. 이것이야말로 일본의 악랄함을 보여주는 것이었다. 이 과정에서 일제는 지주들과 상호 협력관계를 유지해 나감으로써 지주들은 일제의 하수인으로 앞장서서 우리 농민들을 괴롭혔다.

이처럼 일제의 토지조사사업은 근대적 토지소유제도의 확립은커녕 봉건적 지주·소작관계를 더욱 심화시키는 결과를 초래했다. 토지조사사업이 끝난 1918년 12월말 현재 소작지가 전체 경지면적의 반 이상을 차지하게 됐다는 것은 이를 극명하게 보여주는 것이었다. 1920년대부터 추진

---

4) 조선통신사, 『조선년감』, 1947, 160쪽

된 산미증산계획도 계획이 중단된 1934년까지 약 16년 동안 경지면적은 3%, 농업생산력은 약 9% 밖에 증가하지 못했다는 사실에서 농업생산력 증진보다는 일본 독점자본의 본원적 축적에 그 목표가 있었음이 분명했다.

이 과정에서 농민들의 생활은 한층 궁핍해졌으며, 자작농과 자소작농은 급격히 감소한 반면 소작농은 크게 증가하였다. 즉 1918년에 소작인이 전체농가의 37.8%였던 것이 1932년에는 52.8%로 크게 증가했으며, 자작지와 소작지의 비율도 1943년에 이르러서는 38%와 62%에 이르렀다. 그러나 보다 직접적인 원인은 고율의 소작료와 수리조합비 및 지세 등의 과중한 부담금에 있었다. 이러한 농민들의 궁핍화로 소작쟁의가 날로 증가하자 총독부는 1925년 치안유지법을 제정하는 한편 1928년에는 임시소작조사위원회를 설치하여 소작관제도를 실시하는 등의 미봉책을 구사하다가 1930년대에 들어서는 드디어 지주 옹호정책으로 돌아섰다. 이유는 지주를 농민 수탈의 앞잡이로 내세워 전시동원체제의 실질적인 담당자로 이용하기 위함에서였다.[5]

바로 이러한 일련의 사정들이 해방 후 농지개혁의 내재적 요인이 되었다. 그 뿐 아니라 농지개혁은 당시 경제적으로 두 가지 측면에서 필요성이 역설되었다. 하나는 앞서 말한 봉건제적 수탈에서 해방되고자 하는 농민적 요구였고, 다른 하나는 자립경제를 이룩하기 위한 국민 경제적 측면이었다. 즉 정체된 농업을 발전시켜 광범위한 농촌시장을 형성하고 이를 바탕으로 비농업 부문의 발전, 특히 공업화를 진전시킴으로써 국민경제의 자주 자립을 이룩해야 된다는 역사적 요구가 그것이었다.

---

5) 허재일외, 『해방전후사의 바른이해』, 평민사, 1991, 180쪽

농민 배제된 농지개혁

이러한 국민적 관심과 열의에도 불구하고 농지개혁은 결국 미군정의 현실인식 부족과 한국 지배전략 의도에 의해 잘못된 출발을 내딛고 말았다. 즉, 경제적 요인보다는 북한의 토지개혁에 자극을 받은 미군정이 무산농민이나 농업노동자를 경자유전의 원칙 하에서 중산계급으로 형성시킨다는 '정치적 효과'에 무게가 더 실려 있었다.

1945년 10월, 미군정은 군정령 제9호 '최소 소작료 결정의 건'에 의한 소작료 3·1제 조치를 필두로 일련의 토지정책을 취해 나갔다. 그에 앞서 9월 25일, 미군정은 법령 제33호 '조선 내 소재 일본인 재산권 취득에 관한 건'의 공포로 우리 나라의 토지 등 각종 자원을 일제 동양척식회사의 후신인 신한공사로 귀속시켰다. 해방 직후 남한에서는 동양척식회사와 같은 대농장은 소작인들이 대표를 뽑아 농지를 관리하고 있었고, 일본인 소지주들은 대부분 토지를 버리고 경찰이 있는 도시로 달아나 버렸다. 소유자 없는 이러한 토지를 소작인들은 자신의 토지로 삼았고 분배를 할 때는 '지방인민위원회'가 주체가 되어 분배하는 것이 보통이었다. 이렇게 농민이 주인이 되어가고 있었던 일본인 토지가 미군정으로 다시 귀속되는 과정에서 상당한 농민의 저항이 있었다.[6]

이를 통해 결국 미군정은 일본총독부를 능가하는 거대지주, 거대 자본가로서 남한 땅위에 군림하게 되었다. 당시 신한공사의 토지를 소작하는 농가는 남한 총 농가의 27%에 이르렀으며, 소작지 면적도 총 경지면적의 13%를 상회하였다. 더구나 신한공사의 이 토지들은 상대적으로 생산력이 높은 토지였으므로 숫자상의 비율보다는 농업생산에 있어서 더욱 큰 의미를 지니고 있었다.

---

6) 박세길, 앞의 책, 65~66쪽

한국인이 지주로 있는 소작관계 역시 광범위하였다. 이들 한국인 지주들은 대다수가 친일적 세력들로서 미군정과도 강한 결탁과 지지를 보였다. 따라서 미군정과 결탁한 지주들에 의한 토지개혁이 정상적으로 이루어진다는 것은 애초 불가능한 일이었다. 즉 지주들에 의해 계속 뒤로 미루어질 수밖에 없었다.

이런 사정으로 미군정의 농지정책은 소작제 금지 또는 소작료 폐지의 정책이 아닌, 일제하의 지주·소작관계를 그대로 유지하는 선에서의 소작료 인하정도에 불과했다. 더구나 이해 당사자인 농민이 배제된 상태에서 이루어진 미군정의 농지개혁은 기존 제도에서 약간의 개선은 있었을지 몰라도 개혁에는 결코 미치지 못했다.

그러나 토지개혁의 근본적인 문제는 전후 미·소간의 세계 재편성 과정 속에서 극동지역에서의 공산주의 및 급진적 민족주의 운동을 제압하고, 이 지역을 미국을 중심으로 한 자본주의 영역에 둔다는 미국의 극동전략에 있었다는 점이다. 즉 점령지인 한국에 온건한 민주주의를 수립하고, 토지문제로부터 시작되는 사회주의적 변혁의 요구에 대한 확실한 방어 수단으로서 농지개혁 문제에 접근했던 것이다. 다시말해 당시의 한국농업의 특수성, 즉 일본 제국주의에 의한 반봉건적 토지소유관계의 강화와 수탈에 의한 농업생산력의 발전 저해 및 국민경제의 자립적 성장기반의 단절이라는 역사적 현실을 깊이 인식하지 못하였거나 또는 의도적으로 도외시한 상태에서, 뿐만 아니라 아래로부터의 농민 자신의 주체적인 문제 해결에 의한 농민적 진화의 길을 외면한 채 위로부터의 의도된 개혁이라는 타협적 해소의 길을 걷고 말았다.[7]

따라서 남한의 농지개혁은 '봉건적 토지제도'를 타파한다는 것은 매우 한정적 의미를 지닐 뿐 동기와 목적은 '자본주의 체제의 범주에서 당면한

---

7) 허재일, 앞의 책, 199쪽

사회적 위기'를 모면하기 위한 것에 불과했다는 혹독한 비판을 면하기 어려웠다.[8] 이처럼 미군정의 농지개혁과 그것을 원형으로 한 정부수립 후의 농지개혁은 식민지 반봉건적 사회 및 그 기저로서의 봉건적 토지소유의 철저한 청산이라는 개혁적 내용을 가질 수 없었고, 농업생산력의 질적 해방을 목적으로 한 것일 수도 없었다.

토지문제의 이러한 잘못된 출발은 현재와 같은 한국경제의 이중구조와 심각한 농업문제를 일으킨 근본적인 원인이 되었다. 즉 해방과 함께 국내 총자본의 8할로 추산되는 일본인 소유의 자본이 국가로 귀속됨으로써 자립경제를 확립할 수 있는 절호의 기회를 잃고 말았다. 또한 귀속재산의 처분도 권력과 지주들의 손에 의해 잘못 이루어짐으로써 특정인에게만 자본이 축적되는 계기를 만들어 주고 말았다. 이 때부터 한국 자본주의는 관료자본주의적 성격이 강화되었고, 종전의 구조 위에서 대일 의존이 대미 의존으로 재편성 심화되는 결과를 초래했다.

이처럼 미군정의 잘못된 인식 속에서 4년여의 우여곡절을 겪은 뒤 1948년 헌법에 '경자유전'의 원칙을 명기하고, 1950년 농지개혁법이 제정·공포됨으로써 일제하 '토지조사사업'으로 형성된 식민지적 토지소유제는 영세 소농민적 토지소유제로 바뀌었다. 즉 농촌사회에 뿌리 깊게 내려오던 지주·소작 혹은 양반·상인간의 경제적·신분적 관계를 해체시키고 근대적인 발전을 하기 위한 길을 텄다는 긍정적인 측면도 있었지만 군정기의 농지개혁을 발판으로 '위로부터'의 개혁이었다는 점과 분배사업의 '불철저성', 그리고 '균등 분배'라는 원칙만 존재했을 뿐 영세 소농을 계속적으로 발전시킬 수 있는 후속조치가 부족함으로써 미군정기의 잉여농산물 도입과 맞물려 소농구조를 더욱 고착화시키는 부정적인 결과를 낳고 말았다.[9] 다시 말해 지가상환의 과중한 부담, 지주의 불협조로 인한

---

8) 유인호, "농지개혁의 성격", 변형윤 외, 앞의 책, 101쪽

소작지의 누락 등으로 자작농 창설이라는 당초의 목적은 제대로 실현을 보지 못한 채 끝나고 말았다.

그러나 농지개혁 과정에서 가장 큰 문제점은 이해당사자인 농민이 철저히 외면 당했다는 사실이다. 다시 말해 기존의 토지제도를 개혁함으로써 그들의 경제적·사회적 지위를 향상시킬 수 있다고 생각하는 농민과 기존의 토지제도를 고수함으로써 그들의 지위를 유지하려고 하는 지주계층간의 '힘의 원리' 사이의 대립에서 결국 지주층의 승리로 끝나고 말았다. 통치권력과 공생관계를 가졌던 일제하의 지주들은 해방 후에도 미군정과 긴밀히 상호 결탁함으로써 그들의 이익을 전면적으로 보장받는 선에서 농지개혁이 이루어졌던 것이다. 이것은 당시 국회 속기록이 여실히 보여주고 있다.

···저는 국회 안의 공기를 대강 짐작하고 있습니다. 어떤 국회의원들의 말에 의하면 '지금 어느 때인데 농지개혁법안을 통과시키려고 애를 쓰느냐'고 해서 대단히 걱정하는 분들이 있는 것을 저는 압니다. 어떻든지 농지개혁법안을 지연시키려는 음모가 있다는 것을 저는 잘 알고 있습니다. 지주들이 이 문제를 반대하느라고 모든 수작을 다하고 있습니다.[10]

이렇게 국회에서 지연작전이 전개되는 동안 지주들에 의한 소작지 은닉은 계속되었지만 이러한 지연 전술을 막고자 하는 농민적 요구는 전혀 반영되지 못한 채 묵살되었다.

이렇게 하여 불합리한 봉건적 농업생산의 토대를 개혁하고자 농민들의 절규로 시작된 농지개혁은 지주들의 이익을 대변하는 세력들에 의해 일방적으로 결론이 나고 말았다. 뿐만 아니라 가난한 소작농들이 분배받은 토

---

9) 권광식, 『농협경제학』, 한국방송통신대학, 1991, 192쪽
10) 국회회의록,1949년 2월 15일, 유인호 『농지개혁의 성격』, 변형윤 외, 앞의 책, 120쪽 재인용

지를 계속 소유 보존해 나갈 수 있는 후속 조치는 마련하지 않은 채 농민들의 채무만 가중시키는 일련의 조치를 취함으로써 농민들은 다시금 소작농으로 돌아가지 않을 수 없게 되었고 어떤 경우는 그 이하로 떨어지기도 했다. 다시 말해 농지개혁을 원하는 사람의 입장은 무시되고 그것을 근본적으로 반대하지 않으면 안 되는 사람들에 의해 이루어졌던 것이다. 이것은 어느 개인의 평가가 아니라 해방 후 우리 나라 산업경제의 10년을 정리한 한국산업은행의 『한국산업경제 10년』에서도 같은 평가를 내렸다.

　　…농지개혁의 시기와 방법에 있어 농민의 입장에서 본다면 만전을 기한 것이 못된다는 것을 입증하는 것이다.[11]

결론적으로 한국의 농지개혁은 농업을 더욱 영세 소농화하였을 뿐 농업 생산력 발전이나 농촌 내부의 봉건적 잔재를 완전히 청산하지 못함으로써 농지개혁이 있은 지 20년도 안되어 전 농가의 약 34%가 다시금 소작농 형태로 전락하고 말았던 것이다.

마약과 같은 미국의 잉여 농산물

앞에서 살펴본 바와 같이 일본 독점자본의 요구에 의해 산미증산계획이 추진되고 생산은 증가되었지만 곧 일본 내 농업공황으로 수입이 제한됨으로써 한국 내 농산물 가격은 폭락하였고, 그 부담은 결국 한국 농민에게 전가되었다. 즉 1925년 한국의 벼 가격은 100석 당 11원 40전이던 것이 1931년에는 4원 63전으로 급락하였다. 이것은 일본 농업공황의 한국 농민에의 전가가 얼마나 큰 것이었던가를 보여주는 것이었다.

---

11) 한국산업은행, 『한국산업경제 10년사』, 1955, 57쪽

그러던 것이 전쟁기에는 다시 절대적인 공급부족으로 나타났다. 이에 따라 1939년부터는 약탈적 증산계획을 수립하였고, 강제공출과 소비억제라는 통제정책으로 한국 국민을 더욱 기아에 굶주리게 하였다.

그러나 해방과 농지개혁으로 생산과 소비는 정상적 수준으로 회복되었지만 6.25 동란과 연이은 흉작으로 농업생산이 크게 감소되어 식량문제는 고가격과 공급부족 형태로 나타났다. 즉 1949년 쌀 정곡 석 당 191원(년 간 평균가격)하던 것이 1950년에는 906원, 1951년에는 2,570원, 1952년에는 9,300원으로 계속 폭등하였다. 그런데, 1953년에는 그 양상이 급반전되었다. 이는 예상 부족량을 크게 초과하는 외국 농산물 도입에 따른 결과였다. 곡가는 연일 폭락하였다. 즉 1953년 7월 백미 1두 당 1,170원이던 것이 동년 10월에는 992원으로, 12월에는 723원, 1954년 4월에는 623원으로 급락함으로써 가히 농업공황을 방불케 했다. 보리의 경우는 그 정도가 더욱 심하여 들판의 보리 수확을 포기하는 농가가 속출했다.[12]

외국 농산물 대량수입에 의한 가격 폭락은 미국 잉여 농산물의 계속적인 도입을 구체화시킨 1955년 5월 한미 잉여 농산물협정 체결로 만성화되었다. 즉 1950년대 초의 공급부족은 절대적인 공급부족을 의미하는 것은 아니었고, 단순히 전쟁과 흉작에 따른 일시적·계절적 재고조절 능력부족에 따른 결과였다. 그러나 미공법(PL) 480호에 의한 미 잉여 농산물 도입이 장기화되면서 이 땅의 식량문제는 농업생산력의 정체와 소비 증대에 의한 절대적 공급부족으로 그 성격이 바뀌게 되었다.

일반적으로 미공법 480호 제1관에 의한 잉여농산물 도입 품목은 소맥을 중심으로 한 양곡 외에도 원면, 우지 등이 있었으나 양곡이 60%이상을 차지하였고, 1958년과 1960년의 경우는 그 비율이 90%를 넘었다. 이와 같은 미공법 480호에 의한 도입 이외에도 1956년부터 1961년까지

---

12) 박현채, "미 잉여 농산물 원조의 경제적 귀결" 변형윤 외, 앞의 책, 132~133쪽

MSA 402조, 군사원조 및 구호, 증여 등에 의해서 미 잉여 농산물은 대량으로 쏟아져 들어왔다. 이렇게 도입된 총량은 국내 생산량의 15% 이상을 차지하는 양으로서 저곡가 정책을 더욱 고착화시키는 한편 농업의 자립기반을 상실시켰다. 즉 경제안정이라는 미명하에 미 잉여농산물 도입으로 뒷받침된 저곡가정책은 소비자들에게는 소비를 조장시키는 한편, 농민에게는 생산의욕을 저하시켜 심각한 농업생산의 정체를 가져왔다. 이렇게 우리 경제의 바탕을 미잉여 농산물에 의존시킴으로써 계속적으로 수입규모를 확대하지 않을 수 없게 되었고, 마침내는 농산물 소비구조까지 변화시켜 만성적인 식량 수입국으로 전락되고 말았다. 미국입장에서 볼 때 한국은 더할 나위 없이 좋은 판매시장이었다.

여기서 중요한 문제는 실제 수요를 초과하는 양의 도입으로 저농산물가격 정책과 물가안정을 유지해나감은 물론 군사비 부담까지 전적으로 농민에게 전가시켰다는 점이다. 미공법 480호에 의한 군사비 부담 전가는 다음과 같이 이루어졌다.

미국 농업공황의 결과인 잉여 농산물의 축적을 배경으로 미국농산물의 해외시장 개척을 위해 입안된 미공법 480호는 대충자금 방식을 채택하여 수입국 통화로써 농산물을 구입하도록 하였다. 이러한 방식은 새로운 자본수출의 한 형태였고, 미국의 농업공황을 해결하려는 강제적 시장개척의 한 수단이었다. 뿐만 아니라 미국의 군사전략에 따른 군사비용을 수원국의 농업생산자 및 소비자의 희생으로 자판케 하는 교묘한 방식이었다. 즉 미공법 480호나 MSA법에 의한 경우 수입국은 농산물 구입시 달러를 필요로 하지는 않지만, 대충에 상당하는 수입국의 통화가 대충자금으로 적립되고 이것을 미국 측이 관리함으로써 농산물 시장개척, 전략물자 구매 및 군사비 지원, 미국 정부의 대외 채무 상환 등에 쓰여지도록 했다.

우리의 미공법 480호에 의한 수입은 같은 법 제1관 규정에 의한 것이었으며 판매대전인 대충자금은 주로 한미 양측간의 합의에 의해 국방비에 전입되었다. 따라서 엄밀한 의미에서 보면 이것은 경제원조는 아니며 군사비를 결국 농민이 부담하는 형식에 불과했다.

미 잉여 농산물 도입은 경제안정과 기아해방에 긍정적인 부분이 있었지만, 한국 농업이 미국 농업공황의 부담을 전가 받은 것에 다름 아니었으며, 장기적으로는 농업생산구조가 왜곡되고 소비구조가 변화되어 결국 농업생산력의 발전을 억제 내지는 정체시켰다. 잉여농산물 원조를 받는다는 것은 이처럼 만성적인 식량 및 원자재 수입국으로의 귀결이었다. 만성적인 식량 및 원자재의 수입국으로 귀결되는 구조적 메카니즘은 다음과 같다.

우선적으로 한국에 있어서 농업혁명의 가능성을 배제함으로써 농업생산력의 발전을 억제 내지는 정체시키는 논리다. 1949년 농지개혁을 통해 소경영 양식을 청산하고 농업혁명을 이룰 수 있는 절호의 기회였지만 높은 지가상환, 농업 외 취업기회 부족, 동란에 의한 피해와 과중한 잡부금

표 1 국내 생산량과 도입량의 비중   (단위 : m/t)

년도	양곡생산량(A)	480호 도입(B)	B/A %	402조 도입(C)	C+B/A %
1956	3,503	238	6.8	199	12.5
57	3,906	299	7.7	478	20.0
58	4,224	695	16.5	91	18.6
59	4,288	89	2.1	107	4.6
60	4,248	342	8.1	—	8.1

*자료: 농림부, 『양곡통계연보』, 1964

표 2 연도별 곡가추이(정곡 석당)

년 도	쌀(원)	지 수	보리쌀(원)	지 수
1956	1,.403	100.0	911	100.0
57	1,591	113.4	1,121	123.1
58	1,311	93.4	867	95.2
59	1,157	82.5	668	73.3
60	1,368	97.5	853	93.6

부담 등에 의해 결국 실패하고 말았다. 그 뒤에는 미 잉여농산물의 과잉도 입으로 저농산물 가격이 형성되었고 그에 따라 축소 재생산을 불가피하게 만들었다. 면화의 축소과정이 단적인 예다.

둘째는 자국내 생산이 안 되는 식량으로 소비패턴을 변화시킴으로써 국내 생산이 불가능하거나 공급이 한정되어 있는 해외 농산물에 대한 수입수요를 증대시키는 악순환에 빠지게 하는 논리다. 밀이 그 대표적인 예이다. 미 잉여농산물인 밀가루의 대량 도입으로 국내 생산기반을 무너뜨리는 반면 수요는 상대적으로 증대시켜 그 이후로는 외국에서 밀을 수입하지 않을 수 없도록 만드는 것이다.

셋째는 민족경제의 재건과정에 필요한 원료를 미 잉여농산물에 의존시킴으로써 국내 생산을 소멸시킴은 물론 원료제공에 의한 자립적 민족자본의 대두를 배제시키는 논리다. 따라서 공업발전도 외국 농산물에 의존하지 않고는 불가능하게 만드는 것이다.[13]

이처럼 만성적 식량 및 원자재 수입국으로의 전락은 과도기적인 것이 아니라 구조적인 것이라는데 문제의 심각성이 있었다. 즉 무상원조가 장기개발차관에서 민간차관으로 변화된 뒤 마침내는 민간자본의 직접 진출로 구체화되듯이 유상원조 또한 민간차관이 현금 달러에 의한 직접구매로 이어짐으로써 결국 경제적 예속관계에서 벗어나지 못하게 만드는 마약적 구조를 갖고 있었다.

이렇게 하여 농업을 비롯한 우리 경제는 미 잉여 농산물 수입을 고리로 하는 경제적 예속구조라는 마약에 중독되고 말았다. 1950년대에 걸린 경제적 마약 중독증상이 1970, 80년대를 거쳐 1990년대에 이르면서 우리 앞에 어떤 형상으로 나타나게 되는지는 뒷장에서 다시 알아보도록 하자.

---

13) 박현채, 앞의 글, 변형윤외, 앞의 책, 145~149쪽.

2. 해방 후 협동조합 조직 움직임

협동조합 조직 논쟁

　해방과 함께 몰아친 새로운 정치 경제적 기운과 함께 일제하에서 억압되었던 자주적 협동조합운동이 새롭게 활기를 띠기 시작했다. 즉 협동조합운동을 표방한 새로운 농촌단체가 각지에서 우후죽순격으로 생겨났는가 하면, 기존의 농업단체들도 그 모습을 바꾸어 새로 태어나는 협동조합의 주체가 되고자 하였다. 그러나 해방후의 급격한 여건 변동과 사회 제반 여건의 미비로 이러한 협동조합운동은 곧 위축되거나 소멸되고 말았다. 그럼에도 '영세한 농민을 협동조합으로 조직화하고, 이를 통해 농민의 경제적 사회적 지위향상을 기하는 동시에 침체된 농촌경제를 부흥시켜야 한다' 는 주장은 농촌문제에 관심 있는 사람들의 공통된 여론이었다.

　당시 주된 논의의 대상은 협동조합 조직이 자연발생적이어야 하느냐, 아니면 협동조합법의 성문화가 선행되어야 하느냐 하는 것이었으며, 한편으로는 기존의 농업단체들을 어떻게 처리할 것이냐 하는 문제로 압축되었다. 협동조합 조직이 자연발생적이어야 한다는 측은 협동조합이란 자본주의 경제 하에서 영세한 농민들이 자기방어수단으로서 이루어진 조직체이므로 농민의 권익을 도모하기 위해서는 자연발생적으로 조직되는 것이 무엇보다도 중요하며 법 제정은 단지 협동조합이 성장해나가는 과정에서의 제약요인을 제거하고 그 보호육성을 위해 조세·금융면 등에서 혜택을 주도록 하는 입법조치이어야 한다는 주장이었다. 반면에 법 제정이 선행되어야 한다는 주장은 각국의 협동조합 조직이 주로 선구자나 지도자에 의해 조직되었으며 농민 스스로의 필요에 의해 자연발생적으로 생성 발전된 것은 별로 많지 않기 때문에 강요가 아닌 지도육성 차원에서의 입법 조치가 우선적으로 필요하다는데 그 논리적 근거를 두고 있었다.

한편 기존 농업단체의 처리문제에 대해서는 협동조합을 조직함에 있어 기존 농업단체는 일체 해산시키고 새로이 단일적인 협동조합을 조직해야 한다는 주장과 비교적 우량한 단체를 모체로 하여 발전적으로 개편해야 한다는 두개의 안이 대립하였다.

이러한 문제에 대한 논쟁은 당시 상당한 시일을 두고 계속되었다. 그 과정 속에서 한편에서는 협동조합 조직운동이 전개되고 있었고, 다른 한편에서는 협동조합법안의 추진이 이루어지고 있었다.

해방 직후 농협법안 추진

1948년 9월, 정부수립과 함께 이승만 대통령이 농업협동조합 조직체를 고려한다는 방침이 서자 이해관계에 있는 기존 단체들이 미묘한 움직임을 보였다. 당시 농업협동조합의 탄생과 직접 관계가 있는 단체로는 계통농회와 약간의 동업조합, 금융조합과 특수 산업조합이 있었고, 사회단체로는 채규항 씨가 이끄는 대한농민총연맹이 있었다.

농림부는 2개월 여에 걸쳐 신용·구매·판매·이용 등 소위 4종겸영의 농협법안을 기초하여 국무회의에 상정하였다. 당시 농림부의 관계자들은 국장 조동필(현 평택공전학장)을 비롯하여 농경과의 과장 김송환(작고,

전 상공부차관), 과장 이기홍(전 건국대교수), 계장 차균희(전 농림부장관, 현 정식품 감사) 및 권태헌(작고, 전 농협대학장) 씨 등이었다. 그러나 농촌경제체제에 큰 변혁을 가져오는 법안이라는 이유로 국무회의는 기획처에 이를 심사 보고토록 했고, 기획처는 다시 경제위원회의 자문을 받았다. 이렇게 하여 기획처는 이른바 모든 산업을 포괄하는 '일반협동조합법'을 제정하여 국무회의를 거쳤고, 1949년 5월에 이를 정부안으로 국회에 상정하였으나 제헌국회 종언으로 폐기되었다.

제2대 국회개원으로 상정된 법안도 6.25의 발발 및 신용업무 겸영 문제로 농림부와 재무부간의 의견 대립으로 갈등을 겪다가 법안 추진 일체를 국회에 일임하는 상황에 이르고 말았다. 그 뒤 민의원 농림분과위원회를 중심으로 법안이 추진되었으나 별 진전을 보지 못하였다. 재무부 측은 전시임을 들어 협동조합 설립의 시기상조론을 제기하기도 했다.

민간 측에서는 좌익에 대응하는 농민운동단체로 대한농민총연맹이 결성되어 채규항씨가 중심이 되어 협동조합운동을 추진하였다. 제헌국회에 법안을 제출하는 것을 시작으로, 1953년과 1954년에도 농업협동조합법안을 민의원에 제출하였으나 성과를 거두지 못하였다. 일제 때 '협동조합운동사'를 이끌었던 전진한 씨도 1952년 농협법안을 제출하는 등 활동을 재개하였으나 더 이상의 진전은 보지 못하였다.

금융조합의 변신 노력

1946년 2월, 금련은 금융조합을 협동조합으로 개편할 목적으로 전국의 금융조합 소재지마다 협동조합추진위원회를 조직하고 전국대회를 개최하는 등 다각적인 활동을 전개하였다. 금련은 '일제하 금융조합의 죄상을 솔직히 인정하고 대오 각성한다'는 전제를 달면서 '금융조합의 완비된 조직과 커다란 역량으로 볼 때 부분적으로 개선만 한다면 협동조합운동의 주류가 되어 추진'해나갈 수 있음을 내세웠다. 다음 사항도 특히 강조하였다.

> 일제의 압제 하에서 정치면이나 중요 산업계에 활약할 기회를 얻지 못했던 조선 청년지식계급의 대량은 비참한 조선 농촌의 현실을 바라보고 협동조합운동의 숭고한 정신으로써 농촌 개척에 이바지하겠다는 이상으로 문화와 오락시설이 없고 권세와 지위의 매력이 없는 삭막한 산간벽지에 들어가서 농민의 벗이 되고 농민의 두뇌가 되어 농촌생활을 경험하였으며, 또한 농민을 위하여 정열과 지성을 기울여 일해온 사실만은 조선농촌개발사에 있어서 일점의 이채요, 광망이라고 특기해야 할 줄 믿습니다.[14]

그러나 농민들의 반응은 냉담했다. 그것은 일제하에서 금융조합이 저질렀던 농민수탈과 통제와 지배의 과거는 결코 용납될 수 없는 것이기 때문이었다. 이렇게 협동조합으로의 변신이 어려워지자 1949년부터는 농회의 비료업무와 고공품 조작업무를 이관받고 유력인사를 대거 영입하는 등 사업과 세력 확장으로 방향을 틀었다.

대한농민총연맹과 채규항

제1, 2대 국회에서 농협법안이 낮잠을 자고 있을 때 민간단체에 의한 농협조직운동이 활발히 전개되었다. 그러나 기존 단체들의 견제와 영향력으로 민간의 활동은 결코 쉬울 수가 없었다.

정부수립 이후 주요사업의 대부분을 금련에 빼앗긴 대한농회는 당시 농협발족에 적극적이었던 반면 농회의 사업과 거물인사들을 대거 인수 영입해 활기를 되찾은 금련은 점차 농협 발족문제에 시큰둥한 반응을 나타냈다.

좌익 계열의 전국농민총연맹(전농)에 대항하기 위해 1947년 8월 창립

---

14) 하상룡, "금융조합의 신발족", 농협중앙회, 『한국농업금융사』, 1963, 124쪽

된 대한농민총연맹(농총, 위원장:채규항, 고문:이승만, 김구)은 이 무렵 위원장 채규항씨가 중심이 되어 농협조직 추진에 적극 나서고 있었다.

1949년 12월, 채씨는 농협 설립을 전제로 이대통령으로부터 '농회를 농민총연맹에 인계하라'는 유시와 함께 "채규항이 중심이 되어 농민회를 조직하라"는 지시를 받아내었다. 그러나 아무리 대통령 유시라 해도 법에 의한 행정부 대행기관인 농회와 재산도 조직도 없는 공보처 등록단체에 불과한 농민총연맹이 합치는 일은 애초 쉬울 수가 없어 수 차례의 합동회의만 거듭하였다.

이 와중에 미증유의 6.25가 발발했다. 채씨는 농총 간판을 들고 부산으로 피난 가 그해 7월에 우장춘, 배성용, 김성제 씨 등과 '대한농업협동조합 조직촉진위원회'를 발족하여 읍·면 단위 농협발기인대회를 개최하는 등 전국적인 농협조직 운동에 들어갔다. 결속력과 추진력이 뛰어났던 채씨는 단위조합의 위치를 면에다 두는 한편 선전부장 김성제(1994년 작고, 전 부천군농협 조합장)를 일본으로 파견해 일본농협을 시찰하고 오게 했다. 일본을 시찰하고 돌아온 김성제는 협동조합의 성패는 부락 단위 지도자의 양성에 달려 있다고 보고하고, 즉시 부산 수정동에 '농촌지도자 훈련원'을 설립하였다.

채씨는 1951년 10월 농총의 조직을 바탕으로 농민회 창립을 추진하는 한편 각 읍면 단위로 농업협동조합 발기대회를 개최하고 서울특별시 및 각 시도 연합회를 결성해 나갔다. 마침내 1952년 12월 15일, 농총은 '농민회'로 공식 발족되고, 이어 대한농업협동조합중앙연합회가 창립되었다. 회장은 채규항, 부회장 김훈, 이사 주석균 외 23명으로 구성되었다. 만일 이후 상황에 별문제가 없었다면 한국의 농협은 어쩌면 여기서 그 출발을 보았을지도 모른다. 그러나 때는 전쟁 중인데다 정치적으로는 제2대 정·부통령 선거, 이대통령의 직선제 개헌 추진 등을 둘러싸고 혼미와 격동을 거듭하는 대혼란기였다.

거기에다 채씨가 한창 농협 창립의 야심을 불태우던 1952년 9월, 6대 함인섭 농림부장관이 6개월만에 신중목 씨로 바뀌었다. 국회의원으로 정치적 수완을 갖고 있던 신 장관은 채씨 중심의 농민회(농총)의 농협조직은 농민이 골고루 참여하지 않은 단체라 하여 실행조합 추진과 함께 관권으로 조직을 무력화시켜 나갔다. 이후 채씨와 신 장관은 농협조직문제로 많은 갈등을 겪게 되는데, 결국 신 장관에 밀려 채씨 중심의 농협 조직운동은 중앙연합회 창립 후 더 이상의 진전을 보지 못하였다. 이것이 화근이 되었는지 최씨는 전쟁이 끝난 얼마 뒤 곧 세상을 떠나고 말았다.

농민회의 농협 조직운동을 무력화시킨 신 장관은 자신의 구상 하에 농업요원제도를 바탕으로 한 마을 단위 실행협동조합 결성을 새롭게 추진해 나갔다. 채규항 중심의 농민회 조직은 그 뒤에도 농민의 입장을 대변한다는 취지 아래 자유당 기간 단체로 계속 존속되었다.

계통농회 해산

정부 수립 후 정국 혼미로 농협법안 추진은 지지부진했지만 새로 탄생할 농협의 주체가 되고자 하는 관련 단체들의 물밑 주도권 다툼은 이처럼 치열했다. 그 와중에서 가장 먼저 무릎을 꿇은 단체는 관의 별동대로 일제 농정을 수행하며 농민 수탈과 탄압에 앞장섰던 계통농회였다. 농회는 군정 아래서 생필품 공급 등으로 잠시 활기를 되찾는 듯 했으나 농민의 이탈 및 정부 자금 보조 중단 등으로 급속하게 힘을 잃어 갔다. 정부수립 후 농촌단체 개편 과정에서 농협의 모체가 되고자 움직였으나 한·미경제협정위원회의 결정에 의하여 1948년 8월에 비료 대행업무를, 12월에는 고공품(양곡 포장용 가마니 등) 취급업무 등을 금련에 넘겨주는 최악의 사태를 맞았다.

이즈음 농민총연맹을 이끌며 정계에 큰 영향력을 가지고 있던 채규항씨는 농협 설립을 전제로 농회재산 인수를 추진하였고, 1949년 12월에는 이대통령의 유시까지 얻어내었다. 그러나 농회의 강력한 반대와 6.25 발발 등으로 농총의 농회 인수문제는 유야무야 되었는데, 최태용 부회장이 비료매각대금을 횡령하여 월북하는 사태가 발생하자 "농회를 해산하여 앞으로 탄생할 '진정한 농민단체'에 인계하라"는 대통령의 새로운 유시가 내려지게 되었다. '농회를 농총에 인계하라'는 이대통령의 유시원문은 부산 피난시절을 거쳐 농림부에 보관되어 오다 1957년 농림부 청사 화재때 소실됐다고 한다.

농회를 해산하여 새로 탄생하는 '진정한 농민단체'에 인계하라는 새로운 유시가 내려지기는 했지만, 농민단체에 대한 이대통령의 태도가 모호하여 관련 단체들은 진의를 파악하지 못한 채 다들 아전인수 식으로 받아들였다. 실제 이대통령은, 어느 때는 금융조합을 일제가 우리 농민을 착취하기 위해 만든 단체라 비판하였고, 협동조합은 사상이 좋지 못한 사람들이 하는 일이니 '농민회'를 만들라 한 때도 있었으며 또 어느 때는 농회를 농총에 인계하라 하기도 했던 것이다.

이렇게하여 1951년 3월 해산된 농회의 재산과 사업은 농림부 '대한농회 청산 사무국'으로 인계되었다. 청산사무국 국장에는 김송환 농경과장이 취임하였고, 각 도·군에도 청산사무국이 생겨났다. 이렇게 하여 거대한 계통농회는 마침내 그 간판을 내리게 되었다.

농회는 원래 일인 산업자들이 1904년 군산농사조합, 1905년 한국중앙농회를 비롯하여 면작조합, 양잠조합, 축산조합, 보통농사조합, 지주회 등 각종 단체들을 임의로 조직하여 농민들에게 과중한 회비를 부과하는 등 폐단이 생기자 총독부가 1920년 이를 통합 정리하였는데, 별 효과가 없자 1925년 산미증산계획 실시를 계기로 1926년 1월 조선농회령을 발포하여 통합 조직된 조직이었다.

농회는 회비의 강제 징수권을 가져 그 횡포가 특히 심했다. 사업으로는 관의 하청기관으로 미곡의 공동판매, 비료의 공동구입, 비료 금융, 농업창고의 운영 등을 수행하였다. 일제는 1920년대 말 농업공황 당시 조선 쌀의 이출을 위해 미곡저장창고를 대거 설립하였는데, 생산지의 농업 창고는 모두 농회에서 운영하였다. 이러한 사업을 통해 농회는 일제의 산미증산계획을 착실히 뒷받침해나갔고, 일본 상공업자본에 원료공급을 하기 위해 일본기업이 정하는 가격으로 각종 농산물을 수탈 공출하였다. 1937년 중일전쟁 발발 후에는 총독부 하청단체의 성격을 더욱 노골화하여 경찰서와 손을 잡고 농축임산물의 할당량 공출을 채찍질하였다.

농회 재산 관리부서인 농림부 농경과는 새로 발족할 협동조합 문제는 국회에 일임한 채 뒤에 농회 업무를 정상적으로 넘겨준다는 명분으로 청산 사무국내에 총무·사업·축산부를 두어 사업을 계속해나갔다. 이 농회 재산은 1957년 농업협동조합 발족으로 시군농회는 농협 시군조합이, 대한농회 및 도농회는 농협중앙회가 각각 인수 청산하였다.

그러나 이러한 일련의 움직임은 중앙단위에서 이뤄졌기 때문에 일선 농민들은 '금융조합에 농협 간판을 붙이는 것인지' '채규항씨에게 농회가 넘어가는 것은 아닌지' '왜 농회를 해산했는지' 등에 의문만 가질 뿐 주체적인 입장에 서지는 못하였다.

농촌실행협동조합과 신중목 장관

민간에서 채규항씨가 중심이 된 대한농민총연맹이 읍·면, 시·도 단위 농협조직을 완료하고, 중앙연합회 창립에 박차를 가하고 있던 1952년 9월, 제7대 농림부장관에 신중목씨가 취임하였다. 국회의원을 겸한 데다 정치적 감각이 뛰어난 신 장관은 농림자문위원을 위촉해 각종 농업문제를 적극적으로 추진해 나가는 한편, 농업협동조합의 조속한 설치를 공약했다. 그는 농협법 제정은 시간이 걸리는 만큼 우선 부락단위 지도자를 양성하여 이들이 농협을 조직하게 되면 민법상의 사단법인격을 부여한다는 구상을 세웠다.

전시 하 노무 동원이 강하던 때라 국방부와 교섭을 통해 전국 읍·면에서 농업요원 1명씩을 엄선하여 교육시키는 '농업요원제'를 채택하여 노무 동원에서 제외시켜 주기로 하고, 부산 동래 원예시험장에 '농업요원 양성소' 간판을 걸었다. 명예소장에 우장춘(작고, 전농사원 원예시험장장), 소장에 최응상(작고, 전농협중앙회 부회장)이었고, 강사에는 조동필, 김준보(현 학술원 회원), 홍병선(작고, 목사겸 농협운동가), 김성제, 한웅길, 주세중, 현규택 씨 등이 참여했다. 교육내용은 농촌재건문제, 농사기술 보급, 외국의 협동조합운동, 농촌 협동조직, 반공교육 등이었고, 기간은 1주일간이었다.

그 결과 1953년 2월에는 부락단위 2명씩 각 도에서 교육한 부락 지도요원수가 3만 7,228명, 읍면 단위 각 1명씩 중앙에서 교육한 읍·면 지도요원수가 1,538명에 달했다. 이렇게 지도요원 수가 늘자 그는 '농업지도요원 운용요강' 수립과 함께 3월 15일에는 농정 제1,025호로 '농업협동조합조직 지도요강'을 제정하여 실행협동조합의 결성을 제도적으로 뒷받침해주었다. "부락단위로 협동조합을 조직하여 법인 인가를 요청해오면 인가해줄 수 있다"는 기준을 명시한 모범 정관예와 이의 인가권자인 농림부장관의 권한을 각 시장, 군수에 위임하는 조치도 취했다.

조직체계는 이동 단위 실행협동조합, 이를 구성원으로 하는 시·군조합 그리고 중앙회 3단계였다. 실행협동조합에는 총회, 이사회의 두 의결기관과 조합장 1인, 이사 3~7인, 감사 2인의 임원을 두었다. 시·군조합에는 총회, 이사회, 참여회의 3개 회의기관을 두고, 임원으로는 조합장 1인, 상무이사 3인, 참여 3인, 이사 7인, 감사 3인 이내를 두도록 했다. 실행조합에는 상무이사 1인과 참사 1인을 둘 수 있고, 시·군조합에는 '참여'를 위촉할 수 있는 권한을 부여했다. 다만 중앙회는 법적 조치가 완료된 뒤에 조직한다고 명시했다.

실행조합의 조합원 출자는 구성원 소유 농지를 표준으로 등급에 의해 좌수를 정하고, 시군조합의 출자 좌수는 실행조합원 총수에 따른 등급에 의하여 정하도록 하였다. 또 실행조합은 시·군조합장의 제 1차적 감독, 시장·군수의 제 2차적 감독 하에 두고, 시군조합은 중앙회의 1 차적인 감독, 도지사의 2차적인 감독 하에 두었다. 이렇게 하여 1953년에 조직된 실행협동조합 수는 이동조합 1만 3,628개소, 시군 조합 146개소가 조직을 완료하였다. 전국 대상조직의 이동조합은 72%, 시군 조합은 52%가 조직된 셈이었다. 가장 먼저 설립된 조합이 농업요원 양봉식씨(작고, 전안성군농협 전무)에 의해 조직된 경기도 화성군 안용면 고색리 실행협동조합이었다.

그런데 1952년 12월 채규항씨 중심의 농총이 농민회로 발족되고 농협중앙연합회를 창립한 상태에서 신중목 장관 중심의 실행협동조합이 조직을 전국적으로 확장해나가는 등 혼란이 일자 이대통령은 "농민회 같은 것을 만들어 돈도 빌려주고 공동구매와 공동판매사업을 하라"는 농민회의 성격을 협동조합으로 규정하는 담화를 발표해 농민단체 문제를 혼란에 빠뜨렸다.

농민운동 관계자들은 이대통령의 유시에 힘을 얻어 농민회 전국대회 개최를 위해 열띤 활동을 벌였는데, 이미 농민회 발족을 마쳤다는 농총 측과 이를 부인하는 측과의 주도권 다툼으로 농민회 전국대회는 유종의 미를 거두지 못했다.

언론은 21일에 학교강당에서 개최한 측을 '21일파' '옥내파'로, 여기에 참석하지 못한 측은 22일 옥외에서 개최했다하여 '22일파' '옥외파'로 분류해 당시 상황을 보도했다. 그런데 누군가가 "농악대회를 열어 농민들을 전국대회에 동원하려 한다"는 보고를 이대통령에게 하여, 이대통령은 "농악은 야만인들이 하는 것과 같은 원시적이고 유치한 것으로서 외국인에게 수치스러운 것이므로 앞으로 이를 금한다"는 담화를 발표하였고, 이에 농악놀이가 금지되어 경찰의 감시대상이 되었다. 이로 인해 농민들이 모심기철에 농악을 즐기다가 연행되는 웃지못할 사태가 벌어지기도 했는데, 이는 우리 민족의 오랜 전통을 무시한 처사인데다 각계의 진정이 이어져 수복 후 곧 해소되었다.

그런 와중에 신중목 장관에 의한 농업요원 교육이 전국적으로 활기를 띠자 "장관이 대통령에 야심이 있는 것 아니냐" "실행조합도 그에 따른 정치적 포석 아니냐"는 등 소문과 비난이 뒤따랐고, 이로인해 신장관은 이 대통령의 견제를 받게 되었다. 신중목 장관과 심각한 대립관계를 형성했던 채규항 측 농협조직은 그러나 실행조합이 행정력을 바탕으로 마을 단위로 법인등기를 하나 둘 해 나감에 따라 급속히 그 기반을 잃게 되었다.

이렇게 채규항 측 농협조직까지 소멸시키며 장관의 진두지휘로 급속히 조직을 확대해 나갔던 실행협동조합은 1953년 9월, 신중목 장관의 갑작스런 경질로 1년만에 유야무야 되는 상황을 맞고 말았다. 그 후에도 협동조합정책은 장관이 경질될 때마다 시시 변동되는 일관성 없는 정책으로 농업협동조합 조직운동에 혼선을 자아내는 결과를 빚었다.

최초로 조직된 고색리 실행협동조합

농업지도요원 양성을 통한 실행협동조합 조직운동은 마을 단위로 법인격이 부여된 조합이 하나 둘 그 모습을 드러냄으로써 장관에 의한 하향식, 일시적 운동이라는 비판에도 불구하고 한국 농협운동사에 중요한 활동으로 기록되게 되었다. 그것은 1957년 공포된 농업협동조합법에 의한 이동조합이 바로 이 실행협동조합 조직에서 실질적인 출발을 보았기 때문이다.

가장 먼저 결성된 곳은 농업요원 양봉식씨에 의한 경기 화성군 안용면 고색리의 '사단법인 고색리실행협동조합' 이었다. 초대 조합장 양봉식씨(1912~1974)는 함남 북청 출신으로 해방 때 월남하여 화성 고색리에 정착한 인물이었다. 남다른 영농법으로 일찍 독농가로 성장한 양씨는 마을 주민들의 신뢰 속에 이장직에 올랐고, 이 무렵 고색리 농업요원으로 뽑혀 부산 양성소에서 협동조합 교육 등 농업지도요원 교육을 받았다. 교육기간 중 특별히 협동조합운동에 매료된 양씨는 마을로 돌아온 즉시 농민들을 규합하여 고색리 실행협동조합을 창립하게 된다. 당시 농림부에서 협동조합 실무를 맡고 있던 권태헌 사무관은 이 마을을 수시 방문하여 농민교육을 실시하고 조합 설립도 지도·지원해 주었다.

이렇게 설립된 고색리 실행조합은 양씨의 열성적인 노력에 힘입어 전국적인 모범조합으로 성장하였다. 1956년 초 미 경제원조처의 쿠퍼 씨가 한국 여건에 맞는 농협법안 입안을 위해 조사차 내한했을 때 가장 먼저 이 마을에 안내되기도 했다. 조합원들의 힘으로 마을회관을 마련하고, 이용고에 따른 배당을 실시하는 등 조합을 자주적으로 운영하였다. 당시 고색리 실행조합 활동을 둘러 본 쿠퍼씨가 "협동조합 원칙에 의해 잘 운영되고 있고, 이 정도라면 협동조합에 대한 기초 지식은 모두 가지고 있다"고 평가했을 정도였다.

1956년 수립된 고색리조합의 사업계획서는 당시의 농촌 상황을 자세하게 보여준다. 생산사업으로 식량증산(재배면적 : 벼 364천평, 대맥 답 13천평, 전 22천평, 소맥 21천평, 호맥 8천평)을 위해 종자 갱신사업, 생산책임제 실시, 공동 작업반 운영, 전시포 설치를 통한 지도계몽, 농기계 공동이용사업 등을 실시하였다. 면화, 참깨 등 밭작물 증산과 축산계획(사육현황 : 한우 42두, 돼지 43두, 닭 477수, 토끼 109마리), 싸이로 건설 등 사료 확보계획도 수립하였다. 또 부업품 가공계획(가공현황 : 새끼 1,292, 가마니 6,464, 짚신 1,000, 멍석 140, 말린 국수 700, 토끼가죽 50개)과 129호의 초가지붕을 기와 등으로 개조키로 하였으며 그 외 생활물자 구입 계획, 주거개선 계획, 자금 계획, 식량수급 계획, 종합토지이용 계획 등도 수립되었다. 판매사업으로 미곡류의 위탁 판매, 특약 판매, 매입 판매 등 실시와 구매사업에 수수료 5푼~1할 징수, 이용고 배당제 등을 실시하였다. 이용사업으로 정미소, 제분 제맥기, 양수기, 공동 탈곡기, 공동 이발관, 협동회관 등을 운영키로 했으며, 공제사업으로 혼상구 설비, 공제회 조직으로 초상 시 회원 1인당 백미 1대씩 거출 지원, 기타 관혼상제의 간소화 및 미신 타파운동 등을 전개하였다.

1957년 2월 농협법 공포로 고색리 실행협동조합은 농협법에 의한 이동조합으로 정식 편입되었다. 등기년월일은 1957년 5월 6일, 출자금액 52만 6천원, 조합원 수는 141명이었다. 조합장은 박삼섭, 이사는 최기찬·강석구·장의록·김수복, 감사 김현승·박성관 등이었다. 이어 1957년 10월에는 고색리 조합 외 관내 23개 조합이 발기인이 되어 구농협법에 의한 '화성군 농업협동조합'을 공식 발족하였다.

양봉식 조합장(재임기간:1953~1956)에 의해 실행조합으로 출발한 고색리 조합은 그 뒤 박삼섭(~1958)조합장 때 농협법에 의한 이동조합으로 공식 편입되었고, 김웅오(~1961)조합장 때는 종합 농협법에 의한 이동조합으로 다시 탈바꿈하여 김종원(~1962), 황순복(~1963), 김종인(~1964), 장의록(~1968)조합장으로 이어졌다. 이동 단위조합이 읍면 단위로 합병되던 1969년, 관내 43개 이동조합도 하나로 합병되어 '수원단위농협'으로 새 출발을 보았는데, 고색리 조합은 그 3년 뒤인 1973년 수원농협에 합병되었다.

금융조합, 농촌산업조합으로 변신 피해

농촌실행협동조합이 전국적으로 조직돼 나가던 1953년 9월, 신중목 장관이 '농촌잡부금 문제'로 해임되는 사태가 발생했다. 전쟁과 거듭된 흉작으로 1953년 1월에는 절량 농가수가 60만 호에 이르고, 입도선매가 성행하는 등 농촌의 현실은 참담한 상황으로 치닫고 있었다. 이러한 농촌에 농민들을 더욱 숨막히게 만들었던 것이 바로 세금 아닌 '잡부금' 징수였다. 전쟁으로 국고가 바닥나 봉급을 제대로 주지 못하는 상태 속에서 지서, 면 등에서 하루에도 수 차례씩 농민들로부터 갖가지 명목의 잡부금을 뜯어갔던 것이다.

이때 신 농림장관이 특명을 내려 잡부금 징수실태를 비밀리에 조사케 하여 9월 9일 언론에 직접 공개하였는데, 당시 조사반이 잡부금 영수증을 확인한 것만도 56종에 달했다. 당시 이 문제는 엄청난 사회적 파장을 불러 일으켰고, 정치권으로까지 비화돼 북한에 대남 비난의 빌미를 제공했다 하여 결국 신 장관이 내무장관과 함께 해임되는 사태가 빚어졌다. 다행이 이 사건을 계기로 '잡부금 징수금지법'이 만들어져 농민을 상대로 한 잡부금 징수문제는 개선을 보게 되었다.

신 장관에 이어 1953년 10월 제8대 양성봉 장관이 취임했다. 때를 같이하여 금련에서는 하상용 씨 뒤를 이어 회장에 배민수 씨가, 부회장에는 채규항 씨 후임으로 김홍범씨가 취임하였다. 당시 금련은 농민에 대한 교육사업 강화를 통해 협동조합으로의 변신을 꾀하는 등 활로를 모색하고 있던 중이었다. 특히 농촌운동에 관심이 컸던 배회장은 대통령 및 농림장관과의 교분을 배경으로 정치적으로 상당한 힘을 발휘하였다. 이렇게 하여 나온 것이 "금련을 '대한산업조합연합회'로, 금융조합은 '농촌산업조합'으로 바꾸어 농촌금융에 힘써라"는 1953년 11월 12일의 이대통령 담화였다.

이를 계기로 국회에서 잠자고 있던 협동조합법안이 다시 논의되기 시작했다. 이때까지도 국회 농림위와 재경위간 합의를 보지 못한 농협법안은 법사위에 회부되어 계속 논란을 거듭하였는데, 2대 국회 종료로 또다시 폐기될 운명을 맞고 있었다.

금련은 국회의 이러한 농협법 추진은 아예 무시한 채 이대통령의 지시에 의지하여 '농촌산업조합'으로의 개편을 적극 추진해나갔다. 개편의 주요골자는 ① 금융조합을 해산하고 조직을 산업조합으로 개편한다. ② 산업조합은 민주적인 농업협동조합으로서 시·군단위의 대구역주의를 취하고 조합 내에 세포조직으로 마을단위 식산계를 부흥한다. ③ 산업조합법은 이상적인 협동조합을 지향하고 점진적이며 실제적으로 발전시켜 나간다. ④ 조합원 훈련은 조합원 개별이 아닌 식산계를 통한다 등으로 핵심은 금융조합이 협동조합으로 변신하는 안이었다.

그런데 이 산업조합법안은 농림부나 재무부가 아닌 법무부 안으로 입안되었는데, 이는 이대통령의 특별 지시에 따른 것이었다. "금융조합을 개편코자 하나 잘 안 되니 법을 다루는 법무부에서 법안을 만들고, 신모(신중목)는 아직도 협동조합을 한다 하니 이는 법으로 막을 것이다." 이즈음 이대통령은 신중목 장관이 추진하던 실행협동조합을 거부하고 금융조합의 개편을 통한 농업협동조합 창설에 힘을 실어 주고 있었다.

양성봉 장관 취임 1년도 안된 1954년 5월, 이대통령은 인재를 널리 구한다며 '천거함'을 설치하여 농림장관에 무명 인사 윤건중씨를 발탁했다. 그러나 결국 두 달도 채 안된 6월 30일 최규각씨로 다시 교체하는 해프닝을 연출했다. 최장관 취임 후 2개월쯤 지난 8월 27일 전문 78조의 '농촌산업조합법안'이 국무회의를 통과하였다.

산업조합법은 조합원의 경제적 지위향상을 기하는 자주적 경제단체로 성격을 규정하고, 조직체계는 연합회와 단위조합의 2단계제로 하였다. 이사 기관은 관선주의를 택하였고, 조합 구역 내에 거주하는 자연인 또는 산업법인은 그 직업 여하를 불문하고 조합원이 될 수 있도록 하였다. 업무는 신용·구매·판매·이용 등 소위 4종 겸영주의를 택하였고, 감독권은 다원화하였다. 업무구역은 일률적으로 고정하지 않고 탄력성을 갖도록 하였다.

국무회의까지 통과한 이 법안은 그러나 대한농민회의 반발과 감독권을 어디에 주느냐 하는 문제 등으로 논란을 빚다가 결국 폐기되고 말았다. 한편으로는 제3대 국회 개원과 함께 이기붕씨가 정계의 주역으로 등장하고,

정권의 최대 관심사였던 '초대 대통령 연임제한 폐지 개헌안'이 국회에 제출된 때문이기도 했다.

2대 국회 종료로 농협법안 폐안

'금융조합을 농촌산업조합으로 바꾸라'는 이대통령 담화는 농림부 중심의 농협 조직추진에 금융조합이 끼어 들면서 국회에서 낮잠을 자고 있던 농협법안 논의를 재개시켰다.

당시 법안 심의에서 가장 첨예한 대립을 보였던 사항은 농협의 조직체계와 명칭문제였다. 농림부는 이동 단위를 기본조직으로 하는 생산협동체로서의 이동조합과 유통협동체로서의 시군조합, 정점조직인 중앙회의 3단계제로 신용업무를 겸영하는 종합 경영체안을 내놓고 있었다. 이 안은 신규식·김인태 의원 등 당시 국회 농림위원 일부와 대한농민회의 지지를 받고 있었다.

반면, 박정근·김병순 의원 등 다른 농림위원들은 축산과 원예업체의 지지를 배경으로 시군 단위에서 농업·축산·원예 등 3업종을 분리하는 소위 업종별 조직체계를 주장하였고, 농림부내 축정국도 이 안을 적극 지지하였다. 당시 축정국은 축산업무와 축산협동조합 설립을 전제로 가축보호법을 적극 추진하는 동시에 농회 해산으로 제도적 공백상태에 있던 가축시장업무 취급기관으로서 축산동업조합으로의 환원을 꾀하고 있었다. 축산동업조합은 일제가 한우를 일본에 수출하기 위해 만든 정책 도구화 관제조직으로 1933년 산업단체 정리때 농회에 편입되었는데, 1951년 농회 해산과 1954년 1월 가축보호법 시행으로 되살아나 1955년 7월에는 가축매매중개업무까지 담당하였다.

제2대 국회 회기 종료를 얼마 남기지 않은 1954년 2월, 국회 농림위는 농림부 안을 바탕으로 농협법 심의를 시작했다. 금융조합도 제대로 운영되지 못하고 있는 실정에서 협동조합법 제정은 시기상조라는 비판론에서 실행협동조합 조직운동에 비추어 정치적으로 이용되기 쉬우니 협동조합 조직은 불필요하다는 부정론까지 숱한 논란을 거듭한 끝에 업종별 체계로서 농업부문은 4단계제(이동, 시군, 도, 중앙회), 축산·원예 등 특수부문은 3단계제(시군, 도, 중앙)를 채택하여 이를 재경위에 회부하였다.

재경위는 농림부 안을 토대로 다시 수정안을 마련하고, 농림위와 연석회의를 가졌으나 성과가 없어 결국 이 두 안을 동시에 법사위에 회부하였다. 그런데 법사위가 '시간이 없어 심의가 불가능하다'는 결론을 내림으로써 제2대 국회의 농협법 논란도 무위로 끝났다.

여기서 "농협의 기본조직을 '이동 단위'로 할 것인가 '읍면 단위'로 할 것인가"의 논의는 우리 농협운동사에 중요한 의미를 갖는다. 당시 팽팽한 이 두 안 중에서 결국 '이동단위'로 결론이 났던 것은 농림부 측의 협동조합론자들이 정신주의에 입각한 협동조합 건설을 선호한 면도 있지만, 일제하 금융조합의 식산계적 의식에 정부가 크게 영향을 입은 결과이기도 했다.[15] 그러나 이동단위의 조직은 상층 조합의 보좌단체로서는 적당하나 독립된 사업 경영체로는 기본적으로 규모가 너무 적어 기능을 발휘할 수 없었다.

농협의 명칭 문제도 당시 큰 논란거리였다. 특히 '협동조합'이라는 용어에 대한 이대통령의 거부감으로 농총 중심의 '농민회'란 명칭이 한때 주목을 받았고, 때로는 금련 중심의 '산업조합'이 힘을 얻었으며, 농림부에서는 '상호조합'을 한동안 추진하기도 했다. 또 어떤 이는 대만처럼 '합작사'로 하자고도 했고, '농업조합'으로 하자는 의견도 제기되는 등 한마디로 각양각색이었다.

---

15) 문정창, 『한국농촌단체사』, 1961, 308쪽

농업교도사업연구회

신중목 장관 경질로 실행협동조합은 더 이상 공식적으로 추진되지는 못하였다. 그러나 실행조합 결성의 주역이었던 농업지도요원들은 그대로 남아 있었고, 일부 조합은 운영을 자체적으로 계속해나가기도 했다. 1954년 4월에는 이들의 명칭이 '농업교도원'으로 바뀌었고, 이들이 구성원이 되어 5월에는 '사단법인 농업교도사업연구회'가 발족되었다. 마을별 농업지도요원들이 초기에 주로 농촌재건과 실행조합 조직에 매달렸다면, 교도원으로 이름이 바뀐 뒤부터는 농업기술 보급과 4H클럽 조직운동 등에 더욱 치중하였다.

농업교도사업연구회는 이보다 1년 전인 1953년 3월, 농업지도요원 교육을 마친 요원들이 결성한 순수농민단체인 '사단법인 농사보급회'가 그 전신이었다. 그런데 이는 자유당 외곽단체였던 채규항 씨 중심의 '대한농민회'가 이 조직을 자신들이 추진하는 협동조직의 전위대로 개편하려는데 반발해 새롭게 탈바꿈한 조직이었다.

농업교도사업은 농업기술지도사업으로 해방 후에는 군정령에 의거 농회가 갖고 있던 농촌교도시설과 각 도의 농사시험장이 합쳐 중앙의 농사개량원으로 옮겨갔다. 각 군에 교도소를 설치하여 농사의 실질적인 지도와 함께 중앙과 각도 시험장에서 연구한 농업기술을 농가에 전파토록 하자는 취지에서였다. 그러나 정부수립 후 농사개량원이 농업기술원으로 환원된 뒤부터 시험사업 위주로 성격이 바뀜에 따라 기술 보급에 대한 적극적인 기능을 발휘하지 못하였다. 이에 따라 농업교도사업의 기능은 자연스럽게 농림부 농경과로 이관되었고, 1955년에는 농업교도사업 전담기구로 농림부 내에 농업교도과가 신설되었다.

당시 농림부에서는 협동조합을 자금과 자재와 기술을 일체적으로 투입할 수 있는 다목적 조직으로 구상하고 있었다. 전문적인 고도 기술은 국가의 전문적인 기술지도기관에 의존하더라도 이미 보급단계에 있는 기술은 농협이 자금과 자재의 공급과 함께 보급하여야 한다는 생각을 갖고 있었다.

교도사업연구회는 최응상씨 주관으로 교도보를 월 2회 6만부 씩 발행하여 전국 교도원에게 배부하고, 각종 농업 포스터와 팜프렛을 제작 배부하는 한편 농업기술 영화를 제작하여 각 도 단위 농업기술강습회 때 상영하였다. 또 4-H과제용 기증물을 미국 4H연합회서 받아 모범 구락부에 배부하고, 4H중앙위원회와 농림부 후원으로 농업기술 월간지를 발행하는 한편 각 단위별로 모범지구에 대한 선전활동도 활발하게 전개하였다. 이동단위 일선 농업교도원들은 실행조합의 조직 운영과 함께 묘판 개량 등 신영농법 보급 활동, 4H구락부 조직 및 구성원 개인 지도에 상당한 성과를 거두었다.

교도사업연구회 회원들은 대부분 실행조합의 조합장을 겸한 입장이어서 농협법안 추진운동에도 적극 앞장섰다. 이들은 농민들의 서명을 받은 '농협법 제정 촉구 건의서'를 정부와 국회에 제출하였으며 제3대 국회의원 선거에 입후보한 각 군의 후보자들에게는 농협법 제정을 선거 공약으로 채택할 것을 강력히 요구하여 농협법 제정 문제가 제3대 국회에서 이슈화 하는데 크게 기여하였다.

이렇게 운영되던 농업교도사업연구회는 1956년 각 읍면에 농촌지도소가 신설되고, 그 동안 농업교도원이 하던 농사기술보급과 4H운동 업무가 지도소로 이관됨에 따라 이후 농협법 제정으로 농협조직으로 흡수되었다. '교도소'라는 명칭은 이북에서 형무소를 일컫는 말이라 하여 '지도소'로 바뀌었다.

금련의 식산계 부흥사업

신중목 장관의 해임으로 실행협동조합 활동도 시들해지고, 제2대 국회의 농협법안 추진도 개점휴업 상태에 있던 1953년 가을, 금련은 전국적인 조직과 축적된 역량을 바탕으로 협동조합으로 변신코자 다방면의 방안을 모색하였다. 그 동안 각종 정부대행사업 수행에 따른 경영 호전으로 별도의 협동조합 설립에 관심을 갖고 있지 않던 금련이었지만 대내외적 상황 변화에다 농촌 운동에 관심이 많은 배민수 회장의 취임으로 농민교육사업 강화 방침이 수립되었다.

이무렵 정부에서는 이승만 대통령 유시로 금융조합을 협동조합으로 개편하는 것을 골자로 하는 농촌산업조합법안이 추진되었다. 이 법안은 당시 정치권의 최대 이슈였던 '초대 대통령 연임제한 개헌안' 문제로 국회에서 폐기되고 말았지만, 그렇지 않았다면 한국의 농협조직 문제는 여기서 그 종지부를 찍었을지도 모른다.

금련은 1954년 농촌교육사업을 더욱 본격적으로 추진해 나갔다. 이와 함께 산업조합법안의 바탕이 되는 식산계의 부활을 위해 6월에는 '식산계 부흥사업 전개' 방침을 수립하였다. 식산계는 원래 일제가 1935년 식산계령을 통해 금융조합 산하에 마을단위 법인 조직체로 조직했던 것을 2차대전 당시 농산물 강제공출을 위해 농촌기관 일원화라는 미명아래 농회로 통합 이관시켰던 '농촌지도' 조직이었다. 따라서 금련의 식산계 부활은 농촌 조직에 대한 지도사업과 교육을 유기적으로 강화하겠다는 뜻을 담고 있었다.

농촌교육사업은 주로 영농자금의 효율화 지도, 식산계 지도계획 수립과 지도식산계의 설치 확충, 직원 및 마을지도자 강습, 마을 중심인물의 양성 등 다양했다. 그중 지도식산계의 사업은 농지조성, 수리시설 등의 생산시설과 특수작물 재배, 공동 경작, 축산, 과수원에 및 제지 완초제품 기타 농가부업 등의 생산사업과 정미소, 농기구, 어망 기타의 이용사업 외에 구·판매사업 등 다양하게 전개되었다.

1955년 3월말 기준 전국의 식산계 현황은 식산계 수 3만 4,755개, 계원

수 2백20만 명, 공동경작지로는 논 83만여평, 밭 81만여평, 대지 4,300여 평을 소유하고 있었으며, 발동기, 양수기 등 공동시설을 다수 가지고 있었다. 식산계 사업은 융자지원 미흡 등으로 실질적인 성과를 거두지는 못했지만, 교육활동만은 특히 활발해 제1회 농촌지도자 강습회 61명을 시작으로 금융조합 책임자 925명, 기술 지도자 584명, 식산계 장기강습 1,057명, 기타 각 금융조합에서 8,400여명을 교육시켰다.

그러나 이동단위의 식산계 부활로 농업교도원이 조직 운영하던 실행협동조합과 마찰을 빚게 되었다. 그로 인해 한 마을에 두 개의 협동조합이 생기는가 하면, 이동식산계가 잘 운영되지 않는 마을에는 금융조합에서 정부지원 영농자금을 농민들에게 지원하지 않는 등의 폐단이 발생하였다. 또 식산계장과 이동조합장의 겸임으로 금융조합이 식산계 독려 차 오면 식산계 간판을 걸고, 협동조합 실태조사를 나오면 식산계 간판을 떼고 협동조합 간판을 거는 현상이 비일비재하였다. 어떤 곳에서는 앞면과 뒷면에 협동조합과 식산계로 쓰인 하나의 간판을 만들어 같이 사용하는 웃지 못할 일도 벌어졌다. 결국은 농촌 마을에 법인격을 가진 두 개의 조직, 즉 실행협동조합과 식산계가 거의 같은 목적이면서도 별도로 움직여지는 혼란을 불러일으켰다.

이동 식산계 조직 부활을 통해 협동조합으로의 변신을 꿈꿨던 금련의 농촌부흥사업은 1955년 10월 농촌산업조합법안 폐기와 대행업무 정부이관에 따른 경영위기 봉착, 농촌부흥사업을 적극 주도했던 배회장의 경질 등으로 2년 1개월만에 중단되었다.[16]

---

16) 62~82쪽, 권갑하, "한국농협운동발자취", 『농민신문』, 1997.8.1~1998.2.20

3. '존슨' 안과 '쿠퍼' 안 논란

제3대 국회 초 농협법 추진

1954년 6월 개원된 제3대 국회는 정계의 주역 이기붕씨의 등장과 '초대 대통령 중임제한 철폐' 개헌안 제출로 뜨겁게 달아올랐다. 총선 때 주요 공약사항이었던 농협법 제정 논의도 본격화되어 정준 등 71명의 국회의원이 '협동조합법안 기초를 위한 특별위원회' 구성을 촉구하는 결의안을 본회의에 제출하였다. "재무부·재경위 측과 농림부·농림위 측이 서로 방해만 하고 있으니 국회의 농림·재무·법제 등 각 분과위가 공동 참여하여 통일된 안을 만들어 내자"는 것이 그 취지였다. 그러나 "협동조합법안은 농촌금융기구와 연관된 문제로 농림위와 재경위의 공동 심의사항인 만큼 두 위원회에 맡겨 처리하는 것이 타당하다"는 재경위 측의 이의 제기로 결국 농림·재경 양위원회에 농협법안 기초를 맡기는 쪽으로 결론이 났다.

그러나 정치권은 뒷날 '사사오입 개헌'으로 유명해진 개헌안 통과에 정치적 사활을 걸고 있었기 때문에 농협법 따위는 안중에도 없었다. 금융조합과 연합회는 1955년 들어서도 정부지원 농사자금을 식산계를 통한 집단 융자방식으로 전환하는 등 농협의 주체가 되기 위해 발빠르게 움직였다.

이즈음 농정 정세는 악화일로를 치닫고 있었다. 극심한 가뭄으로 모내기는 거의 하지 못하였고, 비료 도입도 여의치 않아 시중에 곡가와 비료가격은 천정부지로 폭등했다. 1955년 2월 취임한 임철호 농림장관은 즉시 비료조작업무에 대한 조사에 착수했고, 조작 원활과 경비 절감을 위한다며 조작업무를 금련에서 외자청으로 이관하는 문제를 적극 추진하였다. 긴박한 농정사정은 급기야 취임 6개월도 안된 임농림장관의 불신임으로 이어졌고, 강직하기로 소문난 정락훈씨가 제12대 장관에 취임했다.

그런데 비료·농약 등 대행업무를 빼앗긴다는 것은 금련으로서는 조직의 사활이 걸린 절체절명의 문제였다. 그렇다고 실질적인 농업신용업무가 미미한 금융조합 입장에서 농업금융을 담당할 새로운 금융기관의 설립 여론에 대항할 명분도 없었다. 사정이 이렇게 되자 금련은 농협보다는 농업신용업무를 담당하는 농업은행으로의 주체적인 변신을 적극 모색해나가기 시작했다.

존슨씨의 건의안

제3대 국회는 개원과 함께 농협법 기초특별위원회까지 구성하여 농림·재경 양위원회에서 심의를 계속했지만, 양측의 의견 대립은 여전했다. 결국 농림위는 중앙금고제를 포함한 농협법안을, 재경위는 농업은행법안과 함께 농협법안을 각각 법사위에 회부하였다.

농협법 문제가 이처럼 진통을 겪자 미 측은 건의안 형식으로 농협법 제정에 끼어들었다. 미대외원조청(FOA) 한국조사단이 제일 먼저 건의안을 냈다. 이 안은 금융조합과 연합회는 그 명칭만 바꾸어 신용사업과 정부대행기관의 기능을 계속하도록 하고, 농협은 상향식 조직과 민주적 관리 운영을 기본으로 하여 신용사업을 제외한 구매·판매·이용 등 경제사업을 하도록 하자는 구상이었다. 그러나 이 안은 농림부에 접수만 된 채 더 이상의 검토가 이뤄지지 않았는데, 이는 재경부와 금련을 등에 업은 안이었기 때문이었다.

1955년 8월 16일에는 한국의 농업신용 조직과 협동조합에 관한 건의안을 제시한다는 목적으로 한국 주재 국제연합군사령부 경제조정관실(OEC)의 요청과 국제상호협조처(ICA)의 추천 형식으로 미국의 농업신용 전문가인 에드원.C.존슨 박사(미국 워싱톤농지은행부이사보겸 연방농지저당회사 및 농지신용국 부총재)일행이 내한하였다.

존슨 일행의 초청은 OEC가 농업분야 경제원조를 효율적으로 처리할 단체의 조속한 설립을 위한다는 취지도 없지 않았지만, 한편에서는 농업은행으로의 변신을 도모하려는 금련과 재경위 측이 OEC 농업국장 해머씨와 절친한 관계에 있는 금련 부회장 김홍범씨를 앞세워 적극적으로 주선한 결과로 받아들여졌다.

이렇게 하여 내한한 존슨 일행은 약 1개월 여의 조사연구 끝에 "한국에 있어서의 농업신용의 개선에 대한 건의"라는 보고서를 작성하여 경제조정관 인타일러 우드씨에게 9월 9일 제출하였다. 동 보고서는 한국 농업에 관한 일반적인 정보와 본격적인 한국의 농업신용제도의 개선을 위한 방안 등 2부로 구성되었다.

골자는 ① 한국의 농협은 조합원인 농민들에 의해 관리 운영되는 민주적 조합으로 개편한다. ② 현재의 지방 금융조합은 단위조합의 연합회인 군조합으로 각 지소는 단위조합으로 개편한다. ③ 시군조합과 단위조합의 업무는 경제사업과 신용사업을 겸영한다. ④ 각 군조합의 연합체로 도연합회와 중앙연합회를 설립하고 지금의 금융조합 도연합회는 농협 도연합회에 편입된다. ⑤ 금융조합연합회는 '한국농업은행'으로 개편하여 농협중앙연합회와는 병립한다는 내용이었다. 즉, 금융조합연합회는 '한국농업은행'으로, 금융조합과 그 지소를 '농업조합'이라는 명칭 아래 지방협동조합으로 개편하되 농업조합은 농민을 위한 구매·판매·신용사업 등을 취급하는 다목적 조직으로 한다는 내용이었다.

1955년 9월 22일 OEC회의실에서는 이 안의 입법화 추진을 위한 한미 합동경제위원회 재정분과위 회의가 열렸다. 한국 측에서는 재무·농림·부흥 각부서의 대표 1명과 한은·금련 대표 각 1명 등 5명이, OEC측 대표 5명과 OEC 농업문제 고문 원용석씨(작고, 전농림부장관) 등 모두 11명으로 소위원회가 구성되었다. 농림부에서는 당시 농정국장 김병윤씨(작고, 전농림부차관)와 농정과장 권태헌씨가 참석했는데, 이날 회의에서는 아무런 결론을 내리지 못하였다.

그러나 10월 5일 이대통령으로부터 OEC가 건의한 농업은행을 조속히 설치하여 농민의 복리증신을 도모하라는 지시가 내려짐으로써 농업은행 설립은 농협 설립문제와는 별도로 급속히 추진되게 되었다.

존슨 건의안 논쟁

이처럼 OEC를 통해 정부에 제출된 농업신용제도 개선에 관한 '존슨 건의안'은 한국의 농업신용 및 농협조직 추진에 직접적인 영향을 끼쳐 농업은행 설립을 가속화시키는 한편 국회에서의 농협법안 심의를 촉진시켰다. OEC의 건의를 받은 이 대통령이 농업은행 설립을 지시함으로써 한미 합동의 농업은행 창립위원회와 법안 기초 전문위원회가 구성되고, 농업은행 법안 기초 작업이 시작되었다. 그러나 '농업은행의 관할을 어디에 둘 것인가' 하는 문제로 회의는 벽두부터 첨예하게 대립하였다. 재무부 측은 농업은행에서 취급하는 자금이 정부 전체의 자금 수급에 영향을 미친다는 논리로, 농림부측은 재무부 하에 두면 기존의 금융조합처럼 농업자금의 방출 및 각종 농촌금융 운영에 막대한 지장을 초래할 것이라며 서로의 주장을 굽히지 않았다. 농업금융에 대한 관할권 싸움이 본격화된 것이다.

언론과 농업문제 전문가들 사이에서도 존슨 안에 대한 공방이 벌어졌다. 각 언론에서는 "농업은행의 자금조달 문제"와 "농은과 농협의 유기적이고 민주적인 협조문제"가 관건이라는 지적과 함께 찬반 양론이 대립하였다. 『협동』(금융조합연합회 발행)지 제53호(1955년 11·12월호)에서는 '존슨 안 이렇게 본다' 라는 제하로 최호진(당시 부흥회 고문 겸 중앙대 경제학과 교수), 홍창섭(당시 국회농림분과위원장), 송인상(당시 한국은행 부총재), 주석균(당시 농업문제연구회 회장)씨 등 4명의 전문가 견해를 쟁점별로 요약 게재하였다.

홍창섭씨는 존슨 안에 대해 "사업이 '주'가 되고, 신용업무는 '종'이 되어야 한다는 우리의 안과는 관념부터가 다르기 때문에 찬성할 수 없다"면서 농업은행의 관할권 문제에 대해서도 "일반 금융기관이 아닌 농업조합을 주주로 하는 특수 금융기관으로서 농림시책에 의한 농업조합의 사업자금을 조달하는데 목적이 있는 것이므로 재무부장관 하에 둘 경우 원활한 운영을 기하기 어렵다"며 적극 반대했다.

중앙금고제에 대해서는 "각 농업조합이 그 목적사업을 수행하기 위해 소요자금을 조달할 목적으로 농업조합 또는 농업조합중앙회의 일연속기관으로 상향적 조직을 하여 농업조합의 부수적인 협조기관으로서 존재하게 될 것이므로, 이는 어디까지나 농은과는 달리 사업 우선주의에서 나오는 진정한 농민의 여신 또는 수신 기관이 될 것"이라고 주장했다. 또 단위조직에 대해서는 "농업조합 또는 협동조합이라 하면 글자 그대로 협동정신의 발로

표 3 『협동』 제53호에 나타난 존슨안 관련 전문가들의 견해 요약

구 분	최호진 씨	송인상 씨	홍창섭 씨	주석균 씨
존슨안 찬반	우리안을 만들자	대체로 찬성	찬성할 수 없다	대체로 찬성
농은의 관할	재무부	이사회서 운영	농림부	재무부
농조의 대행업무취급	해선 안된다	불가피하다	해야한다	해선 안된다
단위조직	이동단위	시군단위	이동단위	읍면단위
교육사업은 어디서	농업조합	농업은행	농업조합	—

에 의하여 자연발생적으로 조직되어야 만이 진정한 조직체가 될 것인데, 만일 이동단위 이상의 광역을 구역으로 한다면 구성원 상호간 의사상통이 충분치 못하여 자칫 관료적인 행태가 빈발하여 영속적이고 공고한 조직체가 되기 어려울 것"이라며 이동조합 단위가 적정하다는 주장을 폈다.

이 밖에도 그는 존슨 안에 대해 1) 농업조합보다는 농업은행이 주체가 되어 있고, 2) 현재의 금융조합을 농업조합으로 그대로 개편하는 점, 3) 농업은행에 직권이사로 현직관료를 둔다는 점, 4) 농업조합의 중앙회 설치를 필요하지 않는 것처럼 보고 농업은행으로 하여금 농업조합을 감독케 한다는 점, 그리고 5) 금융조합의 재산을 그대로 농업조합에 이관시킨다는 점 등을 문제점으로 지적했다.

이러한 논란에도 불구하고 정부가 존슨 안을 받아들이지 않은 근본적인 이유는 다른 데 있었다. 즉 존슨 안 대로라면 정부가 농업금융에 필요한 자금을 방출하더라도 농업조합은 신용·구매·판매·이용 등의 사업을 독자적으로 전개하기 때문에 정부가 지역조직인 농업조합을 직접 장악할 수 없다고 생각했다. 한편으로는 농업조합이 민주적으로 운영됨에 따른 농민들의 결속과 정치·경제적 압력단체가 되는 것을 두려워 한 때문이기도 했다.[17] 그 배후에는 금융조합 잔재세력들의 끈질긴 방해공작도 있었다.

만일 당시에 존슨 안이 받아들여졌다면, 오늘의 한국농협이 갖고 있는 많은 문제들은 생겨나지 않았을 지도 모른다. 즉, 금융사업을 고리로 하부조직을 지배하려고 하는 중앙회나 정부의 통제·지배에 따른 문제, 신용사업 중심의 중앙회 조직 비대화 문제 등도 일정부분 해소되었을 것이고, 신용과 경제를 겸영하는 단위조합과 연합회 조직인 군조합 등이 농협을 더욱 농민적 조직으로 변화시켰을 것이다. 그러나 자유당 정부는 농협이

---

17) 장상환, "농협의 역사와 현실", 변형윤 외, 앞의 책, 282~284쪽

본연의 기능을 수행하는 것보다는 일제처럼 농협조직을 정치적으로 바라 봄으로써 애초 이러한 가설은 성립될 수가 없었다.

구퍼씨의 건의안

1955년 10월 6일 구성된 한미 합동의 농업은행설립위원회 기초위원회에 미국 측은 존슨 건의안을 기초로 한 '협동적 농업신용·판매·구매에 관한 법안'을 제출하였다. 그러나 존슨 안이 정부의 생각과 달라 수용이 어렵게 되자 OEC 측은 ICA본부에 다른 전문가의 파견을 요청하였다. 이렇게 하여 내한한 사람이 일본 농협법 입법에 관여한 바 있던 필리핀 주재 ICA 직원 존 L.구퍼씨였다.

농림부 관계자들은 존슨씨의 방문 때 금련을 의식하여 피동적인 자세를 취했던 것과는 달리 쿠퍼씨에게는 그가 한국과 입지와 비슷한 일본 농협 조직제도 설치에 관여한 전문가라는 점 등으로 조사연구 및 법안 기초에 적극적으로 참여했다. 쿠퍼씨의 입법업무 지원은 OEC측에서는 김명수씨가, 농림부 측에서는 권태헌씨가 맡았다. 농업요원 양봉식씨가 설립 운영하던 고색리 실행협동조합 등을 둘러보는 농촌 현지조사를 마친 쿠퍼씨는 잠시 필리핀으로 귀임했다가 1956년 초에 다시 내한하여 입법 작업에 착수했다.

1956년 2월 3일, 쿠퍼씨는 한국농업은행법, 신용조합법 및 농업조합법 등 3개 법안을 골간으로 하는 "한국에 있어서의 협동조합 금융 입법에 관한 건"이라는 건의서를 OEC에 제출하였다. 쿠퍼 안의 특징은 위의 3가지 법으로 구분 입법하여 농업신용과 협동조직을 다원화시킨 점이었다. 신용사업과 경제사업의 분리 원칙 하에 신용사업체계는 신용사업만을 전담하는 농업은행과 시군 단위까지 신용조합을 두어 두 신용기구를 병립시킨 점이 존슨안과 달랐다. 즉 농업은행과 별개로 신용조합을 만들어 조합금융의 이념을 실현시키고자 했던 것이다.

농업협동조합의 조직체계는 이동조합-농업조합-시군연합회-중앙회 4단계로 하였고, 신용조합은 금융조합의 자산과 부채를, 농업은행은 금융조합연합회의 자산과 부채를 각각 인수하도록 하였다. 또 이동조합은 농민과 조합시설 이용자를, 농업조합은 이동조합을, 도연합회는 농업조합을, 중앙회는 도연합회를, 그리고 신용조합은 구역 내 독립생산자와 금융조합의 조합원을 승계 받아 그 구성원이 되도록 하였다. 즉 기존의 금융조합은 신용조합으로 금융조합연합회는 농업은행으로 개편하며, 농업협동조합은 별도로 새로이 조직하되 시군연합회와 중앙회는 신용업무를 제외한 사업을 하도록 하였다. 또 농업은행은 신용조합에 대출하고, 신용조합은 농업조합, 특수조합 및 이동조합에 대하여 농업자금을 공급하게 하였다.

구퍼 안의 협의를 위해 한미대표자협의회가 열렸다. 그러나 농림장관의 불참으로 1차 회의는 별 내용 없이 끝났고, 뒤이은 개별 협의과정에서도 농림부가 4종 겸영의 3단계 단일체계를 고수해 합의점을 찾지 못했다. 그러나 쿠퍼안에 호감이 간 금련과 재무당국자들은 서둘러 법안을 추진하는 한편, 우선 손쉬운 시중은행법에 의한 은행으로의 개편을 서둘렀다.

쿠퍼 안의 채택은 일제하의 금융조합과 산업조합을 병립시키는 것과 같아서 이것은 결국 협동조합을 장악하지 못할 바에야 반신불구로 만드는 것이 낫다는 생각을 담고 있었다. 즉 일제하의 민간협동조합을 산업조합 조직으로 약화시키고, 금융조합을 농민 장악의 실질적인 사령부로 만든 경험에 따른 것이었다. 이처럼 자유당 정부가 일제 때의 협동조합 운영 시스템을 그대로 답습한 것은 마찬가지로 농민들이 결속하여 반자유당 운동으로 전가되는 것을 두려워 한 때문이었다.[18] 이것은 또한 일제 때 농민 수탈에 앞장서 영화를 누렸던 금융조합 잔재세력들과 그 배후 격인 재무

---

18) 장상환, "농협의 역사와 현실" 변형윤 외, 앞의 책, 284쪽

당국자들의 끈질긴 기득권 유지 전략에 따른 것이기도 했다.

이렇게하여 재무부는 전문 7장 85조의 농업은행법안과 전문 12장 116조의 신용조합법안을, 농림부에서는 전문 9장 119조의 농업협동조합법안을 각각 수정 제출하였다.

어쨌거나 이 두 안은 한국농촌의 실정과 농민의 경제생활을 충분히 조사연구하지 않은 채 일부 관계자들의 의견만 듣고 만든 의견서라는 성격을 갖고 있었다. 이는 은행으로 변신을 줄기차게 꾀해오던 금융조합 측에는 결정적인 명분을 제공한 반면, 4종 겸영을 주장해온 협동조합론자들에게는 결정적인 타격을 가한 셈이 되었다. 즉 정부는 다년간 끌어온 협동조합론자들의 논의를 무시한 채 손쉬운 시중은행법에 의한 금융조합의 은행화를 밀어붙였던 것이다.

농업은행 설립 추진 진통

농협법 제정문제와는 별도로 이대통령의 지시로 급속히 추진되던 농업은행 설립문제는 1955년 10월 14일 회의 이후 농림부와 재무부간 농업은행 관할권 문제로 또다시 교착 상태에 빠졌다.

이 무렵 국회 본회의에서는 농협법 제정 기초위원장 홍창섭씨(당시 농림위원장)의 제안에 따라 농림·재정경제 양위원회에서 작성된 농협법 초안에 대한 예비심의를 10월 19일까지 마치기로 결의하였다. 농림위에서는 이를 위해 본회의가 끝나자마자 10월 15일 수원에 있는 중앙농업기술원으로 장소를 옮겨 숙박을 함께 하며 예비심의를 계속하였다. 홍창섭씨는 당시를 이렇게 회고하였다.

"재무부·재경위의 방해와 이대통령의 협동조합에 대한 이해 부족으로 농협법 제정은 무척 힘들었어요. 이대통령은 '금융조합이 잘하고 있고 협동조합 만들면 덜어 먹는다'며 반대를 했지요. 저는 제2대 국회 때의 신임을 바탕으로 이대통령을 설득해 간신히 허락을 받아 낼 수 있었어요. 그러나 국회에서는 기초위원회가 만든 초안에 대해 논란이 끊이질 않았어요. 그래서 제가 본회의에서 조속한 심의 종결을 촉구했던 겁니다. 다행히 안이 받아 들여졌고, 저는 농림위원들과 함께 수원으로 내려가 숙식을 함께 하며 심의를 거듭한 끝에 이동조합을 기초로 하는 3단계의 조직체계와 중앙에 2단계 체제의 중앙금고를 설치하는 전문 제143조 부칙의 농협법 초안에 대한 농림위의 예비심의를 마칠 수 있었어요."

그러나 재경위로 넘어간 이 안은 재경위가 심의에 앞서 △농업은행을 별도 설립하고 △단위조직은 읍면으로 하며 △축산조합 등 업종별 조직을 인정한다는 3개항의 원칙을 재천명함으로써 다시 교착 상태에 빠졌다. 이 와중에 OEC측 초청으로 쿠퍼씨가 내한하여 3개 법안을 제안하였다.

쿠퍼안의 제출로 한국의 농업신용과 농촌협동조직은 농업은행법, 신용조합법 및 농협법의 3법에 의해 운영될 기운이 농후하였으나, 이 또한 농림부와 재무부간에 의견 통일이 이루어지질 않아 진행이 중단되었다.

일반은행법에 의한 주식회사 농업은행 발족

그런데 정부에서는 농업금융을 담당하던 금융조합과 동연합회를 해산한다는 방침을 이미 세워놓고 있었기 때문에 영농기가 도래하면서 영농자금 방출과 비료자금 적기 공급 등이 시급한 당면 문제로 떠올랐다. 이에 1956년 3월 9일 국무회의는 농업은행법만을 우선 재상정키로 결의를 보았고, 12일에는 일반은행법에 의한 농업은행 설립요강을 통과시켜 과도기적인 농업은행이 그 모습을 드러내게 되었다. 즉, 당초의 농업은행 정관안 일부를 수정하여 자본금을 증액하고 정부 추천의 발기인을 금융조합 및 동연합회 선출의 발기인으로 바꾸며, 대통령령에 의한 해산명령 대신 조합원의 해산 결의로 청산토록 하는 한편 금융조합 및 동연합회의 금융업무 일체를 주식회사 농업은행에 이양토록 하는 조치를 취했다.

주식회사 농업은행 설립을 전제로 한국은행 부총재인 김진형씨가 금련 회장으로 임명되고, 이사 이호상씨가 금련의 금융담당 이사로 임명되었다. 이에 금련에서는 3월 30일 임시총회를 열고 금련의 금융업무를 앞으로 설립될 농업은행에 이양할 것과 농업은행 주식 3백만주 중 299만 9,700주를 인수할 것을 결의하였다. 4월 3일에는 전국 금융조합장 회의를 열어 10인의 설립발기인을 선출하고 그들로 하여금 조속한 시일 내에 농업은행을 특수법에 의한 농업신용체제로 발전시켜 달라는 대정부 진정서를 채택토록 하였다.

발기인들은 정관을 작성하여 4월 10일자로 금융통화위원회의 인가를 얻고 다음날 중역을 선출함으로써 설립 추진은 급진전되었다. 4월 21일 발기인은 30억 원의 자본금 중 제1회 불입금으로 7억 5천만 원을 불입하고, 4월 30일에 설립등기를 완료함으로서 1956년 5월 1일을 기하여 일반은행법에 의한 주식회사 농업은행이 정식 발족되었다.

이것은 특별법에 의한 금융조합의 은행화 추진이 쉽지 않자 금융조합 및 재무부 당국자들이 자신들의 소관사항인 일반 시중은행법에 의한 은행으로의 변신을 꾀한 것으로, 따라서 농업은행의 설치는 지극히 간단하게 처리되었다. 그러나 특수법에 의한 보장을 받지 못하여 자기자본 부족을 비롯하여 은행법과 한국은행법의 제한규정으로 기한 1년 이상의 중장기 자금의 차입과 대출이 제약을 받았을 뿐 아니라 농업금융의 일원화를 실현하는데 필요한 제도적 뒷받침이 결여되었다. 또한 주식회사였기 때문에 이윤실현과 경영안정의 원칙상 농민을 위한 융자금리의 과감한 인하나 무담보 신용대출, 융자조건의 완화 등도 기하기 어려워 본래의 목적인 농업금융 지원기관으로서의 역할을 제대로 수행하지 못하였다.

때마침 필리핀에서는 제1회 동남아지역의 농업협동신용제도 연구회가 개최되었고, 정부 내 협동조합 조직 관계자들이 다수 참석하였다. 이 연수회를 거치면서 한국의 협동조합법은 '농업은행법과 농협법'의 양대 법 제정으로 분위기가 급속히 기울었다. 이는 금융조합과 재무당국자들이 조직의 힘을 이용하여 이미 만들어진 농업은행을 기정 사실화하면서 특수법으로의 개편을 강력하게 밀어부친 결과였다. 그렇게 하여 1957년 1월 24일 농협법과 농업은행법이 임시국회에 상정되었다.

그러나 농협법안 심의는 그렇게 간단히 진행되지 않았다. 당시 농협체계에 대한 구상은 백인백색의 양상을 띠었던 만큼 다양한 수정안이 제기된 데다 다른 정치 쟁점에 밀려 의사 일정이 수시 변경된 때문이었다. 10차 회의에서야 겨우 본회의에 상정되었고, 농림위원장과 재경위원장의 제안설명에 이어 의원들의 질문에 들어갔다. 농지개혁 이후 농촌의 질서를 재편성하는 법안인데다 10년을 두고 논쟁을 거듭해온 법안이었던 만큼 의원들은 모두 일가견을 갖고 있었다.

농협법안 심의과정에서 기억에 나는 것은 김영선 의원의 '협동운동에 앞서 협동운동을 지도할 수 있는 지도자 양성이 선행되어야 하는데, 그러한 준비도 없이 협동조합을 조직하고 협동조합을 통과시켜 시행한다 하더라도 염려없이 소기의 목적을 달성할 수 있다는 보장이 어디 있느냐? 또 협동운동의 목적을 무엇으로 생각하느냐, 어느 분은 협동조합은 원리원칙으로 봐서 자본주의에 대한 영세업자의 대항조치로서의 자본주의에 수정을 의미하는 것으로 보는 사람도 있고, 어느 사람은 자본주의를 수정하는 협동운동보다도 봉건적인 고리대금이나 상업자금의 수탈을 방지하는, 즉 봉건잔재를 숙청하는 것이 협동운동의 당면 목표가 되어야 한다고 보는 사람도 있고, 어떤 사람은 근대자본주의 생산이 가진 장점을 발휘할 수 있도록 영세하고 전자본주의적인 농가형태를 협동운동을 통해서 자본주의적인 면까지 끌어올려야 한다는 등의 견해가 있다. 이 법안을 기초한 분은 이 세 가지 견해 중에서 어떠한 견해를 택했는가? 그 견해를 택한 결과 그 견해가 본 법안에 어떻게 반영되었는가?' 하는 날카로운 질문이었다. 이에 대해 조병문 위원장은 '목적은 협동조합법안 제1조에 규정되어 있으며, 어떻게 이것이 반영될 것인가, 잘 되느냐, 못 되느냐에 대한 문제는 두고 보아야 할 것입니다. 이상에 있어서 잘되는 것을 염원하고 있지만 어떻게 반영되느냐, 이것은 점쟁이가 아니고는 모르기 때문에 이것은 답변하기가 곤란합니다. 협동조합을 만들어 영세농가의 수준을 올리도록 해보자는 것이 나의 염원이고 법의 정신인데 실시한 결과가 협동조합을 만들지 않을 때 보다 오히려 더 나쁜 결과가 될지는 알 수 없습니다만 그것을 상상해서는 못 쓸 일이고 그런 일은 없으리라 생각합니다.' 라고 답변했다.

그후 17년이라는 세월이 흘러갔다. 농협은 전국 방방곡곡에 조직되어 인간 협동의 거점으로서 다양한 일을 해가고 있다. 그러나 김영선 의원이 지적한 염려가 사라져간 것도 아니고 또한 조병문 의원이 답변하지 못한 의문이 해소된 것도 아닙니다.[19]

10차 회의 이후 다른 의사일정에 밀려 잠시 중단되었던 농협법 심의는 제15차 본회의 때부터 본격화되어 제2독회에 들어갔다. 조병문 농림위원장이 한 조문씩 낭독해나가고 수정안이 나와 있는 조항에서는 의장이 제안자의 설명을 듣고 표결에 붙이는 식으로 심의가 진행되었다.

심의과정에서 가장 논쟁의 초점이 된 것은 역시 신용사업의 겸영문제였다. 농협계통조직으로서 중앙금고를 두지 않고 농업은행을 별개 법으로서 설립하는 이상 그 지점은 시군 단위에까지 두게 되니 그 결과는 시군농협에서 신용사업을 할 수 없어 이를 반대하는 측과 이를 찬성하는 측과의 대결이었다. 마치 농림위와 재경위의 대결이었다. 두 위원장이 번갈아 가며 등단이 잦아졌다. 박정근·신규식 의원과 김영선 의원은 농업은행법 말미에 5년차 내라든지 3년차 내에는 농업협동조합중앙회금고로 전환해야 한다는 과도규정을 넣더라도 좋다는 발언까지 하여 이론과 현실을 절충하는 절충안을 제의하기도 했다. 의장은 토론을 종결시키고 표결에 붙인 결과 시군농협의 신용사업에 있어서는 예금 수입과 농업자금 대부의 자구를 삭제토록 한 재경위의 수정안이 가결되었다.

신용사업문제는 이것으로 낙찰되는 줄 알았더니 그 다음날 17차 본회의에서 또 재연되는 것이었다. 시종일관 농협의 신용사업을 추진해 오던 홍창섭 의원 외 20명의 의원이 조문을 신설해서 조합의 업무를 수행하기 위해 필요한 자금차입

---

19) 권태헌, '나의 농협시절', 『농민신문』, 1974. 9. 16

과 대부행위를 할 수 있도록 하는 수정안을 제안하는 것이었다. 의장은 이것이 일사부재리 원칙에 걸리느냐 안 걸리느냐를 밝혀놓고 토론을 들어가자고 했다.

조위원장은 일사부재리의 원칙에 안 걸린다고 주장하고 이에 대해 송방용 의원은 어제 부결시킨 취지나 사리로 보아 조금도 다른 사태가 일어나지 않았기 때문에 일사부재리 원칙에 위배된다고 반박했다. 이영희 의원은 홍창섭 의원이 제안한 사항은 김춘호 의원에게 규칙발언권을 주면서 곧 표결에 들어가겠다고 선언했다. 김 의원은 가결된 제안은 전안할 수는 있어도 부결된 의안은 다시 제출할 수는 없다고 규칙으로서 반박하는 것이었다. 이에 대해 조위원장의 설득발언이 있었다. 이어 민영남 의원과 박만원 위원장의 대부행위를 반대하고 그 자구의 삭제주장 등이 있었다.

마지막으로 박세경 법사위원장이 자금은 차입할 수 있어도 차입증과 그 자금 운영에 관한 사항은 농림부령에 위임하자는 요지를 제의하자 홍창섭 의원도 이를 받아들이고 김달호 의원은 각하시키라는 주장도 했으나 표결에 붙인 결과 박세경 의원장의 제의대로 가결되었다.

다음에 문제된 것은 종전 단체 특히 금융조합의 인수청산이었다. 금융조합의 재산은 조합원의 출자로서 조성된 만큼 청산 후의 잔여재산은 조합원에 환불되어야 했다. 그것을 시군조합이나 중앙회에 법으로 강제 출자시킬 수 없다는 것이 논점이었다. 그래서 재경위와 법사위는 심의 중에 수정안을 제안하고 있었다. 각 위원장으로부터 제안 설명이 있었으나 조 농림위원장이 원안 설명을 더욱 상세히 했기 때문에 제안 측도 납득, 결국 해당되는 조합이 업무와 재산을 인수하여 청산하고 조합원의 것은 조합에 출자토록 하고 비조합원이 되는 것은 환불하도록 하는 농림위의 원안에 법사위안도 합쳤다. 그밖에 종전단체가 관리하던 귀속재산과 시설은 조합이 관리할 수 있도록 추가하자는 김판술 의원의 수정안도 합쳐서 표결 없이 통과시켰다.

이러한 곡절을 겪은 뒤 그 방대한 농협법안은 1957년 2월 1일 제3대 국회 23회 임시회의의 17차 본회의에서 제3독회는 생략하고 자구수정은 법사위원에 일임하고 전문이 통과되었다.[20]

이어 농업은행법안 심의가 시작되었다. 농은법안은 모두 3개의 수정안

---

20) 권태헌, 앞의 글, 『농민신문』, 1974.9.30

이 제기되었다. 그중 곽의영 의원 외 62명이 제출한 정부의 의지가 담긴 여당안만 가결되고 다른 수정안은 모두 부결되었다. 이렇게 하여 이대통령의 담화로 촉발된 농업은행법안이 통과되게 되었다.

그런데 이 때 "농업은행 시행 후 1년 이내에 도시서민금융기관을 설치한다"는 부대결의안이 전격 제의되어 가결되었다. 농촌지역 금융조합은 농업은행으로 개편되지마는 도시지역 금융조합은 그대로 말살되어 서민금융이나 중소상공업에 대한 문제가 야기된다는 것이 제안 이유였다.

어쨌든 당시 농업관계자들에게 농업협동조합법, 농업은행법, 농업교도법은 농촌 부흥의 3대 법으로 인식되었다. 그러나 농업은행법은 이대통령이 적극 추진해온 과제였고, 농업교도법은 정부의 기구여서 관계법 공포에 별 문제가 없었지만, 농협법만은 대통령의 재가가 불투명한 상태였다.

이대통령이 협동조합을 싫어하는지 협동조합이라는 명칭을 싫어하는지의 진부도 모르는 채 국회의원 입법의 농협법이 국회를 통과했다해서 기쁘기는 하나 안심하고 있을 수는 없었다. 정치적인 정략적 심부는 알 길도 없고 오로지 이기붕 국회의장과 정운갑 농림장관의 정책적인 수완에 기대할 수밖에 없었다. 우리는 한국농협운동의 숙명에 맡길 수밖에 없었고, 그런 뜻에서 우리들은 하나님의 도움을 빌고 또 빌었다. 일부에서는 이박사가 반대할 것이라고 단정하는 사람도 있었고 일부에서는 대통령이 3선 선거를 앞두고 있어 공포 실시할 것이라고 단정하는 사람도 있었다. 심지어는 이 문제로 내기까지 하는 사람도 있었다.[21]

이러한 우려와 기대 속에서 농협법은 1957년 2월 14일 마침내 이대통령의 재가가 나 공포되었다. 당시 농림부 측 진용은 정운갑 농림장관을 비롯하여 권성기 차관(전 국회의원), 정남규 농정국장(전 농협중앙회부회장), 구윤석(전 농업진흥공사 상임감사), 양용식 농업경제과장(전 법제처 차장), 권태헌, 박효작, 박제필 씨 등이었다.

---

21) 권태헌, 앞의 글, 『농민신문』, 1974.10.21

금융조합의 해산

1907년 농공은행의 보조기관으로 설치된 금융조합은 한국 농민의 고리대금업자요, 재화의 탈취자인 동시에 농가경제의 합리화와 농촌경제단체의 건설을 방해하고 파괴하여 농민들을 더욱 빈곤 속으로 몰아넣는 역할을 수행하였다.

해방이 되어서도 금융조합은 농민들의 손으로 돌아오지 않았고, 여전히 고리대금과 정상적인 협동조합운동을 왜곡·저해시키는 작용을 서슴지 않았다. 결국 금융조합을 진정한 농협으로 개편하려는 협동조합론자들의 생각은 수포로 돌아갔고 재무당국과 금융조합 상층부의 농간에 따라 일반은행법에 의한 주식회사 농업은행으로 기술적으로 해산됨으로써 이 땅의 금융조합은 다음과 같은 유산만 남긴채 종말을 맞았다.

> 금융조합에 3대 특징이 있었으니 그 하나는 고도의 중앙집권적 연합회 만능제요, 그 둘은 조합원의 이익과 상반되는 조합 본위의 운영방식이요, 그 셋은 재무부장관만이 건드릴 수 있는 관선 고급간부들이었다.[22]

여기서 중요한 것은 금융조합이 농민들의 뜻에 따라 해체를 본 것이 아니라, 농업은행으로 옷만 갈아입은 채 다른 모든 것은 고스란히 이어졌다는 점이다.

해산 당시 금융조합의 주요 계정은 대출금 69억 9,490만 8,000환, 예치금 54억 9,039만 7,000환, 비료 57억 3,164만환, 현금 24억 128만 1,000환, 토지건물 3억 3,962만 8,000환이었고, 예금 및 적립금은 128억 4,066만 5,000환이었다.

---

22) 문정창, 앞의 책 292쪽

제3장 정부에 의한 농민의 농협

1961년 농업은행과 구농협을 강제 통합시킨 혁명정부는 '정부가 상부기관으로서의 능동적인 지도를 기도한다'는 통합원칙을 통해 농협을 완전히 '정부의 시녀'로 전락시켰다. 한국의 농협이 농민의 농협으로 바로 설 수 없었던 원인은 농협의 정치활동을 법으로 금지한 것과 조합장과 중앙회장을 농민 스스로 선출하지 못하게 규정한 '농업협동조합 임원 임면에 관한 임시조치법'에 있었다. 이는 한국농협운동사에 크나큰 불행의 씨앗이 아닐 수 없었다. 따라서 통합농협의 탄생은 농민들을 앞으로 잘살게 해줄 것이라는 일말의 기대를 심어주는 '정치적 효과'는 거두었을지 몰라도 농민들에게 농협을 진정한 자신들의 자조적 협동조직으로 받아들이게 하지는 못하였다.

1. 정부에 의한 농협 탄생

농업협동조합과 농업은행 출범

해방 후 숱한 논란을 거듭해온 농촌협동조직의 입법화는 신용업무를 전담하는 농업은행과 경제사업을 담당하는 농업협동조합의 양립 조직으로 그 체계를 확립하고, 1957년 2월 1일 국회를 통과하여, 14일 농협법은 법률 제436호로, 농업은행법은 법률 제437호로 공포되었다.

그러나 농협 발족에는 커다란 암초가 가로놓여 있었다. 농은법을 공포 실시할 때에 이대통령이 정부에서 농은에 출자를 하지 못하게 하고, 금련과 금융조합의 재산을 농업은행이 인수하라고 지시했기 때문이었다. 이 지시는 관계법의 개정없이는 실시가 불가능한 사항이었다.

이로 인해 농업은행은 법정설립 기한인 5월 14일까지 공식적인 발족을 보지 못하였다. 재무부측은 농은법을 개정하여 발족할 때까지 농협의 발족도 늦출 것을 요구하여 농협의 공식적인 발족도 지연되었다. 결국 이듬해인 1958년 3월 7일에야 이 대통령의 조건을 수용하여 자본금 300억 환을 농협과 농업단체가 출자토록 하고 농업은행이 농민에게 직접 대출을 할 수 있도록 하는 농협법 개정이 이루어짐으로써 4월 1일 특수법에 의한 농업은행이 정식 발족되었다. 이로써 농협법에는 신용사업에 관한 조항 일체가 삭제되었다.

이에 따라 농업은행은 농업금융을 전담하는 정책금융기관이면서도 한편으로는 농민의 출자에 의해 설립된 조합금융기관적 성격을 띠는, 정책금융과 농민을 직접 상대하는 조합금융의 두 가지 기능을 동시에 수행하게 된 반면, 농협은 농은에 의해 철저히 거세를 당한 반신불수의 빈털터리로 이 세상에 태어나게 되었다.

이러한 결과는 금련과 재무부 당국자들의 치밀한 전략에 따른 것이었다. 즉 법률 436호로 통과된 농협법에는 금융에 관한 기능의 일부가 삭제 당하기는 했으나 "시군조합은 시군 금융조합의 업무를 인수하여 신용업무를 취급한다." "시군 금융조합의 재산은 시군농협이 인수하여 청산하며 금융조합연합회의 재산은 농협중앙회가 인수하여 청산한다"는 규정을 두고 있어 이러한 물적 기반을 바탕으로 농협의 발전을 이룰 가능성을 갖고 있었다.

그러나 이러한 농협의 발전적 전망은 농은에는 위협적인 조항이 아닐 수 없었다. 즉 금융조합의 재산을 농협에 넘겨주게 된다면 이미 금융조합 재산 중에서 주식회사 농업은행에 출자한 금액을 회수하여야 할뿐 아니라 농은법이 인정한 농업은행은 출자의 길을 얻지 못하여 그 성립이 곤란하게 되었던 것이다. 이에 금련과 재무부 당국자들은 기관의 위세를 이용하여 법제상의 이러한 모순을 금융조합을 완전한 은행으로 만드는데 역이용해나갔다. 이를 위한 작전은 여러 단계에 걸쳐 종합적이고 조직적으로 이루어졌다.

첫째는 4종 겸영을 줄기차게 주장해온 협동조합론자들의 의지를 감안할 때 농협에 신용부문의 기능과 권익을 어느 정도 주지 않고는 농은법 제정 자체가 어려울 것이라는 판단 아래 시군조합의 신용사업 기능과 금융조합 재산의 청산권을 농협에 일시 부여하여 농은법의 성립을 일단 꾀한 점이었다. 둘째는 두 법령에 대한 이대통령이 재가를 최대한 유보시킨 뒤, 이 두

기능을 삭제하겠다는 다짐을 관계장관들과 국회간부들로부터 받고 난 다음에야 재가 공포토록 하였으며, 셋째는 이러한 재가 유보기간 중에 주식회사 농업은행을 우선 발족시켜 이를 기정사실화하면서 법을 이에 맞도록 추진해나갔다. 넷째는 이 대통령이 이미 받아놓은 관계자들의 서약을 무기로 농협관계자들의 발목을 잡은 상태에서 1958년 3월 문제의 기능과 권익을 한꺼번에 삭제하는 농협법을 개정하여 농은에 넘겨주었다. 이렇게하여 농업은행은 금융조합과 금련의 모든 것을 완전히 탈환하였던 것이다.[1]

한편, 농협법에 의한 농협은 이동조합과 시군조합 설립에 이어 1958년 1월에는 전국농업협동조합장대회, 3월에는 발기인대회가 열였고, 5월 7일에는 마침내 중앙회 창립총회를 개최하게 되었다.

임원선거에 들어가 어려운 고비를 몇 차례 넘기면서 회장에 공진항씨(작고, 당시 서울축산조합장), 부회장 채병석씨(당시 농사원장), 이사에 최응상·김삼상(당시 합천축산조합장)·전준희씨(전 농회재산관리사무국장)·김태홍씨(전 원예협회전무이사), 감사에 노명우씨(당시 연기군조합장)·이봉희씨(당시 나주과물조합장)·장진호씨(대구 축산조합장)가 선출되었다.

당시 회장에 출마한 분으로는 공진항씨와 이범녕씨(당시 김포군조합장)였다. 공씨는 3대 농림장관, 이 씨는 재미시절에 이승만 박사를 도우면서 독립운동을 한 경력을 갖고 있었다. 공씨는 축산조합 계통에서, 이씨는 원예조합 계통과 군조합 계통의 일부에서 지지하고 나서 그 경합은 치열했었다.

결국 국내 사정에 정통한 분을 뽑자는 의견으로 수습되어 공진항씨가 당선되었다. 선거가 끝나고 개표를 한 결과 낙선한 이범녕씨가 당선자에게 대한 태도는 우리 농협인이 본받을 만한 것이었다. 장내의 모든 인사들이 민주주의에 대한 훈련을 받은 분이 다르다고 찬양하는 것이었다.[2]

종전의 농업단체인 식산계는 이동조합이, 시군농회와 금융조합의 일반

---

1) 문정창, 한국농촌단체사, 1961. 298~299쪽
2) 권태헌, 앞의 글,『농민신문』, 1974.12.2

업무와 재산은 시군조합이, 금융조합연합회의 일반업무와 대한농회[3]는 중앙회가 각각 인수 청산하였다. 조직체계는 이동농협-시·군·구 농협-농협중앙회의 3단계 조직이었고, 종류는 일반조합, 원예조합, 축산조합 그리고 특수조합의 네 가지로 구분되었다. 1960년말에는 1만 8,706개의 이동조합, 168개의 시·군·구조합, 그리고 80개 원예조합, 152개 축산조합, 27개 특수조합이 각각 등기를 마쳤다. 이렇게 하여 농협은 기존의 농회와 식산계 및 금융조합의 일반업무와 재산을 인수하여 1천6백만 농민을 비롯한 각계의 관심과 기대를 모으며 1958년 10월 20일 업무를 개시하였다.

농협의 조직은 이처럼 전국적으로 순조롭게 이루어졌으나 사업활동은 중추적이라 할 수 있는 신용사업의 제외와 자체자금 부족, 사업체계의 미비 및 경영기술의 미숙 등으로 부진을 면치 못하였다. 특히 농협 육성을 신용 면에서 적극 지원하는 것을 목적으로 발족된 농업은행과 상호 유기적인 운영이 이루어지지 못하였고, 정부의 지원도 거의 받지 못함으로써 극히 일부만 농회, 축산동업조합, 원예협회 등 인수단체의 사업을 계속 수행하거나 민수비료의 일부를 상인과 경쟁하면서 취급하여 겨우 연명해 나갔을 뿐, 나머지 조합은 거의 유명무실하거나 수면상태로 들어갔다. 예컨대 처음에 이장집 대문간에 큼직하게 내걸렸던 간판은 동네 이발소 한쪽 귀퉁이에 걸렸다가 나중에는 그 집 헛간에 쳐박혀져 아이들의 장난감이 되거나 온돌방의 불쏘시개감이 되는 경우도 있었다.

그러나 농협이 이렇게라도 탄생될 수 있었던 것은 자유당 선거전략에 따른 것으로서 농민들의 환심을 사기 위한 데 있었다. 이에 따라 농협은

---

3) 1958년말 계통농회의 재산(청산위원회 인수분) △ 토지 : 논 1만 3,015평, 밭 3만 7,863평, 대지 6만 7,450평, 잡종지 26만 3,331평, 임야 27만 9,780평 △ 건물 : 사무실 40동(519평), 주택 96동(1,268평), 창고 212동(1만 4,811평), 공장 41동(3,231평)〈내부시설 비료배합공장 1,056점, 정미공장 1,926점〉, 종축장 기타 19동(657평) △ 축우 574두 및 자동차 4대

탄생하자마자 집권당의 예속물로서 정치 도구화되었고, 농민단체로서의 본래의 업무에는 관심이 없었다. 그로인해 농협은 마침내 정치성의 개입, 내부 분규, 농림부와의 대립 등으로 그 기능이 완전 마비상태에 빠지고 말았다. 당시 농협의 상황은 대략 이러했다.

1960년 4.19혁명으로 민주당 정권이 들어서면서 시·군 및 이동조합을 개편하여 새로운 전기를 맞는 듯 했으나 그해 7월 신중목 씨가 농협중앙회장에 압도적으로 당선되면서 감독관청인 농림부와 티격태격하더니 급기야는 걷잡을 수 없는 분규로 치달았다.

장면 정부는 농협이라는 방대한 조직을 정치성이 강한 신씨가 이끄는 것을 처음부터 못마땅하게 여겼다. 그래서 구농협이 하는 일에 사사건건 제동을 걸고 방해하기 시작했던 것이다. 이러한 것이 모두 자신을 궁지로 몰아넣기 위한 계략일 것으로 판단한 신씨는 자구책으로 그해 12월 임시총회를 소집했다.

그러나 반대파에서는 이때를 신씨 축출의 절호의 기회로 잡고 '농협을 운영난에 빠뜨린 책임을 지겠다' 는 명분으로 부회장 이하 전임원이 사표를 제출함으로써 회장의 인책을 강요했다. 사태가 이 지경에 이르자 신씨도 할 수 없이 사표를 냈다. 그러나 신씨 지지파들도 만만치 않았다. 그들은 '임원 전원이 퇴진하면 업무의 공백이 생기므로 일단 회장과 감사의 사표는 보류하고, 1개월 후에 열리는 총회에서 재론하기로' 결의했던 것이다.

이에 따라 각 도의 대표들로 구성된 수습대책위에서는 1개월 후인 1961년 1월 9일에 다시 총회를 소집하기로 결의했다. 그러자 정부는 돌연 1월에 열린 총회의 의제에 이미 사표를 제출한 회장의 재선거에 관한 건이 포함되지 않았다는 이유로 총회를 무기 연기시키고, 임시 이사가 선임될 때까지 농협중앙회의 일체의 기능을 정지시킨다는 행정처분을 내렸다.

신씨는 이에 즉각 불복했다. 행정소송을 제기하고 행정처분 정지가처분신청을 서울 고등법원에 제출했는데, 1월 21일자로 법원은 신씨의 주장을 받아들여 가처분 판결을 내렸다. 이에 용기를 얻는 신씨는 다시 공석중인 이사들을 선출하기 위하여 재빨리 중앙위원회를 소집하였다.

그러나 이번에는 농림부가 한발 더 빨랐다. 가(假)이사 5명을 선임하고 법원으로부터 승인판결을 얻어낸 것이다. 엎치락뒤치락하는 가운데 구농협과 정부측 사이의 분규는 제 2회전으로 접어들었다. 3월 2일 동국대학교 강당에서 열린 정기총회는 신씨의 반대파들이 '신씨는 이미 사표를 제출한 이상 마땅히 퇴진해야 한다'는 주장을 펴는 한편 신씨는 '회장을 개선해야 한다는 정부측의 행정명령이 법원에 의해 부당하다고 판결이 난 이상 임기 전까지는 물러날 이유가 없다'고 맞섬으로써 단 한 건의 안건도 처리하지 못한 채 급기야 사회봉을 부숴버리고 난투극을 벌이는 수라장이 되고 말았다.

농협 총회가 이처럼 하는 일도 없이 소란스럽기만 하자 어디선가 10여명의 학생들이 플래카드를 앞세우고 사회자 석으로 밀려들면서 '이따위 싸움만 하는 것이 농협이냐?'며 울부짖기도 했다. 이같은 와중에서도 신씨와 반대파측의 임시의장은 부러진 사회봉을 반 토막씩 나누어 쥐고 서로 자기가 의장이라고 주장하는 추태를 벌이다 3일, 총회를 속개하기로 하고 일단 산회하였다. 그러나 이튿날 속개된 총회에서는 일이 더욱 복잡하게 꼬여 들고 말았다.

이날 신씨는 성원 미달로 유회를 선포한 뒤 퇴장하고 말았는데, 남아있던 사람들이 다시 개회를 하여 새 회장을 선출해버린 것이다. 신씨를 축출하기 위해 몇 백만환의 자금이 뿌려졌다느니, 퇴장하는 회원들을 농림부 직원들이 못나가게 방해했다느니 하는 소문이 떠도는 가운데 새 회장에 당선된 이용택 씨는 전북도지사를 지냈던 인사로 장면 박사와는 수원고농의 동기동창인 것으로 알려졌다.

이 착잡한 구농협의 분규는 막바지까지 얽히고 설켜 좀처럼 해결의 실마리가 보이지 않은 채 신씨가 3일 총회를 무효라고 선언하고 농협회장은 여전히 자기라고 주장함으로써 구농협은 완전히 두 조각이 났다. 날치기 총회로 중앙회장직에서 물러난 신씨는 며칠 후 중앙회장실에 나타나 치워진 자신의 명패를 끌어안고 통곡을 했다고 한다. 이런 상태에서 구농협은 5.16을 맞았다.[4]

불가피해지는 농협과 농업은행의 통합

결국 일제의 잔재를 청산하지 못한 상태에서 순전히 정부 부처간의 이해다툼에 의해 농업은행과 농협으로 분리 발족되었지만 일찍이 예상했던 문제점은 물론 예상하지 못했던 문제점들까지 노출되어 농협운동은 답보상태를 면치 못하였다. 즉 경제사업을 담당키로 한 농협의 경우 조직체계

---

4) 강순식, "농협창립비화", 『농민신문』 1986.8.16.

는 전국적이었지만 재정금융 면에서 정부나 농업은행의 지원을 제대로 받지 못하고 있었고, 자체 자금조달능력도 부족하여 사업활동은 극히 부진하였는데다가 정치권의 개입과 내부의 복잡한 사정까지 겹쳐 그 기능을 완전히 상실해가고 있었다.

뿐만 아니라 농민과 농협 그리고 농업단체에 융자를 담당키로 한 농업은행이 당초의 취지와는 달리 대부분의 자금을 농민에게 직접 융자하는 반면 농협에 대하여는 원활하고 유기적인 자금지원을 꺼림으로써 상황을 더욱 심각하게 만들었다. 일찍이 김준보 교수는 이에 대해 이렇게 경고한 바 있었다.

> 농업은행은 본질적으로 농업사회에 있어서 그의 영리성을 발휘하는 신용기관이다.…그는 본래 비영리적인 생명을 갖는 농협과 정면으로 대립될 수밖에 없게 된다. 따라서 어떠한 구상 하에 농업은행을 설립한다 해도 협동조합을 그의 조직적인 산하에 두고 그 협동조직을 통한 영리적 활동을 기도한다면 그는 명백히 세기적인 모순을 연출하고 말 것이다. 따라서 농업경제에 바탕을 두지 않고 있는 그러한 농업신용기관 즉 농업은행은 비료를 위시한 중요 생산자재와 미곡을 위시한 중요 농산물이 관적 비호와 통제하에 있는 한 그의 존립성은 결코 위태로울 까닭이 없다고는 할지라도 문제는 이러한 사업이 관적 비호를 떠날 때에 그의 말로는 농업사회의 일방적인 이익과 정면으로 대립되는 도시금융적인 영리기관으로 되어 버리거나 유사 금융기관에 통합 흡수되어 버리는 방향을 취하게 될 수밖에 없을 것이다.[5]

4.19와 함께 민주당이 집권하게 되자 민주당 정책위원회는 1961년 1월 '농업은행을 개편하여 농협 중앙금고를 설치한다'는 기본방침을 정하고 농업단체의 개편작업을 서둘렀다. 그러나 그 때까지도 완강하게 남아

---

5) 김준보, "농업은행의 본질적 소고"(재정 제4권 12호), 1955, 윤근환외, 『한국농업협동조합론』, 249쪽 재인용.

있던 금융조합의 잔재 세력은 만만치 않아서 재무부를 등에 업고 계속 반대에 나섰다. 농업은행이 농협의 중앙금고로 개편되면 농업은행과 관련 재무부 당국자들은 자신들의 기득권과 영역을 잃는다고 생각했던 것이다. 일제 때 금융조합이나 해방 후 농업은행은 당시 자타가 공인하는 국내 최고의 직장이었다. 결국 통합문제는 이러한 기득권 층의 반대에 부딪혀 아무런 진전을 보지 못한 채 논쟁만 거듭하였다. 당시 논란의 핵심은 대략 이러했다.

  통합을 주장하는 쪽이나 반대하는 측이 다같이 타당한 논리를 지니고 있었어요. 즉 반대측이었던 재무부와 농업은행은 신용업무는 금융의 특수성에 비추어 무엇보다도 공신력 기반이 확립되어야 하는데 금융업무에 대한 경영기술이 미숙한 농협에 이를 맡긴다는 것은 시기상조라는 것이었지요.
  또한 농민의 단체로서 자율성이 최대로 보장되어야 할 농협이 농업은행과 통합될 경우 농업자금을 농촌내부의 조합금융으로 해결하지 못하고 정부나 외부자금에 의존할 수밖에 없는 당시의 실정에 비추어 재정금융 면에서 일일이 정부의 통제나 간섭을 받게 됨으로써 자율성이 크게 손상 받게 될 거라는 것이었지요.
  반대로 통합을 주장하는 농림부 측에서는 신용사업을 하지 않는 농협은 이빨 없는 호랑이와 같다면서 농협의 각종 사업을 효율적으로 추진하여 농협법에 명시된 대로 '농민의 경제적 사회적 지위 향상'을 도모하기 위해서는 농협이 신용업무를 해야 한다는 것이었습니다.[6]

이러한 논란에 관계없이 농협이건 농업은행이건 농민에게는 유명무실한 기관이라는 점에서는 다른 바가 없었다. 이에 따라 농업신용제도의 확립을 통한 농협의 발전과 농촌경제의 부흥 및 농민의 경제적 지위 향상을 도모한다는 당초의 의도는 소기의 효과를 보지 못한 채 통합문제로 치닫게 되었다.

---

6) 강순식, 앞의 글, 『농민신문』, 1986.8.16

정부에 의한 농협 결성과 농민의 불신

협동조합 조직에 관한 정부 부처간의 이해 다툼은 당국자들에게는 중요한 논쟁거리였지만 농협의 실제 주인이어야 할 농민들에게는 아무런 의미가 없는 것이었다. 농민들에게는 농협조직 결성에 관한 어떠한 주체적 역할도 부여되지 않았으므로 농민들은 말 그대로 구경꾼이나 다름없었다. 그것은 당시 정부나 협동조합을 조직하고자 하는 관계자들의 농민에 대한 인식이 대체적으로 다음과 같은데 따른 결과였다.

> 워낙 무지와 가난과 복종에 시달려온 농촌에 이같은 자조적인 의지나 각성이 싹트고 성장할 소지가 조성되지 않는 이상 현대적 협동조직이 자조적 의식의 결정으로 자연스럽게 발생하여 성장할 수는 없었다. 그래서 농민의 자각적인 성과와는 별개로 정부의 조성적, 부권적, 사회 정책적인 조합 운동이 대두될 수밖에 없었고 따라서 농민 자신들보다는 농민운동가, 농촌지도자, 정치인들의 계몽적 조합운동이 선행하지 않을 수 없었다.[7]

한마디로 우리 농민들에게는 협동조합에 대한 의식이 부족하므로 위로부터의 하향식 조직결성이 불가피하다는 것이었다. 실제 그러했을까? 물론 일제가 농민들을 장악하고 농촌을 정치·경제·사회적으로 통제하고 지배할 목적으로 금융조합을 설립하고, 갖은 탄압과 수탈 그리고 이간질을 함으로써 협동조합에 대한 농민들의 외면과 피동의식이 만연돼 있었다고는 해도 우리 농민들 사이에 상부상조의 미풍양속이나 협동정신이 사라진 것이 결코 아니었음은 분명한 사실이었다. 우리 농촌사회는 상부상조를 바탕으로 한 협동문화의 메카라 해도 지나치지 않을 정도로 협동을 생활화해 왔다. '두레'나 '품앗이'를 비롯하여 '계'와 '향약' 등 협동조직의 활동이 일상적 관행으로 보편화되어 왔던 것이다.[8]

---

7) 권태헌, 앞의 글,『농협신문』, 1974.4.15
8) 고승제, "한국촌락사회의 협동관행",『한국학 입문』, 학술원, 1983, 517~537쪽

'두레'는 자연부락을 단위로 집집마다 한 사람씩 나와서 함께 힘을 모아 김매기 등 공동작업을 하는 '작업공동체' 조직이었다. 나아가 촌락 사회를 움직이는 기본 원리로서 생활의 협동, 생업의 협동, 오락의 협동을 도모하는 사회적 관행이었다. '품앗이'는 주로 영세농 층이 농번기를 맞이하여 이웃 사람들과 임의로 단체를 조직하여 농경작업을 서로 도와 나가는 제도였다. 즉 A가 B, C, D에게 하루의 품을 앗았다(빌었다)면 A가 B, C, D에게 개별적으로 그 품을 갚아 주는 우리 민족만의 미풍양속이었다.

한편 '계'는 정약용의 풀이대로 '마을 사람들이 돈을 추렴하여 함께 먹고 마시며 서로가 언약하고 뭉치는 모임'이었다. 기원이 신라시대로 거슬러 올라가는 이 계는 기본적으로 계원의 출자를 밑천으로 하게 되며, 운용은 어디까지나 계원들끼리의 대인 신용(상호금융)에 바탕을 두는 것이었고, 이러한 대인신용은 대면 관계를 전제로 하는 것이었다. 조선시대에 이르러 이 계는 마을을 운영하는 중심 협동조직이 되었다. 동계가 그 대표적인 것이었다. 동계는 마을의 공동재산을 조성하거나 교육 진흥과 호조사업, 사회복지사업에 이르기까지 그 기능과 역할이 다양했다.

조선시대의 농촌협동조직으로 또 하나는 '향약'을 들 수 있다. 향약은 촌락에 있어서 마을 사람들의 행동을 규정한 것으로서 주로 도덕적인 훈육과 상부상조에 의하여 마을의 질서를 유지하려는 유교의 실천도덕에서 출발된 것이었다. 이러한 향약도 그 뿌리는 계의 원리에 두고 있었다. 물론 계는 우리 고유의 전통적 소산이지만 향약은 유교의 전래와 함께 이루어졌다는 데서 이 둘은 엄격히 구별되었다. 그러나 외래의 생활원리였던 향약이 우리 풍토에 맞는 '조선 향약'으로 빚어지기까지 약 60여년 간의 시행 착오가 거듭되었다는 사실과 그후 그것이 약 400년 이상 이 땅에서 지속되었다는 점은 결코 과소 평가될 수 없는 사항이다. 하지만 이러한 향약이 결국 전국화 하지 못하였다는 것은 그만큼 우리의 전통적인 협동관행, 즉 계의 강건한 생명력을 반증해 주는 사례였다.

이와 같은 우리의 전통적 협동의식은 오늘도 우리 농촌에 면면히 이어져 내려오고 있다. 일제하에서도 이것은 그 활동을 멈추지 않았다. 따라서 일제는 이러한 전통적 협동정신이 비밀 결사로 바뀌지 않을까 크게 두려워하였다. 그리하여 일제는 계의 관습을 "낮은 문화의 악폐이며 더불어 엎어지는 정신"이라고까지 왜곡, 위협하였는가 하면 생산을 증가하고 개인적 자각을 촉구하기 위해서는 위와 같은 부락정신을 파괴하는 것이 식민지 정책에 유리하다는 주장을 펴기도 했다.[9]

또한 일제는 금융조합이 계의 정신을 이어 받는다고 위장하면서 농민들을 끌어들이려고 안간힘을 썼다. 그러나 타민족에 의해 위로부터 강제적·하향식으로 추진된 것이었기에 전통적인 계의 정신과 강인한 생명력은 결국 도입될 수가 없었다.

이처럼 우리 민족에게는 전통적인 협동정신이 면면히 이어져 내려오고 있었다. 그러나 해방 후의 정부 당국자들은 이러한 문제를 깊이 인식하지 않은 채 일제의 통치방식을 그대로 답습하였다. 법만 만들어 위에서 지시만 하면 협동조합이 곧 성공할 것으로 생각했던 것이다. 뿐만 아니라 일제가 정치적으로 교묘하게 이용했던 탄압과 지배의 통치방식을 그대로 이어 받았다. 즉 우리 농민들이 일제하의 조합들로부터 어떤 탄압과 수탈, 통제와 지배를 당했는지, 그리하여 그들의 가슴 속에 조합에 대한 인식이 어떠한 지에 대한 현실적 고려가 전혀 이루어지지 않았던 것이다.

뿐만 아니라 현대적 협동조합에 대한 교육과 홍보, 그리고 조합 결성에 있어 농민이 보다 자주적이고 주체적 역량을 발휘할 수 있도록 하는 과정이 일체 도외시되었다. 나아가서는 정부의 직접적인 개입으로 관료적 속성만 뿌리 내렸고, 결성 과정에서는 첨예한 정부 부처간 이해다툼으로 농민들에게 극심한 불신만 심어주고 말았다.

---

9) 賭谷善一, 『조선경제사』, 131~132쪽

이처럼 해방 후의 농협도 농민들의 자발적 참여는 물론 전통적 협동정신의 생명력을 제대로 살려내지 못하였다. 이것은 종합농협이 탄생한 지 16년이 흐른 지난 1970년대 중반의 한 여론조사에서 여실히 드러났다. 가톨릭농민회가 조사한 여론 조사에서 "왜 농협에 출자를 꺼리는가"라는 질문에 대해 20.5%가 "농협이 농민의 농협이 아니기 때문에"라고 대답했던 것이다.

바로 이러한 역사성으로 창립 후의 농협운동은 농민을 농협의 주인되도록 하는데, 즉 농민의 농협이 되도록 하는데 모든 노력을 기울여왔던 게 사실이다. 그러나 그에 대한 성과는 현재까지도 그리 만족스럽지 못한 실정이다. 지난 1994년 한호선 중앙회장 구속 사건 때나 올해의 감사원 감사결과로 터져 나온 농협에 대한 비판을 종합해볼 때 그러하다는 것이다.

　농협의 경우 1961년 출범이후 33년 동안에 '농민의 자조단체' 이기보다는 '정부의 산하기관' 이라는 불만의 소리가 끊이질 않았고, 이번에는 '농민을 위한 기관' 이라기 보다는 '농협 임직원들을 위한 기관' 이라는 비판을 받고 있다. 어떻든 농협이 농민의 기대 욕구에 미흡했던 것만은 분명하다. 농협의 감독기관인 정부의 대농협 운영이 농협의 민주화 이전까지 정치 · 행정 편의주의적이었고 상의 하달의 하향식이었다. 중앙회장과 조합장의 직선제 이후에는 중앙회의 자율권이 상대적으로 강화됐을 뿐 농민의 의사반영과 영향력이 미진하기는 과거와 다를 바 없었던 것이다.[10]

따라서 농협법을 입안했던 당시 농협운동가, 정치가, 정부 당국자들의 열의와 사명감에 관계없이 그들은 농협의 첫 발을 잘못 내딛게 했다는 역사적 비판을 면치 못하게 되었다.

---

10) 한국일보. 1994.3.8.

2. 종합농협 창립 비화

종합농협 창립 비화

　5.16과 함께 들어선 혁명정부는 5월 31일 '협동조합을 재편성하여 농촌경제를 향상시킨다'는 기본방침을 발표하고 농협과 농업은행의 개편을 서둘렀다. 6월 16일 국가재건최고회의 의장은 농림부장관에게 농협과 농업은행의 통합처리방안 마련을 지시하였고, 즉시 통합처리위원회가 구성되었다. 통합처리위원회는 통합원칙을 결정하고 이에 의거한 새로운 농협법안을 만들어 7월 3일 국가재건최고회의에 제출했다. 실로 전격적인 조치였다. 이런 속도라면 농협과 농은의 통합은 시간문제일 뿐이었다. 통합의 방향은 농민의 불만을 해소하고 신용부문과 일반부문을 유기적 운영이 가능하도록 하라는 최고회의 의장의 지침에 따라 농림부의 요구안이 거의 그대로 반영되었다.

　그렇다면 당시 국가재건최고회의는 왜 창립된 지 3년에 불과한 농협조직을 서둘러 개편해야 했을까?

　당시 국가재건최고회의가 가장 먼저 해야할 일은 '도탄에 빠진 민생고를 시급

히 해결'하는 것이었다. 4.19혁명으로 민권과 민주는 쟁취되었지만 이미 도탄
에 빠진 민생고는 어쩔 수 없었다. 이 민생고란 당시 전국민의 60%를 차지하는
농민들과 도시 세궁민(細窮民)들의 생활을 가리키는 것이었는데 5.16직전 민주
당 정부의 김판술 보사부장관이 국회의 질의에 답변한 바에 의하면 당시 절량농
가는 2백만 호에 달했고 그나마 '예산이 없어 속수무책'이라는 것이었다. 때문
에 긴긴 보릿고개를 넘기지 못한 농민들은 농토를 버리고 남부여대하여 거리를
방황했고, 굶주리다 못해 일가족이 집단자살을 하는 참상이 속출하여 날마다 신
문의 사회면과 라디오 방송의 뉴스를 메웠다.

따라서 국가재건최고회의가 내건 6가지의 혁명공약 중 적어도 '민생'에 관한
부분은 단순히 민심을 가라앉히기 위한 허구적 수사가 아니라 문자 그대로 '시
급히 해결'하지 않으면 안될 절박하고 중요한 과제였다. 최고회의는 우선 국회
의 해산으로 남게 된 예산 21억 환을 절량농가를 구호하는데 전용케 하는 한편
5월 25일에는 농어촌 고리채 정리령을 공포하기에 이르렀다. '농촌재건을 위한
획기적이고 혁명적인 조치'라는 환영과 함께 '농촌문제를 지극히 단순한 시각
으로 바라본 성급하고 무모한 처사'라는 비난이 엇갈렸던 이 조치는 결국 1년여
만에 혁명정부 스스로도 실패를 자인하고 말았지만, 이 고리채 정리령과 함께
구농협의 개편문제가 최고회의의 주요 의제로 대두되기 시작했다.[11]

사정이 이러했으니 중농정책을 펴서 피폐해진 농촌을 재건하겠다는 혁
명정부로서는 구농협의 개편작업을 서두르지 않을 수 없게 되었다. 개편
안을 마련하기 위해 혁명정부는 학계를 비롯 유관기관과 관련인사들로부
터 폭넓은 의견을 모으기 시작했다.

5.16 직후인 5월22~23일 경이었다. 당시 농업은행 총재대행을 맡고 있던 권
병호 부총재는 최고회의 농림위원실로 급히 와달라는 전화연락을 받았다. 당직
장교의 안내로 농림위원실에 들어서는 순간이었다. 갑자기 해병대 복장의 대령
계급장을 달은 장교가 앉아 있던 의자에서 벌떡 일어서더니 권 부총재를 향해
부동자세로 거수경례를 하는 것이었다. 권 부총재는 영문을 모르고 어리둥절한
눈으로 상대방을 쳐다보았다. 대령이 활짝 웃으며 말했다.

---

11) 강순식, 앞의 글, 『농민신문』, 1986.8.16

"선생님, 절 모르시겠습니까?"
"누구신지…?"
권병호 농업은행 부총재는 안경을 고쳐 쓰고 해병대 대령을 다시 바라보았다.
"저, 정세웅입니다. 부총재님께서 국방부 총무국장으로 계실 때 모신 적이 있습니다."

그는 권 부총재가 몇 년 전 국방부에 근무하고 있을 때, 그의 보좌관으로 해병대에서 파견되었던 장교였다. 5.16 군사혁명 직후의 어수선한 시기에 최고회의로부터 출두지시를 받고는 줄곧 뜨악한 기분이었던 권 부총재는 그를 부른 사람이 다름 아닌 옛날의 부하였음을 알고 나자 한결 마음이 가벼워지는 것을 느꼈다.

"부총재님, 농협을 어떻게 생각하고 계십니까?"
권 부총재가 소파에 앉자마자 정 대령은 불쑥, 조금 엉뚱하다 싶은 질문을 했다. 최근의 농협분규를 두고 한 말인 것 같았는데, 권 부총재로서는 대답하기 난처한 질문이었다.

"글쎄요, 무슨 얘긴지 잘 모르겠습니다."
"그 친구들, 아주 형편없는 사람들이에요. 제사에는 관심 없고 젯밥에만 눈을 판다더니, 허구한 날 감투싸움이나 해서야 되겠습니까?"
"민주주의란 원래 그런 거 아닙니까? 시끄러운게 민주주의의 속성이지요."
"안됩니다. 지금은 민주주의만을 운위할 때가 아닙니다. 구악을 일소하고 혁명을 해야할 때입니다. 그 친구들 하나도 남김없이 모조리 갈아치워야겠어요. 물론 농업은행 내에서도 구시대적 사고에 젖어있는 사람들은 가차없이 추방해야 합니다."

혁명기라고는 하지만, 정 대령은 올곧게만 생각하는 것 같았다. 권 부총재는 그 점이 걱정스러웠다. 더군다나 그는 농림정책을 입안해야 하는 막중한 책임을 지닌 농림위원 아닌가.

"농협에 분규가 있었다고 해서 농협 사람들 전체가 나쁘다고 생각해서는 안됩니다. 그 중에는 사명감에 투철한 유능한 사람들도 많습니다."
권 부총재는 옛날의 상사로서 정 대령에게 타이르듯 말했지만, 쉽게 고집을 꺾지 않았다. 후일담이지만, 그는 종합농협이 창립된 이후에도 임지순 회장에게 숙청 대상자 명단을 제시하고 끈질기게 이들을 '자를 것'을 요구하여 "좀 더 두고 보자"면서 이를 묵살해버린 임 회장과는 한동안 불편한 관계로 지냈다 한다.

그날 권 부총재와 정세웅 농림위원은 꽤 오랜 시간 많은 이야기를 나누었다.

주로 구농협과 농업은행의 통합개편에 관한 얘기였는데, 권 부총재는 그때까지 통합을 극렬 반대해온 농업은행측의 입장과는 달리 통합의 당위성을 조목조목 들어가며 설득력 있게 개진했던 것으로 알려지고 있다.

권병호 씨의 이야기를 들어보자.

"내가 농업은행 부총재이자 총재대행이면서도 통합을 주장했던 이유는 금융조합 연합회 시절에 만주에 들어가 흥농합작사라는 우리 나라 농협과 같은 단체에서 협동조합운동을 해 본 경험이 있었기 때문입니다. 당시 만주에는 우리 나라 동포만 약 2백만이 거주하고 있었는데, 처음에 업종별 합작사는 성공을 못했습니다. 신용사업의 뒷받침이 없었기 때문이지요. 그러다가 구매 판매 신용 이용 등 소위 4종 업무를 종합 경영하는 흥농합작사로 개편되면서부터 본 궤도에 올라서게 된 것입니다. 내가 사례를 들어가며 설명을 하자 정 위원도 납득을 하는 것 같았습니다.

그런데 후에 안 일이지만 당시 국가재건최고회의에서는 농어촌 고리채 정리작업을 구상하면서 이미 구농협과 농업은행의 통합방침도 굳히고 있었던 것 같아요. 다만 어떤 방향으로 개편작업을 진행해 나가느냐가 문제였던가 봅니다. 다시 말해서 구농협과 농업은행의 통합개편을 그처럼 시급하게 서두른 것은 농어촌 고리채 정리작업과도 무관하지 않았다는 것입니다."

이 점에 대해서는 당시 현역 육군대령으로 구농협 감독관을 지내다 초대 농협중앙회장으로 취임한 임지순 씨나 국가재건최고회의 의장고문(1961년)과 농림부장관(1966~67년)을 역임했던 박동묘 씨도 같은 의견이다.

박동묘 씨의 이야기를 들어보자.

"61년 5월 21일경이었어요. 당시 나는 서울대 상대 교수(경제학)로 재직 중이었는데, 장교 2명이 집으로 찾아와서는 느닷없이 최고회의 유원식 재무위원이 만나자고 한다면서 함께 가자고 하더군요. 현재 세종문화회관 별관으로 쓰이는 예전 국회의사당으로 재무위원실을 찾아갔더니 신태환, 최호진 교수 등 몇 분이 먼저 와 있더군요. 유원식 대령이 차고 있던 권총을 끌러 책상 위에 놓더니 고리채정리 방침에 대해 간단히 설명을 하고는 의견을 말해보라고 합디다.

그때 다른 분들은 어떻게 대답을 했는지 잘 기억이 나지 않지만 나는 반대를 했습니다. 고리채를 동결하려면 앞으로 영농자금을 정부에서 충분히 공급할 수 있어야 하는데, 그 같은 대책이 마련되지 않은 채 고리채부터 동결하면 당장은 농민의 부담을 덜어줄 수 있을지는 모르지만 결국은 자금유통을 막게 되어 더 큰 어려움과 혼란을 가져올 뿐이라고 했습니다. 그랬더니 이미 결정된 일이라면서 혁명을 하려면 다소의 무리가 따르는 것은 어쩔 수 없다고 합디다. 그래서 어느 부처에서 그 일을 하게 되느냐고 했더니 농업은행과 구농협을 통합해서 새로운 농협을 만든다고 하더군요.

개편은 시간 문제로

어쨌든 최고회의는 군사혁명을 일으킨 지 9일 만인 5월 28일 농어촌고리채 정리령을 공포하고 이어 31일에는 '농협을 재편성하여 농촌경제를 향상시킨다'는 기본경제시책을 발표하기에 이르렀다. 그런데 10여 일이 지나도록 더 이상의 후속조치가 나오지 않는 것이었다.

6월 10일 — 모내기가 한창인 때였다. 이 날은 제13회 권농일로 토요일이었다. 서울 동대문구 휘경동에 있는 원예시험장에서는 농림부 직원들이 권농일 행사로 모내기를 하고 있었다. '상사디야'를 부르며 흥겹게 모내기를 내고 있는데, 갑자기 본부석에 있는 스피커에서 황급한 목소리가 울려 퍼졌다.
"단체과 박제필 씨, 단체과 박제필 씨는 지금 곧 본부석으로 와 주시기 바랍니다."
박제필 씨는 모를 심다 말고 본부석 쪽을 바라보았다. 스피커는 왕왕거리며 계속 그를 찾고 있었다.
"박제필 씨, 단체과 박제필 씨 안 계십니까? 박제필 씨는 지금 곧 본부석으로 와 주시기 바랍니다."
단체과는 후일 협동조합과로 개편된 농림부 농정국 내의 한 부서인데 박제필 씨(전 부산생사검사소장)는 당시 농림단체에 관한 업무를 맡아보는 실무자였다.
박씨는 심다 남은 모춤을 놔두고 논 밖으로 나갔다. 그를 찾은 사람은 농정국장 김인권 씨(작고)였다.
"당신, 빨리 최고회의 이주일 위원실로 가 보시오."
"아니, 무슨 일입니까?"
영문을 모르고 얼떨떨해 하고 있는 박씨를 향해 김 국장은 등이라도 떠밀 듯이 말했다.
"무슨 일인가는 거기 가서 알아보고, 발이나 대강 씻고 빨리 가보시오."
"그래도 무슨 일인지, 알고나 가야 될게 아니겠습니까?"

"농협 개편문제 때문에 실무자를 찾고 있는 것 같으니 가서 묻는 대로 소상히 답변만 해주고 오면 될 겁니다."

박제필 씨는 대충 손발을 씻고는 물이 찌걱이는 검정고무신을 신은 채 전차길까지 걸어나갔다.

혁명과는 아랑곳없이 들녘에는 모내기가 한창이었고, 간간이 늦보리를 베는 모습도 보였다. 그해 보리는 대풍이었다. 농림부는 보리의 수확 예상량을 평년작보다 25%나 늘어난 766만 9,500 섬이 될 것으로 내다보았고, 최고회의는 피폐된 농촌경제를 돕기 위해 2등품 기준 한 가마에 3,690환씩에 50만 섬을 전량 현금으로 수매하겠다고 발표했었다.

최고회의 재경위원실에는 이주일 소장(이주일 씨는 이틀 후인 6월 12일부터 최고회의에 분과위원회가 구성됨에 따라 재정경제분과위원장이 되었음)과 보좌관인 이정삼 씨, 그리고 김용기 준장이 무언가 긴요한 이야기를 나누고 있다가 작업복 차림의 박씨를 맞았다. 이 소장은 박씨에게 "당신이 농림단체 업무를 맡아보는 실무자냐?"고 묻고는 "농협업무를 빨리 정상화시켜야 하겠으니 농협과 농업은행의 통합요강을 만들어 오라"고 했다.

"시간이 없으니까 빨리 만들어와야 합니다. 통합에 따른 두 기관의 자산과 부채, 그리고 직원의 처리방안까지 자세히 적어 오시기 바랍니다."

박씨는 그 길로 농림부에 돌아와 밤샘을 해가며 통합처리요강을 만들어 이튿날 최고회의에 제출했다.

당신이 실무자요?

그런데 이주일 소장이 그처럼 중요한 일을 책임자도 아닌 실무자에게 맡긴 이유는 무엇일까? 그것은 앞에서도 이야기했듯이 정세웅 대령 등 관계 최고위원들이 구농협 측 인사들과 일부 농림부 관료들을 불신했기 때문인 것으로 풀이된다. 최고회의는 5.16 직후 이용택씨 등 구농협 중앙회장과 이사 전원에게 정직처분을 내리고 출근을 정지시켰는데, 이들이 지난 3차 총회 때 자기들을 지원했던 농림부 관료들과 접촉하고 있다는 소문이 나돌았기 때문이다.

따라서 이들에게 미처 손쓸 틈을 주지 말자는 것이었고, 한 시각이라도 빨리 통합작업을 마무리하여 농협을 정상궤도에 올려놓자는 것이었다. 당시 구농협은 중앙회장과 이사 전원이 정직처분을 당하여 집행부가 마비된 상태였는데, 상임감사인 강의구씨(초대 농협중앙회 비상임감사) 혼자서 임지순 농협감독관

(당시)의 지시로 재산 정리작업을 하고 있었다. 최고회의는 농협과 농업은행의 통합작업을 7월말 일까지 마무리하고 8월 1일에는 새로운 종합농협을 출범시킬 계획이었다. 때문에 5월 30일자로 박동규씨(작고, 1963~64년 재무부장관)를 농업은행 이사에서 총재로 승진발령 하면서도 농협 임원들에 대한 개선작업은 뒤로 미루고 있었다. 그러면 다시 박제필씨로부터 당시의 상황을 자세히 들어보자.

"모를 심다말고 작업복 차림으로 최고회의에 도착했을 때는 오후 2시쯤 되었습니다. 10여 평 돼 보이는 방에 이주일 소장이 출입문을 마주하여 앉아있고 보좌관 이정삼씨와 김용기 준장이 양쪽 의자에 앉아 이야기를 나누고 있더군요.

내게 농림부에서 왔느냐고 묻더니, 종이를 몇 장 내주면서 "농협과 농업은행 통합처리에 관한 방안을 생각나는 대로 적어"라고 합디다. 그래, 한 시간쯤 걸려서 통합에 따른 문제점과 대책을 적어냈더니 이것을 기초로 하여 이튿날 아침까지 통합요강을 만들어오라고 하더군요. 그날 밤을 꼬박 새워가며 혼자서 통합요강을 만들었습니다. 통합일 현재의 자산과 부채는 통합된 새 기구에서 인수하되 그 이전에 통합처리위원회를 구성한다는 내용이었지요. 그 후 최고회의에서 농림부장관에게 보낸 '농협·농은 통합에 관한 의장 공한'을 봤더니 그때 내가 제출했던 내용 그대로더군요."

최고회의에서 발표한 통합요강이 박제필씨가 이주일 위원에게 제출했던 것과 같은 내용인지는 당시의 문서를 접할 수가 없어 사실 여부를 확인하기 어렵지만, 6월 15일 국가최고회의 의장은 농협과 농업은행의 통합방침을 공식 발표하고 장경순 농림부장관에게 '7월말까지 통합을 완료하라'는 공한을 발송했다. 구농협과 농업은행의 통합작업이 본격적으로 시작된 것이다.

국가재건최고회의 의장이 6월 15일 장경순 농림부장관에게 지시한 구농협과 농업은행의 통합처리 방안은 대략 다음과 같다. 기구 통합에 따른 자산과 부채는 새로 발족되는 기구에서 인수하고, 임원과 직원은 별도로 '농협·농은 통합처리 위원회'를 구성하여 그 의결에 의하여 해임 또는 신규 발령토록 하였다.

통합처리위원회는 농림부장관을 위원장으로 하고 재무부차관을 부위원장으로 하여 구성하되, 신기구 설립을 위한 특별법과 시행령을 입안하여 7월말 일까지 자산 부채 및 임직원의 처리 결과와 특별법 및 시행령(안)을 최고회의에 제출하라는 것이었다. 또한 특별법 입안상의 고려할 사항으로 △신 기구 설립 목적을 농촌경제를 향상 발전케 하여 신용부문과 일반사업 부문을 유기적으로 운영하도록 제반 조치를 강구하고 △신용부문은 금융기관으로서의 역할을 담당케 하되 농어촌 육성발전 외에는 대상으로 할 수 없게 제한하며 △신 기구의 기금은 출자금·사업이익금·적립금·보조금 등으로 구성케 했다.
 이에 따라 농림부에서는 이튿날인 6월 16일 장경순 농림부장관을 위원장으로 하고 이한빈 재무부차관을 부위원장으로 하여 농림부 재무부 건설부 농협 농업은행 한국은행 및 각 대학에서 10명의 위원을 위촉하여 모두 12명으로 통합처리위원회를 구성했다. 통합처리위원은 △임지순(농협중앙회장) △박동규(농업은행 총재) △최응상(성균관대 교수) △김준보(서울대농대교수) △유창순(한국은행 총재) △이정환(재무부장관 고문) △신태환(건설부장관 고문) △박동묘(서울대상대 교수) △박동섭(재무부 이재국장) △김인권(농림부 농정국장) 씨였다.
 농림부 단체과 직원들은 연일 비상근무를 해가며 통합처리위원회를 구성하고 신기구를 설립하는데 따른 특별법의 입안과 통합에 필요한 모든 조치들을 마련하느라 눈코 뜰 새가 없었다.

중소기업은행 설립 추진

 이처럼 구 농협과 농업은행의 통합 작업이 서둘러 진행되는 한편으로 국가재건최고회의는 중소기업 육성을 위한 방안으로 중소기업은행 설립을 새로 추진하고 있었다. 그런데 그 즈음 하마터면 시·군 소재지 농업은행 점포가 모두 신설되는 중소기업은행으로 이관되어 농협과 농업은행의 통합이 유명무실해질 뻔한 일이 생겼다.
 7월초였다. 반혁명 음모사건으로 장도영 중장이 구속되는 등 어수선한 때였는데, 하루는 박동규 농업은행 총재가 연락도 없이 최고회의의장 고문실로 박동묘 고문을 찾아왔다.
 "아니, 갑자기 웬 일이십니까?"
 박동묘 고문은 침통한 얼굴로 들어서는 박 총재를 의아한 눈으로 바라보며 물었다. 박동묘씨와 박동규씨는 두사람 모두 농업경제학을 전공했던 터여서 오래 전부터 가깝게 지내온 사이였다. 박동규 총재는 소파에 털썩 주저앉더니 한참동안 한숨만 푹푹 내쉬었다.
 "세상에 이런 일도 있습니까?"
 담배를 거푸 두 대나 태우고 난 다음에야 박 총재가 탄식이라도 하듯 입을 열었다.

"아니 무슨 일로 그러십니까?"

"박 교수 내 말 좀 들어보시오. 이 사람들이 박동규를 허수아비로 만들 작정인지. 아니면 뭘 몰라서 그러는지… 나 원 참 기가 막혀서…."

"무슨 말씀인지 자초지종 얘기를 해보시지요."

"아, 글쎄 재무부에서 농업은행의 도시점포를 전부 내놓으란 것입니다. 이미 고위층의 내락까지 얻어놓은 모양입니다."

"농업은행 점포를 내놓다니요? 아닌 밤중에 그게 무슨 얘깁니까?"

"글쎄 내 얘길 들어보세요."

사연인즉 이러했다. 국가재건최고회의는 6월 22일자로 재무부장관과 건설부장관에 민간인 장관으로 김유택씨와 신태환씨를 각각 임명했는데, 김유택씨가 재무부장관에 취임하자마자 시·군 소재지에 위치한 농업은행의 모든 점포를 새로 설립하는 중소기업은행에 인수시키겠다는 것이었다.

"그러니 내가 갑갑해서 이러는 게 아닙니까?"

듣고 보니 미상불 큰 일이었다. 농협과 농업은행을 통합하고자 하는 근본 취지도 도시의 유휴자금을 끌어들여 농업자금화 함으로써 농촌경제를 부흥시키자는 것인데, 농업은행의 도시점포를 모두 중소기업은행에 인수시킨다면 통합은 사실상 그 의미가 없어지는 것이나 다름없는 일이었다. 더군다나 중소기업은행은 이미 1961년 7월 1일 법률 제641호로 중소기업은행법이 공포되어 한창 발족을 서두르고 있는 중이었다.

"말씀을 듣고 보니 큰일이군요. 잘 오셨습니다. 함께 박정희 의장을 만나 얘기 드립시다."

박동묘씨는 박 총재를 채근하여 곧바로 최고회의 의장실로 갔다. 마침 박정희 의장은 집무실에 혼자 있었다.

"의장 각하, 긴히 드릴 말씀이 있습니다."

당시 국가재건최고회의의장 고문실은 의장실 곁에 출입문 하나를 사이에 두고 있었는데, 평상시에는 항상 출입문이 잠겨 있었다. 그러나 박정희 의장은 특별히 박동묘 고문에게 열쇠 하나를 주고 필요한 때는 언제든지 부속실을 거치지 않고 자유롭게 드나들 수 있게 했었다. 박동규 농업은행 총재와 함께 의장실에 들어선 박동묘 고문은 박 의장이 소파로 나앉기를 기다렸다가 단도직입적으로 물었다.

"의장각하, 농업은행의 도시점포를 새로 만드는 중소기업은행에 모두 인수시킨다는 게 사실입니까?"

"그렇습니다."

박 의장은 양손을 모아 깍지낀 자세로 앉아 대답했다.

"농업은행이야 앞으로 농협과 합병될 터인데, 농협은 농촌에 있는 게 원칙 아닙니까? 도시에 농협이 있다는 것은 좀 우습지 않습니까?"

당연한 일을 가지고 왜 그러느냐는 듯한 눈으로 박 의장은 박동묘 고문을 바라보았다.

"그렇지 않습니다. 각하!"

잠자코 앉아있던 박동규 총재가 고개를 들며 말했다. 그러나 박 의장은 손을 들어 잠시 기다려달라고 하고는 다시 말을 이었다.

"…그리고 농업은행 도시점포를 중소기업은행으로 이관하는 문제는 이미 농은법이 통과될 당시에 국회에서 부대 의결한 사항이지 않습니까?"

그것은 사실이었다. 그러면 여기서 독자들의 이해를 돕기 위해 이야기를 잠시 1957년으로 거슬러 가보기로 하자. 중소기업은행 설립 논의가 일기 시작한 것은 주식회사 농업은행이 특수은행으로 개편될 당시였다.

주식회사 농업은행은 특수은행이 되기까지의 과도기적 성격을 지닌 은행으로 발족된 것이었는데, 그만큼 제도적으로 많은 미비점을 지니고 있었다. 즉 주식회사 농업은행은 금련 및 금융조합의 점포와 업무를 인수하여 농업금융을 개선하기 위해 설립되었으나 주식회사이기 때문에 영리적 경영을 아니할 수가 없었다. 따라서 농사자금 외에도 일반 서민금융과 중소기업금융 업무를 겸영할 수밖에 없었는데, 건당 융자금액이 영세하여 융자비용이 많이 먹히는 대농민 융자보다는 자연히 도시 중소상공업 자금 융자에 치중하게 되었다.

이밖에도 주식회사 농업은행은 은행법과 한국은행법의 제한으로 1년 이상의 중장기자금의 차입이나 대출을 할 수 없고, 영리를 추구해야하는 주식회사이기 때문에 융자금리를 과감히 인하하거나 무담보의 신용대출을 하기가 어려워 농민을 위한 은행으로 제대로 기능할 수 없는 제도적 결함을 지니고 있었다. 때문에 주식회사 농업은행은 농민들에게 있어서는 '있으나마나한 은행'이라는 지탄을 받을 수밖에 없었다.

이에 따라 국회에서는 1957년 1월 임시국회를 소집하여 같은 해 2월 2일, 논란 끝에 주식회사 농업은행을 특수은행으로 개편하기로 하고 전문 7장71조로 된 농업은행법을 제정하기에 이르렀는데, 그러고 보니 이제까지 농업은행으로부터 금융혜택을 받아왔던 중소상공업자들과 도시 서민들이 문제였다. 그래서 국회는 농업은행법을 통과시키면서 '전국 10개 도시에 산재한 농업은행의 도시 점포는 농업은행법이 시행된 후 1년 이내에 도시 중소상공업자와 서민을 위한 은행으로 분리 설립할 것'을 내용으로 하는 부대결의를 하게 된 것이었다.

통합 의미 없게 됩니다

김유택 재무부장관이 박동규 농업은행 총재에게 '농업은행의 도시 점포를 모두 중소기업은행에 인수시키라'고 한 것이나, 박정희 의장이 '농은의 중소기업 이관은 국회의결사항'이라고 한 것은 바로 이를 두고 한 말이었다.

"그러나 각하, 당시 국회에서 그같이 부대결의를 한 것은 후일 중소기업을 설립하는데, 최소한의 토대를 마련해주자는 데 그 뜻이 있었지, 농업은행의 모든 도시 점포를 중소기업은행에 넘겨줌으로써 사실상 농업은행의 기능을 마비시키자는 취지는 아니었습니다."

박동규 농은 총재가 박정희 의장의 말에 이의를 제기하자, 박동묘 고문도 재빨리 이를 거들고 나섰다.

"그렇습니다. 농업은행의 모든 도시점포를 중소기업은행에 넘겨주게 되면 현재 추진중인 농업은행과 농협의 통합 작업도 아무 의미가 없게 됩니다. 조금 전에 각하께서는 농협은 농촌에 있어야 한다고 하셨지만 그렇게 되면 농업자금의 조달이 원활하게 이루어지지 못하게 되어 농협은 다시 유명무실한 기관으로 전락하게 되고 맙니다. 물론 농촌소득이 도시소득을 앞지를 만큼 농촌경제가 윤택해진다면 혹시 모릅니다만, 현재로서는 도시의 유휴자금을 농촌으로 끌어들일 수 있는 금융기관으로서의 농협이 반드시 도시에 있어야 합니다. 그리고 도시에 농협이 있어, 도시 사람들이 그 곳을 이용한다는 것은 간접적이나마 바로 그들이 태어나고 자란 고향을 돕는 아름다운 일이기도 합니다."

"농업은행의 점포수가 얼마나 됩니까?"

두 사람의 이야기를 묵묵히 듣고만 있던 박 의장이 박 총재에게 물었다.

"본점을 포함해서 지점이 1백65개소, 출장소 3백75개소로 전국에 모두 5백40개소의 점포망을 가지고 있습니다."

박 의장은 묵묵히 깍지를 낀 손의 오른쪽 검지손가락을 굽혔다 폈다하며 가만가만 손등을 두드리고 있었다. 중요한 결단을 내려야 할 때에 무의식적으로 하는 그의 오랜 습관이었다. 침묵은 오랫동안 계속되었다. 국가재건최고회의 박정희 의장은 바둑알을 들고 장고하는 기사처럼 왼손 검지로 오른쪽 손등을 가볍게 두드리며 깊은 생각에 잠겨 있었다.

"잘 알겠습니다."

한참 만에야 박 의장은 고개를 끄덕이며 말했다.

"그럼 이 문제를 좀 더 시간을 두고 연구해보기로 하겠습니다."

박동묘 최고회의의장고문과 박동규 농업은행 총재는 비로소 한숨을 후우 내쉬었다. 하마터면 농업은행의 모든 도시점포가 신설되는 중소기업은행으로 이관되어 농협과 농업은행의 통합작업이 무의미해질 뻔했던 것이었다.

"박 총재께서 말씀 해주시기를 참 잘 하셨습니다."

최고회의 의장실을 나오면서 박동묘 고문은 새삼스럽게 박동규 총재의 손을 잡으며 말했다.

"만약 고위층의 내락까지 얻어놓은 일이라고 해서 이 문제를 아무도 언급하지 않았더라면 어찌 될 뻔했습니까?"

사실 그랬다. 그때 박동규 농은 총재가 '어차피 농업은행은 폐쇄될 은행'이라고 잠자코 있었더라면 새로 발족된 종합농협은 제대로 그 기능을 수행할 수 없었을 것이며, 오늘날과 같은 비약적인 성장발전도 어려웠을 것이다.

어쨌든 중소기업은행은 박 의장의 결단으로 농업은행으로부터 30개의 도시점포만을 인수하여 8월1일자로 창립을 보게 되었다. 당시 중소기업은행이 농업은행으로부터 인수한 것은 도시점포 30개소 이외에도 기왕에 농업은행에서 대출한 중소기업자금 163억 3,900만 환과 일반자금 49억 5,400만 환 등 모두 212억 9,300만 환에 달했다.

그런데 재미있는 것은 농업은행 도시점포의 기업은행 이관을 극력 반대했던 박동규 총재가 공교롭게도 7월14일자로 초대 중소기업은행장으로 임명 발령된 것이었다. 그러니까 박동규씨는 박동묘 고문과 함께 농업은행 점포의 기업은행 이관을 막기 위해 최고회의로 박정희 의장을 찾아간지 10여일 만에 기업은행장으로 발령이 난 것이었는데, 뒷날 그는 사석에서 "이럴 줄 알았더라면 그때 가만히 있었을 걸 그랬다"는 후일담이 전해지고 있다.

역시 사람의 팔은 안으로 굽는 것일까. 박동규씨는 1963년 산업은행 총재를 거쳐 제3공화국의 재무부장관이 되었는데(1963~64년), 이때 엉뚱하게도 농업은행의 모든 도시점포를 중소기업은행에 이관시켜야 한다고 주장하여 한때 파문을 일으킨 적이 있었다. 불과 2~3년 전, 농업은행 총재로서, 구농협과 농업은행의 통합작업에 통합처리위원으로 참여했을 때는 재무부의 '농업은행 도시

점포의 기업은행 이관 방침'을 극력 반대했던 그가 막상 재무부장관이 되고 보니 생각이 달라진 것이었다.

"박 장관을 농협회장에"

1964년 봄이었다. 박동규 재무부 장관은 농업협동조합 도시점포의 기업은행 이관에 관한 내용이 적힌 미니 차트를 들고 청와대로 박정희 대통령을 찾아갔다.
"긴히 드릴 말씀이 있습니다."

마침 그 때 대통령집무실에는 박동묘 씨도 무슨 일로 와 있었는데, 박 장관은 직접 차트를 넘기면서 '시 소재지에 위치한 시·군 농업협동조합과 지소를 모두 중소기업은행에 넘겨야 한다'고 건의했다. 즉 중소기업을 건실하게 육성하기 위해서는 도시 중소상공업자들과 그 종사자들인 도시 서민들의 가계예금을 중소기업자금화해야 하는데 그 돈이 농촌으로 흘러 들어가기 때문에 중소기업육성에 막대한 지장이 있다는 것이었다. 다시 말해서 도시 중소상공업자들과 그 가족들의 예금은 마땅히 중소기업에 쓰여져야 한다는 주장이었다.

이때의 상황을 박동묘씨는 "옆에서 듣고 있으려니 어안이 벙벙했다"고 표현하고 있다. 그래서 박동규 장관이 차트의 다음 장을 넘기려 하자 박동묘씨는 대뜸 박 대통령에게 이렇게 말했다는 것이다.
"각하, 박 장관의 건의에 곁들여 저도 한 말씀 드릴게 있습니다."

열심히 박 장관의 설명을 듣고 있던 박 대통령이 무슨 얘기냐는 듯한 눈으로 박동묘 씨를 바라보았다.
"지금 당장 박동규 재무장관을 농협중앙회장으로 임명하셔야겠습니다."

박정희 대통령과 박동규 장관은 동시에 의아한 표정이 되었다. 한참 만에야 박 대통령이 물었다.
"아니, 갑자기 그게 무슨 말씀이십니까?"

"생각해보십시오. 불과 2~3년 전에 박 장관이 농업은행 총재를 지낼 적에는 당시 김유택 재무장관이 농업은행 점포를 중소기업은행에 이관시키려 하자 적극 반대를 하고 나섰습니다. 그런데 이제 자신이 재무장관이 되니까 농협점포를 기업은행으로 넘겨야 한다니, 그게 말이 됩니까? 그리고 도시 서민들의 예금은 마땅히 중소기업에 쓰여져야 한다는 것도 얘기가 안됩니다. 농촌경제가 나아져서 농촌구매력이 높아져야 중소기업도 살게 되는 것인데, 모처럼 농협이 제자리를 잡아가고 있는 마당에 농협점포를 중소기업은행으로 이관시킨다면 농촌도 못살게 되고 중소기업도 어렵게 될 것입니다."

박동묘씨의 얘기를 듣고 난 박 대통령은 갑자기 파안을 하며 웃었다.

"맞습니다. 그건 박 선생님 말씀이 맞아요. 박 장관 얘기는 없었던 걸로 합시다."

그렇게 하여 박동규 재무부장관의 농협 점포 이관 구상은 유야무야로 끝나고 말았다. 그러면 이야기를 다시 구농협·농은의 통합처리위원회로 옮겨가기로 하자.

구농협과 농업은행의 통합처리위원회는 위원회가 구성된 지 사흘만인 1961년 6월 19일, 농업은행 본점 회의실(현재 농협중앙회 구건물 본관 2층)에서 제1차 회의를 소집한 이후 7월1일까지 13일간에 걸쳐 모두 8차례의 모임을 가졌다. 그러니까 토요일과 일요일을 빼고는 거의 매일 회의를 소집한 셈인데, 7월 말일까지 통합작업을 완료하기 위해서는 그만큼 일정이 빠듯했던 것이다. 그러나 위원들 대부분이 학계나 재계 인사들이어서 농협의 실무나 현황에 대해서는 잘 알고 있지 못한데다 회의 또한 너무 갑작스럽게 소집되었기 때문에 사전에 충분한 예비지식을 갖추고 있지 못했다. 그래서 6월 19일에 열린 1차 회의는 뒷날 실무진을 불러 구체적인 의견을 청취하기로 하고 간단한 배경설명만 들은 다음 산회했다.

이튿날 열린 2차 회의는 농업은행의 권병호 부총재를 비롯하여 이사와 감사 전원이 옵저버의 자격으로 참석한 가운데 열렸다. 구농협 측에서는 강의구 상임감사를 제외하고는 전 임원이 정직 상태에 있었으므로 참석을 하지 못했다. 이날 권병호 농은 부총재는 통합처리 위원들에게 구농협과 농업은행의 업무현황을 간략하게 설명한 다음, 농협과 농업은행을 통합하되 신용사업과 일반사업 부문의 회계를 엄격히 구분하여 금융의 자율성을 지켜야 한다는 의견을 피력했다. 그런데 이때 농업은행의 이사 한 사람이 뒷자리에 팔짱을 끼고 앉아 눈을 지그시 감은 채 권 부총재의 이야기를 경청하고 있다가 농협과 농업은행이 통합되어야 한다는 대목에 이르러 부당하다는 듯이 고개를 좌우로 설레설레 저었다. 평소에도 그는 농업은행이 농협과 통합되는 것은 마치 '양반이 지게를 지는 것과 같다' 면 적극 반대를 해 온 사람이었다. 이 때문에 회의장은 잠시 소란스러워졌다. 위원장인 장경순 농림부장관이 그를 호되게 질책한 것이었다. 여담이지만 그는 며칠 후 정직처분을 받았다.

이날 통합처리위원회는 농협법과 농은법을 폐지하여 새로운 농업협동조합법을 제정함으로써 새로운 농협을 발족시키는 한편, 과거의 농협운영실태를 감안하여 새로 창립되는 농협은 운영의 자율성을 지양하고 정부의 적극적인 지도감독을 받게 하는 등 몇 가지 통합원칙을 결의했다.

농업협동조합법 공포

통합처리위원회에서 결의한 통합원칙을 좀 더 상세히 살펴보면 다음과 같다. △현행 농업협동조합법과 농업은행법을 폐지하고 새로운 농업협동조합법을 제정한다. △현재의 2원적인 기구를 단일기구로 통합함으로써 농촌유통기구로서의 유기적인 체제를 도모한다. △군단위 농협을 단일화하여 사업분산을 방지하고 농촌경제기반을 양성한다. △과거의 농협운영 실정을 감안하여 회원관리의 자율성을 지양하고 잠정적으로 정부의 적극적인 참여와 상위기관으로서의 능동적인 지도를 기도케 한다. △신용부문과 사업부문의 회계를 엄격히 구분함으로써 금융의 독자성이 유지되도록 한다. △현재 농업은행이 취급하고 있는 신용업무는 전부를 계속 취급한다는 것 등이었다.

그리하여 제3차 회의부터는 새 농협법과 그 시행령을 심의 제정하는 등 구체적인 통합처리 작업에 들어갔다.

7월 1일 8차 회의를 끝으로 농협법안과 시행령, 시행세칙, 정관(예) 및 인사처리요강 등의 심의를 끝낸 통합처리위원회는 7월 3일 법안을 국가재건최고회의에 제출했다. 이 새 농협법안은 일단 법제국의 심의를 거쳐 국무회의의 의결을 얻은 다음 7월 29일에야 국가재건최고회의의 본회의에 상정되었다. 1961년 7월 29일 마침내 국가재건최고회의는 구농협법과 농업은행법을 폐지하고 전문 176조 부칙 17조로 된 새로운 농업협동조합법을 법률 제670호로 공포하기에 이르렀다.

이에 따라 정부는 8월 4일에 초대 농협중앙회장에 임지순 씨를 임명하고 민정근 씨와 강의구 씨는 각각 상임감사와 비상임 감사로 임명하는 한편 민간인 운영위원으로 이용기, 김영철, 노명우, 김영실, 임익두씨 등을 임명했다.

또한 8월 7일에는 제1차 운영위원회를 열어 중앙회의 정관과 10부 20과로 된 직제를 의결하고 권병호, 최응상씨를 부회장으로, 정석규·유시동·문방흠·김명수씨를 각각 이사로 임명했다.

그리하여 광복 16주년을 맞는 1961년 8월 15일에는 농업은행 본점이었던 새 농협(농협본부 구 건물 본관) 3층 강당에서 역사적인 농업협동조합중앙회의 창립기념식이 거행되었다. 동시에 전국 8개 도지부를 비롯하여 1백40개 시·군조합(지소 3백83개소)과 1백1개의 특수조합, 그리고 1만 2,042개소의 이동조합이 종합농협으로서의 업무를 시작하게 되었다. 8월 15일 오전 8시 5분 농협중앙회 강당에서 열린 창립기념식에는 장경순 농림부장관을 비롯하여 천병규 재무부장관, '모이어' 유솜(USOM)처장 등이 참석했다. 임지순 초대회장은 식사를 통해 "농촌경제는 자립경제를 확립하는데 있어 그 기간이며, 농협은 농촌경제 발전의 주축이 될 것"이라면서 "경제사업과 신용사업의 유기적인 운영을 기해나가겠다"고 밝혔다. 농민을 위한 농민의 단체가 새롭게 그 힘찬 거보를 내딛는 역사적인 순간이었다.[12]

종합농협은 이처럼 혁명정부에 의해 농민의 의사와는 관계없이 구농협과 농업은행의 강제 통합으로 새로운 발족을 보게 되었다. 당시 시대 상황 하에서 어쩔 수 없는 일이기도 했고, 농업은행과 구농협간의 알력, 구농협 상층 내부의 분규 등 스스로 화를 자초한 일이기도 했다. 이유야 어떠하든 통합은 당시 농협운동론자들의 간절한 희망이기도 했다.

그러나 한국의 농협문제는 여기서 결정적인 왜곡의 길을 걷게 되었다. 즉 '잠정적으로 정부의 적극적인 참여와 상위기관으로서의 능동적인 지도를 기도한다'는 통합원칙 조항 때문이었다. 바로 이 조항은 농협을 '관제농협' '정부의 시녀'로 만든 직접적인 무기가 되었고, 농민들로부터 농협이 더욱 멀어지게되는 근본적인 요인이 되었다.

농협에 대한 정부의 보호육성 차원을 넘어 자율적이고 민주적인 농협운동을 원천적으로 봉쇄하였을 뿐만 아니라 농협을 정부의 하부기관으로 전락시켰던 것이다. 이 반협동조합적 원칙은 1988년 12월 31일 민주농협법이 탄생될 때까지 약 30년 동안 정부가 농협을 지배·통제·간섭하는 일관된 고리로 작용했다. 자주적 민주적 농협운동 측면에서 바라볼 때 이는 한국농협운동사에 있어 크나큰 불행의 씨앗이 아닐 수 없었다. 농협이 아

---

12) 강순식, 앞의 글, 『농민신문』, 1986. 8. 23~9. 27.

무리 농민을 위한 농민의 농협으로 바로 서려 해도 정부와 정치권의 직접적인 통제와 운영의 간섭, 하부기관화하는 구조속에서 정상적인 발전이란 애초 불가능한 일이기 때문이었다. 이는 곧 일제가 물려준 금융조합의 잔재를 이 땅에 더욱 고착화시키는 것이기도 했다.

이 새로운 협동조합 제도 역시 그 체제, 기구, 사업 등 여러 방면에 있어서 금융조합적인 영향 등이 작용하여 농촌경제협동체로서 합당치 않은 점이 적지 않다. 그러나 이러한 것들은 금후의 합리화를 가기(可期) 할 것이요, 금융조합의 뿌리를 뽑는 것만은 백년의 대업이다.[13]

따라서 통합농협의 탄생은 농민들을 앞으로 잘 살게 해줄 것이라는 일말의 기대를 심어주는 '정치적 효과'는 거두었을지 몰라도 농민들에게 농협을 진정한 자신들의 자조적 협동조직으로 받아들이도록 할 수는 없었다.

---

13) 문정창, 『한국농촌단체사』 '서문' 중, 1961.7.

3. 농협과 정부의 관계

　농협의 설립 목적은 '농민의 자주적인 협동조직을 통하여 농업 생산력의 증진과 농민의 경제적 사회적 지위향상을 도모함으로써 국민경제의 균형 있는 발전을 기한다'라고 법에 규정되었다. 우리는 여기서 1961년에 출범한 종합농협이 '농민의 자주적인 협동조직'이라 할 수 있느냐는 물음에 맞서게 된다. 그것은 농민을 수탈의 대상으로 삼았던 일제하 관제·관영의 조합이 해방 후 인적·제도적 청산과정 없이 구농협과 농업은행으로 이어졌고, 이 두 조직이 다시 통합되어 종합농협으로 탄생되었기 때문이다.

정부는 농협의 숨겨진 손?

　그렇다면 협동조합은 정부와 어떤 관계를 유지해야 할까? 진흥복 교수는 협동조합과 정부와의 관계를 다음 네 가지 유형으로 구분하였다. 제1유형은 협동조합의 자결주의를 바탕으로 국가와의 관계에서 정치적 금욕주의를 고수하는 입장이고, 제2유형은 정부가 협동조합의 사회·경제적

가치를 인정하고 일방통행적 원조를 제공하는 입장이며, 제3유형은 일방적인 원조가 아니라 대등한 위치에서 협력관계를 유지하는 관계이다. 마지막은 정부에 의해 만들어지고 이 협동조합이 정치적으로 이용되는 관계이다.[14]

어느 나라를 막론하고 오늘날 협동조합은 정부의 통치대상이 되고 있다. 그러나 협동조합에 대한 정부의 태도는 일정하지 않고 나라별로 또는 사안에 따라 각각 다르게 나타난다. 따라서 협동조합과 정부와의 관계를 간단히 정리할 수 는 없는 일이다.

선구자들의 역할이 지대했던 19세기 중엽의 서구 협동조합운동에서도 협동조합이 정부와 어떤 관계를 맺어야 하는가에 대해 견해가 엇갈렸다. 로버트 오웬, 푸리에, 라쌀레, 라이파이젠 등의 협동조합 지도자들은 외부의 지원에 긍정적인 태도를 나타냈던 반면, 윌리암 킹, 슐체델리취 등은 이를 매우 금기시했다.

로버트 오웬은 협동촌 건설계획을 위해 영국의 지배계급을 대상으로 모금운동을 벌였으며, 멕시코의 후원으로 미국과 멕시코의 국경지방에 평화촌을 건설할 계획을 세우기도 했다. 그 뒤 영국에서 노동교환소를 설치할 때도 그는 외부의 원조를 요청했다.

그러나 슐체는 달랐다. 즉 협동조합에 대한 외부의 지원은 조합운영에 대한 간섭을 초래하기 마련이고, 조합원에게는 의타심만 조장한다고 생각했다. 그는 협동조합의 관건은 자조이며 정부의 지원과 자조는 양립될 수 없다는 입장에서 정부의 지원에 대한 불신과 적대적 태도를 견지했다.[15]

---

14) 진흥복, "국가와 협동조합간 협력관계의 범위와 한계", 『한국협동조합연구』, 제2집 1권, 한국협동조합학회, 1984, 2~4쪽
15) M.A.Abrahamsen, 「Cooperative Business Enterprise」, McGraw Hill, 1976, p391, 윤근환 외, 앞의 책, 123~124쪽 재인용

ICA(국제협동조합연맹) 창설자의 한 사람인 니얼은 협동조합이 국가와 손잡고 할 일은 별로 없으며 국가의 원조가 제공된다고 하더라도 이것을 사양해야 할 것이라고 주장했다. 스웨덴의 협동조합 정치가 오른도 협동조합이 정부의 지원을 받게 될 경우, 협동조합의 사명은 배반당하고 협동조합은 정부의 정책 추진기구로 전락되고 말 것이라는 강한 우려의 입장을 나타냈다.

　　이에 대한 논쟁은 그 후에도 끊이질 않았다. 1904년 열렸던 ICA 제6차 총회에서는 협동조합과 정부와의 관계에 관한 입장 문제를 놓고 감정적인 논쟁까지 벌였다. 여기서 부정적인 여론이 우세하자 많은 신용조합과 농업협동조합이 연맹을 탈퇴하였는데, 이것이 오늘의 연맹을 소비조합 중심으로 전락시키는 계기가 되기도 했다.

　　이러한 초기의 주장에도 불구하고 완전한 자조적 협동조합이란 오늘날 거의 불가능하게 되었다. 자유방임을 기초로 하던 초기의 자본주의 체제가 자본주의 자체의 문제점 즉, 빈부 격차의 확대, 농업부문의 상대적 취약성 등이 노출됨으로써 경제에 대한 정부의 조정과 간섭이 필요하게 되었기 때문이다. 특히 세계 공황을 거치면서 경제활동에 대한 정부의 개입은 더욱 확대되었고, 수정자본주의, 혼합경제, 계획경제, 국가자본주의, 복지국가 등의 개념이 도입되면서 국가경제에 대한 정부의 기능은 한층 강화되었다. 이에 따라 정부와 협동조합의 관계도 더욱 밀접해졌으며, 상대적으로 취약한 분야인 농업협동조합에서는 그 경향이 더욱 뚜렷해졌다. 상대적으로 취약한 농업부문에 대한 정부의 각종 지원도 결국 정책 목표를 통해서만 가능하게 되었고, 정부의 정책목표는 종국에 협동조합이 목표하는 바와 같기 때문이었다.

　　그럼에도 협동조합이 정부의 지원을 받고, 정부의 정책 추진에 참여하는데 대한 반대론은 매우 강경했다. 그것은 정부는 기본적으로 자본의 권력기구이므로 어떤 정책이든 그 이면에는 자본의 이익을 관철하려는 의도

가 숨어 있다는 이유 때문이었다.[16]

그러나 협동조합은 결국 자본주의의 산물이며, 협동조합의 궁극적 목적이 자본주의 체제의 붕괴에 있는 것이 아니라 자본주의 시장경제가 가지는 부분적인 모순점을 보완 발전시키는데 있는 것이므로 이러한 주장은 한계를 가질 수밖에 없었다.[17]

일반적으로 선진국의 협동조합들은 정부의 지원이나 간섭 없이 비교적 독립적으로 발전하였다. 능력에 따라 도산도 하였고, 더욱 발전해나가기도 했다. 그러나 개도국의 협동조합, 특히 농협은 이들 선진국과는 처음부터 판이한 양상으로 발전했다. 개도국의 경우 대개 농업이 주요 산업이었고, 농협도 정부의 농업개발정책에 의해 하향식으로 조직되고 운영되어졌던 것이다.

그러나 법의 제정에서부터 각종 세제감면, 자금지원 등 정부가 각종 지원을 하고 있다는 점에서는 선진국과 크게 다를 바가 없었으나 협동조합에 대한 정부의 규제라는 측면에서 큰 차이를 나타냈다. 즉 개도국의 협동조합은 정부에 의해 엄격히 감독되어졌는데, 예컨대 정부가 협동조합 임직원을 임명하거나 협동조합에서 선출된 임직원에 대한 승인을 행사하기도 했다. 또 어떤 경우에는 정부 관리가 협동조합의 경영자로 파견되었으며, 협동조합을 규제하는 규정이 많고, 내용 또한 매우 구체적이라는 특징을 갖고 있었다.

이에 대해 로이는 '이런 종류의 협동조합이 과연 진정한 협동조합인지 아니면 정부의 숨겨진 팔인지 의문이 제기된다' 고 신랄한 비판을 가했다.[18]

---

16) 本位田祥男, 『협동조합총론』, 日本評論社, 1969, 157쪽, 윤근환외 앞의 책 126쪽에서 재인용
17) E.P.roy, Cooperatives:Today and Tomorrow, The Interstate Printers & Publishers Inc., 1964, 14쪽
18) E.P.Roy, op.cit., p131~133, 윤근환외, 앞의 책, 17쪽

일반적으로 개도국의 정부 주도의 협동조합 결성과 규제는 농민의 협동조합에 대한 인식부족, 높은 문맹률과 취약한 경제력, 식량문제의 시급한 해결, 정치적 불안정성 등에 그 배경을 두고 있었다. 이처럼 조속한 농업발전을 위해 정부에 의한 설립 운영이 정당화된다고는 할지라도 그것은 협동조합 초기의 일시적인 것에 한해야 한다는 데는 이의가 없다. 즉 협동조합이 자치능력을 배양하게 되면 정부는 협동조합을 조합원의 손에 넘겨 주어야 하고 정책도 조합원의 자치능력을 길러주는 방향으로 이루어져야 한다. 다시 말해 협동조합에 대한 정부의 지원은 '정부에 의한 협동조합 운영' '협동조합의 정부 의존'으로 연결되지 않도록 하는 세심한 주의를 기울여야 한다는 주장이었다.[19]

농협 정치적 중립, 필요한가

농협의 정치적 중립문제는 어떠한가. 우리는 농협법에 '조합과 중앙회는 정치에 관여하는 일체의 행위를 할 수 없다'고 규정함으로써 농협의 정치활동은 완전히 금지시켰다. 1994년 농어촌발전위원회의 농협개혁안에 농협의 정치적 중립조항이 삭제될 것이라는 소식이 있었으나 발표 전날 취소되고 말았다. 최인기 당시 농림수산부 장관은 '농어촌 발전대책 및 농정개혁 추진 방안'을 발표하는 자리에서 "조합 단위의 정치활동을 허용할 경우 조합원 전체 의사를 대변해야 하는 생산자 단체 본연의 기능이 왜곡될 가능성이 있기 때문에 정치적 중립조항은 삭제하지 않았다"고 설명했지만 설득력은 부족했다.

현대 자본주의 사회에서는 개인이나 집단 할 것 없이 자신들의 권익보호

---

19) Jone.H.Heckman, "The Role of Government in Cooperative Development", 「Guidelines for Cooperatives in Developing Economies」, ICTC, 1969, p131~133, 윤근환 외 앞의책, 135~141쪽

를 위해 조직을 결성하고, 단체교섭과 각종 정치적 활동을 통해 권익을 신장해 나가고 있다. 또한 그들은 자신들의 이윤동기를 스스로 포기하지 않으며, 교묘하게 그들의 영역을 확장해 나간다. 따라서 그들이 자진하여 자신들의 이익을 농민들에게 돌려주지 않는 이상 모든 문제는 정책 결정에 의해서 조정되기 마련이다. 그런데 정책 결정은 '힘의 원리'에 의해서 결론이 나기 마련이므로 막대한 경제력을 소유하고 금융 자본가나 국가 권력과 결탁되어 있는 독점 재벌을 농민들이 당해내기란 애초부터 불가능한 일이다.

그렇다면 물적·조직적 면에서 상대적으로 열악한 위치에 있는 농민들이 어떻게 어떤 방법으로 자신들의 권익 향상을 꾀할 수 있단 말인가. 이런 연유로 농민들은 자주적 단결을 통해 협동조합을 결성하고, 이 단체가 자신들의 권익보장을 대신 확보해 주길 바라고 있는 것이다. 그런데 농협만 중립을 지키라고 한다면 이것은 불공정한 룰이 아닐 수 없다.

외국의 예는 어떤가. 초기의 협동조합에는 대체적으로 정치적 중립이 표방되었다. 그러나 최근에는 차츰 정치 참여를 인정하는 방향으로 바뀌어 가고 있다. 1966년 제24회 ICA 총회에서는 '정치적 종교적 중립'의 원칙을 협동조합 원칙에서 제외시키고, 조합원의 이익을 위해서 필요하다면 협동조합이 정치적인 힘을 이용할 수 있도록 했다.[20] 특히 아브람함슨은 협동조합이 정부의 정책 수립에 강한 영향력을 행사할 수 있어야 한다고 주장했다.[21] 이것은 협동조합이 정치적 목적에 이용되지 않을 만큼의 큰 힘을 가져야 한다는 뜻이기도 했다. 그래야만 정부와 협동조합이 상호 이익의 범위를 넓혀 나갈 수 있다고 보았던 것이다.

그러나 협동조합의 정당정치 개입은 최대한 억제되어야 한다는 게 대체적인 주장이었다. 그것은 정치상황의 변동, 즉 정권이 바뀜에 따라 협동조

---

20) Hans Munker, 「Cooperative Principles and Cooperative Law」 4th. ed., 1981, p99, 윤근환 외, 앞의 책, 132쪽 재인용.
21) M.A. Abrahmamsen, op.cit., p.55쪽, 윤근환 외, 앞의 책 132쪽 재인용.

합 운동이 영향을 받아서는 안 된다는 취지에서였다. 일본의 경우, 농협이 조합원의 이익을 대변할 수 있는 정치인에게는 그 소속 정당에 관계없이 지원을 하고 있으며, 캐나다에서는 1974년 총선거 때 캐나다 협동조합연맹이 특정 정당이나 특정 정치인을 공개적으로 지원하지는 않았지만, 협동조합과 관련된 각 정당의 성명서를 입수하여 이를 조합원들에게 배포함으로써 주의를 환기시킨 일도 있었다.[22]

이처럼 자본주의 경제체제의 특성을 전반적으로 이해해볼 때 오늘날 협동조합의 정치 참여는 불가피한 것으로 받아들여지고 있다. 자본주의 경제체제 하에서 어느 단체, 어느 조직이건 다들 자신들의 이익을 위해 정치적 활동을 수행하고 있는데 비단 협동조합만 예외일 수는 없기 때문이다.

---

22) Leonard Harman, "Cooperative and Goverment,"「Yearbook of Agricultural Cooperation 1973」, Plunkett Foundation of Cooperative Study, p. 98. 윤근환 외, 앞의 책, 133쪽에서 재인용

4. 1960년대 농업정책과 농협운동의 한계

고도 경제성장과 농업 경시정책

그렇다면 종합농협 창립을 전후한 우리의 농업정책은 어떠했는지 알아보자. 앞에서 살펴본 바대로 우리의 농업정책의 뿌리는 멀게는 일제시대로, 가깝게는 해방 후로 거슬러 올라간다. 1949년 6월 21일 제정된 '농지개혁법'은 한국전쟁으로 인해 그 실시가 미루어져 오다가 전쟁이 끝난 다음에야 비로소 발효되었다. 이 법의 골자는 정부가 평년작의 150% 정도의 가격으로 지주에게서 토지를 구입한 뒤 이를 다시 소작농에게 동일한 가격으로 매각하는 '유상 몰수, 유상 분배'의 농지개혁이었다.

완전한 무상몰수가 아니었음에도 평상시의 토지시가에 훨씬 낮게 보상액이 책정됨으로써 지주들은 심한 반발을 보였고, 토지소유 상한선인 3정보를 제외한 나머지는 토지소유권을 위장 분산시키거나 소작농에게 고가로 매각하는 등 손실을 최소화하려 온갖 노력을 다했다. 정부 또한 지주들에게 시간적 여유를 주기 위하여 농지개혁을 교묘하게 늦추었는데 이렇게 함으로써 농지개혁은 사실상 반봉건적 성격을 그대로 온전시킨 채 종결되고 말았다. 이것은 1945년 12월 말 144만 7,359정보였던 소작지 중에서 1966년 말 현재 분배된 토지는 38.1%에 해당하는 55만 971정보에 불과한데서 그 정황을 쉽게 알 수 있었다. 그나마 땅값 상환 압력과 빚더 미에 눌려 분배받은 토지를 다시 팔아 넘기는 사태까지 속출함으로써 농민들은 다시금 지주 소작제의 굴레로 들어가야만 했다.

이와 때를 같이하여 미 잉여농산물이라는 대대적인 폭탄 세례를 맞음으로써 우리 농민들은 심각한 몰락의 운명을 맞아야 했다. 전쟁과 흉작에 따른 식량부족을 빌미로 들어오기 시작한 미 잉여농산물은 농지개혁이후 생성되기 시작한 농업발전의 가능성을 근본적으로 말살하고 농업근대화를 구조적으로 저해함으로써 도농간의 이중구조를 더욱 심화시키는 결정타가 되고 말았다. 더구나 이러한 원조물자들의 대부분은 국내에서 생산이 가능한 식량·면화·설탕·원료 등이었으며 가격이 엄청나게 쌌으므로 문제는 매우 심각했다.

즉 우리농산물은 값싼 원조물자에 의해 가격이 폭락하여 이 땅에서 사라질 수밖에 없었다. 면화가 대표적인 품목이었다. 일제에 의해 강요된 측면이 있긴 하지만 본래 남한에는 면화 생산이 풍부하였다. 그러나 미국의 값싼 면화가 들어오면서부터는 면화를 생산해보았자 팔 곳이 없게 되었다. 결국 면화생산은 100% 사라지게 되었고, 이제는 미국에서 전량을 수입해오는 나라로 전락하고 말았다. 그 사이 매판자본가 혹은 상인들은 정부와 결탁하여 원조물자에 기생함으로써 황금알을 긁어모으듯 부를 축적해 나갔다. 특히 면방직, 설탕업, 그리고 밀가루 제조업 등을 취급하는 기업들은 순식간에 탄탄한 재벌로 발돋움해 나갔다.

면화 뿐만 아니라 미국은 식량 부족을 핑계로 쌀·보리·밀 등 다량의 농산물을 이 땅에 쏟아 부었는데 그 양은 대부분 국내 수요를 넘어서는 것이었다. 결과는 분명했다. 국내 농산물 가격은 계속 폭락하였고 농민들이 빈곤에서 벗어날 수 있는 길은 철저히 봉쇄 당했다. 끝내는 농민들이 농촌을 버리고 도시로 밀려들었으며 이는 결국 도시의 과잉노동력이 됨으로써 노동자들의 임금을 하락시키는 요인으로 작용했다.

미국의 잉여농산물에 기생한 매판자본가들의 성장은 곧 농민의 파탄, 중소기업의 몰락, 그에 따른 대량실업과 극단적인 저임금구조의 형성으로 귀결되었다. 더구나 매판재벌들의 정경유착 놀음에 의거, 정부가 화폐를 무더기로 찍어냄으로써 심각한 인플레를 야기시켰으며 농민들의 처지를 더욱 어렵게 만들었다. 여기까지가 5.16혁명 전, 즉 통합 농협이 창립되기 전까지 우리 경제의 흐름이었다.

5.16후에도 이러한 정책은 크게 바뀌지 않았다. 중농정책을 표방한다던 혁명정부는 1년도 안되어 공업중심의 경제발전계획을 수립하였다. 1962년도부터 시작된 제1·2차 경제개발 5개년계획은 중화학공업의 발전에 중점을 둠으로써 급속한 산업구조의 고도성을 실현시켜 나갔다. 공업부문의 성장을 경제성장의 원동력으로 삼기 위해 정부는 기본적으로 저곡가에 의한 저임금정책을 더욱 강화해나갔다. 농업부문에 대한 독점재벌들의 요구는 자본의 확대 재생산에 필요한 저임금이었으며 이러한 저임금정책은 해외농산물의 대량도입과 곡물가격의 정부관리를 통한 저곡가 정책으로 계속 뒷받침되었다. 이러한 경제개발계획은 국가적 위기에 대처하기 위한 시도였다는 점에서 나름대로의 의의를 갖고 있었지만 그 원천이 농업부문의 철저한 희생을 전제로 한 것이었다는데 문제의 심각성이 있었다.

그러나 이러한 문제는 너무나 피상적인 결과일 뿐이다. 즉 제1·2차에 걸친 경제개발계획도 그 배후에는 미국이 도사리고 있었다는 점이다. 이를테면 일제가 36년 동안 한국을 지배하면서 반봉건적 지주·소작제를 바탕으로 식량과 공업원료의 수탈에 중점을 두었다면 해방 후의 미국은 남한을 자신들의 남아도는 식량과 공업원료를 처리하는 판매시장으로 삼았다는 점이다. 미국은 겉으로는 경제적인 독립을 보장하는 듯 하면서 실제로는 자신들의 이익을 창출해낼 수 있는 보다 교묘한 방식을 채택하였다. 즉 전적으로 미국에 의존하는 '매판 재벌'을 육성하여 이들을 적극 이용하는 간접방식이었다. 매판재벌의 육성에 사용된 수단은 크게 차관과 정부의 금융지원이었다.

차관은 1960년대 이후 나타난 고도경제성장정책에 결정적인 역할을 담당하였다. 이 기간에 동원된 투자재원 중에서 차관을 중심으로 한 외국자본이 약 절반정도를 차지했다는 점에서 이는 분명하게 드러났다. 경제성장에서 외국자본의 역할은 1·2차 5개년계획 기간 중에 이들 외국자본에 의해 이룩된 연평균 경제성장률이 각각 4.1%, 4.8%에 이르렀다는 사실을 통해 다시 한번 확인되었다.

이 기간에 이룩된 총 경제성장률에서 외국자본에 의한 것을 빼고 나면 대략 5% 정도가 되는데 이는 본격적인 경제개발이 시작되기 이전과 비슷한 수준이었으므로 고도성장의 비밀은 다름 아닌 외국자본의 대대적인 유입에 의한 것이었다.[23]

차관도입에 인한 경제 예속화는 기술과 원료의 공급으로부터 시작되었다. 일제 이후 우리 경제는 자립적인 기술 축적과 원료 공급능력이 철저히 말살되었으므로 매판재벌을 통한 미국의 기술과 원료의 이식은 너무나 자연스러운 것이었다. 그러나 문제는 일단 차관이 도입되면 머지않아 이것을 갚기 위해 달러가 필요하게 되는 것이고, 기계부품과 원료의 해외 구입에도 이는 마찬가지였다.

이와 같이 차관과 기술 및 원료의 도입은 상환을 위한 달러를 필요하게 만들었고, 우리 경제는 '없어서는 안 되는' 이 달러를 벌어들이기 위해 수출을 하지 않으면 안 되는 딜레마에 빠지게 되었다. 농촌의 빈곤화와 그에 따른 구매력의 저하로 국내시장이 극히 협소해짐으로써 수출은 더욱 불가피한 것이었다. 이렇게 하여 1960년대에 막을 올린 고도성장정책은 1970

---

23) 이내영 엮음, 『한국경제의 관점』, 백산서당, 1987, 181쪽. 연평균 경제성장률은 제1차 5개년계획이 7.9%, 제2차 5개년계획이 9.7%, 제3차 5개년계획이 10.2%이다., 박세길, 앞의 책, 163쪽

년대의 수출지상주의라는 맹아를 낳았다.

그러나 이 수출을 위한 제품 역시 외국의 기계와 원료에 의해서 만들어질 수밖에 없었으므로 수출의 증가는 곧 그에 상응하는 수입의 증가를 유발시켰다. 한마디로 밑 빠진 독에 물 붓는 격이었다. 그렇다고 수출을 통해 달러를 벌어들이지 않으면 경제전체가 완전히 마비되어 버리기 때문에 선택의 여지는 없었다.

여기서 문제는 수출은 헐값, 수입은 독점가격에 의하였으므로 수입이 수출보다 큰 폭으로 늘어난다는 것이었다. 이것은 우리 경제가 어떤 형태로든지 미국과 일본에 의존하는 것을 의미했다. 일이 이렇게 되자 단지 수출을 통해 벌어들인 달러만 가지고는 외채의 상환은 고사하고 당장 필요한 수입조차 곤란하게 되었다. 결국 부족한 달러를 메우기 위해 계속해서 외국 빚을 얻어와야만 한다는 결론에 이르는 것이다. 이러한 과정이 쌓이고 쌓여 급기야 1980년에는 외채가 500억 달러에 이르는 놀라운 기록을 올리게 되었다.[24]

어쨌든 미국과 일본은 차관을 미끼로 남한 경제를 교묘하게 자신들의 수중으로 끌어들이면서 광범위한 수탈을 자행하였다. 이 같은 수탈이야말로 우리 농민을 비롯한 민중들이 그토록 장시간 혹독한 노동에 시달렸음에도 불구하고 여전히 빈곤의 악순환에서 헤어나지 못하게 만드는 궁극적 요인으로 작용했다. 더구나 경제성장 과정에서 철저히 소외되었던 농업은 말할 필요도 없는 것이었다.

이렇게 하여 한국경제는 외채의 누적, 대외경제의 의존체제 심화, 국제수지 적자, 경제의 이중구조 심화, 독점기업의 부실화 문제, 농업의 파탄, 도·농 간의 소득격차 심화라는 심각한 구조하에 놓이고 말았다. 즉 '선건설, 후 분배'라는 논리에서 비롯된 성장정책은 공업의 대외의존 증대와

---

24) 박세길, 앞의책, 155~172쪽

더불어 소득분배의 불균형을 초래함으로써 이중구조의 청산과 국민적 단결에 큰 장애로 등장하기 시작했다.[25] 대외의존형 경제성장에 따른 외채문제와 외자결합형 독점기업의 부실화문제는 오늘날까지도 한국경제에 심각한 문제로 남아 있다. 기업부실화는 대기업의 부도사태로 이어졌고, 외채문제는 IMF 구제금융체제로 편입되게 만들었다.

독점기업들은 차관도입상의 특혜로부터 금융세제상의 특혜, 제품가격 결정에서의 특혜 등 여러 가지 특혜를 정부로부터 보장받았다. 이러한 특혜들은 기업의 운영과 성장에 직접적인 영향을 미쳤으므로 '합리적인 경영' 보다는 정부와의 유착관계를 통해 손쉬운 경영에 안주했다. 이러한 유착관계는 대외 의존적 경제성장이 진전될수록 더욱 심화되었다. 1960년대 말 대대적인 부실기업 정리가 있었고, 1970년대초 8.3조치가 그 단적인 예였다. 그 뒤로도 이러한 문제점은 하나도 개선되지 않은 채 같은 상황을 되풀이하였다. 그러나 정부는 이러한 독점기업의 위기를 국민부담으로 전가시키면서 이들을 계속 보호해나감으로써 더욱 문제를 심화시켰다.[26]

여기서 중요한 문제는 농업부문의 철저한 희생을 요구한 1960년대의 농업정책이 결국 다음과 같은 결과를 초래했다는 사실이다.

첫째, 한국의 농업구조가 미국 독점자본주의의 농업전략에 깊숙이 편입되고 말았다는 점이다. 즉, 미국의 식량원조정책과 한국경제의 종속적 재생산구조로 말미암아 국제수지는 악화되었고, 농업생산구조도 더욱 미곡 중심으로 단작화 됨으로써 쌀을 제외한 식량자급도가 10%미만으로 떨어진 것이다. 대다수의 곡물은 수입에 의존하게 되었으며 식생활의 서구화로 주곡 소비는 급속히 감퇴된 반면 밀가루·옥수수·우유 가공식품의 소비가 급증한 것이다.

---

25) 변형윤, "한국경제의 진단과 반성", 변형윤외, 앞의 책, 22쪽
26) 한도현, "국가권력의 농민통제와 동원정책" 『한국농업 농민문제 연구Ⅱ』, 1989, 한국농어촌연구소, 125쪽

둘째, 경제개발기의 개발 인플레이션 하에서 수출주도형 개발전략에 농업·농촌·농민이 철저히 배제되었다는 점과 국가권력, 관료주의가 일제 이후 다시 부활했다는 점이다. 양곡관리 특별회계에 의한 이중곡가제와 식량증산시책은 농민의 상대적 빈곤의 해소에 있었다기보다는 경제개발을 위한 저임금구조 형성에 그 목적이 있었으며, 미곡의 생산과 판매는 농가의 자유의사보다 비료배급과 영농자금의 배정에 의존하는 한편 행정계통을 통해 이루어짐에 따른 것이었다.

셋째, 농촌 내부에도 소득격차가 확대되고, 사치소비성 도시문화가 확대되었다는 점이다. 더욱이 1970년대의 새마을사업이 전시효과 위주의 사업에 치중함으로써 외형상으로는 대·소농간, 도·농간의 소득격차가 크지 않는 것처럼 보이게 했으며 그 실천과정에도 관료주의적 강제성, 외형적 전시효과, 농민의 노동과 토지의 공동투입에 의한 집단성, 정부의 정치적 계획과 지시에 의한 통제성 등이 내재해 있었다.

넷째, 농민층 분해가 가속화되고, 농토의 노화와 환경파괴가 급속히 진행되었다는 점이다. 다수확 신품종의 개발·보급에 따른 비료, 농약, 농기계의 다량 투입은 결국 국내외 독점재벌의 자본 축적으로 귀결되었을 뿐 실질적인 농가소득증대에는 기여하지 못함으로써 농민층의 분화 및 분해를 촉진시켰으며 농토의 노화와 부동산 투기 등으로 환경 파괴를 유발시켰다.[27]

이처럼 농업과 농민에 있어 정부의 정책은 그 무엇보다도 중요했다. 농민이 아무리 허리띠를 졸라매며 노력을 하고, 또 농협이 농민을 위해 다양한 사업과 활동을 전개한다 할지라도 농업 경시정책 하에서 농민들은 달리 헤어날 길이 없기 때문이다.

---

27) 권광식, 앞의책, 182~183쪽

관제농협의 한계

통합된 농협은 종합농협으로 단위조합에 해당하는 이동조합, 지역연합회 조직에 해당하는 시·군 조합, 그리고 전국 연합조직에 해당하는 중앙회의 3단계 조직체계로 그 출발을 시작하였다. 관할 구역이 경제권 중심이 아닌 행정구역 중심이었으므로 외형적 조직 결성은 일사천리로 이루어질 수 있었다. 이에 따라 전국엔 농협이란 간판이 붙지 않은 곳이 없을 정도였지만 독립된 자체 조합 사무실 하나 제대로 갖지 못한 이동조합이 대다수였다. 그러나 시·군 조합과 중앙회만은 금융조합에서 농업은행으로 인계된 건물을 그대로 인수하여 사용함으로써 좋은 시설과 인력을 갖추고 있었다. 농업은행의 금융업무 인수로 시·군 단위 이상에 일하는 임직원 수는 5천명이 넘는 많은 숫자였지만, 단위조직인 이동조합에는 조합장뿐인 역피라밋 현상을 나타내었다.

1960년대초 전국 농가는 약 250만 호를 헤아렸는데, 그 중 약 220만 호가 이동단위조합의 조합원으로 가입하고 있었다. 그러나 이들은 이름만 조합원이었지 주체적으로 활동하는 조합원은 아니었다. 이것은 농민들의 자각에 의해 자생적으로 만들어진 농협이 아니라 정부에 의해 하향식으로 추진된 결과였다. 사업적으로도 제 기능을 제대로 발휘하지 못하였다. 따라서 통합은 되었지만 농민들과 호흡을 하는 일선 조직은 구농협 당시나 별반 다를 바가 없었다.

법 상으로는 1)생산 및 생활지도사업, 2)구매사업, 3)판매사업, 4)신용사업, 5)이용사업, 6)공제사업, 7)가공사업, 8)의료사업, 9)단체협약 체결 등 다양한 사업이 가능했지만 1개 이동조합의 평균 조합원 수가 약 100여명에 불과했고, 농가경제도 매우 영세했으므로 이러한 사업 활동은 거의 유명무실 했다. 금융조합 등 일제하의 조합에 대한 나쁜 인식이 여전히 뿌리 깊게 남아 있었고, 한편에서는 농협만 생기면 금방 잘살게 될 것으로만 생각하는 등 협동조합에 대한 인식부족으로 이동조합의 활성화는 요원하기만 하였다. 윤병조 조합장은 이동조합 당시를 이렇게 회고했다.

> 혁명정부가 들어서면서 이동조합장을 이장이 겸직하도록 지시를 내렸다. 그것은 계통조직을 단기간 안에 실현시키기 위해서는 기존의 행정기관 조직을 활용하는 것이 효율적이라고 생각한 때문이었다.… 당시 대부분의 조합장들은 경영이 미숙하여 이동조합이 농가경제활동의 중심체로서의 기능을 발휘하기에는 너무도 미약하였다.
> 그래서 나의 경우도 처음 이동조합을 인수하고 나서 한 일이라고는 영농자금 배정과 융자수속 대행 그리고 비료를 배정 받아 조합원에게 나누어주는 일이 고작이었다. 당시 비료 공급은 구매사업의 전부였을 정도였는데, 정부와 민간에서 취급하던 것을 혁명정부가 들어서면서 농협에서 일괄 공급토록 하였다. 그래서 이동조합 시절을 생각하면 비료배정을 둘러싼 실랑이들이 먼저 떠오를 정도다. 당시의 비료는 크게 부족하여 농가 경지면적에 비례하여 공급하였는데, 농사철만 가까워오면 군조합 지소에 가서 비료를 배정 받아 트럭에 싣고 와야 했는데, 농가별로 비료를 배정하려고 하면 서로 많이 가져 갈려고 싸움질이 일어났다.
> …비료와 마찬가지로 영농자금도 서로 많이 배정 받으려고 아우성이었다. 전체 조합원의 융자서류를 내가 모두 가져다 대서해주고, 도장도 전체 조합원의 것을 보관하고 있다가 대신 찍어 주었다. 이러다 보니 조합장이 자금을 유용한다는 사람도 있었고, 명의를 도용하여 대출금을 착복한다는 소문도 있었다. … 1964년부터는 기반 조성책으로 출자금 조성에 박차를 가했다. 조합원이 되려면 1좌의 4분의 1인 100원만 내면 되었다. 그러나 쉽지 않아 총회 결의로 비료 배정할 때 한 부대에 1백원, 융자받을 때는 1,000에 100원을 반강제적으로 거두었다. 그러나 별 성과를 거두지 못하였다. 또 '벼 한 가마 모으기'라는 방법으로 자금 조성을 추진하였으나 이 또한 별 성과를 거두지 못했다. 한편 설립 9개월도 채 안되어 정부는 지방행정법을 바꾸어 민선면장, 민선이장을 일괄 해임시켰다.[28]

---

28) 윤병조, 회고록『공조의 오솔길』, 금정기획, 1993, 189~192쪽

자연 대농민 업무 대부분은 이동조합이 아닌 시군조합 중심으로 이루어졌다. 우선적으로 중앙회는 시군조합을 중심으로 이동조합을 지도해나감과 동시에 농민들의 농협에 대한 인식도를 높여 나간다는 방침을 세웠다.

이동조합 육성을 위해 제일 먼저 착수한 것이 '농촌지도원제' 도입이었다. 1961년 156명의 지도원을 채용하여 이들에게 이동조합의 경영지도와 조합원의 영농, 생활개선지도 및 농촌마을의 사업개척지도를 담당하게 하였다. 4주간의 교육을 마친 이들에게 중앙회에서는 농촌지도용 녹색 자전거를 한대씩 사주었는데, 중앙회 정문에서 자전거를 타고 일시에 임지로 향하는 풍경은 장관이었다. 이들의 어깨 위에 농협의 미래가 달려있다면서 엄청난 희망과 사명감을 부여하였다. 이렇게 전국 각지로 흩어진 농촌지도원들은 농협운동의 선구자로서 언젠가는 썩어 없어질 하나의 밀알이 되겠다는 뜨거운 사명감 속에 자기 고장의 농협운동에 청춘을 불살랐다.

다음에는 시군조합과 이동조합간의 유대를 강화하고, 이동조합의 지도·육성을 촉진하기 위하여 '사업개척원제'가 도입되었다. 711명의 개척원을 채용하여 시군조합에 배치함으로써 농촌지도원과 더불어 이동조합의 사업지도와 조합육성에 이바지하도록 하였다. 그러나 이동조합은 여전히 조합규모의 영세성, 자체자금의 과소 및 유능한 지도자의 확보곤란 등으로 농가경제활동의 중심체로서의 기능을 발휘하지 못하였다. 이는 1963년도 이동조합의 평균 조합원 수가 105명, 조합 당 사업 규모가 평균 35만원에 불과하였던 점만 보더라도 쉽게 짐작할 수 있었다.

이와 같은 조합활동의 부진을 타개하고자 중앙회는 2만 여에 달하는 이동조합을 일률적으로 지도 육성하던 방침을 바꾸어 1963년부터는 이동조합을 A, B, C 3등급으로 나누고 발전단계별로 지도대책을 수립하는 한편, 이동조합의 규모 확대를 위해 대대적인 합병을 추진해나갔다. 이와 병행하여 특수조합에 대한 지도도 도지부를 중심으로 적극 추진되었다.

그러나 창립 1년도 채 안 되는 기간동안 중앙회장이 세 명이나 교체되는 등 중앙회도 혼란을 거듭하고 있었다. 중앙회장의 임명권은 정부에 있었으므로 농협회장은 언제라도 바뀔 소지를 안고 있었다. 초대 임지순 회장(1961.8.3~61.11.28)은 3개월, 제2대 오덕준 회장(1961.11.29~62.7.8)은 8개월, 제3대 이정환 회장(1962.7.9~63.6.2)은 약 1년 정도 회장직에 머물렀다. 이들은 짧은 임기 속에서도 농협운동에 남다른 애정을 나타냈다. 특히 제2대 오덕준 회장은 성미가 칼날 같으면서도 목적 관철을 위해서는 철저했던 사람으로 유명했는데 틈만 나면 전국 마을을 돌며 지도추진업무를 체크하는 등 남다른 열성을 보였다.

전국 고을 어귀마다 '농협이 육성되어야 농민이 산다'는 표어가 붙었고, 마을마다 좌담회가 열려 농협에 대한 농민들의 기대와 희망은 한층 고조되어갔다. 위로부터 강제적으로 만들어진 농협이긴 했지만, 어려움에 처한 농민들이었기에 기대는 자못 컸다. 그러나 대다수 농민들은 농협만 생기면 금방 잘살게 될 것으로 생각했던 탓에 얼마가지 않아 회의와 불만이 터져 나왔고, 정치적인 영향으로 지역 내 반농협 세력도 만만치 않게 형성되었다.

한편으로는 정신적 결속을 다지기 위하여 농협 마크와 조합가를 제정하여 보급하였다. 창립과 함께 '농협의 일반목표'와 '임직원의 신조'가 마련되었는데, 이러한 것이 조직 내 힘의 분산을 막을 수 있다고 믿었다. 농협마크와 조합가는 전국적으로 대대적인 모집을 하였는데, 농협마크는 이취성씨의 작품으로 결정되었고, 조합가는 서병옥씨의 작품이 가작으로 입선되었으나 만족치 못하여 이은상 시인에 의해 개작되고, 김성태씨가 곡을 붙여 현재의 '농협의 노래'가 탄생되었다.

그 외에도 농협 창립과 함께 농가가정잡지 월간『새농민』이 창간되었고,『농협소식』지를 모태로 하여 1964년 8월 15일에는『농협신문』(1976년 제호가 현재의『농민신문』으로 바뀜)이 창간을 보았다. 그 외에도 농촌계몽영화 및 라디오를 통한 농협소식 전달과 각종 영농기술보급에 전력하였다. 이러한 노력은 모두 농민들에게 '농협은 농민들의 것'이란 주인정신을 불어넣기 위한 초창기 농협운동의 대표적인 사례들이었다.

'농협이 육성되어야 농민이 산다' '농협은 농민의 것, 농민을 위한 조합, 농민의 힘으로' 라는 슬로건을 내걸고 이동조합 육성에 박차를 가한 결과, 창립 1주년을 맞는 1962년 8월 15일에는 '제1회 전국 이동조합 업적경진중앙대회'를 당시 서울 시민회관에서 성대히 개최할 수 있었고, 이는 이동조합 자립 육성에 강한 자신감을 심어주는 계기가 되었다. '농협은 농민의 것'이라는 이념적 구호가 1966년에 접어들면서 '농촌근대화는 농협저축으로'로 바뀌었다. 이것은 농협운동이 조합원에게 소속감을 부여하기 위한 초창기의 정신운동에서 사업운동으로의 전환을 의미하는 것이었다.

당시 농민들에게 가장 현실적인 사업은 구매사업이었다. 구매사업은 1964년 이후 당시 비료, 농약 및 농기구 공급을 주축으로 급신장을 보였다. 앞에서 살펴본 바와 같이 일제 때 북한에서 주로 생산되던 비료는 분단과 함께 공급이 중단됨으로써 남한의 비료사정은 매우 심각했다. 해방 이후 전량 관수 일원화로 조선농회에서 비료를 판매해오다가 1949년 금융조합연합회로 비료업무가 이관되면서 관수비료와 민수비료로 이원화되었다. 1957년 금융조합연합회가 농업은행으로 개편되면서 조달청으로 약 1년간 넘어갔다가 다시 농업은행으로 이관되었는데, 1960년에는 민수비료가 약 51%를 차지하였다. 그러다가 비료의 매점매석 등으로 비료가격의 불안정과 적기공급 문제가 발생하자 5.16혁명과 함께 농협 일괄공급체계로 바뀌었다.

이러한 농협의 일괄공급제도는 비료의 적기공급과 가격안정에는 크게 기여하였으나 비료계정적자의 누적과 재정안정의 어려움 등으로 비료공급을 자유시장에 맡기자는 의견이 제기되기도 하였다. 그러나 농협을 통한 자유판매라는 농민들의 요구에 따라 1970년 10월 비료판매방법이 일부 개선되었다. 비료업무의 개선은 비료판매량의 증가, 현금판매비율 제고, 외상 비료대 회수유용방지 등의 효과는 있었지만 한편으로는 비료업무량의 폭주를 가져왔다. 이에 따라 농협에서는 1970년 944명이라는 비료판매원을 공개 채용해야 했다.

농협체질개선운동과 새농민운동

농민을 주인되게하는 초창기의 농협운동은 생각처럼 쉽지가 않았다. 위로부터의 하향식 지도로 외형적 성장은 조금씩 이룰 수 있었지만, 농민들의 마음으로부터 우러나오는 자주적인 농협운동은 활성화되지 못하였다. 더구나 농업은행과 구농협이라는 두개의 기관이 통합됨으로써 중앙회에는 직원간에도 약간의 갈등이 내재되어 있었고, 상층부의 낙하산 인사 등으로 농협의 운영은 극도로 경직되어 외부의 시각은 무척 따가웠다.

> 혁명유공장교 출신이 간부급 가운데 상당수 있으며 공화당 고위층이 낙하산식 특례를 얻어 자리를 차지한 이질적인 요소가 섞여 잡음이 끊이질 않았다. 뿐만 아니라 구농협과 농업은행의 통합으로 직원 상호간 갈등도 만만치 않았다.[29]

이에 따라 1964년부터는 농협본연의 이념을 재정립하고 올바른 농협의 체질을 회복하고자 '체질개선운동'을 전개하였다. 농협이 농업생산자 단체임을 재확인하면서 조합원의 주체의식을 공고히 하고 나아가 조합의 경영체질을 개선하여 농민의 권익 수호에 앞장서고자 하는 의식개혁운동이었다. 이를테면 농협임직원들은 지도 및 경영자로서 올바른 자세를 정립하고 농민은 농민대로 농민의 조합 만들기에 힘을 쏟자는 자주성 회복운동이었다. 비로소 자신의 잘못된 탄생에 대한 분명한 인식 하에 새롭게 거듭나기를 시도한 것이었다. 그러나 그것은 애초 쉬운 일이 아니었고, 당연히 기대에 미치지 못하였다.

이에 1965년 8월 15일에는 자립·과학·협동하는 새농민상(像)을 표

---

29) 『경향신문』, 1965.4

방하는 '새농민운동'이 전개되었다. 체질개선운동으로 농협 본연의 임무 수행을 위한 기초 작업에 착수하였으나 결국 농협의 발전은 농민 개개인이 정신적 자세를 쇄신하여 그 지위와 사명을 자각하고 자아를 재발견하여 생산과 소득을 확대해 나가고자 하는 자립의욕 없이는 불가능하다는 판단에 따른 것이었다.

이러한 일련의 정신운동은 농민은 물론 농협내부에 새로운 바람을 불러일으켰으며, 1970년대의 새마을운동으로 이어짐으로써 농촌운동의 하나의 큰 물줄기를 형성해 나갔다. 그런데 이러한 내부 정신운동은 그 후에도 회장이 바뀔 때나 농협이 위기에 처할 때마다 다른 이름으로 등장하여 또다시 농민들과 유리되는 일회성 운동으로 전락되고 말았다.

1960년대 후반에는 이동조합의 육성이 무엇보다 중요했으므로 이동조합 합병운동을 강력히 추진하였다. 그러나 통합이 200호를 기준으로 한 소규모 단위로의 통합에 그침으로써 단위조직의 기능화에는 별 기여를 하지 못하였다. 1965년부터는 이동조합의 활성화를 위해 전국 276개의 자립조합에 한해 시군조합의 비료공급업무와 농사자금 취급업무 중 일부를 이관하였으며, 구판사업도 권장하여 경제사업의 기반을 다지도록 하였다.

위와 같은 체질개선운동, 새농민운동, 이동조합 합병·육성 및 자기자금 조성운동 등을 통한 위로부터의 적극적인 지도·지원활동에도 불구하고, 농민들의 주체적이고 자발적인 참여는 극히 저조하였으며, 농협에 대한 기본적인 불신도 크게 개선되지는 못하였다.

> 농협이 무엇하는 데냐 하면 비료 배급 주고, 영농자금 주는 데다. 그보다도 영농자금 회수하는 데다. 이렇게들 인식하고 있어요. 그러니까 면소나 군청 같은 행정기관보다도 더 농민을 해치는 기관이다 이런 인식을 가지고 있어요.[30]

---

30) 제23대 농림부 장관 김영준, 역대농림부장관 좌담회 '농촌은 잘 살 수 없나', 『신동아』, 1969. 11. 241쪽

이것이 '관제농협'의 한계였다. 더구나 제1·2차 경제개발5개년계획 추진에서 농업부문이 소외됨으로써 농협운동은 농민들에게 경제적 성취감을 안겨 주지 못하였다. 이에 따라 농민들의 불만은 고조되어갔고, 농협운동에 대한 근본적인 회의가 일기도 하였다. 즉 농협이 제 역할을 하지 못하고 있다는 비판이 안팎에서 제기되기 시작한 것이다.

'임시조치법'에 발목 묶인 농협

그러면 종합농협 출범 이후 농협인들의 눈물나는 노력에도 불구하고, 농협이 농민의 농협으로 바로 설 수 없었던 원인은 어디에 있었을까? 그것은 농민의 권익을 보장받기 위한 농협의 정치활동을 법으로 금지한 것과 조합장과 중앙회장을 조합원 스스로 선출하지 못하게 규정한 '농업협동조합 임원 임면에 관한 임시조치법'에 있었다.

정부는 이 법을 농협에 대한 지배와 통제의 수단으로 활용하였다. 명목상으로는 농협을 합리적이고 조합원을 위하는 방향으로 운영되도록 하기 위함이라고 했지만, 실제에 있어서는 농협을 일제하 조합들과 같이 체제내적 농민통제기관으로 전락시켰던 것이다.[31]

농협법이 처음 만들어졌을 때의 조합장 선임방법은 자율 선거방식이었다. 이동조합의 조합장은 이사회에서 이사 중에서 호선하도록 되어 있었고, 특수조합의 조합장은 총회에서 조합원 중에서 선출하도록 되어 있었다. 군조합장도 총회에서 이동조합의 조합원 중에서 선출하도록 되어 있었다. 단지 중앙회장만 운영위원회의 추천에 의거 주무부장관이 재무부장관과 합의하여 제청하면 내각의 수반이 임명하도록 했었다.

---

31) 한도현, "현행농협의 문제점과 개선방향", 『한국농업 농민문제 연구II』, 1989, 한국농어촌연구소, 161쪽.

그랬던 것이 6개월도 채 못된 1962년 2월 '임시조치법'이 제정되어 농협법상의 조합장 선거 관련 조문을 사문화시켜 버렸다. 이 법에 의해 각 조합의 조합장은 중앙회장이 주무부장관의 승인을 얻어 임명하는 절차를 밟게 되었다. 그 뒤 조합장 선출제도는 1960년대만 해도 여러 차례 변화가 있었으나 상위 조합의 추천에 의거 중앙회장이 주무부장관의 승인을 얻어 임명하는 틀을 크게 벗어나지 않았다.

1970년대에는 '유신정권'의 출범으로 임명제가 더욱 강화되어 농협을 더욱 행정의 하부기관화시켜 버렸다. 중앙회장의 경우 운영위원회의 추천 절차마저 폐지되고 주무부장관과 재무부장관의 합의로 제청하면 대통령이 임명하도록 바뀌었다. 군조합장도 이사회의 추천제도가 폐지되고 도지부장이 적격자를 직접 선정, 의견을 첨부하여 내신하면 회장이 주무부장관의 승인을 얻어 임명하였다. 마찬가지로 이동조합장도 이사회의 호선절차가 폐지되고 군조합장이 직접 적격자 1인을 선정하여 권한이 위임된 시장 군수의 승인을 얻어 임명하도록 하였다.

이로써 농협은 정부의 엄격한 통제하에 놓이게 되었고 자율성과 민주성은 완전히 박탈당했다. 그 뿐 아니라 사업계획과 수지예산까지도 정부의 승인을 받아야 했던 관계로 농협으로서는 어느 것 하나 자율적으로 할 수 있는 것이 없었다. 즉 중앙회는 3명의 대의원과 농업과 농업경제에 학식이 있는 자 2명, 그리고 별정직 공무원(농림부장관, 재무부장관, 한국은행 총재) 및 중앙회장으로 구성되는 운영위원회가 완전 장악하고 있었으며, 거의 모든 부문을 관계장관의 승인과 인가를 받도록 규정되어 있었다.

1978년 조합장 임면규칙이 일부 개정되어 자립조합에 한하여 임명제가 다소 완화되는 듯 했으나 그것도 잠시였고, 1979년 6월 27일에는 종전보다 규정이 더욱 강화되었다. 1980년에는 5공화국의 농협법 개정으로 군조합장 전원이 법에 의해 해임되었고, 비판여론을 반영한 임시조치법의 일부 개정으로 조합장 임명에 있어서는 행정기관의 승인제가 폐지되고 중앙회장이 조합장을 독자적으로 임명할 수 있게 되었다. 즉 종전의 임명제보다는 다소 완화된 소위 '9인 추천위원회'의 추천에 의한 임명제가 도입되었다. 규정이 다소 완화되었다고는 했지만 실제로는 '간-간선제' 형식으로 2중의 장치를 해놓은 선출제도였다.

임시조치법에 의해 조합장을 조합원들의 손으로 직접 뽑지 못한데 따른 비민주적 농협 운영의 폐단이 날로 극심해지자 농민들은 급기야 임시조치법의 폐지를 촉구하기에 이르렀다. 가톨릭농민회는 1983년 7월 '조합장 직선제 실시 100만인 서명운동'을 전개하는 등 농협민주화 운동에 불을 당겼다.

이러한 농민들의 조합장 직선제 실시 촉구에 힘입어 1984년 3월 1일부터는 절차가 한 단계 간소화되어 총대회(조합장 후보자 추천회의) 추천에 의한 임명제로 바뀌었다. 즉 총대회에서 등록된 희망자 중 주후보자 1명, 예비후보자 1명을 선출하여 추천하면 군지부장의 내신에 의거 시도지회장이 임명하되 특별한 결격 사유가 없는 한 주후보자를 우선 임명토록 하는 제도였다.

정부는 농협이 농민의 조직으로 제 역할을 못한다며 기회 있을 때마다 사정의 칼날을 들이댔지만 농민조합원 입장에서는 자신들의 대표인 조합장을 자신들의 손으로 뽑지 못한다는 데 대해 이해를 할 수 없었다. 정부가 당시 직선제는 시기상조라 주장했는데, 이유로는 직선제를 실시할 경우 좁은 지역사회에서 조합원 사이의 반목이 노골화될 가능성이 크고, 선거 자체가 과열되어 타락할 우려가 많다는 것이었다. 조합운영에 있어서도 조합장이 조합원을 너무 의식하다보면 비능률적인 경우가 많아 조합발전에 오히려 도움이 되지 못한다는 논리였다. 그러나 이는 정부가 농민은 아직도 자기 문제를 스스로 결정할 수 있는 민주능력이 모자라며, 농촌은 뒤떨어진 사회배경을 벗어나지 못했으므로 조합장을 직접 선출할 수 없다는 농민 무시의 발상에 다름 아니었고, 이면에는 '임명'이라는 고리를 통해 농협 조직을 선거에 이용하거나 지속적으로 농민들을 통제·지배하겠다는 의도를 담고 있었다.

이러한 법을 통한 농협 지배는 1988년 12월 31일 개정 공포된 농협법과 함께 30년 동안 농협을 꼼짝 못하게 만들었던 임시조치법이 폐지됨으로써 제도적으로는 해소의 길을 걷게 되었다. 조합장은 예외 없이 조합원 전원이 참여하는 총회에서 직선제로 선출되었고, 중앙회장은 회원조합장 전원으로 구성된 총회에서 직접 선출하도록 하였다. 비로소 농협은 농민 조합원들의 뜻에 의해 운영되는 첫발을 내딛게 되었다.

그 동안 농협이 '관제농협'이니 '정부의 시녀'니 하는 혹독한 비판을 받게 되었던 것도 다 이 임시조치법 때문이었다. 임명권을 정부가 갖다보니 중앙회장이나 조합장은 주인되는 농민 조합원들보다는 임명권자인 정부 눈치보기에 급급하였다. 하부 조직에서는 상부에 눈치만 살피며 무사안일에 흐르는 경우가 허다했고, 내실없는 업적주의에 빠져 농민이 원하지도 않는 비료나 농약을 강매하던 때도 있었다. 그로 인해 영농자금 공급의 정실 개입, 출자금의 강요, 직원들의 부조리 등 농민과 국민들로부터 불만과 비판의 표적이 되기도 했다. 농협이 '농민의 이익과 권리를 앞세우는 농민의 조합'이 아니라 농민을 불편하게 하고 농민의 이익을 침해하는 '도시인의 소비조합' 또는 '정부의 대행기구'라는 빈축을 사게 되었던 것이다.[32]

농민을 생각하지 않는 관제농협의 파행적 운영으로 빚어진 부조리의 대표적인 사건이 바로 1976년에서 1978년에 발생한 함평 고구마사건이었다. 사건의 전말은 농가로부터 제때에 고구마를 직접 수매하여 주정회사에 공급해야 할 일부 단위농협이 주정회사나 중간상인과 결탁하여 중간상인으로부터 산 것을 농민으로부터 수매한 것처럼 꾸몄고, 현물을 수매하

---

32) 조흥래, 『민주화시대의 농업정책』, 1987, 520쪽

거나 인도한 사실이 없는데도 고구마를 수매하여 주정회사에 공급한 것처럼 관계서류를 허위로 꾸미는 등의 부정을 저질렀다는 내용이었다. 당시 이 사건으로 도지부장 1명을 포함한 직원 202명이 해임·해직되고, 정직 12명, 감봉 247명, 견책 113명, 경고 85명 등 무려 659명이 인책 징계를 당함으로써 농협사상 초유의 대규모 부정사건이 발생하였다.[33]

이처럼 임시조치법은 농협의 본질을 완전히 왜곡시켜 놓았고, 농민 위에 군림하는 관료주의라는 나쁜 병폐를 농협에 뿌리내리게 한 악법중의 악법이었다. 사정이 이러했지만, 정부는 농정 실패에 따른 농민들의 불만이 고조될 때마다 농협이 제 역할을 못한다며 농정 위기극복의 한 수단으로 농협을 철저히 단죄하는 정치적 효과만을 꾀해나감으로써 농협을 더욱 농민들로부터 멀어지게 만들었다.

---

33) 『동아일보』, 1978.5.6

제4장 농협의 자립과 농촌경제의 악화

창립 후 농협운영에 대한 정부의 관여는 아주 세세한 문제에서부터 말단 직원의 인사에 이르기까지 광범위하고 조직적으로 이루어졌다. 군이나 정부부처 공무원들이 낙하산 인사로 내려와 농협의 운영권을 완전히 장악하였으므로 농민에 대한 봉사자세는 구호에 그쳤고 은연중에 농민 위에 군림하기까지 하는 극심한 관료성을 나타내기 시작했다. 1980년대로 접어들면서 한국농업은 최악의 위기를 맞고 있었다. 농업부문에 일방적인 희생을 요구한 당연한 결과였다. 연이은 영농의 실패에서 오는 정신적 충격과 빚더미에 눌려 농민들은 이농을 재촉해야 했다. 경제의 해외의존과 농업경시정책의 메카니즘 속에서 경제적 실익 없는 새마을운동 등은 농민들에게 한갓 호화스런 구호에 지나지 않았다.

1. 읍면 조합 체제로의 자율적 합병

조직 개편 논란

구농협과 농업은행이 통합된 지 6년차 되던 해인 1967년, 정치권에서 농협조직 개편문제가 제기되었다. 선거를 앞둔 공화당이 "농협을 농민을 위한 참된 농협으로 개편하겠다"고 공약한데 따른 것이었다. 당시 박동묘 농림부장관은 "농협이 발족 후 6년 동안 많은 성과를 올렸으나 보다 나은 발전을 위해 농협의 제도와 운영, 조직문제에 걸쳐 그 개선 방안을 연구 검토 중에 있다"며 다음 12개항의 개선점을 제시하였다.

1) 이동조합, 군조합, 중앙회로 구성되고 있는 농협 3단계조직의 타당성 여부, 2) 특수조합, 중앙회로 구성된 특수조합 2단계조직의 타당성 여부와 견실한 조합이 적은 특수조합을 조직 면에서 재검토, 3) 행정단위로 조직된 단위조합(이동조합)의 경제성 여부, 4) 이동조합이나 군조합이 현재와 같은 행정구역 중심에서 경제지역으로 확대하는 행정구역과 경제구역의 분리 문제, 5) 대의원회, 운영위원회로 구성된 농협 대의기구의 재검토, 6) 임원 임용을 점차 선거제로 전환하는 등 단계적으로 상향식으로 조직을 육성하는 방안, 7) 군조합장, 전무의 권한이나 책임한계가 모호한 점

이 있는 것을 시정하는 조합 경영권의 일원화에 대한 근본적인 재검토, 8) 현행 농협에 대해 여러 기관에서 감사를 실시하고 있는데 이를 시정하여 단일감사제를 실시하는 문제, 9) 이용고 배당률 조정의 필요성 검토, 10) 재무기준의 인상여부와 독립채산제의 검토, 11) 지도사업비 책정의 법정 기준율(현행 20%)의 조절, 12) 이용·가공사업의 재조정 등 농협 전반의 문제가 총 망라되었다.

7월 1일, 박 대통령 취임과 함께 장관이 김영준씨로 교체되면서 농협 개편문제에 대한 논란은 더욱 본격화되었다. 당시 김 장관은 농협 개편의 이유로 '조합원의 참여의식 희박'과 '임직원의 봉사정신 부족'을 들었다.

그러나 당사자인 농협은 "오랜 연구 끝에 만들어낸 농협과 농업은행의 병립시대에서 반드시 통합을 해야만 된다 하여 종합농협으로 발전시킨 것이 겨우 6년 전의 일인데 이제 와서 다시 분리설, 개편설이 떠돌고 있으며 근본적인 개혁이 필요하다고 한다. 과연 어떻게 되어야 농협은 발전할 수 있는 것인가? 우리가 알기에는 법규나 제도 여하가 문제가 아니고 오직 필요한 것은 일하는 사람과 운용의 묘에 있다"며 부정적인 입장을 표명했다.[1]

당시 쟁점의 핵심은 이동조합 조직 개편문제였다. 즉 정치권에서는 이동조합을 폐지하여 '협동계'로 개편하고, 군조합을 단위조직으로 하여 각 면단위에는 군조합의 지소를 두어 구판사업을 담당토록 한다는 2단계로의 개편 안을 내놓고 있었다. 이동조합들은 이에 대해 크게 반발했다.

협동조합의 단위조직을 군조합에 두고 각 면단위에 출장소를 둔다는 안은 농협의 유통기구로서의 성격에 입각하여 볼 때는 일부 수긍할 수 있지만 여기에서 조합원의 협동의식을 찾아볼 수 없을 것은 물론이다.

환원하면 이와 같은 조합규모 아래서는 현재 농협의 경제사업의 중심을 이루

---

1) 『농협신문』, 1967.7.17

고 있는 비료·농약·농기구 등의 구매와 미담 양곡의 판매 처분, 정부관리 양곡의 조작, 잠견 공판 등 정부가 사업주체가 되고 있는 각종 정책사업의 수행에 있어서는 오히려 무난하고 신속하게 잘 처리될 수 있을런지 모른다.

그러나 이와 같은 사업 속에서 농민들이 진실로 그들의 가계와 영농을 개선하기 위하여 스스로의 노력과 협동의식에 입각하여 밑으로부터 성장 발전하는 협동조합 사업적인 성격은 찾아볼 수 없을 것이다.[2]

이처럼 농협 측의 반발이 거세자 1967년 11월 14일 김 장관은 '이동조합 폐지설'은 사실무근이라고 밝혀 사태를 일단락시켰다. 그런데도 정치권에서 이 문제가 계속 논란을 빚자, 1968년 중앙회 정기총회에서는 전국의 조합장들이 제도개선 문제와 임시조치법 폐지 문제 등에 관한 대정부 건의문을 채택하였다.

…△ 농협의 제도개선에 대하여=1962년 종합농협이 발족한 이래 우리 농협은 정부의 적극적인 중농정책과 보호육성정책에 힘입어 초창기의 제반 애로와 난관을 극복하고 조합원 농민의 이익증진을 위하여 노력하여 왔으나 한편 조합원의 참여의식 및 자체자금의 부족 등으로 논란이 거듭되고 있습니다.…그러나 현행법상 선거제도 및 간부직원 임명권을 임시조치법과 모법 부칙으로 유보하여 왔으므로 이의 해제를 지금까지 계속 건의하여 왔음에 비추어 현 제도보다도 후퇴한 법개정은 명분과 실효를 거둘 수 없으므로 다음 몇 가지 점을 건의하오니 법 개정 시 충분히 검토하여 민주농협으로서 발전할 수 있는 기틀을 마련하여 주시기 바랍니다.

1. 단위조합장 임명제에 대하여=단위조합은 농협의 기초조직으로서 조합이 경제적으로 자립하지 못하였다는 이유로 그 조합장을 임명제로 한다는 것은 농협의 민주 발전을 크게 저해하는 것이며, 세계 공통인 협동조합 일반 원칙에도 위배될 뿐 아니라 현재의 농협법보다 일보 후퇴하는 것으로 비민주적인 법개정은 당연히 배제되어야 하며, 농협의 건전한 발전을 도모하기 위하여는 단위조합의 조합장은 선거제로 되어야 할 것입니다.… 5. 중앙회 이사회에 대하여=중앙

---

2) 『농협신문』, 1967.8.28.

회의 현 운영위원회를 이사회로 대치함은 운영의 체계상 타당하다고 사료되나 농협의 현 운영체계로 보아 현 운영위원회를 존속시키되 위원 전원은 선거제로 전환되어야 하며…법개정은 비상임 이사 수를 2인으로 제한한다 하나 이는 현행법상의 운영위원회의 선출 위원이 9인중 5인임에 비하여 회원의 의사반영 기회가 축소되는 결과를 초래한다고 사료됩니다.…

농협 조직개편 문제는 1960년대 고도 경제성장 속에서 농업부문만 후퇴한데 따른 농민들의 고조된 불만을 농협조직 개편을 통해 해소해 보려 했던 당시 공화당의 정치적인 제스처였다. 1년 이상 논란을 거듭하던 농협조직개편 문제는 1968년 제6대 회장에 서봉균씨가 취임하면서 수습 단계로 접어들었다. 서 회장이 취임과 함께 농협이 그 동안 사회적으로 받아오던 불신 등 여러 가지 문제들을 과감히 개혁해 농협의 모습을 대내외적으로 크게 바꾸어 나간 때문이었다.

그는 이동조합을 대단위조합으로 적극 통합해나가는 동시에 상호금융, 연쇄점사업 등 새로운 조합사업을 도입하여 조합과 농민조합원간 밀착화를 이뤄나감으로써 농민들에게 농협운동을 피부로 느낄 수 있게 해주었다. 이렇게 하여 창립 당시 2만 1,042개에 달하던 이동조합이 1971년에는 4,512개로 줄어들었고,[3] 1972년에는 새마을운동으로 조합원들의 참여의식이 더욱 높아져 전국에 1,567개의 읍면 단위조합으로 합병을 완료할 수 있게 되었다. 이렇게 일선 조합들이 읍면 단위로 합병을 완료함에 따라 1973년 3월 5일에는 변화된 현실을 반영하여 조합의 명칭을 '이동조합'에서 '단위조합'으로 바꾸는 등의 제4차 농협법 개정이 이루어졌다.

---

3) 1962년 21,518개, 1963년 21,239개, 1964년 18,963개, 1965년 17,970개, 1966년 17,281개, 1967년 16,963개, 1968년 16,089개, 1969년 7,525개, 1970년 5,859개

신용 · 경제 분리 논쟁의 시발

정치권에서 농협 개편문제가 잠잠해지던 1968년 5월 2일 재무부장관이 "농·수협의 신용부문을 떼 내어 '농수산금고'를 설치하겠다"는 기자 회견을 발표해 또다시 농협을 발칵 뒤집어 놓았다. 종합농협으로 통합된 지 7년도 안된 시점에서 재무부가 신용부문을 떼어내어 농·수산금고를 설립하겠다고 하니 아연 놀라지 않을 수 없었던 것이다.

당시 재무부측 주장은, 첫째 현 농·수협의 신용사업은 금융관계 전문가가 아닌 사람들에 의해 운영되고 있기 때문에 경영상의 비능률적인 면이 나타날 뿐 아니라 경제사업과 링크되어 재정 안정계획 내지는 통화량 규제에 많은 난점이 있고, 둘째 현 농·수협체제 하에서는 효율적인 자금의 조성이 어려우며, 셋째 정부는 농업정책의 목표를 기업농 육성의 방향으로 바꾸어가고 있는 바 그에 따라 해마다 1백 억의 중·장기성 자금을 공급하려면 역시 별도의 전담기구가 필요하다는 것이었다.

즉각 반론에 나선 농협은 "일본의 경우가 농협의 힘을 분산시킬 의도가 있었다는 점, 또 우리의 농업·농협 실정이 일본과는 다르다는 점, 우리 농협은 아직 정부의 포육적 단계에 머물고 있다는 점, 통합 이전에 경험한 바처럼 신용사업은 농협의 발전과 직결되고 있다는 점, 통화량 관리상의 문제는 이해할 수 없으며 결국 농수산금고가 생긴다 해도 과거 농업은행처럼 옥상 옥이 될 수밖에 없다는 점 등"을 조목조목 강조하며 '분리 불가'로 맞섰다. 농협은 또 별도 은행 설립이 아닌 농협자체의 금융사업 운용체제의 개선을 통해 농업금융자금의 규모 확대, 자금의 적기 공급, 투자의 효율성 제고 등의 방향으로 발전적으로 전환해 나갈 계획임도 함께 밝혔다.[4]

---

4) 『농협신문』, 1968.5.13.

그러나 신용 · 경제 분리 공방은 멈추지 않았다. 이에 농협에서는 1969년 1월 1일자 『농협신문』을 통해 다음과 같이 반론을 폈다.

    농업금융기관이 농업은행으로 독립되었기 때문에 구농협은 농업은행으로부터 자금의 지원을 받기가 어려웠고, 따라서 농협의 경제사업도 확충 발전하지 못하여 농민을 위한 협동조합으로서의 올바른 구실을 다하지 못하였음을 우리는 경험하였다. 이제 다시 농협사업에서 신용업무를 제거하여 은행으로 독립할 때 지난날의 재판이 되지 않으리라는 보장은 전혀 없다. 그리고 오늘의 농협이 대내외적으로 많은 불신을 사고 있음은 제도의 잘못에서라기보다 경영의 잘못에서 오는 것이 더욱 많다고 생각한다. 농협의 합리적인 경영을 위해서는 대내외적인 압력의 제거가 시급하다는 것을 거듭 강조하고 싶다.

    경제평론가 이열모씨도 타 산업에 대비하여 융자액 규모나 증가율 등에서 농수산부문이 현저히 푸대접을 받고 있음을 계수적으로 지적하고, 이로 인한 농업금융의 부진과 위축을 농수산은행 분리설로 연결한다는 것은 논리적으로 너무 심한 비약이라면서 단지 외국차관을 얻기 위함이거나 한국은행으로부터 차입도 할 수 있게 하기 위하여 분리하는 것이 좋다는 것은 무책임한 발상이며, 분리하지 않고도 얼마든지 그 목적을 이룰 수 있다고 주장했다. 그는 또 미국의 다양한 농업금융 지원제도를 예로 들면서 미국의 경우도 농업금융의 주무부서는 재무부가 아니라 농림부라고 지적했다.[5]

    이렇게 논란이 계속되자 서봉균 회장은 1969년도 제1차 대의원대회에서 "지상에 보도된 농수산은행 설치 문제는 충분히 고려해야할 문제이나 현시점에서는 대단히 어려운 문제이다. 장차 농협이 발전하여 전문화하는 어느 시기에는 우리 자체 내에서 그러한 기구를 둘 수 있는 문제이지만, 지금은 시기상조다"며 반대 입장을 분명히 했다.

---

5) 이열모, "농수산은행 설치문제"『농협신문』, 1969.1.13

통합 10년도 안되어 야기된 이러한 농협조직 개편 논란은 농민적 시각이라기 보다는 정치권이나 정부 해당부처의 이해타산적 입장이었고, 농협의 생각과도 거리가 먼 것이었다. 이것은 농업소외 정책으로 야기된 농민들의 불만을 농협조직 개편을 통해 일정 부분 해소하고자 하는 몸부림이었으며, 한편으로는 통합으로 농업금융의 지배·관리권을 빼앗겨버린 재무부측이 농업금융을 되찾고자 하는 술책에 다름 아니었다.

박 대통령의 농협 방문

통합 이후 잠시도 끊이질 않았던 농협운영에 대한 간섭과 통제·지배는 1969년 2월 12일 박 대통령이 민정이후 처음으로 농협을 방문함으로써 어느 정도 해소되는 듯 했다. 농협의 각종 애로사항, 특히 정부 간섭과 압력에 대한 해소 건의에 대해 구두로나마 농협의 자율성을 보장해준 때문이었다.

박 대통령은 "농협에 대해 여러 가지 형태의 간섭이 많으므로 제도상의 모순은 이를 시정하여 다음 국회 회기에 처리토록 할 것, 대내외적으로 가해지는 농협에 대한 관여를 배제하고 농협회장이 소신껏 일할 수 있도록 여건을 관계장관이 조성할 것, 시군 조합장은 군 조합 운영의 업무에 간섭하지 말 것, 농협에 대한 감사가 다원화되어 사업 추진에 지장이 많으므로 신용사업은 은행감독원에서, 감사원은 국고 보조분만, 주무부는 농협 운영상의 중대 결함이 있었을 때를 원칙으로 할 것, 농림부는 농협의 사업에 있어 세부 면에 간여하지 말고 운영의 정책 방향만 확실히 세우도록 할 것, 1969년도에는 농협체질개선이 끝나도록 하여 이번 기회에 농민들이 내 농협이라는 인식을 갖도록 할 것" 등을 지시했다.

박 대통령의 지시내용만 보더라도 당시 농협에 대한 정부의 간섭과 통제가 얼마나 심각했던가를 쉽게 짐작할 수 있다. 당시 농협운영에 대한 정부의 관여는 아주 세세한 문제에서부터 말단 직원의 인사에 이르기까지 광범위하고 조직적으로 이루어졌다.

더구나 군이나 정부 관련부처 산하 공무원들이 매년 낙하산 식으로 내려와 농협의 운영권을 완전히 장악하고 있었으므로 농민에 대한 봉사자세는 구호에 그쳤고, 은연중에 농민 위에 군림하기까지 하는 극심한 관료성을 나타내기 시작했다. 즉, 중앙회는 도지부 위에 군림했고, 도지부는 군조합 위에 군림했으며, 군조합은 단위조합 위에 군림하는 상하 관료체계를 형성해 나갔다. 이러한 분위기는 곧바로 단위조합이 농민 위에 군림하는 자세로 나타났는데, 농민들은 이에 대해 '농민을 위한 농협'이 아니라 '농협을 위한 농민'이 되었다고 한탄하기까지 했다.

정부의 이러한 농협 운영에 대한 간섭과 임시조치법에 의한 조합장·중앙회장의 임명제도는 한편으로 농협 운영과 각종 사업추진에 전시효과 위주의 업적주의와 하향식 행정편의주의라는 뿌리깊은 관료조직의 병폐를 이식시켰다. 위로부터 임명된 회장이나 조합장들은 자기 임기 중에 가시적인 업적을 나타내 보이기 위하여 농업 발전과 농민들에게 실익을 주는 중장기적인 관점의 사업 계획과 추진보다는 눈앞의 문제에 급급하거나, 내실보다는 외형적 성장과 일회성 행사중심의 사업 추진에 매달렸다.

바로 이런 것이 장기적이고 지속적인 투자와 지도·지원이 요구되는 지도·경제사업보다는 금융업무 중심의 성장 일변도의 경영 우선주의 풍토를 낳게 했다. 이러한 관료주의적 하향식 운영방식의 구축은 농민들을 더욱 농협과 멀어지게 만드는 암적 요인으로 작용하였다.

단위조합 중심으로 체제 정비

종합농협 창립 이후 농협은 이동조합의 조직 및 사업 활성화에 역점을 두었으나 성과는 기대에 미치지 못하였다. 이동조합의 경우 조합장의 사랑방에 조그만 간판을 걸어놓고 농사자금이나 비료·소금 등을 군조합에서 타다가 나누어주는 정도가 일반적이었고, 조금 활동이 되는 곳은 도정공장과 이발소 운영, 창고 운영 등을 운영하는 것이 활동의 전부였다. 이발소나 도정공장 운영도 요금을 시중보다 조금 싸게 해주는 정도에 불과했다. 운영 면에 있어서도 이사들은 행사 때 숫자를 채우는 역할 정도였고, 조합장이 이장을 겸하고 있어서 농사자금이 배정되면 마을 조합원들에게 그것을 나눠주는 일을 하는 것만으로도 자부심을 느끼는 정도였다.

1968~9년경에 이르러 중앙회는 종래의 이동조합 육성이 너무 분산적이고 하향적이었음을 반성하고, 이동조합의 자주·자조적인 노력과 역량에 따른 상향식 지원체제로 바꾼다는 방침을 세우고 이동조합의 자립화와 기능화에 더욱 박차를 가했다. 이렇게 하여 1970년에 단위조합 자립계획이 구상되었으며, 이 계획은 특수조합 자립계획과 더불어 단위조합 자립 5개년 계획(1970~74)으로 확정되었다. 단위조합을 이동 단위에서 읍면 단위로 합병하는 것과 상호금융과 생활물자사업 등 새로운 기간사업의 도입, 그리고 시군 조합 업무 중 대농민 업무의 단위조합 이관 등이 자립 계획의 핵심 내용이었다.

우선 이동조합의 읍면 단위로의 합병이 적극 추진되었다. 이는 1969~73년까지 5개년 동안에 완료되어 단위조합 수는 1974년에 1,545여 개로 대폭 통합되었다. 조합원수도 1968년의 조합 당 139명에서 1974년에는 1,240명으로 크게 늘어나게 되었다. 이동조합의 합병은 1968~70년도에 본격적으로 전개되었음에 반해 법개정은 1973년에야 이루어졌는데, 이는 합병 추진이 정부가 아닌 농협의 자체 노력에 의해 이루어졌음을 보여주는 것이었다.

그때까지도 농협에 대한 농민 조합원들의 인식은 초창기와 비교해 크게 개선되지 않았다. 1976년에 실시된 조합원의 의식조사 결과를 보면 농협이 농민 자신의 것이라고 인식하는 조합원은 56%에 불과했고, 은행이나 상인과 같은 것이라고 생각하는 조합원이 18%, 행정관청이라고 생각한 조합원도 15%나 되었다. 그러니 1960년대에는 그 정도가 더욱 심했다고 볼 수 있다.

어쨌든 읍면 단위조합으로의 자율적인 합병 추진은 일차적으로 중앙회의 공과였다. 그러나 이 또한 농민의 자발적인 의사가 아닌 위로부터의 개편이었다는 점에서 여전히 부정적인 측면을 함께 갖고 있었다. 합병이 마무리 단계에 들어선 1970년부터는 시군 조합의 기간업무였던 농사자금의 융자, 비료·농약의 공급, 공제사업 등이 우량 단위조합을 중심으로 이관되기 시작하였다. 군조합 사업의 단위조합 이관으로 당시 가장 시급했던 문제는 조합의 사무실 확보였다. 기존의 이동조합들은 극히 일부만 동사무소를 임대하여 사용하고 있었을 뿐 대개는 이장 집이나 이발소 등에 간판만 달아놓는 정도에 불과했으므로 조합 사무실이라 할 수 없을 정도였다.

이에 따라 전국의 각 단위조합에서는 사무실 건축이 활기를 띠었다. 중앙회에서는 시설자금 등 지원이 이루어졌고, 조합실정에 맞는 시설모델을 설계하여 건축을 희망하는 조합에 제공하기도 했다. 1970년도에 A형으로 설계된 평택군 지위리조합의 경우 총소요자금은 360만원이었는데, 이 가운데 자체자금은 190만원이었고, 중앙회 보조 100만원, 중앙회 저리자금 융자가 70만원이었다. 시설 내용은 영업장인 사무실 20평과 연쇄점 40평, 숙직실과 화장실이 10평, 합계 70평이었다. 이 정도의 규모는 당시 읍면에서는 최고로 큰 건물이었는데, 일부 사람들은 조합 건물이 너무 크다는 비판을 제기하기도 하였다. 그러나 이 건물은 10년도 채 안되어 더욱 큰 건물로 다시 지어야만 했다.

읍면단위로의 합병에 이어 사무실·연쇄점·판매장·비료창고 등의 시설 건립은 조합원들에게 "이제 농협이 뭔가 되어 가는 것 같다"는 인식을 심어주기에 충분했고, 조합장을 비롯한 농협운동에 일찍 눈을 뜬 조합원들에게는 더욱 열성적으로 조합의 사업과 활동에 참여하게 하는 계기가 되었다. 농협운동의 신선한 바람이 비로소 일선 단위조합에서 불기 시작한 것이다.

조합에 신선한 바람이 불다

1970~72년 사이에 군조합 업무가 시범적으로 단위조합에 이관되었다. 뒤이어 1974년에 비료사업, 농사자금, 정책 구판사업, 공제사업 등 소위 4종 업무가 모두 단위조합으로 이관되었다. 이 사업들은 자체사업인 상호금융, 연쇄점 업무와 함께 단위조합 사업의 중심을 이루었다. 1974년의 경우 위 4종 사업이 총사업량의 80%이상을 차지하였는데, 이것은 단위조합의 초창기 사업도 그 기반을 정책사업에 두었음을 말해주는 것이었다.

사무실 등 시설이 갖추어지면서 자체사업인 상호금융과 생활물자사업이 본격 추진되었다. 독일의 라이파이젠 신용조합 형태에 의거 도입된 상호금융과 생활물자사업은 단위조합의 경영 자립과 기능화에 중요한 역할을 수행하였다. 당시 농협에는 시군 조합과 중앙회만이 은행법에 의한 금융기관으로 금융업무를 해왔는데, 단위조합에 새로 도입된 상호금융 업무는 농협법과 신협법에 그 근거를 둔 사업이었다.

그러나 초기에는 공신력 부족으로 예금하러 오는 사람이 거의 없었다. 대다수 농민들의 경우 예금할 돈도 없었지만, 있다 하더라도 장롱에 넣어둔다거나 사채놀이에 의존했다. 이러한 관행은 일제시대 때부터 굳어져 온 것이었다. 일제 때 금융조합을 이용했던 고객도 실제 농민들은 거의 없었고, 상인이나 공공기관이 주를 이루었다.

그래서 일부 의식있는 조합장들은 비료를 사는 조합원에게 하루 전날 비료대금을 받아 통장에 입금시킨 뒤 비료배급 날 대체시켜 주거나 누에고치 수매 때 수매대금을 통장에 넣어줌으로써 단위조합에 예금하는 훈련을 시키기도 하였다. 그러나 그것도 이튿날이면 한 푼도 남기지 않고 돈을 인출해갔다. 이렇게 그 출발을 내디딘 상호금융 사업은 서서히 그 기능을 발휘하여 농촌지역의 사채금리를 끌어내리는 등 상호금융 본래 역할을 조금씩 수행해나갈 수 있게 되었다.

상호금융의 도입은 조합 경영과 조합원 경제에 큰 효과와 변화를 불러왔다. 첫째 퇴장 자금 및 유휴 소액자금을 흡수하여 이를 다시 조합원에게 영농 및 가계자금으로 공급해줌으로써 농촌고리채의 규모와 금리를 크게 낮추었으며, 농가경제에 실질적인 도움을 주었다. 즉 1971년 69.0%에 달하던 사채의존도가 1979년에는 37.2%로 크게 줄어들었으며, 사채금리도 같은 기간에 54.0%에서 46.8%로 하락하였다. 둘째 단위조합이 상호금융으로 일정 사업량을 확보할 수 있게 됨으로써 조합의 경영기반 확립과 관리능력을 배양할 수 있는 기틀을 마련해주었다. 셋째 사업을 통하여 조합의 역할과 기능에 대한 조합원의 인식이 크게 개선되어 조합과 조합원 간 밀착화는 물론 다른 사업의 확대에도 파급적인 효과를 가져왔다. 넷째 농촌사회에도 저축하는 기풍이 조성되었다는 점 등이었다.

단위조합의 또 다른 자체사업은 생활물자사업이었다. 이 사업은 양질의 생활 필수품을 중앙 단위에서 일괄 대량구입하여 단위조합의 연쇄점을 통하여 조합원에게 염가로 공급함으로써 농촌 소비물자 유통의 혁신을 기하는 한편, 단위조합의 적정 사업량 확보에 그 목적이 있었다. 단위조합에 연쇄점사업이 도입되기 전에는 마을단위로 이동조합 구판장이 설치 운영되었는데, 조합원의 참여가 낮고 운영의 미흡으로 별다른 성과를 거두지 못하였다. 전국에서 가장 먼저 문을 연 곳은 1970년 1월 30일 개점한 경기도 이천시 장호원 단위조합의 연쇄점이었다. 이렇게 하여 1970년 255개에 불과했던 연쇄점이 1974년 말에는 전국에 700개를 넘어서게 되었다. 이 사업으로 농촌사회의 생활물자 공급체계에 큰 변혁이 일어났다.

그러나 운영초기에는 많은 문제점들도 나타났다. 내적으로는 운영 미숙으로 재고가 누적되고, 외상과 회수불능의 미수금이 대량 발생하여 판매

직원이 변상하는 사태가 빈번하였으며, 외적으로는 지역 상인들의 불만이 크게 고조되었다. 연쇄점에서는 중앙회에서 계약된 우수제품만 취급되었고, 가격도 시중의 가격보다 저렴하였으므로 상인들이 위기를 느꼈던 것이다. 그러나 공무원 부인, 학교 교직원들의 적극적인 이용과 이동구판장을 개설하여 농번기 이동 순회판매 등을 실시함으로써 상인들이 독점해오던 지역 생필품 가격은 정상적으로 조절되기에 이르렀다.

이처럼 다양한 사업 전개로 단위조합은 사실상의 종합농협으로서의 면모를 갖추게 되었고, 농민 조합원-단위조합-시군조합-중앙회로 연결되는 계통사업의 추진체제가 확립되어 나갔다. 이에 따라 조합과 조합원간 밀착화도 크게 진전되어 조합의 사업량이 늘어나는 한편 조합의 경영기반도 크게 확충되었다. 규모 확대에 따라 조합과 조합원간 밀착화가 저해될 가능성이 있음을 감안하여 이동 단위에 내부조직을 조직해 나갔다. 즉 1970년부터 조직되기 시작한 작목반을 시발로 1974년에는 협동회, 부녀회, 일조금고 등의 내부조직을 정비하였다.

이처럼 1969~74년의 약 5년간은 읍면 단위로 합병하고 내부 협동조직의 정비를 통해 조직기반을 정비하는 한편 농협운영 기본방침을 재설정하는 등 농협이 나아갈 방향을 재정립한 시기였다. 그리고 4대 군조합 사업의 단위조합 이관과 상호금융 및 생활물자사업 착수로 단위조합은 명실상부한 대농민 종합 사업추진 체제를 갖추게 되었다.

2. 새마을 운동과 협동사업 강화

새마을운동과 농촌경제

한국경제는 1960년대에 고도성장을 이루었다. 고도성장의 핵심은 중화학 중심의 공업화였고, 공업화는 1962년도부터 시작된 경제개발계획이 그 골간을 이루었다. 제1차 경제개발 5개년 계획(1962~66)의 목표는 경제개발에 기초가 되는 기간산업을 포함한 사회간접자본 개발에 중점을 두었으며, 제2차 계획(1967~71)은 경공업을 중심으로 한 공업화에 역점을 두었다. 이렇게 함으로써 공업부문은 연평균 10%에 육박하는 고도성장을 이루었지만 농업부문은 성장은커녕 정체를 면치 못하였다.

표 4 농림어업 GNP 성장률

(단위 : %)

구 분	1962~1966	1967~1971	1972~1976	1977~1981
농림어업	5.1	1.5	6.2	0.6
국민총생산	7.7	10.5	9.7	6.0

주)1962~1966년은 1975년 불변시장가격, 그 이후는 1980년 불변시장가격
자료)경제기획원, 「주요경제지표」

한국경제의 고도성장은 그러나 농업부문의 철저한 희생을 전제로 한 것이었다. 즉 독점재벌의 성장 반대편에서 농민층은 급격한 분해를 겪어야 했다. 이에 따라 도시와 농촌, 공업과 농업의 격차는 날이 갈수록 벌어졌고, 농민들의 불만은 한층 고조되어갔다. 1961년에 47.1%를 차지하던 농업부문의 국민총생산 구성비는 1971년에는 27.2%로 떨어졌으며, 1968년의 농가 실질소득은 1960년 수준을 밑돌았다. 농가인구 구성비도 1961년의 56.1%에서 1970년에는 46.1%로 급락을 거듭하였다.

이에 심각성을 느낀 정부는 '농·공간의 균형발전'이라는 목표를 제3차 경제개발 계획(1972~76)에 부여했다. 박 대통령은 "공업분야에서 얻은 소득으로 농업발전에 전용할 수 있는 단계에 왔다"면서 고미가 정책의 계속 유지와 계획기간동안 약 2조원의 자금을 투입하겠다는 참으로 희망적인 계획을 발표했다. 이와 병행하여 정부는 새마을운동을 전개하였다. 새마을운동의 뿌리는 1970년 4월 지방장관회의에서 거론된 '새마을 가꾸기 운동'에서 찾을 수 있는데, 초기의 새마을운동은 단순히 외형적인 새마을 가꾸기 사업이 그 전부였다.

그 뒤 1971년 9월 17일 경북도에서 개최된 전국 시장·군수 비교행정회의를 끝낸 뒤 박 대통령이 '새마을 가꾸기 모범부락'으로 뽑힌 경북 영일군 문성동 마을을 시찰하는 자리에서 "잘 살아보겠다는 정신을 일깨운 이 모범부락을 다른 부락까지 번져나가도록 하라"고 지시함으로써 새마을운동의 첫 구상이 시작되었다. 1972년 5월 18일, 새마을 소득촉진대회에 참석한 박 대통령이 새마을운동의 개념과 철학, 실천요강과 행동지침을 밝힘에 따라 새마을운동은 잘 살기 위한 일대 범국민적 정신운동으로 요원의 불길처럼 전국으로 번져나갔다.

새마을운동이 이처럼 방향 제시와 확산 단계로 접어들자 농협도 이에 발맞춰 독자적인 새마을사업을 전개해나갔다. 농협운동과 새마을운동은 그 정신과 목표, 추진 주체와 추진 방법 면에서 동질성을 갖고 있었다. 사업도 새마을사업과 직간접으로 연결되어 있었으므로 새마을운동에 대한 농협의 참여는 당연한 것이었다. 즉 농협운동이 자조·자립·협동을 기본 이념으로 고소득 복지농촌 건설을 그 목표로 하고 있는 것과 같이 새마을 운동도 근면·자조·협동을 바탕으로 잘사는 마을 건설에 그 목표를 두고 있었다.

마침 농협은 제7대 김윤환 회장의 취임과 함께 이동조합에서 합병된 읍면 단위조합을 중심으로 농민 조합원에게 새로운 협동정신을 불러일으키는 '새협동운동'을 전개하고 있던 때여서 정부의 지원이 예상되는 새마을 운동은 농협운동을 한 단계 상승시킬 것으로 판단되었다. 이에 따라 농협의 모든 기능을 농협 새마을운동에 집중하였다. '농협 새마을운동 추진요강'과 '농협새마을운동 지침' '새마을 중점사업 확대방안' 등을 시달함으로써 새마을운동을 통한 단위조합 육성과 단위조합 육성을 통한 새마을운동이 표리일체가 되도록 하였다.

초기의 농협 새마을사업은 마을단위 환경개선사업에 대한 지원을 중심으로 이루어졌다. 이러한 환경개선사업에 대한 성과는 무엇보다 훌륭한 지도자에 달려 있었다고 판단한 농협에서는 1972년 1월 농협대학내 새마을지도자 연수원의 전신인 독농가연수원을 설립하여 운영하였다. 초대 원장에는 농협대학 교수였던 김준씨가 선정되었고, 시설이나 인적 비용은 농협이 주축이 되어 관리 운영하였다. 1973년 봄에는 농업기술자중앙회 소유인 농민회관으로 이전하여 교육을 계속하였으며, 지도교육분야에 경험이 많은 농협 출신 교관들이 1980년 새마을지도자 연수원이 독립법인으로 농협에서 분리될 때까지 새마을지도자교육의 주축적인 역할을 담당했다.

이처럼 새마을운동의 기본이념 정립과 추진은 정부에서 시작하였다 하더라도 농협은 농협운동의 경험과 재정적 뒷받침 등을 통해 새마을운동 추진에 주체적인 역할을 담당했다. 1974년의 경우 당해 년도 새마을지도자 연수원의 총예산은 2억2천만 원이었는데, 그중 48.3%에 해당하는 1억 7,000만원을 농협에서 부담했으며, 1979년의 경우에는 총예산 7억 9,400만원 가운데 53.4%인 4억 2,400만원을 농협에서 부담했다.

1973년도에는 중앙회와 도지부에 새마을사업 전담 부서를 설치하였고, 마을단위 실천조직으로 협동회, 작목반, 부녀회 등 내부조직을 설립 육성함으로써 농협 새마을사업의 추진체제를 정비하였다. 내부조직 정비는 단위조합이 읍·면 단위로 합병된 이후 그 공간을 메우기 위한 농협운동 차원에서도 절실한 것이었다. 이와 같은 추진체제의 정비와 함께 자체적으로 마을 환경개선을 위한 각종 자재와 자금을 지원하였다. 단위조합은 새마을사업을 위하여 1972년도 중에 9억 5,400만원에 달하는 자금을 지원하였으며, 사업추진에 필요한 시멘트, 슬레트, 기와, 함석 등 환경개선자재를 공급하였는데, 1972년 한해만 하더라도 그 규모가 7억 3,300만원에 달했다.

또한 농협은 새마을운동의 내실을 다지기 위하여 농협중점지원 시범마을을 선정하여 새마을전진부락 육성사업을 전개하였다. 1974년부터는 이 사업을 모체로 하여 마을단위 소득증대를 위한 협동새마을육성사업을 전개하였고, 1977년에는 다시 그 범위를 읍·면 단위로 확대하여 새마을소득종합개발사업에 본격 착수하기 시작했다. 이처럼 새마을운동이 시기적으로 단위농협이 읍·면 단위로 통합되는 시점에 이루어졌고, 새마을 지도자교육도 단위농협의 조합원을 주 대상으로 하였으므로 새마을운동은 농협운동의 발전에 크게 기여하였다.

그러나 다른 한편으로는 부정적 측면도 없지 않았다. 그러면 여기서 새마을운동이 갖는 역사적 의미를 따져 보기로 하자. 1970년대 초반에 한국 농업이 급속한 발전을 이루었던 것만은 사실이었다. 그러나 그것이 전적으로 새마을운동에 의한 것이라는 주장에는 의견이 분분하다. 1960년대 농업은 경제성장과정에서 철저히 외면 당했으며 그로 인해 농민들의 불만은 크게 증폭되었다. 정부는 이를 해소하기 위해 제3차 경제개발계획에서 농업부문에 대한 투자를 약속했다. 그러나 그 규모는 타부문과 비교해볼 때 상대적으로 미미한 것으로 실질적인 농가소득증대와 농업구조개선에는 크게 기여하지 못한 것으로 나타났다.

1인당 실질소득의 비교에서도 1970년대 동안 농가는 104%, 도시근로자는 122%로 증가되어 상대적으로 낮았으며, 새마을사업과 제3차 경제개발 계획이 본격 추진되었던 1972~1976년까지의 GNP 성장률도 농업부문은 6.2%밖에 안되어 국민총생산 성장률 9.7%에도 크게 미치지 못했다. 더구나 1977~1981년에는 0.6과 6.0이라는 현격한 차이를 나타냄으로써 농업부문의 성장은 일시적인 기현상에 불과한 것이었다.

따라서 1970년대 초반의 일시적인 농업부문의 성장률은 근본적으로 미국의 잉여농산물 원조체제가 직접 판매방식으로 전환됨에 따른 일시적인 고미가 정책(1968~1975), 그리고 1969년부터 도입된 이중곡가제 및 통일벼의 출현에 따른 식량증산에 기인했다고 보는 것이 오히려 더 정확한 것이었다.

농민들 입장에서도 주택개량 등 외형적 변화는 컸지만 전시효과적인 사업 추진과 소비문화의 조장으로 새마을운동이 소득증대운동으로 이어지지 못하고 결국 부채만 증가시키고 말았다는 부정적인 평가를 낳았다. 또 환경개선사업은 1960년대 말의 건설업 불황과 깊은 관계가 있으며, 생산기반 확충, 유통구조개선 등은 독점기업의 상품시장을 위한 하부구조의 건설이라는 부정적인 의미도 지녔다.[6] 뿐만 아니라 본질적인 측면에서 새마을운동은 농협운동과 다를 바가 없었고, 정치변화와 함께 제자리를 잃었다는 점에서 한편에서는 정권안보와 유지, 그 영구화를 위한 정치운동에 불과했다는 비판도 받게 되었다.

---

6) 한도현, "국가권력의 농민통제와 동원정책", 『한국의 농업·농민문제』, 한국농어촌사회연구소, 1989, 150쪽

그러나 가장 근본적인 문제는 농민의 주체적인 참여가 배제된 채 위로부터의 운동이었다는 점이었다. "우리 나라 지역사회는 주민들 스스로 추진할 수 있을 정도의 여건이 조성되어 있지 않았기 때문에 정부의 선도적 역할을 기대할 수밖에 없다"는 논리였지만, 이로 인해 결국 농민의 자주적이고 창조적인 참여의 길은 제한 당했다.

첫째로, 이동개발위원회의 중요한 문제점은 그것이 하향식으로 조직되었다는 것이다. …내무부의 행정지시에 의하여 조직되었으며, 따라서 그것은 주민과는 처음부터 거리가 멀게 탄생된 조직이었다. 둘째로, 이동개발위원회의 구성에서 보는 바와 같이 본 위원회는 주민들과 거리가 있다는 점이다. 즉 그 위원장은 이동장이 겸직하게 되어 있으며, 사실 이동장이라면 시장이나 군수가 임명하는 것으로 되어 있다. 또한 그 위원은 각 기능별 조직의 대표로 구성되는데 그 기능별 조직 가운데에는 법률이나 행정명령 등에 의하여 외생적으로 조직된 것이 대부분이고, 또한 각 기능별 조직의 대표는 읍면장이 일방적으로 위촉하게 되어 있는 것이다.[7]

즉 새마을운동은 농민의 자조·협동을 기반으로 했다기보다 행정시책을 바탕으로 했다는 것을 알 수 있다. 농민의 근면·자조·협동은 다만 행정시책을 뒷받침하기 위해 일차적으로 요구되어졌다고 할수 있었다. 이러한 강제시행은 '10월 유신'이라는 억압적 체제하에서 보다 쉽게 이루어질 수 있었다. 유신체제가 없었더라면 위로부터의 조직, 위로부터의 운동을 기반으로 하는 새마을운동은 1970년대와 같은 전국민적 운동으로 전개되지 못했을 것이라는 지적이다.[8]

그러나 새마을운동을 통해 개인에 머물렀던 잘 살고자 하는 농민들의

---

7) 내무부, 『새마을운동 10년사』, 166쪽
8) 한도현, "국가권력의 농민통제와 동원정책"『한국의 농업농민문제 Ⅱ』, 한국농어촌문제 연구소, 1989, 136쪽

의지를 사회 조직적인 개념으로 승화시킬 수 있었다는 점과 이를 통해 마을단위에 지도자가 나타나고, 신품종 도입과 같은 미경험사업에 대한 변화를 과감히 수용할 수 있는 농촌분위기를 조성하였다는 점, 또 그러한 바탕 속에서 계획의지와 추진기법 및 미래지향적인 목표를 가지고 창조적인 역할을 수행했다는 점 등은 긍정적인 평가를 받을 수 있을 것이다.

조합의 자립과 협동사업의 강화

1970년대 중반으로 접어들면서 읍면 단위로 합병된 단위농협의 외형적 성장에 걸맞는 내적 충실화, 즉 경영의 내실화가 절실히 요청되었다. 1974~77년 기간동안 추진된 '기초경영 자립조합 육성계획'과 1977~81년 기간동안 추진된 '성장 자립조합 육성계획'은 바로 이의 구체적인 실천방안이었다. 즉, 농협의 자립목표를 농민을 위한 종합농협으로서의 제기능을 발휘할 수 있는 자율적 경영능력 확보에 두면서 모든 단위조합을 조직·사업·재무·관리 면에서 그 발전 정도와 특성에 맞는 육성책을 마련하여 이를 중점 추진해나갔다. 이러한 단위조합의 자립육성 추진으로 1977년에는 1,519개 모든 단위조합이 기초경영면에서 자립을 달성하였다.

이렇게 하여 단위조합 자립과 이를 거점으로 한 각종 사업이 급속도로 성장하기 시작했다. 즉 상호금융의 규모가 급격히 늘어났는가 하면 농산물 판매사업 체제도 강화되었고, 식량증산 지원을 위한 구매사업 체제도 자리를 잡게 되었다. 1977년부터는 새마을 소득종합개발사업이 착수되어 축산·청과·특작 등 이른바 성장농산물의 생산이 크게 늘어났으며, 주산지 조성의 확대와 함께 최초로 농업·농촌개발에 지역개발 개념이 도입되었다. 종래의 개별적 분산적 개발과 지원에서 지역의 부존자원을 최대한 활용할 수 있는 종합적 체계적으로 개발이 추진되었다.

또한 농기계의 개별 소유에서 오는 낭비를 제거하고 그 효율적인 이용체계를 선도하기 위해 착수된 농기계 공동이용사업도 영농기계화를 선도하는데 크게 기여하였다. 또 시군조합에서만 취급해오던 생명공제의 원수취급과 내국환업무, 그리고 중장기자금 융자업무, 공제자금 대출업무 및 대농기계 공급업무까지 단위조합으로 이관되었다.

경제사업분야에 있어서도 비료·농약·농기계 등의 공급체계가 농민 실익위주로 전환되었으며, 영농자금 지원과 식량증산을 위한 각종 지원이 체계적으로 이루어졌다. 공동출하 조직 육성 및 집하장, 창고, 군납 등 산지 물적 유통시설을 확충해나가는 한편, 정부양곡을 비롯한 각종 농산물의 판매 확대를 위한 기능강화와 양곡직매장, 종합 판매점 등 소매유통발전을 위한 기구도 크게 확충되었다. 또 농민들의 시장 대응력 강화를 위해 농산물 유통정보센터가 설치되고, 30개 농산물에 대한 표준 출하규격도 제정 시행되었다. 그밖에도 내부 협동조직을 새마을 영농회, 새마을 부녀회, 새마을 청소년회, 작목반 등으로 개칭하여 그 기능을 더욱 구체화하였으며 농가주택 개량사업도 농협의 사업으로 추진되었다.

이렇게 단위조합 사업의 다양화와 규모의 확대로 효율적인 경영관리와 함께 유능한 인력이 요구됨에 따라 전·상무제도를 도입하여 전문인 경영체제를 확립해나갔다. 그 결과 1980년 말 현재 단위조합당 총 사업규모는 평균 24억 원에 이르렀고, 그중 상호금융예수금은 6억원에 이르렀는데, 이는 1972년에 비해 각각 55배와 66배에 해당되는 규모였다.

이렇게 볼 때 1970년대 전반기의 농협운동이 규모의 경제를 실현하기 위한 합병과 사업개발기였다면, 후반기는 협동사업이 비약적으로 확충되어 대농민 봉사능력이 크게 향상된 기간이라 할 수 있었다.

즉 1970년대는 농협의 새로운 도약기로서 이동조합의 합병을 시발로 읍면 단위조합이 정착과 성장을 이룩하였으며, 농민조합원과 농협간의 밀착화도 큰 진전을 이룬 기간이었다.

밑지는 농사, 늘어나는 빚

이처럼 단위조합의 기반 확립과 사업의 성장, 그리고 잘 살아 보려는 농민조합원들의 노력이 그 어느 때보다도 뜨거웠던 1970년대였지만, 1980년대를 눈앞에 둔 우리 농촌은 심각한 상황에 직면해 있었다. 소·돼지·채소 등 계속되는 가격파동으로 농민들의 사기는 땅에 떨어질 대로 떨어졌고 농정에 대한 불만은 날로 증폭되어 갔다.

도시근로자와 비교한 농가 1인당 실질소득의 비율이 1970년의 67%에서 1980년에는 62%로 떨어졌으며, 총인구대비 농가인구도 46.1%에서 28.4%로 급격하게 줄어들었다. 소작지면적은 1970년의 17.2%에서 1981년 22.3%로, 자소작농의 비율은 33.5%에서 49.6%(1982)로 늘어난 반면 식량자급률은 1970년 80.4%에서 1981년에는 43.2%로 크게 떨어졌다. 농가부채도 날로 급증하여 1980년에는 소득대비 부채비율이 12.6%에 달하였다.

우리의 농촌 경제가 이러한 상황에 이르게 된 구조적 배경은 이미 앞에서 살펴본 바와 같다. 즉 미 잉여농산물 도입이 전반적인 농산물 가격의 하락을 초래했고, 이로 인해 농민은 수지가 맞지 않는 작물의 재배를 포기해야 했다. 그렇게 하여 생산되지 않는 작물의 빈자리는 미 잉여농산물에 의해 재빨리 메워졌고, 이러한 과정을 통해 우리 농산물의 자급률은 해마다 떨어졌다. 밀·옥수수 등의 거의 전량을 미국에서 구입해 와야만 하는 현실은 그 때문이었다.

이에 우리 농민들은 수입이 곤란한 특정 작물, 예컨대 고추·채소나 소·돼지 등에 몰려들었고, 이는 걸핏하면 과잉생산으로 인한 가격 폭락 사태를 야기시켰다. 당시 정부나 농협에서 농민들에게 재배를 권장한 품목 중 어느 것 하나 파동을 겪지 않는 것이 없을 정도였다. 원인은 분명했다. 즉 대책 없이 일부 소득작목을 집중 권장한 때문이며 이를 뒷받침하는 정부의 유통정책은 전무하다시피 했기 때문이다.

이처럼 생산비에도 못 미치는 전반적인 농산물 가격의 하락과 재배작물의 제한성은 농민들에게 계속되는 적자만 안겨다 주었고, 필연적으로 농가부채의 누적을 초래하였다. 농민들은 누적되는 농가부채 상환을 위해 자신들의 유일한 재산인 토지를 팔아 치워야 했으며, 그 결과 토지가 없거나 절대적으로 토지가 부족한 다수의 소작농을 양산해 놓았다. 이로 인해 1970년대 후반 들어서는 그 동안의 식량자급 정책을 주곡자급 정책으로 전환하였다. 그러나 통일벼를 중심으로 한 주곡자급 정책 하에서도 1979년에 350만 섬, 1980년에는 400만 섬이란 쌀이 공식적인 채널을 통해 들어왔다. 여기서 밝혀지지 않은 양까지 합치면 그 규모는 엄청난 것이었다.

농협에서는 이러한 농촌경제의 악화에 따른 농민들의 사기 저하와 불만 해소를 위해 소득증대사업 추진 등 다양한 노력을 기울였으나 역부족이었다. 너무나 외부적인 요인이 컸고, 특히 당시 농협은 정부의 예속화에서 벗어나지 못한 상태여서 농민 권익을 위한 자주적 역할 수행이 어려웠다.

한편, 1980년 2월 1일에는 비료 판매가 자유화되었다. 그 동안 판매기준조에 의한 비료판매는 농민들이 필요할 때 비료를 살 수 없게 만들었고, 한가지 특정 비료만을 필요로 하는 농가에 다른 비료와 같이 사도록 함으로써 농가 부담과 불만을 가중시켰다. 비료공급의 역사는 1960년대 초 일시적인 자유판매를 제외하고는 1970년도까지 할당제에 의해 배급제가 실시되어 오다가 농민들의 불만이 고조되자, 1970년 10월부터는 기준조에 의한 판매로 바뀌었다.

정부에서는 자유판매제 시행 이유를 농민들이 균형시비에 대한 인식이 높아짐에 따른 것이라고 했지만 근본적으로는 누적되는 비료계정 적자 때문이었다. 이 비료계정 적자문제는 1980년 1월 단행된 석유 값 인상으로 더욱 심각한 어려움에 부딪쳤다. 농협이 비료회사로부터 인수하는 가격과 농민에게 공급하는 가격사이에 생기는 비료계정 적자가 1979년 한해동안

596억 원, 1979년 말까지 1,828억 원에 이르렀으며, 석유 값 인상으로 결국 그 부담은 모두 농민에게 전가되었다. 정부는 1980년 12월 1일 비료계정 적자를 던다는 이유로 비료값을 1년만에 다시 50% 인상시켰다. 설상가상으로 1980년의 흉작은 그 유례가 없는 것이었다. 그로 인해 식량 절약운동과 보리혼식 등 식생활 개선운동이 범국민적으로 전개되었다.

이처럼 한국농업은 1980년대로 접어들면서 최악의 상태를 맞고 있었다. 정부에서는 이를 경제 총량규모의 확대, 농촌유휴 노동력의 흡수라는 논리로 설명했지만, 결과적으로는 농업부문에 일방적인 희생을 요구한 결과였다. 사실 농업과 농민의 생존은 GNP나 1인당 국민소득이라는 숫자의 나열로 해결될 수 없는 사안이었다. 이러한 농업경시정책으로 농정에 대한 농민들의 신뢰는 땅에 떨어졌으며, 연이은 영농의 실패에서 오는 정신적 충격과 누적되는 빚더미에 눌려 농민들은 이농을 재촉해야 했다.

그러나 이농의 대다수는 유능한 젊은 인력들이었고, 이에 따라 농촌인구는 점점 노령화·부녀화 되어갔다. 불가피하게 남아있는 젊은이들은 결혼을 하지 못하여 자살을 하기도 하여 사회적인 문제로 떠오르기도 했다. 1979년 한해동안 64만 명이란 인구가 농촌을 떠남으로써 1970년 50%에 달하던 농가인구 점유비는 1979년 말 29.8%로 떨어졌다.

이농은 실업과 취업경쟁, 도시의 주택·환경문제를 야기시켰다. 저임금 등 노동조건은 최악의 상태였지만 농촌의 젊은 여성들은 공장 취업과 식모살이를 위해 도시로 떠나지 않을 수 없었다. 이로인해 부모들은 힘들여 지은 농사를 헐값으로 내다 팔아야 했고, 도시로 밀려난 자식들은 열악한 노동환경과 값싼 노임에 시달려야 하는 이중고를 겪어야 했다. 농촌의 몰락, 대규모 이농, 저임금 유지 등으로 이어지는 구조 속에서 상대적으로 덕을 본 사람은 말할 필요도 없이 매판 재벌들이었다. 이는 심각한 빈부격차를 야기시켰고, 1980년대의 개방농정과 후반의 부동산 투기 등으로 이어지면서 상황을 더욱 심각하게 만들었다.

여기까지 오면 농민들로서는 버티어 온 것만으로도 위대한 일이 아닐 수 없었다. 뿐만 아니라 이러한 경제의 해외의존과 농업 경시정책의 메카니즘 속에서는 농민들에게 경제적 실익 없는 새마을운동 등은 한갓 호화로운 구호에 불과하다는 사실을 깨닫게 된다.

1980년대를 맞는 농민들의 불만은 이처럼 폭발 직전의 상황으로 치닫고 있었다. 이런 분위기를 반영하여 1980년 2월 21일 농수산부장관은 "신뢰받는 농정을 펼치겠다"고 다짐했다. 비자율적이고 비민주적인 농협 운영에 대한 농민들의 불만도 크게 고조되었다. 이에 농협의 자율성을 신장하는 조치들이 뒤따랐다. 1980년 6월 농수산부는 농협의 농수산부 승인사항 35건 중 12건을 농협중앙회에 위임한다고 발표했던 것이다. 그러나 이것으로 1980년대 한국 농업과 농협이 처한 현실 문제가 해결될 수 있는 것은 아니었고, 농업 경시정책에 따른 농민들의 증폭된 불만도 잠재울 수는 없는 일이었다.

3. 제5공화국 출범과 2단계로의 조직 개편

제5공화국 출범과 농협조직 개편

1980년 8월 27일 통일주체대의원회에서 제11대 대통령에 당선된 전두환 대통령은 9월 9일 농수산부장관으로부터 농정에 대한 현황을 보고 받는 자리에서 "농협·수협·축산조합 및 축산진흥회 등의 조직을 대폭 개편하여 농어민의 불평을 들어주고 명실상부한 농어민의 권익보호조직으로 활성화시켜 나가도록 할 것"을 지시함으로써 농협은 또다시 대대적인 조직 개편을 맞게 되었다.

정종택 농수산부장관은 9월 20일 "농협의 개편은 현재 중앙회(도지부)-군조합-단위조합 등 3단계로 되어 있는 농협 조직을 중앙회와 단위조합이 직결될 수 있도록 2단계로 축소하고, 이를 위해 시군 조합은 법인격을 없애고 중앙회의 사업소화 내지는 단위조합으로 통합시켜 농민과 접촉하는 일선 단위조합을 보강함으로써 농촌개발의 전략 조직으로 육성 발전시켜 나가겠다"는 농협조직 개편내용을 전격 발표하였다. 그 외에 새로운 농정시책으로 농어촌 후계자 육성을 강화해나가며, 축산업 진흥을 위해 축산 관련조직을 통합하여 축협중앙회를 신설하고, 농수산물 유통

구조를 정비하여 농수산 통계의 정확도를 기하는 한편, 부식 농수산물 수입을 억제하겠다는 내용의 당면 농정문제에 대한 정부방침도 함께 밝혔다.

이러한 조직개편과 병행하여 농·축·수협의 조합장 임명제도도 20년 동안 유지되어온 감독관청 및 행정기관의 승인 절차를 일부 폐지하는 등 다소 민주적인 방식으로 개선하였다. 즉 조합원이 선출한 총대회에서 조합장 후보 추천위원을 선출하고 추천위원회에서 2명 이상의 조합장 후보자를 임명 내신하면 도지부장 또는 중앙회장이 감독관청의 승인 없이 추천된 후보 중에서 조합장을 임명하도록 하는 방식으로 개선된 것이다.

이러한 제도의 개선은 그 동안의 임명제도가 농민조합원의 민주화 요구에 맞지 않을 뿐더러 임명 조합장이 농민 봉사에 소홀할 소지가 많다는 점에서 당시로는 농협 민주화에 진일보된 조치로 받아들여졌다. 그러나 직접적인 동기가 1978년 이후 실험적으로 실시한 선거제에서 선거권자의 매수 등의 사례가 문제점으로 부각됨에 따라 추천제를 통한 후보자의 사전 선거운동 소지를 봉쇄하기 위한 데 있었고, 선임 절차가 번거롭고 9명의 조합장 추천위원회에서 조합원의 의사가 굴절되기 쉬운 단점을 안고 있었다.

이에 따라 1984년 3월에는 조합장 추천위원회 제도를 폐지하고 보다 직접적으로 조합원의 의사를 반영하는 새로운 조합장 선임제도를 마련하였다. 즉, 조합장과 총대 전원이 모여 투표를 실시해서 과반수 이상 최고 득표자를 주 후보자로 선출하고 조합장 출마자 2인 이상인 경우에는 2차 투표에서 부후보자를 선출토록 했다. 그리고 중앙회장은 특별한 결격사유가 없는 한 주후보자를 조합장으로 임명토록 했다. 사실 1961년 제정된 농협법에는 단위조합장을 이사회에서 호선하도록 규정되어 있었다. 그러나 1962년 '농협 임원 임면에 관한 임시조치법' 이 제정됨으로써 임명제로 개악되고 말았다. 임시조치법에는 중앙회장이 농림수산부장관의 승인을 얻어 조합장을 임명하도록 되어 있었다.

어쨌든, 농협조직 개편 안은 1980년 12월 30일 법률 제3300호로 개정 공포되고 1981년 1월 1일부터 시행에 들어갔다. 농협법은 이렇게 하여 8번째 수정을 보게 되었다. 이에 따라 농협 계통조직은 종전의 단위조합-시군조합-중앙회의 3단계에서 단위조합과 중앙회가 직결되는 2단계로 축소되었으며, 도지부와 시군조합의 명칭도 각각 도지회와 시군지부로 바뀌었다.

시군조합의 법인격이 소멸됨에 따라 그 동안 군 단위 농민조합원의 대표로서의 성격을 가졌던 시군조합장 제도는 폐지되고, 시군조합장과 특수조합장으로 구성되었던 중앙회의 대의원회가 단위조합장과 특수조합장 중에서 선출된 총대로 구성되는 총대회로 대체되었다. 이와 함께 중앙회를 비롯한 각 계통조직의 대대적인 기구개편과 기구조정을 실시하였다. 즉 단위조합이 농협의 각종 사업을 추진하는 중심체로서의 기능을 담당토록 하고 중앙회는 단위조합의 사업추진을 지원하는 종합기획·지도교육·조사연구사업 중심의 연합회 기능을 강화하며, 시군지부는 농업자금 조달을 위한 신용사업 위주의 운영체제로 전환하였다.

이 과정에서 과거 시군조합이 담당해오던 단위조합에 대한 지도·교육·감사기능은 도지부로 이관되어 단위조합과 중앙회 본부를 연결하는 중간조직으로서의 기능이 확립되었다. 그리고 시군조합의 농기구 서비스센터, 농산물 판매시설 등 각종 시설이 모두 단위조합으로 이관되었으며, 농촌지역에 설치되었던 시군조합 지소도 단위조합으로 이관되어 단위조합의 기능과 사업범위가 크게 확대되었다. 신용사업 중심체제로 전환된 시군지부는 농업자금의 조달기능과 함께 본부와 단위조합간의 자금중계 기능을 담당하는 한편, 경제사업분야에서는 사업추진상 군단위에서의 사업수행이 불가피한 경우에 한하여 사업을 수행하도록 하였다.

한편, 축협중앙회가 설립됨에 따라 농협이 담당해왔던 축산지원기능이 축협중앙회로 전면 이관되었다. 그 동안 농협은 중앙회에 축산지원기능을 전담하는 부서로 축산원예부를 두어 전국적으로 100개의 축산계 특수조합을 조직 육성하였으며, 축산물 공판장을 비롯하여 3개의 배합사료공장과 시범목장 등 각종 사업소를 설치 운영하는 등 축산 발전을 위한 각종 업무를 수행해왔었다.

그러나 축협중앙회 설립과 함께 농협은 축산계 특수조합과 함께 배합사료공장 등 축산관계 조직과 사업소, 축산농가에 대한 지도지원·사료공급·가축시장 관리 등의 업무를 축협중앙회로 이관해야 했다. 축협중앙회의 발족은 축산농가에 대해 전문화된 서비스를 제공할 수 있고, 전문농협 전국연합회가 설립되었다는 점에서 그 의의를 찾을 수 있었으나, 우리 나라의 축산은 축산 전업농가의 비중이 극히 적고, 대다수 농가가 경종농업과 양축을 겸하는 이른바 부업 축산으로서 특징을 가지고 있어서 상당수의 농가가 농협과 축협에 이중으로 조합원 가입을 해야되는 등의 많은 문제를 안게 되었다.

조직개편의 문제점 분석

농협 계통조직의 2단계화 문제는 1970년대 후반부터 적극 거론되었다. 단위조합의 급성장으로 단위조합과 시군 조합간의 기능 중복 및 비효율성의 문제가 제기된 때문이었다. 이에 중앙회는 1977년 학계인사들로 구성된 농협운영제도 개선위원회를 만들어 농협의 조직과 운영에 관한 연구에 들어갔다. 여기에서 단위조합과 중앙회를 연결하는 2단계 조직으로의 구체적인 방향이 설정되었다.

그러면 당시 2단계로의 조직개편에 대한 적정성 여부를 검토해보자. 1970년대 초 이동조합이 읍면 단위로 통합되고 시군 조합의 대농민 사업이 단위조합으로 이관되어 단위조합의 경영기반은 크게 확충되었고, 역할도 크게 증대되었다. 이에 따라 군조합의 역할을 어떻게 규정할 것인가 하는 문제가 당면 과제로 등장하였다. 결과는 중앙회에 유리한 방향으로, 단위조직의 자율성과 단결성을 강화시키지 않는 방향으로, 정부 입장에서는 일선농협조직 통제 관리에 편리한 방향으로 결론이 나고 말았다.

필자는 이 때 군조합을 중앙회로 편입시킬 것이 아니라, 단위조합으로 편입시켜 군 단위 연합회 조직으로의 성격을 더욱 확고히 했어야 옳았다는 생각을 갖고 있다. 당시 그렇게 하지 못하고 중앙회로 편입시킨 이유는 첫째, 군조합 직원들의 반발 때문이었을 것이고, 다른 하나는 정부도 이에 반대했을 것으로 풀이된다. 군조합과 중앙회(본부와 도지회)간 직원 인사교류가 이뤄지던 때였기에, 경영이 부실한 단위조합으로의 편입은 군조합 직원들로서는 도저히 수용할 수 없는 안이었고, 정부 입장에서는 군조합이 읍면 단위조직과 인적으로 동질성을 확보할 경우 군조합을 중심으로 한 농협의 군단위 세력화에 정치적 우려가 앞섰을 것이기 때문이다.

만일 군조합이 단위조합으로 편입되어 동질성을 확보하면서 군단위 연합회 조직으로 변신했다면, 농협조직은 현재보다 몇 배 이상의 협동화와 경영의 효율화를 가져왔을 것이다. 농산물 유통면에서도 획일적인 지시와 사업 추진에서 벗어나 군 단위의 특성과 규모와 범위의 경제 이점을 살려 더욱 활성화되었을 것이다. 또 현재 골치를 앓고 있는 합병문제도 자주적으로 해결될 수 있어 일찍이 경쟁력을 확보했을 것이다.

결국 군조합이 중앙회로 편입됨으로써 일제 때 금융조합이 물려준 2단계 체제보다 더욱 공고한 중앙회 중심의 거대한 조직체계를 이루게 되었고, 이는 결국 중앙회의 거대 공룡화와 신용사업의 비대화를 초래하고 말았다. 이로써 단위조합과 중앙회간 인적 갈등은 더욱 골이 깊어졌고, 군지부는 연합회 기능 상실로 농민과 더욱 멀어지면서 어정쩡한 위치에 서게 되었다. 군지부의 연합회적 기능 상실은 또 도지회가 회원조합을 직접 지원하는데 따른 비용 증가, 군단위 행정기관과 협조체제 구축에 문제 발생, 군지부의 종전기능 그대로 수행 등의 문제를 야기시켰고 1980년대에 도래한 지방자치시대에 군단위 대표성의 상실로 이어져 농협의 조직역량에 엄청난 기능 저하를 가져왔다. 시장 군수는 다 민선으로 대표성을 가지는데, 농협 시군 지부장은 그렇지 못했던 것이다.

다음으로 왜 중앙회 신용업무를 보다 전문화시키는 방향으로 개편하지 않았나 하는 점을 검토해보자.

종합농협 창립 이후 중앙회 신용업무의 비전문화에 대한 외부의 비판이 끊이질 않았다. 농협 내부적으로도 적지 않은 문제가 야기되었다. 공판장이나 유통업무에 종사하던 직원이 하루아침에 지점에서 당좌나 대출업무 등 금융업무를 봐야 하는 현실 속에서 비전문성과 그에 따른 교육투자비 문제, 그리고 인력의 비효율적인 운용 문제는 사실 심각한 것이었다. 만일 당시에 경영·인사를 떼어내는 독립사업부제 등을 도입하여 신용부문을 독립적이고 더욱 전문화시키는 방향으로 제도개선이 이루어졌다면, 1980년대에 몰아닥친 금융자율화 및 금융시장 개방 등에 더욱 효과적으로 대처할 수 있었을 것이다.

이러한 점을 등한시한 채 신용과 경제조직을 계속적으로 통합 운용함으로써 외부에 '농협은 돈 장사만 한다'는 비판과 함께 정부에는 지속적인 신용과 경제사업 분리의 빌미를 제공하였다. 1980년 조직 개편에서 위의 두 가지 문제만 확고히 했더라도 농협은 농민과 더욱 밀착되는 지역조합 중심의 새로운 발전의 기틀을 다졌을 것이다. 또 농협의 농업문제 대외 교섭력도 더욱 강화되고 민주화 시대를 맞아 실질적인 농협민주화와 자율성을 더욱 공고히 할 수 있었을 것이다. 또한 군 단위 연합회 기능 강화로 군단위 지역의 경제단체로서의 위상을 새롭게 확립했을 것이다. 이러한 문제에 대한 간과는 결국 협동조합의 참다운 목표와 기능에 대한 인식부족에 따른 것이었으며, 농협운동을 농민의 입장이 아닌 농협과 정부의 입장에 입각한 소극적 경제주의에 국한시킴으로써 빚어진 결과이기도 했다.

1980년의 조직개편은 결국 농민 중심에서의 조직 개편과 사업 분리·전환이라기보다는 중앙회와 정부의 입장에 판단의 기초를 둠으로써 대대적인 농협조직 개편은 또다시 정치적 효과만 거둔 채 끝이 나고 말았다. 뿐만 아니라 당시 농협을 통제·지배하고 있던 악법인 임시조치법은 폐지되지 않은 채 그대로 존속됨으로써 농협의 본질적인 변화는 이루어지지 못하였다. 임시조치법은 농민의 자주적 기반과 민주적 운영을 무시했으며 농협의 정부의존적 존립을 더욱 강화시켰다. 그로 인해 농협은 농민착취 기구라는 노골적인 비판에 직면해야만 했다. 당시 의식있는 농민들의 농협에 대한 불만과 요구사항은 △조합장 임면에 관한 임시조치법 철폐와 조합장 직선제 실시 △부당한 조합 출자의무화 시정 △비료가격 인하와 자유 판매제 시행 △농협은 정부의 의존적 존립에서 벗어날 것 등이 핵심을 이루었다.

농협에 불어닥친 경영위기와 그 대응

농협은 1970년대의 경제성장에 힘입어 괄목할 만한 사업성장과 함께 안정적인 수지기반을 확립하였다. 단위조합도 상호금융의 확대 등으로 어느 정도 자립의 기반을 확보하게 되었다. 이처럼 자립의 기반을 다져나가던 농협에 창립이래 최대의 경영위기가 불어닥쳤다.

1982년 6월 말 가결산 자료에 의하면 1982년 말의 적자예상액이 631억원에 달했다. 이러한 적자규모는 출자금(290억원)의 2.2배, 총자본(제적립금 포함 1,527억원)의 41%에 해당하는 엄청난 규모였다. 당시 경영악화의 요인은 대략 다음과 같았다.

첫째, 여수신 금리가 대폭 인하되어 농협 신용사업의 수익성이 크게 떨어졌다. 정부는 당시 침체된 경기를 활성화시키고 기업의 투자를 촉진하기 위해 금리인하 조치를 취했다. 1981년 11월부터 '투자촉진을 위한 경기활성화 대책'이 발표된 1982년 6월 사이에 여섯 차례의 금리 인하조치가 있었다. 여신금리는 10% 포인트가 인하된 반면 수신금리는 7% 포인트가 인하되어 농협의 예대 마진률은 3% 포인트가 줄어들었는데, 이것은 신용사업수익 의존도가 높은 농협의 경영을 악화시키는 주요인이 되었다.

둘째, 금융자율화가 추진되기 시작하였다. 정부는 금융기관 경영의 자율성을 높이고 금융기관간 경쟁을 통한 금융산업 발전을 도모하기 위해 은행 설립, 점포 증설 확대, 시중은행의 민영화, 은행간 업무영역의 철폐 등을 추진하였다. 이러한 금융산업 개편 조치로 1982년에는 신한은행, 1983년에는 한미은행이 신설되었다. 점포의 증설도 1970년대에는 연평균 점포 증가수가 47개에 불과하던 것이 1981년에는 129개, 1982년에는 191개, 그리고 1983년에는 134개로 대폭 증가하였다. 제2금융권에도 상호신용금고와 단기금융회사의 신설이 허용되었다. 1982년에는 새마을금고법이 제정되어 전국 5,000여 개의 새마을금고가 법적 지위를 확보하였으며 체신부는 1983년 7월부터 우편저금업무를 재개하였다. 이와 같은 금융자율화조치에 의하여 금융기관간의 경쟁이 치열해지는 한편 새로운 경영기법의 도입, 신상품 개발, 금융거래의 온라인화 등을 위해 막대한 투자가 필요하게 되었는데, 이 또한 신용사업의 수익성을 저하시키는 요인이 되었다.

셋째는 농협조직의 2단계 개편과 축산지원기능의 축협 이관에 따라 사업수익이 감소하였다. 1981년 2단계 조직개편에 따라 계통사업 추진시 군지부를 없애고 도지회가 직접 회원조합을 지도하도록 하였고, 회원조합에 대한 계통사업 수수료 배분율을 종전의 40:60에서 20:80으로 상향조정하였다. 그러나 도지회가 직접 회원조합을 지원하는데 비용이 많이 소요되고 군단위 행정기관과 협조체제를 구축하는데도 많은 문제가 발생하였다. 이에 따라 군지부는 과도기적으로 비료 농약 등 영농자재의 수급조정과 회원조합에 대한 지도 등 종전의 기능을 그대로 수행할 수밖에 없었다. 이와 함께 축협중앙회의 발족으로 농협에서 담당해오던 사료공장, 축산물공판장, 사료원료 도입사업 등이 축협으로 이관된 것도 경영악화 요인으로 작용하였다. 이밖에 지도관리비의 경직성과 경제사업의 비수익성에 기인한 경영의 경직성도 경영위기를 가중시키는 요인이 되었다.

농협은 이러한 경영위기 극복을 위해 전임직원이 총동원된 경영개선운동을 전개하였다. 전체 계통조직에 대해 특별추진목표를 부여하고 인력 및 예산의 감축운동, 수익원의 개발, 온라인망의 확충, 사무기계화 등 경쟁력 강화를 위한 투자를 과감히 추진해나갔다. 이렇게 전 계통조직과 전임직원이 일치단결하여 수지개선에 노력한 결과 1982년 말의 결산손익은 당초 예상(631억원)보다 적은 197억원의 적자에 그쳤고, 1983년에는 6억원의 흑자를 시현하게 되었다.[9]

이와 함께 농협 고유의 이미지를 부각시키고, 사무환경 등 종합적인 서비스를 개선하기 위해 1983년에는 농협 CIP(Corporate Identity Program)를 도입 시행하였다. CIP도입에 있어 중요한 것은 심벌마크와 마스코트 결정이었다. 광범위한 여론 수렴과정을 거쳐 심벌마크는 농협마크를 그대로 사용하기로 하였고 농협의 마스코트는 벼, 해바라기, 꿀벌, 개미, 다람쥐, 토끼 등을 검토한 결과 친근감 있고 귀여운 느낌을 주는 토끼로 결정하였다. 농협은 심벌마크에 이어 농협 명칭의 고유 서체(Logo Type), 사색사용서체(Type Face), 전용문양 등 기본항목은 물론 이를 응용 개발한 통장, 증서, 집기류, 차량도색, 간행물, 광고물 등의 응용항목 개발도 완료하여 CIP매뉴얼을 발간하였다. 이렇게 하여 농협의 CIP는 이후 참신하고 활기찬 농협상의 정립 및 농협의 대외 이미지를 개선하는 데 큰 역할을 하였다.

---

9) 『농협35년사』, 농협중앙회, 1996, 105~110쪽

4. 개방농정과 한국농업의 위기

개방농정과 세계농업

한국경제를 농산물을 수입하는 구조로 만들어 놓은 것은 1950년대 미 잉여농산물 원조였다는 것은 이미 살펴본 바와 같다. 이 때부터 비틀어진 우리 농업은 완전히 미국의 손에 놀아나기 시작했다. 쌀을 제외한 대다수의 농산물들은 미국에서 들여오지 않으면 안 되게 되었다. 원조라는 이름으로 국내 농업기반을 송두리째 무너뜨리고 밀가루 중심으로 식량 소비구조까지 변화시킨 미국은 1970년대로 접어들면서 서서히 원조의 고리를 끊고 직접 판매체제로 전환해 나갔다. 1970대 중반부터는 GATT(관세 및 무역에 관한 일반협정)라는 세계기구를 통해 배후에서 농산물 수입개방의 통상압력을 가하기 시작했다.

이와함께 미국은 자국의 통상법 301조를 근거로 한국의 농산물 시장의 완전 개방을 요구해왔다. 그것은 미국 자본주의의 내적 모순을 교역 상대국에 전가하는 것에 다름 아니었다. 한편으로는 미국 차관에 의해 성립된 한국 독점자본의 모순으로 생긴 부담을 농업부문에 전가하려는 국내외 독점자본의 요구과정이기도 했다.

미국은 제1·2차 세계대전, 한국전쟁, 월남전쟁, 중동전쟁 등에서 엄청난 자본을 축적하였다. 그런데 1970년대 이후에는 세계적으로 큰 전쟁이 없었고 계속되는 방위부문의 투자로 재정적자는 점차 누적되어갔다. 한편으로는 제조업부문의 국제경쟁력 약화로 국제무역에서 적자구조가 심화되었다. 미국의 이러한 무역수지적자는 약 절반 정도가 일본과의 교역에서 발생되는 것이었고, 나머지는 EC 등에서 발생되었다. 그러나 미국은 이러한 자국의 무역수지 적자를 한국 등에 수입개방 압력의 명분으로 활용하였다. 한국이 개발도상국에서 벗어났기 때문이라는 것이었다.

이러한 미국의 수입개방 압력에 한국 정부는 '개방농정'이라는 소극적이고 합의적인 대응을 나타냈다. 국민들에게는 물가 안정과 국제 경쟁력의 제고라는 명분을 내세웠지만 개방농정은 수출주도형 성장과정에서 야기된 자기모순을 극복하기 위한 수단인 동시에 미국 독점자본의 요구에 결과적으로 순응하는 것에 다름 아니었다. 즉 이중곡가제 실시로 인해 재정적자가 누증되고 중화학공업 및 사회간접자본부문 등과 같은 비농업부문의 자금수요 급증 등 국내 독점자본의 이해와 일치하는 것이기도 했다.

선진국의 경제발전과정을 보면 농업을 중심으로 1차 산업이 먼저 발전하고, 여기서 축적된 자본이 상·공업부문에 점차적으로 이전되는 과정을 거쳤다. 그리고 농업과 상업의 발전은 다시 농업발전에 기여하고 무역은 자원의 효율적인 배분과 경제성장에 공헌할 수 있었다.

그런 반면 한국경제는 공업 우선 정책으로 산업간·도농간 격차가 크게 심화되었다. 농업 내부의 생산기반은 소농 하에서 생산성 저하로 매우 취약한 상태였고, 미곡 단작화는 더욱 고착화되어 1981년 식량 자급률은 43.2%로 떨어졌다. 이러한 상황 하에서 농산물 수입 자유화란 농업생산을 포기하고 식량자체를 전적으로 외국에 의존하겠다는 것을 의미했다. 달콤한 식량 원조로 무너지기 시작한 한국농업의 생산기반은 이제 회복할 수 없는 늪으로 빠져들었고, 우리의 생명도 다른 사람의 손에 좌지우지되는 상황에 놓이게 되었다.

이처럼 원조라는 것은 경제수탈과 수출전략의 한 형태로서 덤핑 중에서는 최대로 강도가 큰 것이었다. 원조를 통한 경제 지배 전략은 대체로 다음과 같이 전개되었다. 초기단계에는 이윤을 고려하지 않는 무상 또는 거의 반값으로 공여한다. 그러나 이것은 잠정적 현상이다. 일단 시장에 진입하여 높은 점유율을 확보하고 나면 유상 수출로 바꾸고 가격도 점차 인상한다. 그리고 경쟁자가 없어질 때까지 농업 구조가 완전히 붕괴되고 소비구조의 변화로 수요가 필연적으로 증폭될 때까지 시장점유율을 높이고 나면 그때부터는 마침내 독점가격으로 초과이윤을 획득하게 된다.

수입국의 입장에서는 싼값으로 들어오니 일시적으로는 소비자 실질소득이 증가된다고 볼 수 있겠지만 국내 수입 대체산업이 붕괴되고 나면 비록 가격이 회복된다하여도 사업을 다시 재건하기란 거의 불가능하게 됨으로써 수입은 불가피한 것이 되고 마는 것이다. 미국의 잉여농산물 원조는 바로 이러한 과정을 그대로 밟아나갔다. 그리하여 우리 농업생산구조는 미국에 전적으로 의지하는 형태로 고착되었고, 소비패턴도 미국이 의도하는 방향으로 바뀜으로써 이제는 우리가 자진해서 사오지 않으면 안 되는 상황이 되고 말았다.

이러한 배후에는 미국의 지나친 자국농업 보호와 농업 개방요구정책, 그리고 개발도상국의 공업 우선 정책이 도사리고 있었다. 다시말해 국제농업문제의 가장 근본적인 원인은 미국을 비롯한 선진 농업국들의 자국농업보호에 있었다. 즉 농업보호→농산물 가격지지→생산 과잉→수출보조금 지급→농업예산 팽창에 따른 재정지원→농산물 수요부족→수출 과다경쟁→농산물 수입개방압력의 심화라는 악순환을 야기하였다.

바로 이것은 선진국 농정의 딜레마였으며 이러한 농업위기를 선진국들은 농산물교역 확대를 통해 그 돌파구를 찾으려 했다. 무역수지 흑자국에 대한 농축산물 수입개방 요구가 바로 그것이었다. 마침내 GATT-우루과이라운드(UR)에서 농산물 문제를 협상대상으로 올려 무역장벽의 철폐를 주장하고 나섰던 것이다.

이처럼 미국의 농업 개방요구정책은 당연히 자국의 농업을 보호하기 위한 것이었다. 세계 최대의 농산물 수출국인 미국은 농민의 소득지지라는 바탕 위에서 시장 지향적 농업, 국제경쟁력을 갖춘 농업을 추구해왔다. 그런데 1980년대 들어 세계경제가 장기적인 불황에 빠지게 되면서 농산물의 재고가 급증하게 되었다. 이러한 농산물의 재고 누적은 특히 수출 지향적인 작목 전개를 보여온 미국농업에 있어서는 치명적일 수밖에 없었다. 바로 이점이 UR 협상을 미국이 주도할 수밖에 없는 이유가 되었다. 국내 농산물가격 및 소득을 유지하기 위한 재정지출은 1980년 27억 달러이던 것이 1987년에는 260억 달러나 되었다. 농무성 농업예산에서 차지하는 가격소득지지비의 비중도 1980년 7.8%에서 1986년에는 37.6%로 크게 높아졌다. 이것이 농업소득에 미친 효과는 1980년 13%에서 1987년에는 50%까지 제고되었다.[10]

농업보호정책을 다소 둔화시켰던 EC도 1980년대에 들어서는 낙농품과 곡물에 과잉공급이 발생하였다. 그러나 가격소득지지비는 줄이지 않았으며 지지와 관련한 재정지출은 계속 증가시켰다. 수입항의 경계가격과 수입가격과의 차액을 수출 과징금으로 징수하고 역내 농산물시장을 세계시장과의 경쟁으로부터 격리하여 농업을 보호하였다. 그 외에도 캐나다와 호주는 수출가격의 인하와 생산자 보호, 아르헨티나와 태국은 국내가격의 연동적 인하로 자국 농업보호에 탄력적으로 대응해왔다. 그런데 농산물 수입국이던 개발도상국들도 이즈음 기술혁신으로 다수확품종이 개발되고 농업투자의 증가 등으로 곡물생산이 증가하는 등 농업생산에 변화가 일기 시작하였다. 즉 생산이 크게 늘어난 것이다.

---

10) 권광식, 『농협경제학』, 한국방송통신대학, 1991, 163쪽

이에 따라 농산물의 무역마찰은 불가피한 것이 되고 말았다. 즉 과잉된 농산물을 팔고자 하는 선진국의 압력과 최근의 생산량 증가로 조금이라도 덜 수입하고자 하는 개발도상국간의 마찰은 바로 식량전쟁의 시작이었다. 전쟁을 방불케 하는 국제 농산물시장에는 소수의 독과점기업이나 곡물상사들이 담합하여 카르텔을 형성하고 있었다. 그 중에서도 대표적인 것이 국제 곡물 카르텔이었다. 1981~1982년 세계의 총 곡물생산량은 16억 2,500만 톤이었는데, 이중 14.4%에 해당하는 2억 3,380만 톤이 수출을 위해 공급되었다. 미국이 48.5%, 캐나다가 9.7%, 프랑스가 9.5%, 아르헨티나가 7.8%의 순위로 국제곡물시장을 점유하였다. 반면 수입에는 소련이 18.9%, 일본이 10.5%, 중공이 7.5%, 이탈리아가 3.1%의 순위였다. 여기서 중요한 것은 국제곡물시장에서 수입국에 비하여 수출국의 시장 교섭력이 더 크다는 사실이었다.

쌀의 경우를 보면, 곡물카르텔의 현상을 더욱 실감할 수 있었다. 쌀의 경우 1981~1982년 세계의 총생산량은 2억 7,600만 7,000톤이었으며, 이 가운데 불과 4.8%에 해당하는 1,300만 4,000 톤이 수출시장에 공급되었다. 수출공급량 가운데 미국과 태국이 각기 23.3%씩 점유하고 있었으므로 다른 나라의 쌀은 이들 나라의 쌀이 모두 수출될 때까지 기다려야만 했다. 쌀의 물량과 가격이 국제 카르텔에 의해 결정되기 때문에 한국과 같은 수입국의 대응력은 약할 수밖에 없었다. 그 밖의 곡물도 사정은 마찬가지였다. 1981년 우리 나라는 연속된 흉년에 대비한다는 명목으로 200만 톤이라는 세계 최대로 많은 양의 쌀을 수입했으며, 인도네시아, 이란, 사우디아라비아 등이 각 50만 톤씩 수입했다.[11]

이와 같이 이전까지의 농업정책이 저임금과 관련된 저농산물 가격에 있었다면 1980년대는 개방농정으로 특징 지워졌다. 즉 국내 농산물가격이

---

11) 권광식, 앞의 책, 1991, 163~165쪽.

국제가격보다 높기 때문에 비교우위론에 입각하여 값싼 외국농산물 수입에 의한 저곡가 정책을 더욱 강화함으로써 물가안정과 저임금구조를 계속 유지해나간다는 정책이었다. 개방농정의 대응전략으로 농업구조개선, 복합영농, 농촌공업화 정책 등이 있었지만 정책에는 무게가 실리지 못하였다. 다시 말해 수입자유화를 통해 한국의 농업구조를 고도화함으로써 경쟁력을 제고해 나가겠다고 했지만 그러나 그것은 말처럼 쉬운 일이 아니었다.

결국 '개방농정'이란 것은 외형상 1960년대 이후 저곡가-저임금 논리와 본질적으로 다른 것이 아니었다. 중화학공업화로 말미암은 대외 의존적 경제성장은 결국 개방압력을 불러들였고, 내외 독점자본의 압력 하에서 지속적인 수출확대를 위해서는 농산물 수입개방이 불가피했다. 이러한 어정쩡한 상태에서 1990년을 전후하여 우루과이라운드라는 치명적인 결정타를 맞음으로써 한국 농업은 헤어날 수 없는 수렁 속으로 빠져들고 말았다.

우리 농업의 구조적인 문제

1970년대 정부는 공업화에 의하여 농촌의 유휴 노동력을 흡수함으로써 농가 당 경지규모가 늘어나고, 이에 따라 생활수준도 향상될 것이라는 논리를 폈다. 그러나 농촌인구는 크게 감소하였지만, 농가 당 경지규모는 거의 늘어나지 않았고, 농가 수도 그렇게 줄지 않았다. 1965~1985년 사이 농촌 인구는 약 46% 감소하였지만, 농가 수는 25%밖에 감소하지 않았던 것이다. 이것은 농촌인구의 도시 이주가 젊은층 위주, 가족 단위가 아닌 구성분자 위주의 이주로서 그들은 아직 가족의 일부를 농촌에 두고 있다는 것을 말해주는 것이었다. 이에 따른 농촌인구의 고령화는 심각한 사회현상으로 우리 농업의 장래를 어둡게 만들었다.

1985년 경제활동 또는 잠재력을 가진 20~49세는 37.4%가 감소한데 반해 50세 이상의 농민은 3%밖에 감소하지 않았다. 50세 이상의 농민은 1971년도 전체인구의 16.3%에 불과했으나 1985년에는 27.2%로 오히려 높아졌다. 이것은 한편으로 부재지주의 잠재 또는 가속화를 의미하는 것이었다. 기생지주가 상당수 존재하고 있다는 사실을 감안한다면, 소작의 의미는 더욱 넓어지는 것이었다. 이와 함께 부동산 투기 등에 의한 부재지주 현상도 가속화되었다.

사실 대다수의 농가가 많은 농지를 갖고 있다면 문제는 그리 심각하지 않다고 할 수 있었다. 그러나 우리 농촌은 대다수의 농가가 많은 농지를 갖고 있지 못했다. 1985년 농가 호당 경지면적은 1.1ha로 여전히 영세성을 벗어나지 못하고 있었다. 더욱 심각한 문제는 2/3의 농가가 1ha미만의 농지를 보유하고 있었으며, 농경지면적도 38%에 지나지 않는다는 사실이었다. 0.5ha도 채 안 되는 농가도 28.4%에 달했는데, 이들이 차지하는 농지는 전체 농지의 11%밖에 안 되었다. 그나마도 전체농지의 약 20%가 소작으로 유지되고 있었다.

이처럼 절대다수가 영세소농이면서도 영농을 지속해야 했던 이유는 농지에서 벗어날 아무런 방법이나 기회가 없었기 때문이며 그저 생계만 꾸려나갈 뿐이었다. 이러한 여건에서 농업을 계속한다는 것은 경제·사회·정치적으로 어떠한 유리한 점을 획득할 수 없을 뿐만 아니라 나아가서는 거래 교섭력의 약화, 독점자본의 지배대상이 될 수밖에 없다는 것을 의미했다.

그러나 무엇보다 농업경시정책이 가장 큰 문제였다. 농민도 자본주의하에서 이윤동기에 따라 생산활동에 참여하게 된다. 특히 생산된 농산물을 제값을 받고 팔 수 있어야만 생산은 지속될 수 있다. 곧 생산비 확보가 이루어지지 않고서는 확대재투자는 불가능하게 되는 것이다. 여기서 전제가 되는 것은 가격과 수급의 안정이다. 그러나 양파, 고추, 마늘, 돼지, 소에 이르기까지 수급과 가격 불안정으로 확대재투자는 크게 제한을 받을 수밖에 없었다. 만일 수급과 가격안정이라는 농업정책만 강구된다면 농업생산력은 반드시 증대되는 것이다.

이러한 농업경시정책은 직접적으로 농민의 빈곤을 가속화시켰다. 농촌의 지붕개량은 슬레트 산업을 발전시켰고, 농가의 가전제품 공급은 가전산업의 막대한 시장을 확보해주었지만 농민에게는 부채증가에 다름 아니었다. 소득 대비 부채증가율을 보면 1980년에 12.6%, 1984년에는 32.1%, 1988년에는 무려 38.5%로 해를 거듭할수록 늘어났으며 총 자산대비 부채비율도 2.5%(1980)에서 7%(1988)로 높아졌다. 당시 농가부채의 주원인으로는 낮은 농산물 가격, 농가의 소비지출 증가, 공산물과의 부등가 교환, 1983~84년의 소 값 파동, 농어촌 주택사업의 무리한 추진 때문이었다.

농업정책이 농민의 의사와 무관하게 결정되고 집행됐다는 점도 큰 문제였다. 즉 정책에 대한 농민의 의사가 전달될 길은 없었고, 모든 정책은 위에서 아래로 일방통행할 뿐이었다. 스스로 지니는 경제적 가치만큼의 정책적 배려는 최소한 이루어져야 마땅했으나, 현실은 그렇지 못했다. 한 나라의 농업발전에 대한 정책의지는 예산으로 반영되기 마련이다. GNP에 대한 농수산부문의 기여율은 15%수준에 달했지만, 전체예산에 대한 농업예산의 비중은 4.6%('80), 4.1%('85), 6.6%('88)로 평균 5%를 밑돌았던 것이다.

또한 1962년 제1차 경제개발 5개년 계획을 시작하면서 정부는 "우리 나라 경제의 가장 큰 부문인 농업을 개발함으로써 식량자급은 목표년도까지 달성한다. 이는 농민복지를 증진시키게 될 것이다"라고 했지만 이는 결코 실천되지 못하였다. 그 후로도 이러한 약속은 계속되었고, 결과도 마찬가지였다. 농협이 이에 강력한 교섭력으로 정책결정에 참여해야 했지만 '관제농협'이라는 특수성 때문에 농민의 의사는 정책에 거의 반영되지 못하였다. 그로 인해 정책 결정에 있어 600만 농민의 힘은 일개 재벌만도 못한 실정이었다.

농업정책에서 가장 심각한 문제는 정경유착 문제였다. 1983년 제주도 감귤 협동조합이 감귤원액을 추출하는 공장을 세우게 해달라고 도청, 농수산부, 국회, 청와대 등에 수 차례 진정을 했으나, 당시 일본처럼 공장설비의 60%를 정부가 보조해주지는 못할 망정 허가조차도 내주지 않았다. 그러나 1985년 '해태'에 이어 '롯데' 등 재벌기업은 오렌지 원액을 수입, 시판하도록 했는데, 이는 국내 정경유착은 물론 외국자본과의 유착실상을 드러내준 좋은 예였다.[12]

한편 이농에 따라 농촌지역에는 학생 수가 해마다 큰 폭으로 줄어들었다. 반면 대도시 초등학교는 한 교실에 70~80명씩을 수용하고도 모자라 300여 개의 학교가 2부제 수업을 해야 했다. 뿐만 아니라 1975년에 6.2%에 불과하던 교육비가 1982년에는 12.3%로 증가했다. 1983년의 가계비 지출이 24% 증가한데 비해 교육비는 45%나 증가했다.

이러한 농촌·농업의 위기 속에서도 정부의 자세는 매우 소극적이었다. 1982년 10월 한국농촌경제연구원에서 '농수산물 관세정책의 조정방향'이란 토론이 벌어졌다. 1981년도에 한국개발연구원(KDI)으로부터 농수산물(곡물제외)을 포함한 모든 수입품목에 8%의 균일 관세를 적용하자는 시안이 발표된 뒤여서 회의 결과에 관심이 집중되었다. 자연 이날 토론은 농업보호라는 관점에서 관세를 어떻게 조정해야 할 것인가 보다는 정부가 농업을 어느 정도까지 보호할 것인지, 또 보호한다면 어떻게 어떤 품목에 대해서 할 것인지에 토론이 집중되었다. 대다수 농업관계자들은 모든 수입품목에 균일 관세를 적용한다는 것은 농축산물의 수입자유화로 직결되고, 이는 국내 농산물 값의 하락→농가소득의 감소→도농간의 소득격

---

12) 장원석, 앞의 책, 23쪽

차 심화→이농→농업생산기반의 파괴로 이어진다는 논리를 폈다.

그러나 정부의 의지를 어느 정도 반영하고 있는 한국개발연구원의 한 위원은 "농업의 보호는 주곡과 앞으로 국제경쟁에서 이길 수 있는 품목에 한해야 하며 농업의 전반적인 보호는 불가능하다"고 주장했다. 즉 농업부문의 과잉보호는 공업부문으로의 이동을 억제하게 되고, 농가의 농외소득을 높이는데 장애요소가 될 뿐만 아니라 경제의 자연스런 흐름까지도 막는다는 논리였다. 이러한 논조는 정부의 일관된 논조였고 개방농정의 핵심이기도 했다. 그러나 대부분의 국가들이 경제이론에 앞서 농업만은 적극 보호하고 있고 식량의 자급을 위해 어느 정도의 경제적 희생을 감수하고 있다는 사실을 감안한다면 우리 나라 정책입안자들의 농업경시정책은 너무나 심각한 일이 아닐 수 없었다.

제5장 민주농협법 탄생과 쌀 시장 개방

계속되는 농업소외정책으로 농촌인구의 감소와 농가부채의 누적 등 농가경제 여건은 극도로 악화되었지만 이러한 농민들의 문제를 농협은 어느 것 하나 제대로 해결해주지 못하였다. 이에 농민들은 농협이 독재정권의 농민통제기관, 정부정책의 대행기관 및 독점자본의 농민수탈 대리인으로 기능하고 있다고 신랄히 비판하면서 임시조치법의 폐지와 조합장 직선제 추진 등 소위 '농협 민주화 운동'을 적극 전개해나갔다. 이러한 요구는 6.29선언 이후 사회전반의 민주화 열기를 타고 더욱 극렬하게 표출되어 마침내 임시조치법은 폐지되었고 농민조합원들의 손으로 조합장을 직접 선출하는 진정한 농민의 농협으로 다시 태어나게 되었다.

1. 민주농협법 탄생과 조합장 직선제 실시

민주농협법 탄생

농협은 탄생 때부터 정부의 지도·지원·감독사항이 규정되고, 중앙회장·조합장의 임명제, 사업계획 및 수지예산의 정부 승인제 등 자율성과 민주성을 제약하는 제도들이 추가됨으로써 농민을 위한 농협으로서의 역할수행은 기본적으로 한계를 갖고 있었다.

이에 따라 농협에 대한 농민들의 불만은 시간이 지날수록 고조되어갔다. 계속되는 농업소외정책으로 농촌인구의 급격한 감소와 농가부채의 누적 등 농가경제여건은 극도로 악화되었지만, 이러한 농민들의 문제를 농협은 어느 것 하나 제대로 해결해주지 못하였다.

그러나 농산물 수입개방 압력과 우루과이라운드 협상 등 외부 요인이 발생하면서 농민들은 어떻게든 농협을 중심으로 단결하여 자구책을 찾지 않으면 안 된다는 절박한 현실인식과 함께 정부의 조합장 임명제와 각종 사업의 정부승인제 등 농협의 근본적인 문제들에 비판을 제기하기 시작하였다.

특히 농민운동 단체들은 농협이 독재정권의 농민 통제기관, 정부정책의 대행기관 및 독점자본의 농민수탈 대리인으로 기능하고 있다고 신랄히 비판하고, 이에 농협의 각종 사업과 제도가 농민의 자주성 회복과 민주적 참여가 보장되는 방향으로 개선되어져야 한다며 임시조치법 폐지와 조합장 직선제 추진 등 소위 '농협 민주화 운동'을 적극적으로 전개해나갔다.[1]

이러한 농민들의 농협 민주화 요구는 1987년 소위 6.29선언 이후 사회 전반의 민주화 열기를 타고 더욱 극렬하게 표출되었다. 이에 따라 정부를 비롯한 농협 등 농민단체에서는 농협 운영에 대한 본질적인 개혁 논의가 일기 시작했다. 1988년 2월 25일 제6공화국 출범과 함께 농협중앙회장에서 농수산부장관으로 기용된 윤근환 장관이 대통령에게 "농협법을 개정하여 조합장을 농민들이 직접 선출토록 하는 등 농·수·축협 운영을 민주화하겠다"고 보고함으로써 농협 개혁문제는 당면한 현실문제로 등장하였다.

이에 농협에서는 농민조합원 여론조사, 토론회, 공청회 등을 통하여 광범위하게 의견을 수렴하고 농협법 개정 분과위원회를 구성하는 등 법개정 추진에 적극적으로 임하였다. 그러나 사회 전반의 직선제 열기로 인하여 여론은 회장과 조합장의 직선제에 관심이 집중되었고, 정치권에서는 이를 반영하여 선거제도를 중심으로 한 소폭의 개정안을 마련하였다. 농협으로서는 모처럼 맞는 법개정 기회였기에 농협 민주화와 자율성 및 농민편익 제고를 위한 사업영역의 확대, 정부 감독권의 완화 등을 포함한 대폭 개정의 불가피성을 호소하면서 이를 적극 반영시켜나가기 위해 노력하였다.

1988년 6월 15일에는 농림수산부 주관으로 농·수·축협법 개정 공청회가 개최되었다. 이날도 논의의 초점은 조합장 선거방법을 간선제로 할 것이냐 직선제로 할 것이냐의 문제였다. 당시 농협에서는 신중론이 우세하여 간선제를 공식 의견으로 채택하고 있었다. 공청회에 나타난 조합장 선거제에 대한 당시 각 관련 단체들의 공식적인 입장과 여론은 대략 다음과 같았다.

---

1) 장원석, "현행 농협의 문제점과 개선방향", 『한국농업 농민문제 연구Ⅱ』, 한국농어촌사회연구소, 1989, 166쪽

먼저 외국의 사례가 소개되었는데 외국 협동조합 사례는 농협의 이내수 조사부장이 소개하였으며 그 내용은 세계 주요 협동조합들이 대부분 직선제가 아닌 간선제를 채택하고 있다는 것이었고, 이에 대한 참석자들의 반응은 대체로 냉소적인 것이었다.

다음에는 농·수·축협의 입장 발표가 있었는데 먼저 농협 측에서는 여론은 직선제를 선호하는 편이 우세하지만 농협은 경제단체이고 또한 직선제의 폐단과 부작용을 고려할 때 간선제가 불가피하다는 의견을 제시하였으며, 이어서 수협과 축협에서는 여론을 존중하여 직선제를 도입하겠다는 의견을 제시하였는데, 이에 대한 참석자들의 반응은 간선제를 제시한 농협에 대해서는 야유를, 직선제를 제시한 수·축협에 대해서는 열렬한 갈채를 보냈다.

이어서 토론에 들어갔는데 전반적인 진행은 진정한 의미에서의 토론이라기보다는 농협에 대한 청문회에 가까웠다. 토론장의 분위기를 한마디로 말한다면 직선제를 제시한 수협과 축협은 이제 정신을 차렸고, 간선제를 제시한 농협은 아직 정신을 차리지 못했으니 혼내주어야 한다는 분위기였다. 마이크를 잡은 토론자 거의 모두 직선제 도입의 당위성을 거듭 중복하여 역설하였고 어쩌다가 발언 기회를 얻은 농협 측 인사가 간선제를 선택하게 된 배경을 설명하는 경우에는 중도에서 방청석의 야유와 욕설 그리고 다른 토론자의 차단 발언으로 중간에서 발언을 포기할 수밖에 없는 상황이 되었고, 그 다음의 토론들은 바로 농협에 대한 매도로 이어지는 식으로 진행되었다.

··· 국회의 법안심의 과정에서도 직선제 간선제 문제는 많은 논란이 있었다. 그러나 결론은 아이러니컬하게도 직선제를 주장한 수협과 축협의 경우는 간선제로, 간선제를 주장한 농협의 경우에는 직선제로 결정되었다. 단위조합의 구역이 농협의 경우에는 읍면 단위이고 수·축협의 경우에는 군단위라는 점도 하나의 고려요소가 되었을 것이다.[2]

이처럼 농협법 개정이 조합장 선거 문제 등 농협 민주화에 그 초점이 맞추어짐에 따라 정부의 건의가 아닌 국회의원의 발의 즉 의원입법 형식을 취하기로 하고 국회 내의 '민주발전을 위한 법률개폐 특별위원회'에서 심의하기로 하였다. 이에 특위에서는 특위위원 중 5인을 선정하여 소위원회

---

2) 김용구, "농협법 개정", 농협중앙회 앞의 책, 1996, 140~141쪽

를 구성하고, 동 소위원회가 법안을 심의하도록 위임하였다.

당시 여당인 민정당에서는 유수호 의원 외 27인을 발의자로 하고, 야 3당에서는 공동 단일 안을 만들어 각각 농협법 개정안을 국회에 접수시켰다. 민정당은 단위조합의 임원을 조합원 중에서 조합원이 직접 선출함을 원칙으로 하되 총대회 선출도 가능하도록 한 반면, 야 3당에서는 조합장은 예외 없이 조합원 중에서 조합원이 직접 선출하고 이사·감사는 총대회에서 선출하는 안을 내놓았다. 중앙회의 회장과 상임감사에 대해서도 민정당은 총대회에서 선출, 야당은 총회에서 직접 선출로 대립하였다. 그러나 조합장 선출방법과 중앙회 사업계획 및 수지예산 승인제 폐지 등은 중요성을 감안하여 소위원회서 심의를 유보하였다.

11월 21일 농협의 '농협법 개정 추진 분과위원회'는 국회 특위 소위원회와 면담을 실시하여 쟁점사항인 조합장 연임제한 철회와 중앙회 상임이사 정수 증원에는 합의를 보았으나 농협 민주화의 실질적인 관건인 사업계획 및 수지예산 승인제 폐지는 의견 접근을 보지 못하였다. 이 문제는 정부와의 역할관계 변화를 수반하는 것이었기 때문에 특히 진통과 갈등이 많았다. 당시 사업계획 및 수지예산 승인제 폐지를 둘러싼 대립은 다음과 같이 매우 첨예하였다.

승인제 유지론의 주요 논거로는 공익적 차원에서 농정의 일관성 유지와 원활한 추진을 위해서는 승인제가 필요하고 농협은 정책사업을 많이 취급하고 있으므로 정부의 승인이 불가피한 측면이 있으며 농협은 국정감사와 감사원 감사의 대상기관이므로 주무관청의 감독의무 수행상 사전승인이 불가피하다는 점 등으로 요약할 수 있다.

이에 비해 승인제 폐지론의 주요 논거로는 민주화 시대를 맞아 농협이 정부의 시녀라는 외부 비판을 과감히 해소할 필요가 있다는 점, 사업계획 수지예산 승인제는 정부의 민간단체 자율성 확대 시책에 반한다는 점, 협동조합의 자율성 보장은 협동조합 육성의 지름길이며 헌법 정신에도 부합된다는 점, 승인제를 폐

지하더라도 정부의 감독이나 정책사업 추진에는 현실적으로 큰 문제가 없다는 점 등으로 요약할 수 있다.[3]

이렇게 사업계획 및 수지예산 승인제 폐지문제가 첨예한 갈등을 빚자 농협중앙회 노조는 5개 일간지에 '농협을 농민에게 돌려줘야 한다'는 대국민 호소문을 게재하고, 각 정당을 차례로 방문하여 농협의 의견을 반영해 줄 것을 촉구하는 한편, 농협과 함께 11월 25일 여의도광장 및 국회 앞에서 '농협 민주화 촉구 전국 농민조합원 및 조합장 궐기대회'를 개최하여 정부를 압박하였다. 이 대회에 참석한 1만여 명은 농협자율화와 민주화를 위해 조합장과 농협중앙회장의 임명제를 선거제로 전환하고, 농협의 사업계획 및 수지예산에 대한 정부승인제를 폐지해 줄 것 등 농협의 입장을 재천명하는 한편 추곡수매가 조기 확정과 농산물 수입개방 저지 등 당면사항에 대한 대정부·대국회 건의문을 채택하였다.

12월 5일 소위원회에서는 정책사업의 사업계획서에 한하여 주무장관의 승인제로 하는 안을 확정하고 조합장 선출방식도 결정하여 12일 법률 개폐특위 전체회의를 열어 심의내용을 확정하였다. 그러나 부칙에서 당초 소위원회안과 달리 조합의 임원과 대의원을 1989년 8월 31일 이전에 새로 선출하고 중앙회의 임원과 대의원은 그후 1개월 이내에 새로 선출토록 하는 내용이 담겨졌다. 이에 대해 농협은 그 부당성을 지적하고 시정을 촉구했다. 12월 17일 국회 본회의에서는 특위 안에 대한 각 당의 긴급 의원총회, 수정안 제출 등 진통에 진통을 거듭한 끝에 임원 선출시한을 1990년 4월말까지로 최종 확정하였다. 이렇게 하여 1989년 12월 31일 개정 농협법을 공포하고 이듬해 4월 1일부터 시행에 들어갔다.

농협의 민주화와 자율성을 목적으로 이뤄진 당시의 농협법 개정은 '제2의 제정'이라 불릴 정도로 혁신적이었다. 최대의 악법이었던 '농협 임원

---

3) 김용구, 앞의 글, 농협중앙회 앞의 책, 1996, 138~139쪽

임면에 관한 임시조치법'이 폐지되었고, 대신 조합장을 농민조합원의 손으로 직접 뽑고, 중앙회장도 농민의 대표인 조합장들의 전원제 총회에서 직접 선출하도록 하였다. 특히 중앙회 사업계획 및 수지예산의 정부승인제는 사업계획서중 정책사업에 대해서는 농림수산부장관의 승인을 받도록 한 단서조항에도 불구하고 원칙적으로는 '승인제'가 아닌 '보고제'로 귀착된 점에서 엄청난 변화가 아닐 수 없었다.

이 같은 개정에 이를 수 있었던 것은 사회전반의 뜨거운 민주화 조류도 무시할 수 없었지만, 농민조합원과 조합장 그리고 농협의 전 임직원들이 끊임없이 의견을 제안, 건의하고 이를 반영시키기 위해 적극적으로 노력을 기울인 결과였다. 어쨌든 제8차 농협법 개정으로 농협은 민주와 자율이라는 두 개의 수레바퀴를 달고 '농민의 농협'으로 새 출발하는 획기적인 전기를 마련하게 되었다.

표 5 농협법 개정 주요 내용 대비표

항 목	현 행	변 경
임직원의 공무원 겸직금지	• 특수조합과 중앙회의 임직원:겸임금지 • 단위조합 임직원:겸직가능	• 조합과 중앙회의 임직원은 공무원(선거직 공무원은 제외)을 겸직할 수 없다
농민의 범위	• 조합원자격요건인 농민의 범위에 생계의 중심인물인 가구주만 가능	• 가구주가 아니더라도 조합원 가입허용
조합설립 등록과 인가	• 조합의 정관은 주무부장관의 인가	• 좌동, 단 주무부장관이 정하는 정관예에 의하여 작성하는 경우엔 제외
준조합원 가입확대	• 구역내주소를 둔 농민이 구성원이 되거나 출자가가 된 농업단체 또는 법인	• 좌동, 그 외에도 조합의 구역 안에 거주하는 개인으로서 그 조합의 사업을 이용함이 적당하다고 인정되는자 허용

항 목	현 행	변 경
대의원회 (총대회)	• 조합원 1백인 초과조합은 총대회둔다 • 총대회 정수는 1백인 이내로 한다	• 조합원 2백인 초과조합은 대의원회를 둘 수 있다. 대의원 정수는 정관으로 정함
임원의 정수와 선임	• 이사의 수:6인이상 8인이내 • 조합장선출:이사회에서 호선 • 이사·감사선출:총회에서 조합원중에서 선임	• 이사의 수:6인이상 10인이내 • 조합장선출:조합원 중에서 조합원 직접 선출 • 조합장이외의 임원은 총회서 선출
임원의 임기	• 조합장·이사:3년 • 감사:2년	• 조합장·이사 임기:4년 • 감사 임기:3년
단위조합 사업종류	• 사업의 종류(생략)	• 농지의 매매, 임대차, 교환의 중개업무
정부위촉 사업계약체결	• 단위조합이 위촉사업을 하고자 할 때는 당해기관과 사업위촉계약을 체결	• 정부가 조합의 사업을 위촉하고자 할때는 조합과 사업위촉계약을 체결
외부출자	• (신설)	• 조합은 자기자본 범위내에서 다른 기업에 출자가능
특수조합에 신용사업허용	• (신설)	• 특수조합에 상호금융업무 허용
운영위원회에 관한 사항	• (생략)	• (삭제)
중앙회 임원과 직무	• 이사수:6인이내	• 이사수:상임이사8일, 비상임이사:11인이상
중앙회임원의 임명과 임기	• 회장은 주무부장관 제정(재무부장관합의)으로 대통령이 임명 • 부회장과 이사는 주무부장관의 승인얻어 회장이 임명 • 감사는 주무부장관이 임명 (재무부장관과 합의) • 회장·부회장·이사의 임기:3년, 감사:3년	• 회장과 상임감사 총회서 선출 • 부회장과 상임이사는 총회의 동의 얻어 회장이 임명, 비상임이사와 비상임감사는 총회에서 회원조합장 중에서 선출 • 회장 부회장 이사 임기는 4년 • 감사:3년

항 목	현 행	변 경
중앙회 사업의 종류	• 회원 또는 조합원의 사업에 관련된 지급보증과 어음할인	• 지급보증과 어음할인(다만, 비농민예금 총액에서 법정지급준비금 공제한 범위내)
중앙회의 외부투자 한도 및 승인	• 투자한도는 자기자본에서 고정자산 투자액을 뺀 금액 범위내 • 재무부장관과 협의 의한 주무부장관승인	• 투자한도는 자기자본 범위내 • (삭제)
중앙회 사업 계획 수지예산	• 예산안은 총회의결거쳐 주무부장관승인 얻어야	• 중앙회 사업계획 수지예산의 승인제를 보고제로 함(단 사업계획서 중 정책사업 부분에 대해서는 주무부장관 승인)
중앙회 여유자금 운용	• 국채 공채 매입(유가증권 매입 불가능)	• 유가증권매입허용(단 재무부장관이 승인한 유가증권에 한함)
주무부 장관의 감독	• 주무부장관은 조합과 중앙회를 감독하며 명령과 조치를 할 수 있음 • 주무부장관은 은행감독원장으로 하여금 조합과 중앙회를 검사하게 할 수 있음	• 현행과 같으며, 다만 회원조합에 대한 감독권을 중앙회장에게 위임할 수 있도록 하는 조항 신설
임원의 해임	• 전조합의 1/5이상 청구에 의거 임원해임 의결	• 조합원의 1/3이상의 동의를 얻어 총회에 해임 청구

개정된 농협법에 따라 1989년 3월부터 1년 동안 전국의 농민조합원들은 조합장을 처음으로 직접 선출하게 되었다. 이렇게 뽑힌 조합장들은 1990년 4월 다시 한자리에 모여 농협중앙회장을 자신들의 손으로 직접 선출하였다.

조합장을 농민조합원들의 손으로 직접 선출한다는 것은 그 동안 농협이 '정부의 시녀'로 인식돼온 구각을 완전히 벗어던지고, 농민의 조합으로서 '제자리서기'를 농민에 의해 이룩하는 것이며, 이것은 농민을 위한 '농민의 새농협'으로 탄생함을 뜻한다. 농협의 주인이 곧 농민인, 진정한 농민의 농협으로 거듭 태어나는 것이다.[4]

한편에서는 조합장과 중앙회장 선거가 과연 민주적으로 잘 치르질 수 있을까하는 의구심을 나타내기도 했다. 그러나 그 같은 우려와 걱정은 한낱 기우에 불과했다는 것이 전국 조합장 선거를 통해 여실히 입증되었다. 평균 투표율이 90%를 상회할 정도로 조합원들의 참여와 관심이 뜨거웠으며, 그 어느 선거보다도 차분한 가운데 공정하게 치러졌다. 이는 농민조합원들의 높은 참여의식과 성숙된 민주역량을 유감없이 보여준 것이었다.

당시 조합장 선거에 나타난 주요 특징은 다음과 같았다. 첫째, 후보자 등록상황을 보면 전국 1,469개 조합에서 2,953명의 후보자가 등록하여 경쟁률이 평균 2:1로, 당초 우려했던 후보자간 과당 경쟁은 별로 나타나지 않았다. 단일후보 등록조합이 467개 조합으로 전체 조합의 31.8%에 달했고, 후보자 2명이 등록한 조합은 632개(43%), 3명 이상 등록한 조합은 370개(25.2%)로 나타났는데, 이는 후보자 난립으로 인한 선거 과열을 방지하자는 조합원들의 여론이 크게 작용한 때문이었다.

둘째, 농민 조합원의 선거 참여율이 매우 높았던 점을 들 수 있다. 투표율이 전국 평균 90%에 달하였으며, 특히 경남 합천 덕곡조합의 경우는 무려 99.2%라는 투표율을 보였다. 이러한 높은 참여율은 농협운영의 민주화에 대한 농민조합원의 관심이 클 뿐만 아니라 조합장 직선을 계기로 조합에 대한 기대와 관심이 커졌음을 반증하는 것이었다.

셋째, 조합장·이사·감사 등 농협과 연관을 맺고 있는 후보의 당선이

---

4) 『농민신문』, 1989.3.6

많았는데 농협관련 경영자의 당선율이 무려 89.6%(1,315명)에 이르렀다. 이는 조합원 1인당 평균 출자액이 10만원을 넘어서고 연간 사업량이 150억 원에 이르는 등 단위조합의 사업규모가 점차 커지고 있기 때문에 조합사업의 질을 높이고 경영의 부실화를 방지하기 위해 조합원들이 경영능력을 중요시하였기 때문이었다. 특히 전직 조합장의 당선율이 56.1%(823명)에 이르렀음은 이 같은 조합원 의식을 잘 반영하는 것이었다.

넷째, 조합원들은 대체로 연령이 많고 학력이 높은 후보를 조합장 적임자로 선호하는 경향을 나타냈다. 조합장 당선자를 연령별로 보면, 50대 이상이 58.4%를 차지하였으며 또한 학력별로는 고졸 이상이 65.5%를 차지하였다. 이러한 결과는 경륜과 경영능력을 중시하는 조합원 의식과 밀접한 관련이 있는 것으로 보였다.

한편 전국 1,470개 회원조합의 이사·감사 후보자 경쟁률은 이사가 1만 197명 정수에 1만 3,873명이 입후보하여 1.4:1의 경합을 보였고, 감사는 2,940명 정수에 3,816명이 입후보하여 1.3:1의 경쟁을 나타냈다. 이사 감사 당선자 경력별 분포를 보면 현조합장 0.2%, 전현직 이사 감사 출신이 51.4%, 농협직원이 1.5%, 기타 46.9%로 농협관련 경력자의 당선율이 53.1%로 나타났다. 학력별로는 고졸이 46.1%로 가장 많았고, 그 다음은 중졸 28.8%, 국졸 18.4%, 대졸 6.7% 순이었다. 그리고 연령별 분포로는 41~50세가 35.8%, 51~60세가 50.5%인데 비해 40세 이하는 6.1%에 불과하였다.

농협임원의 지방의회 진출 추진

1991년 상반기에는 지방의회의원 선거 실시로 지방자치시대가 열리게 되었다. 농촌지역에서는 지방의회의 주요 정책과제가 농업정책일 것이므로 농민의 대변기관인 농협으로서는 이에 적극 참여해야할 필요성이 제기되었다. 더구나 개방화·국제화 추세에 따라 농업부문의 보호정책 실현을 위해서는 지방의회에 농민 대표의 참여가 절실한 사항이었다.

그러나 1988년 지방자치제 실시에 대한 논의가 구체화되면서 농·수·축협 등 농림수산단체 임원에 대해서는 지방의회의원 겸직을 불허하는 방향으로 입법하려는 분위기가 팽배하였다. 이에 농협에서는 1989년 1월 25일 대의원조합장을 중심으로 '지방자치법 개정 추진 분과위원회'를 구성하고 농협 임원의 지방의회의원 겸직이 가능하도록 하기 위해 다각적인 농정활동을 전개하였다. 2월 17일 열린 정기총대회에서 농협임원의 지방의회의원 겸직을 허용해 달라는 건의문을 채택하고 각 정당에 이를 전달하였으며, 시군지부장과 조합장은 관내 국회의원을 면담하고 농협 임원의 지방의회 진출의 당위성과 이의 실현을 위해 노력해 줄 것을 요청하였다. 또한 10월 11일에 열린 대의원 업무협의에서 전국 조합장 명의로 건의문을 채택하고 이를 일간신문에 게재하였다. 그러나 12월 19일 국회에서 지방의회의원 겸직 금지대상에 농·수·축협의 임직원은 물론 농지개량조합, 산림조합, 엽연초생산조합, 인삼조합 등 농업관련 단체의 임직원까지도 추가 포함시키는 것으로 지방자치법이 개정 통과되고 말았다.

이에 농협은 1990년 1월 30일 지방자치법 개정 추진 분과위원회를 개최하고 국회에 대한 청원과 헌법재판소에 헌법소원을 제소하기로 결정하였다. 2월 7일 개최된 농·수·축협 등 농림수산 7개 단체장 회의에서는 농협에서 추진키로 한 국회청원과 헌법소원 제소를 7개 단체 공동명의로 추진키로 합의하고, 2월 20일에는 7개 단체 중앙회장 및 소속 전체 조합장 2,013명의 명의로 국회에 지방자치법 개정 청원서를 제출하였다. 또 2월 24일에는 7개 단체의 조합장 이사·감사 각 1인씩 총 21인 명의로 헌법재판소에 헌법소원을 제소하였다.

청구원인의 골자는 첫째, 헌법상의 평등권 조항은 입법에 대해서도 적용되며 농협 등은 자주적인 협동조합이므로 그 임원에 대한 입후보 제한은 자의적 제한으로 평등권 보장에 관한 헌법상의 규정에 위반되며, 둘째, 겸직으로 인해 업무의 내용이 상충되지 않으며, 근무의 형태가 비상근 명예직이어서 타직의 효율적 수행에 지장이 없으므로 겸직제한은 공무담임권의 부당한 제한이며, 일본 등 외국의 입법례도 겸직을 허용하고 있고, 셋째, 지방자치관계법이 직접적으로 임원의 권리를 침해하고 있어 헌법소원의 요건을 충족한다는 것이다.

헌법재판소는 3월초 재판부를 지정하고 내무부, 법무부, 농림수산부 등 정부 관련부처에 헌법소원 제기 사실을 통보하기에 이르렀다. 이에 관련부처에서는 반박자료를 헌법재판소에 제출하였다. 관련부처의 주장내용은 부처간에 다소 차이는 있으나 그 주류는 첫째, 농협의 정치관여 금지규정 위반이라는 점, 둘째, 농협 등은 공공성 기관이므로 임원 겸직금지가 합리적이라는 점, 셋째, 업무를 이용한 선거운동이 가능하다는 점, 넷째, 조합장은 법상 명예직이나 사실상 유급 상근직이므로 의원직 겸직은 옳지 않다는 점, 다섯째, 임원은 선출직이기 때문에 같은 선출직인 지방의원의 겸직이 부당하다는 점, 여섯째, 국회의원선거법에도 동일한 규정이 있다는 점, 일곱째, 농협 등이 국회와 감사원의 감사대상기관이므로 조합장의 의원직 겸직은 불가하다는 점 등으로 요약할 수 있다.[5]

이 같은 농정활동 결과 지방자치관계법의 개정시 지방의회 겸직금지 조항은 다소 완화되어 농·수·축협 등의 비상근 이사·감사의 경우에는 현직을 보유한 채 지방의회의원이나 지방자치단체장으로 입후보할 수 있고 더 나아가 겸직도 할 수 있게 되었다. 그러나 조합장에 대해서는 여전히 겸직이 금지되었다. 헌법재판소는 지방의회의원 선거일자가 확정되자 조합장 문제에 대해서도 선거일 전 처리를 목표로 심리에 박차를 가하였다. 2월 11일 헌법재판소 대심판정에서 열린 변론에서 농협 측 참고인인 서울대 최대권 교수의 '헌법소원에 관한 법적 측면의 전문의견'은 이 문제의 심리에 결정적인 영향을 끼쳤다.

---

5) 이학균, "농협임원의 지방의회 진출 헌법소원 승소", 농협중앙회 앞의책, 1996, 181~182쪽

최대권 교수가 '헌법소원에 관한 법적 측면의 전문의견'을 62매의 원고지에 정리하여 30여분간 낭독하여 대심판정의 분위기를 숙연하게 만들었다. 첫째, 농협 등은 1988년 법개정에 의해 조합장이 직선제로 바뀜에 따라 과거에 중앙 행정기관에서 좌지우지하던 하부 또 준행정조직을 벗어난 자치조직이며, 둘째, 중소기업협동조합 등 유사단체에 비해 형평을 벗어난 규제이며, 지방자치 본래의 취지에 비추어 보아 농민대표의 참여는 당연하고, 셋째, 임원직이 선거직이므로 같은 선거직인 지방의회의원을 겸직할 수 없다는 것은 전혀 불합리하다는 요지의 내용이었다. 낭독이 끝나자 조규광 재판장은 강의를 듣는 기분으로 경청하였다는 인사말을 남겼다.[6]

1991년 3월 11일, 헌법재판소는 마침내 헌법소원에 대한 결정을 내렸다. 헌법재판소는 농협 등의 조합장은 그 직을 사임하지 않으면 입후보할 수 없도록 규정한 지방의회 의원선거법 제35조 1항 7호 및 조합장의 지방의회의원의 겸직 금지를 규정한 지방자치법 제33조 1항 6호 조항은 국민의 참정권을 제한하고 평등권을 침해하였으므로 위헌이라는 결정을 내렸다. 이 결정으로 농지개량조합장을 제외한 농·수·축협, 산림조합, 엽연초생산조합, 인삼조합 등의 조합장은 지방의회 의원선거에 입후보할 수 있는 길이 열렸다. 이는 농협의 농정활동사에 빛나는 쾌거임은 물론 헌법재판소를 비롯한 법조계에도 영원히 기록될 명판결로 일대 사건으로 받아들여졌다. 결론의 논거도 우리 나라 협동조합 정책의 운영방향에 훌륭한 지침이 되는 것이었다.

첫째, 농협 등은 국가의 강력한 감독을 받지만 행정목적 수행을 위해 설립된 것도 아니고 그 설립면에 있어서나 관리면에 있어서 자주적인 단체이기 때문에 공공법인성보다는 사법인성이 강하고 그 조합장은 공무원이 아니다. 둘째, 농협 등과 지방자치단체와는 반드시 그 이해가 충돌될 이른바 경쟁관계에 있는 것이 아니며, 주민 복리의 증진이라는 목적상의 합치로 때로는 상조관계에 있을 수

---

6) 이학균, 앞의 글, 농협중앙회 앞의 책, 183쪽

농협 등은 자주적인 협동조합이므로 그 임원에 대한 입후보 제한은 자의적 제한으로 평등권 보장에 관한 헌법상의 규정에 위반되며, 둘째, 겸직으로 인해 업무의 내용이 상충되지 않으며, 근무의 형태가 비상근 명예직이어서 타직의 효율적 수행에 지장이 없으므로 겸직제한은 공무담임권의 부당한 제한이며, 일본 등 외국의 입법례도 겸직을 허용하고 있고, 셋째, 지방자치관계법이 직접적으로 임원의 권리를 침해하고 있어 헌법소원의 요건을 충족한다는 것이다.

헌법재판소는 3월초 재판부를 지정하고 내무부, 법무부, 농림수산부 등 정부 관련부처에 헌법소원 제기 사실을 통보하기에 이르렀다. 이에 관련부처에서는 반박자료를 헌법재판소에 제출하였다. 관련부처의 주장내용은 부처간에 다소 차이는 있으나 그 주류는 첫째, 농협의 정치관여 금지규정 위반이라는 점, 둘째, 농협 등은 공공성 기관이므로 임원 겸직금지가 합리적이라는 점, 셋째, 업무를 이용한 선거운동이 가능하다는 점, 넷째, 조합장은 법상 명예직이나 사실상 유급 상근직이므로 의원직 겸직은 옳지 않다는 점, 다섯째, 임원은 선출직이기 때문에 같은 선출직인 지방의원의 겸직이 부당하다는 점, 여섯째, 국회의원선거법에도 동일한 규정이 있다는 점, 일곱째, 농협 등이 국회와 감사원의 감사대상기관이므로 조합장의 의원직 겸직은 불가하다는 점 등으로 요약할 수 있다.[5]

이 같은 농정활동 결과 지방자치관계법의 개정시 지방의회 겸직금지 조항은 다소 완화되어 농·수·축협 등의 비상근 이사·감사의 경우에는 현직을 보유한 채 지방의회의원이나 지방자치단체장으로 입후보할 수 있고 더 나아가 겸직도 할 수 있게 되었다. 그러나 조합장에 대해서는 여전히 겸직이 금지되었다. 헌법재판소는 지방의회의원 선거일자가 확정되자 조합장 문제에 대해서도 선거일 전 처리를 목표로 심리에 박차를 가하였다. 2월 11일 헌법재판소 대심판정에서 열린 변론에서 농협 측 참고인인 서울대 최대권 교수의 '헌법소원에 관한 법적 측면의 전문의견'은 이 문제의 심리에 결정적인 영향을 끼쳤다.

---

5) 이학균, "농협임원의 지방의회 진출 헌법소원 승소", 농협중앙회 앞의책, 1996, 181~182쪽

최대권 교수가 '헌법소원에 관한 법적 측면의 전문의견'을 62매의 원고지에 정리하여 30여분간 낭독하여 대심판정의 분위기를 숙연하게 만들었다. 첫째, 농협 등은 1988년 법개정에 의해 조합장이 직선제로 바뀜에 따라 과거에 중앙행정기관에서 좌지우지하던 하부 또 준행정조직을 벗어난 자치조직이며, 둘째, 중소기업협동조합 등 유사단체에 비해 형평을 벗어난 규제이며, 지방자치 본래의 취지에 비추어 보아 농민대표의 참여는 당연하고, 셋째, 임원직이 선거직이므로 같은 선거직인 지방의회의원을 겸직할 수 없다는 것은 전혀 불합리하다는 요지의 내용이었다. 낭독이 끝나자 조규광 재판장은 강의를 듣는 기분으로 경청하였다는 인사말을 남겼다.[6]

1991년 3월 11일, 헌법재판소는 마침내 헌법소원에 대한 결정을 내렸다. 헌법재판소는 농협 등의 조합장은 그 직을 사임하지 않으면 입후보할 수 없도록 규정한 지방의회 의원선거법 제35조 1항 7호 및 조합장의 지방의회의원의 겸직 금지를 규정한 지방자치법 제33조 1항 6호 조항은 국민의 참정권을 제한하고 평등권을 침해하였으므로 위헌이라는 결정을 내렸다. 이 결정으로 농지개량조합장을 제외한 농·수·축협, 산림조합, 엽연초생산조합, 인삼조합 등의 조합장은 지방의회 의원선거에 입후보할 수 있는 길이 열렸다. 이는 농협의 농정활동사에 빛나는 쾌거임은 물론 헌법재판소를 비롯한 법조계에도 영원히 기록될 명판결로 일대 사건으로 받아들여졌다. 결론의 논거도 우리 나라 협동조합 정책의 운영방향에 훌륭한 지침이 되는 것이었다.

첫째, 농협 등은 국가의 강력한 감독을 받지만 행정목적 수행을 위해 설립된 것도 아니고 그 설립면에 있어서나 관리면에 있어서 자주적인 단체이기 때문에 공공법인성보다는 사법인성이 강하고 그 조합장은 공무원이 아니다. 둘째, 농협 등과 지방자치단체와는 반드시 그 이해가 충돌될 이른바 경쟁관계에 있는 것이 아니며, 주민 복리의 증진이라는 목적상의 합치로 때로는 상조관계에 있을 수

---

6) 이학균, 앞의 글, 농협중앙회 앞의 책, 183쪽

있는 것이다. 셋째, 조합장은 어디까지나 명예직이며 법률상 비상근직인 것이다. 한가지 직무에만 전념하기 어려운 명예직인 농협 등의 조합장에게 다소간 있는 공공성(국가의 감독·계약에 의한 정부위촉의 사업수행 등)만을 강조한 나머지 다른 명예직을 금지시키는 것은 명백히 과도한 기본권 제한이며 민주국가에 있어서의 참정권 제한 최소화의 원칙에 합치될수 없는 것이다.[7]

이렇게 하여 1991년 3월 26일 실시된 기초(시·군·구) 지방의회의원 선거에서는 전현직 농협조합장을 비롯한 임직원 및 조합원 등 농협 관련 인사 1,829명이 당선되어 전체 의석의 42.5%를 차지하게 되었다. 이 가운데 현직 조합장 당선자는 4명에 불과했는데 그 이유는 헌법재판소의 결정이 입후보자 등록마감일을 불과 이틀 앞두고 내려진 때문이었다. 그러나 현직 이사·감사는 203명이나 선출되어 모두 208명의 농협 임원이 지방의회에 진출하게 되었다.

또한 6월 20일에 실시된 광역의회의원 선거에서는 전현직 조합장을 비롯한 농협관련 인사 287명이 당선되어 전체의석 중 33.1%를 점유하게 되었다. 이중 현직 조합장이 15명, 현직 이사·감사 9명, 전직 조합장 29명, 전직 이사·감사 16명, 전직 직원 7명 등이었다. 이로써 농협은 기초지방의회는 물론 광역의회에서도 농민권익을 대변하기 위한 확고한 교두보를 확보하게 되었다.

민주농협법 탄생 이전의 농협

그러면 1988년 민주농협법이 탄생되기 전의 농협은 어떠한 모습이었을까? 당시 농협에 대한 농민들의 불만은 농협이 농가소득을 보장해주지 못한다, 농민이 생산한 농산물을 제값에 팔아주지 않는다, 조합이 관료적이

---

7) 이학균, 앞의 글, 농협중앙회 앞의 책, 184쪽

다, 유사도매시장에 대한 공정거래의 억제기능이 미약하다, 소비지 유통에 대한 정보가 미약하다, 공제 등 각종 사업추진 방식이 강제적이다, 조합장 선임방식이 비민주적이다 등 다양했다.

이를 분야별로 분석해보면, 먼저 조직 면에서 농협은 처음부터 행정의 하부기관으로 뿌리내려짐으로써 자주성과 자율성, 그리고 민주성을 상실했다는 점이다. 즉 농민의 자주적 협동조직으로 거듭나지 못하고 중앙회는 정부의 하청기관화되었고, 단위조합과 농민은 중앙회에 강하게 예속되었다. 이로써 정부가 농협을 정책 수행기관 또는 정치 도구화하고 있다는 비판이 거셌다. 일제 때 금융조합 등 농민 관련 조직들이 그러했듯이 많은 사업들이 정부의 수급계획하에 농협 대행으로 이루어졌다. 이를 빌미로 농협에 대한 정부의 간섭과 감독은 시간이 지날수록 강화되었다. 이러한 관의 감독과 지배로 인해 농민에 의한 자주적이고 민주적인 운영은 애초 불가능한 일이 되었다.

한 예를 들어보면, 당시 장관의 지시사항은 어김없이 문서화되어 중앙회를 경유하여 단위조합으로 이첩 지시되었으며, 이것이 제대로 이행되었는가에 대한 중앙회와 행정부로부터의 불시 점검을 수없이 받아야 했다. 단위조합과 중앙회는 지시사항 처리부까지 만들어 놓고 관리를 해야 했다.

농협이 이렇게 정부의 지시사항 수행에 신경을 쓰고 매달렸으니 본연의 역할 수행에는 소홀할 수밖에 없었다. 진정으로 농민의 사회적 경제적 지위향상을 위해 만들어진 농협이라면 당연히 농민들의 의사가 정책에 반영되어지도록 권익대변활동을 전개하는 것이 원칙이다. 이 당연한 이치가 한국의 농협에서는 당연한 것이 못되었다. 이것이 바로 농협이 정부의 하부기관화 되었다는 분명한 증표였다. 그 뿐만이 아니었다. 점포의 증개설도 정부로부터 사전 승인을 받아야 했으며, 임직원의 정수 역시 농림수산부의 승인을 얻지 않고는 1명의 인원도 늘릴 수가 없었다. 심지어 농협이 취급하는 예금의 종류까지도 재무부의 승인을 얻지 않고는 시중은행과 같은 조건으로도 취급할 수 없었다.

두 번째 문제는 농협 스스로 자체 경영의 취약성을 보완하기 위하여 정부의 지원에 크게 의존했다는 점이다. 이것은 오늘날까지도 농협 경영구조의 취약성을 드러내는 요인이 되고 있는데, 이로 인해 농협은 정부에 허리를 굽혀야 했고, 정부가 농업부문에 당연히 주어야 할 지원·육성사항마저도 감시와 감독, 지배와 통제의 수단으로 교묘하게 활용되어졌다. 예컨대 농협 인사에 관여한다거나 정기적으로 낙하산 인사를 내려보내는 식이었다.

일선 단위농협에 대한 감독은 4중 5중으로 이루어졌다. 단위농협은 본부, 도지회, 군지부로부터 심지어는 농수산부장관이나 시장, 도지사, 군수 등으로부터 감독과 지시를 받았다. 특히 상위기관이 감사를 실시하는 경우엔 그 하부계층 기관들이 사고미연 방지, 사전대비 감사 등의 명목으로 사전 감사를 실시함으로써 조합은 감사에 감사를 받아야 했다. 이러한 감독과 통제는 관리자의 입장에서는 간편한 방법일 수 있었겠지만, 농민이 주인되는 민주적이고 자율적인 농협 운영이라는 관점에서 보면 심각한 문제가 아닐 수 없었다.

세번째 문제는 농협이 사업추진 과정에서 농민 조합원들로부터 외면을 초래했다는 점이다. 농협의 주인은 농민임에도 불구하고 농민이 농협 사업의 참여를 기피한 이유는 크게 두 가지를 들 수 있었다. 하나는 농협사업이 농민의 경제적 성취에 부합하지 못한 때문이었고, 다른 하나는 농민이 아닌 정부의 목적에 의해 사업이 이루어졌다는 데 있었다. 그럼에도 농민이 농협을 떠날 수 없었던 것은 영농에 필요한 비료, 농약, 영농자금 때문이었다. 여기서도 '내 조합'이라는 인식보다는 거래처 정도로 생각하는 경우도 많았다. 이처럼 농민의 경제적 성취와 관계없는 상위조직의 지시 사업이나 정부 정책사업의 무리한 대행은 농민들의 반발을 부채질하였다. 무리한 공제 가입권유와 강제 출자추진도 이에 한 몫을 했다.

넷째는 농협의 거대한 조직망이 결과적으로 소농민과 독점자본이라는 두 계층 사이의 교량적 역량을 하고 말았다는 점이다. 즉 독점자본의 힘이 물적·정치적·사회적으로 협동조합보다 강하기 때문에 협동조합을 그들의 상품 판매 파이프라인으로 삼은 셈이 되었다. 그럼에도 농협은 독점자본과 결탁된 정부의 강한 통제하에 놓여 있음으로서 달리 돌파구를 찾을 수 없었다. 농협은 불균형 경제성장의 희생물이면서 한편으로는 이용물로 전락되고 만 셈이었다.

> 연쇄점에 가보면 정작 농사에 필요한 삽자루는 없으면서 화장품, 냉장고, 세탁기, 오토바이, 칼라TV, 전자시계 등 없는 것이 없어요.…이런 물건들이 잘 팔리지 않으니까 팔아먹는 방법도 교묘합니다. …미국에서는 덤핑판정으로 수출길이 막혀 팔아먹지 못해 값까지 내리면서 안달하는 대기업을 위해 농협이 대리점 역할을 톡톡히 한 셈이죠.[8]

다섯째는 농협도 하나의 경영체로서 자본가적 기업들과 경쟁하여 자신을 유지해야 하는 자본주의 경제원리에 따를 수밖에 없다는 점이었다. 즉 합리적인 조직 경영을 추구하다 보면 농민에게는 불리한 경우가 생기게 마련이다. 농협이 경영체인 이상 농민에게는 무조건 생산물을 비싸게 사고 자재는 싸게 팔며 저리융자에 높은 이자의 예금으로 일관할 수는 없는 일이기 때문이다.

어쩔수 없이 법인체로서 자체의 생명력 확보와 지탱을 위하여 이윤을 창출해야 하는 채산경영의 입장에 서게 된 것이다. 변제 능력이 없는 농민에게는 자금융자를 기피하고 돈 없는 농민에게는 외상판매를 회피하는 사례 등이 그러한 태도들이었다. 그렇다 하더라도 농협은 농민의 경제단체로서 자본가적 기업과 같이 무제한의 이윤을 추구해서는 안 된다. 조합원이 우선돼야 한다는 원칙이 뒤따르기 때문이다. 농협은 여기에서 농민의

---

8) 배동진외, "신음하는 농촌"『현장4:농촌현실과 농민운동』, 돌베개, 1985. 79~80쪽

자구단체이면서 경영체라는 이중성에 부딪히게 되었다. 경영이 강조되면 운동이 죽고, 운동이 강조되면 자칫 경영이 소극화되는 양립의 딜레마였다. 이의 조화와 균형을 어떻게 이루어 나가느냐가 협동조합 성패의 관건이 되었던 것이다.

여섯째는 연합회로서의 중앙회가 제 기능을 하지 못하고 있다는 비판이었다. 연합회는 전체 조직의 힘을 결집시켜 목표하는 바를 외부에 작용시키는 기본적인 목적을 갖고 있다. 그런데 농협중앙회의 막강한 힘을 농민 권익을 위해 적절하게 활용하지 못하고, 거꾸로 내부조직과 농민들에게 관료적 체제를 강화하는데 쓰였다는 비판을 받았다. 이러한 중앙회였지만, 농민들과 단위조합은 중앙회가 정부의 대행사업을 하는 기관이고 중앙회장이 진정한 농민의 대표가 아닌 낙하산으로 임명된다는 점, 법적 배경을 바탕으로 강한 감독권을 갖고 있다는 점, 단위조합장 임명권이 중앙회에 있다는 점 등 때문에 불만을 공개적으로 표출할 수는 없었다.

일곱째는 협동조합에 대한 교육부족과 직원들의 농협이념이 부족하다는 비판이었다. 임직원들의 임무 중 가장 중요한 것은 농민들 속에 면면이 흐르고 있는 전통적 협동정신을 되살려 조직적인 농협운동으로 승화시켜 나가야 했지만 결국 이 점에 성공을 거두지 못했다는 지적이었다.[9]

이처럼 한국의 농협은 설립 당시부터 정부의 한계를 벗어날 수 없도록 설계되고 축조됨으로써 농민과 일반 국민들의 농협에 대한 불만과 비판은 불가피한 것으로 받아들여졌다.

농협사업에 대한 비판과 반성

1980대를 거치면서 농협사업은 신용사업을 중심으로 괄목할 만한 성장

---

9) 강성원, 『한국농민협동조합운동론』, 세광출판문화사, 1986, 132~142쪽.

을 이룩하였다. 그러나 신용사업의 상대적 양적 성장은 농협이 돈 장사에
만 신경을 쓰고 본연의 사업에는 소홀히 한다는 농협 안팎의 비판을 초래
하였다. "협동으로 생산하여 공동으로 판매하자"는 창립 초기의 가슴 뜨거
운 농협운동이 임직원들의 뇌리에서 조금씩 멀어져 간 것도 이즈음이었다.

어쨌든 농협사업은 농협임직원들의 피나는 노력에 관계없이 결과적으
로 농민들의 경제적 성취에 부합하지 못했다는 비판을 면할 수 없게 되었
다. 창립 이후 1980년대초까지 농협사업에 대해 제기된 문제점과 비판들
은 대략 다음과 같았다.

△ 신용사업 — 신용사업이 농협 경영에 주요 버팀목이 되긴 했지만, 공
금예금에 의한 예대마진에 크게 의존함으로써 많은 구조적 문제점을 낳았
다. 즉 정부의 저금리제 하에서는 결정적인 경영위기의 원인이 되었다.
1980년대 초반 대기업들의 금리부담을 덜어주기 위해 취한 저금리조치로
농협이 심각한 경영위기에 처한 예가 그것이었다.

농업자금 공급은 농업 자체가 수지에 맞지 않음으로써 결과적으로 농가
부채로 이어졌다는 비판을 받았다. 또 다른 문제는 정부가 정책자금 지원을
빌미로 농협에 대한 전반적인 정부지원 규모의 축소와 함께 정책사업부문
의 지원을 농협자금에 전가시키는 불합리한 조치를 초래했다는 점이었다.

△ 비료사업 — 정부대행사업인 이 사업은 1970년대 들어 농협에 막대
한 부담을 안겨주었다. 이는 정부의 무분별한 비료회사 설립에 따른 생산
시설의 낙후와 과잉생산으로 국제가격보다 생산단가가 높음에도 불구하
고 불가피하게 출혈 수출을 한데 따른 것이었다. 이로인해 비료공급을 담
당하는 농협에 '비료계정적자' 라는 자금 부담을 안겨준 것이다.

1971년부터 1981년까지 적자의 원인을 보면, 수출시장 확보를 위한 출
혈 수출분에 대한 수출보상 증가액이 251억 원이었고, 차입금이자 부담
증가액이 275억 원이나 되었다. 같은 기간 비료계정 적자를 주요 원인별
구성비로 보면, 인수가격과 판매가격의 차이로 인한 적자가 32.9%를 차

지하였고, 판매비용이 67.1%(차입금이자 21%, 운송비 18.2%, 가격보상 10.2%, 보관료 수수료 17.8%)를 차지하였다. 농가의 비료사용량이 증가됨에 따라 농협의 적자 부담은 더욱 커졌고, 이 부담은 결국 농민에게 전가되는 형태로 나타났다.

△ 농약사업 — 농약시장은 농협을 통한 계통판매와 일반시장을 통한 판매로 이원화되어 있었다. 이처럼 정부가 농약의 유통체계를 주도함으로써 독점가격은 필연적이었고, 재고 과다와 비효율적인 운영으로 인한 부담은 농협과 농민이 질 수밖에 없었다. 비료사업과 함께 이러한 정부대행사업은 결국 농협이 독점자본의 이윤 추구에 '봉사'하는 것에 다름 아니라는 비판을 받게 했다.

△ 농기계 사업 — 이농에 따른 농촌내부의 노동력 부족현상은 농기계 확대보급을 필연적으로 요구하였고, 농협은 어려운 농가경제를 감안하여 농기계 구입자금을 융자해주었다. 농기계사업은 농가의 노동력 부족현상을 어느 정도 완화시켜주는 역할을 하긴 했지만, 기계화 여건의 미비와 계속되는 농가경제 여건 악화 등으로 결국 농가부채 누증의 원인이 되었다. 농기계 보급사업도 결국은 독점적 농기계산업의 시장창출 측면에서 독점자본의 이윤추구의 통로로서 작용하고 말았다는 비판을 받게 되었다.

△ 생활물자 공급사업 — 이 사업도 유통단계의 축소로 상대적으로 싼 값의 물자를 공급하여 농촌 지역의 물가를 낮추는데 크게 기여하였다. 그러나 하향식 중앙구매와 연쇄점의 대형화로 전시효과에 의한 농가의 구매욕구를 자극함으로써 독점자본의 시장확대의 발판이 되었다. 이는 농협 연쇄점이 결과적으로 독점적 대기업의 대리점 역할을 하는 결과를 초래하고 말았다는 비판을 받게 했다.

△ 판매사업 — 농산물의 공동출하를 통해 유통비용의 절감과 중간상인의 부당한 이윤 배제로 생산자와 소비자 모두에게 이익이 돌아가게 하는 것이 이 사업의 목적이다. 즉 공동판매사업은 1) 농산물 유통단계 축소로

유통체계의 현대화에 기여하며 2) 유통마진 축소로 생산자와 소비자 모두에게 이익이 돌아가게 하며 3) 출하량 조절로 가격안정 기여와 4) 가격정보를 신속히 전달하여 농산물의 합리적인 출하를 유도하고 5) 시장의 유통비용을 늦추는 등의 역할을 수행하게 된다.

그러나 농협이 자립기반을 구축하기 위해 고수익 사업에만 치중함으로써 저장성이 약하고 위험부담이 큰 농산물 취급을 기피하는 부정적 측면도 노출하였다. 채소의 시장 점유율이 10% 내외에 머무르고 있다는 지적이 그 대표적인 예였다.

△ 공제사업 — 이 사업은 저렴한 공제료, 다양한 복지환원사업 등 여러 가지 이점을 주고 있지만, 대출과 연계한 반강제적 공제 가입 권유는 그 동안 많은 문제점을 야기시켰다. 또 공제료율과 운영 면에서 조합원 농민에게 더욱 혜택이 돌아가도록 해야 한다는 지적도 제기되었다.

△ 지도사업 — 농협의 지도사업은 직접적인 수익이 나지 않는 사업으로 간접적인 농가소득의 증가를 목적으로 하는 환원사업적 성격을 띤다. 그러나 영농기술지도 등 정부의 역할을 일정부분 농협이 대신 수행함으로써 정부가 사업비를 농협에 전가시킨다는 지적도 제기되었다. 기타 교육·홍보·조사사업이 정부의 대농민 홍보 성격을 지양하고, 농협과 농민이 안고 있는 미래적 과제들을 더욱 집중적으로 연구 대변해야 한다는 지적도 받았다.[10]

---

10) 장원석, "현행 농협의 문제점과 개선방향", 『한국농업농민문제 연구Ⅱ』, 한국농어촌사회연구소, 1990, 168~178쪽.

2. UR 협상타결과 쌀 시장 개방

UR 등 농산물 수입개방 저지 활동

쇠고기·양담배 등 농축산물의 시장개방을 집요하게 요구하던 미국은 1987년 우리 정부의 대폭적인 양보에도 불구하고 양담배와 쇠고기에 대해 미통상법 301조를 발동, 파상적인 공세를 취해왔다. 그 동안 수입제한조치에 근거해 오던 GATT의 BOP(국제수지 적자를 이유로 한 수량규제)조항의 혜택을 한국은 더 이상 받을 수 없다는 농산물 수출국들의 압력이었다. 그 결과 우리 나라는 1989년 10월 BOP졸업을 수락하면서 수출입공고상의 수입제한 품목을 1997년까지 단계적으로 개방할 것을 약속하는 한편 그 전단계로 1989년 243개 품목의 수입자유화를 예시함에 따라 국내 농산물 시장은 드디어 본격적인 개방시기에 접어들게 되었다.

한편, BOP 졸업에 따른 수입자유화계획과는 별도로 세계 무역 자유화를 목표로 한 다자간 무역협상인 우루과이라운드(UR)가 1986년부터 진행되었다. UR에서는 1947년 GATT 창설이래 그간 수입제한을 예외로 인정하던 농산물을 자유화하는 방안이 추진되었다. UR 농산물 협상의 요지는 각국의 수입제한 조치를 완전히 철폐하고 농업보조를 감축하는 것이었다. 이렇게 될 경우 가뜩이나 낙후된 국내농업은 더욱 열악해질 뿐만 아니라 농가가 엄청난 타격을 받게 될 것임은 자명한 일이었다.

미국의 농축산물 시장 개방 요구로 1988년 7월 26일에는 마침내 1985년 5월 국내 소 값 회복을 위해 중단됐던 쇠고기 수입이 3년 3개월만에 재개되었다. 정부는 통상마찰을 완화하기 위해 그 동안 중단해오던 쇠고기 수입을 재개하고 그해 말까지 관광호텔용 고급 쇠고기 3천 톤을 포함하여 소 10만 마리 분에 해당하는 1만 4,500톤의 쇠고기를 수입한다고 발표했다.

이처럼 농산물 수입개방 압력이 위험 수위에 이르자 농민과 농민단체들은 농산물 수입개방 반대 건의문을 관계기관에 전달하는 한편 전국 각지에서 농산물 수입 반대시위를 벌였다. 종래의 시위가 주로 1970~80년대 농정 실패, 즉 계속된 농축산물값 폭락, 도시 농촌간의 소득격차 심화, 농가부채의 누적 등에 따른 시위였다면 1988년부터는 농산물 수입개방에 따른 위기의식에서 발생한 시위였다. 수입개방 문제는 이제 어떤 특정 농민에게만 피해를 주는 것이 아니라 전체 농민에 미치는 것이어서 집단적인 의사표출로 나타났다.

이에 농협은 정부와 국회에 대해 다양한 농정활동을 펼치는 한편 농산물 수입개방 저지를 위한 결의대회를 수시 개최하였다. 농산물 개방문제와 관련해 농협이 정부와 국회에 건의활동을 처음 시작한 것은 1985년 11월 19일 임시총대회에서 농산물 수입억제를 건의하면서부터였다. 이후 농산물 수입반대 결의대회('87.12.30), 쇠고기, 양담배 등의 수입금지와 농산물 수입창구를 농민단체로 일원화해 줄 것 건의('88.2.12), 조합장 대표 경제기획원장관 만나 쇠고기 수입결정 철회 촉구('88.5.17), 농산물 수입개방 저지 결의대회('88.6.30), 농산물 수입개방에 따른 농민보호대책 강구와 농산물 수입과 관련한 주요 결정사항 생산자 단체에 이양해줄 것 건의('88.11.25, '89.2.17), 농산물 수입개방 확대 저지 결의대회 ('89.4.20) 등 숨가쁜 활동을 전개해 외국 농산물의 수입을 반대하는 우리 농민과 농협의 결의를 대내외에 천명하였다.

그러나 1990년 드쥬의장 초안의 제시로 UR농산물 협상이 우리에게 불리하게 전개되면서 농협은 그동안의 수입개방 저지 활동을 UR농산물 협상 대응에 초점을 맞추었다. 농협은 우선 UR농산물 협상의 문제점을 공론화시키기 위해[11] 1990년 8월 10일 선진국의 일방적인 주도로 진행되고 있는 우루과이라운드 농산물 협상 안을 단호히 거부한다는 뜻을 분명히 밝히는 한편, 정부가 추진하고 있는 농어촌발전종합대책을 앞당겨 완료하기 위한 재원조성수단으로 가칭 '농촌부흥세' 신설을 정부에 건의하였다. 이어 8월 13일에는 '우루과이라운드 농산물 협상 대응 결의대회'를 갖고 불공평한 드쥬의장 초안을 단호히 거부하는 한편, 쌀 등 농가의 주요 기간작목의 수입자유화는 절대 반대한다는 결의를 다졌다. 이를 계기로 UR에 대한 국내 일반의 관심이 집중되었고 국가적 대책 수립이 모색되기 시작하였다.[12]

1991년 한해는 UR 농산물 협상과 쌀 시장 개방문제로 농민들을 더욱 긴장시켰다. 1990년 12월 브뤼셀 각료회의에서 미국과 EC 간의 의견 차

---

11) 1986년 우루과이의 수도 푼다 델 에스테에서 열린 GATT 회의에서 세계 교역질서를 새롭게 확립할 목적으로 개시된 다자간 무역협상은 각국간의 첨예한 이해대립으로 협상이 지지부진했던 탓도 있었지만 타결시한이 임박한 1990년 초까지도 철저히 베일에 가려져 일반 국민은 물론 가장 큰 타격을 입게될 농민까지도 자세한 내용을 전혀 알지 못하고 있었다.
12) 정부에서는 농어촌발전 종합대책의 시행을 서두르고 쌀·보리·콩·옥수수·쇠고기·돼지고기·우유 및 유제품·감귤·감자·양파고추·마늘·땅콩·참깨·닭고기 등 15개 농산물을 비교역적 대상품목(NTC)으로 선정, 수입자유화는 유보하고 농업보조금 감축기간 및 수입개방 유예기간을 10년 이상 요구하는 등 세계에서 가장 강경한 입장의 오퍼리스트(offer-list, 개방계획서)를 GATT에 제출하는 등 농민들의 불안을 해소시키고자 노력하였다.

이를 좁히지 못하고 협상이 결렬된 후 소강상태를 유지하던 UR 협상은 1991년 9월에 들어와 던켈 GATT 사무총장이 제의한 '예외없는 관세화'로 방향이 선회하면서 숨가쁘게 진행되어 우리 나라는 15개 NTC 품목을 지키는 것은 고사하고 쌀마저도 수입이 개방될 지 모른다는 위기감으로 우리 농민들을 불안에 떨게 했다. 설상가상으로 국내에서조차 쌀 때문에 국제무역의 혜택을 포기할 수 없다는 일부 개방론자들의 주장이 나오고 우리가 아무리 반대해도 결국은 개방할 수밖에 없을 거라는 쌀 수입개방 대세론까지 고개를 들었다.

이제 쌀 시장 개방문제는 농민뿐 아니라 전국민적 관심사로 떠올랐다. 협상 상황의 변화에 따라 농민들은 안도와 실망을 반복해야 했다. 이에 농협에서는 10월 9일 '쌀 수입개방 반대 결의대회'를 갖고 쌀 등 농가의 주요 소득작목은 결코 수입할 수 없다는 결의를 재다짐하는 한편, 정부가 외교적 역량을 총동원하여 최소한의 개방도 결코 허용하지 말 것을 정부와 국회에 강력히 건의하였다.

이어 쌀 수입개방에 대한 농협의 입장을 대내외에 널리 알리고, 국민적 공감대를 형성한다는 차원에서 두 차례에 걸쳐 농민조합원, 부녀회원, 영농후계자, 주부대학 동창회원, 농촌어린이가 참여한 편지 보내기 운동을 전개하였다. 1991년 11월 11일~12월 31일까지 전개된 1차 편지 보내기 운동은 UR협상의 주도국이자 우리 나라에 대해 쌀 시장 개방압력을 가하고 있는 미국의 부시대통령을 대상으로 한 것이고, 1993년 1월 25일~2월 28일까지의 2차 편지 보내기 운동은 쌀 개방 대세론을 불식하고 범국민적인 쌀 수입개방 반대 열기를 더욱 고조시키기 위해서였다. 특히 2차 편지 보내기 운동은 농민조합원과 농촌어린이들이 주체가 되어 도시에 거주하는 친인척, 도시지역 초등학교 학생, 해당지역 출신의 국회 및 지방의회 의원, 중앙정부의 공무원, 기업인, 교수, 언론인들에게 고향 농촌을 생각하여 쌀 수입개방을 막아내는데 우리 농민들과 뜻을 같이해 줄 것을 당부하였다. 또한 농민조합원 일부는 미국 클린턴 대통령에게 직접 편지를 보내어 미국이 우리의 어려운 사정을 이해하여 UR 협상에서 쌀이 수입개방 대상에서 제외되도록 도와 줄 것을 호소했다. 2차에 걸쳐 추진된 이 운동에는 농민조합원 등이 적극 참여한 결과 80여만 통의 편지를 보낸 것으로 집계되었다.

쌀 수입개방 반대 범국민 서명운동 전개

1990년 6월 드쥬 농산물 협상그룹 의장의 초안이 발표된 이후 더욱 박차를 가해온 농협의 쌀 시장 개방저지를 위한 국내외 농정활동은 1991년 말 '쌀 수입개방 반대 범국민 서명운동'으로 이어져 쌀 개방 반대 운동에 불을 당겼다. 1991년 11월 11일 시작된 이 운동은 '쌀 수입개방 반대 백만인 서명운동 전진대회'가 그 시발점이었다. 전국의 1,930개 계통사무소는 사무실 내에 서명대를 설치하고 고객을 대상으로 서명을 받는 한편, 총 2,000여 회의 가두서명과 공공기관, 기업체들에 대한 방문 서명을 실시하였다.

그때까지만 해도 각종 정당이나 사회단체 또는 이익단체들이 서명운동을 하는 경우 항상 100만 명을 목표로 하였으나 한 번도 그 목표를 달성하였다는 이야기를 들은 적도 없고 해서 우리 농업을 아껴주는 국민들의 애정과 농협의 역량을 과시할 겸 10일 동안에 100만 명의 서명을 얻는 것으로 목표를 정했다. 또한 국민들에게 서명운동에 동참하도록 권유하는 전단을 제작하였는데, 쌀을 지켜야 하는 이유로 첫째, 쌀은 우리 겨레의 '정신'이며 '문화' 요 '자존'이다. 둘째, 쌀은 우리 농업의 전부이며 마지막 보루이다. 셋째, 쌀은 국토와 자연환경을 보존하는 중요한 기능을 수행하고 있다는 점을 강조하고 온 국민이 힘을 합쳐 쌀 개방을 저지하자고 호소하였다. 그리고 뒷면에는 윤봉길 의사의 농민독본에서 따온 다음과 같은 글을 실었다. "농민은 인류의 생명창고를 그 손에 잡고 있습니다. 우리 나라가 돌연히 상공업 나라로 변하여 하루아침에 농업이 그 자취를 잃어버렸다 하더라도 이 변치 못할 생명창고의 열쇠는 의연히 지구상 어느 나라의 농민이 잡고 있을 것입니다."[13]

그러나 이 운동은 국민들의 뜨거운 성원에 힘 입어 10일 사이에 당초 계획의 두 배가 넘는 222만 3,000여명의 서명을 받는 놀라운 성과를 거두었다. 농협은 부시 미국 대통령과 던켈 GATT 사무총장에게 서명경과를 사진과 함께 서한을 보내어 우리 국민들의 쌀 수입개방 반대 의지가 UR 농산물 협상에서 반드시 반영되도록 협조해줄 것을 촉구하였다.

백만인 서명운동이 예상외로 큰 성과를 거두자 일반 국민의 서명운동 확대요구가 빗발쳤고, 또한 서명운동을 계기로 쌀 개방반대의 열기가 전국적으로 고조되었다. 그러는 가운데에도 나라 안팎으로는 여전히 쌀 시장 개방의 불안한 조짐이 가시지 않았다. 밖으로는 미국 등 농산물 수출국들이 개방압력을 노골적으로 가해왔고 국내 일각에서는 대세에 따라 쌀 시장을 부분적이나마 개방할 수밖에 없다는 이른바 쌀 개방 대세론이 불식되지 않고 있었다.

이에 농협은 백만인 서명운동에서 보여준 국민들의 성원을 바탕으로 범국민적 합의를 도출한다는 목표 아래 11월 21일부터 제2단계 '쌀 수입개방 반대 범국민 서명운동'을 전개하였다. 농협은 범국민 서명운동을 보다 조직적이고 체계적으로 추진하기 위해 중앙회 본부에 서명운동본부를, 시도지회에는 지부를 설치하였다. 범국민 서명운동은 무기한, 무제한적으로 추진하는 것을 원칙으로 하되 일단 1991년 12월말까지 1,000만 명의 서명을 획득하는 것을 목표로 하였다.

서명운동 기간중 임직원들의 노력은 실로 눈물겨운 것이었다. 몹시도 추웠던 그해 겨울, 휴일도 반납한 채 온 가족이 나서서 어깨띠를 두르고 전철역에서 서

---

13) 김두철, "쌀 수입개방 반대 서명운동", 농협중앙회 앞의 책, 199쪽

명을 받은 직원이 있었는가 하면, 출퇴근시마다 버스, 전철, 기차 안에서 서명을 받다보니 구걸이나 행상하는 사람으로 알고 경찰이 출동했다가 내용을 알고는 서명을 받아주는 일까지 벌어졌다. 우리 임직원들은 꼭 해야할 일을 하고 있다는 자부심 하나로 동장군과 UR한파를 녹여내는데 전력을 쏟았다.

또한 이 기간 중 국민들의 성원은 실로 감격적인 것이었다. 음료수를 사들고 손자와 함께 서명 장소를 찾아주신 할머니도 있었고, 자발적으로 서명을 받아온 중·고·대학생이 있었는가 하면 병상에서 불편한 몸으로 흔쾌히 서명에 응해 준 환자도 있었으며, 고사리 손으로 서명지 옆에 "힘내세요"라고 적어 준 어린 학생들도 있었다. 서명운동에 참여했던 한 직원은 그 후 모집한 수기에서 이렇게 말하고 있다.

"그해 추운 겨울, 유난히도 진눈깨비가 자주 내렸던 길거리에서 나는 새로운 농협인으로 다시 태어났다. 찬바람을 맞으며 오후 내내 덜덜 떨면서 한 명이라도 더 서명을 받으려고 핸드마이크로 떠들다보면 목이 잠기기 일쑤였고, 갑자기 몰아치는 눈보라에 서명부가 젖는 일이 발생했다. 급히 비닐을 구해 서명부를 덮어놓고 서명을 받다보면 내 머리는 차가운 빗물로 촉촉이 젖어들었다. 서명을 마친 할머니께서 원비디를 내 손에 쥐어주면서 감기 들면 어쩌냐고 걱정을 해주셨다. 그러나 우리는 날씨가 차가울수록, 비가 몸에 적실수록 더욱 신이 났다. 국민들의 호응이 그만큼 더 커졌기 때문이다. 처음 시작할 때 머뭇거리던 동료들은 시간이 흐를수록 처음과는 달리 700만 농민의 대변인이라도 된 듯한 눈빛과 움직임을 보여주었고, 직원들의 겸연쩍었던 표정도 사라져 여유와 자신감과 긍지의 농협인이 되어가고 있었던 것이다. 이번 농협운동을 계기로 내가 몸담은 삶의 터전 농협의 일원으로서 항상 자신감을 갖고 평생을 일할 수 있게 되어 정말 감사하게 생각한다."[14]

이렇게 하여 서명운동을 시작한지 43일 만인 12월 23일 1,307만 8,935명이 서명운동에 참가했다. 이 서명실적은 전 인구의 30.9%, 국민 3.2명 당 1명, 가구 당 1명이 서명한 것에 해당하며, 세계의 각종 진 기록을 수록하는 기네스북에 '최단 시일 내 최다 인원 서명' 기록으로 등재될 정도로 유례없는 성과였다.

---

14) 김두철, 앞의 글, 농협중앙회 앞의 책, 200쪽

농협은 쌀 개방 반대에 대한 한국 국민들의 결연한 의지가 담긴 서명운동의 성과를 국내외에 널리 알리기 위해 12월 27일 '쌀 수입개방 반대 천만인 서명운동 보고대회'를 가졌다. 대회 참가자들은 1,300만 국민의 쌀 개방 반대 의지가 담긴 서명부를 주한 미국대사관에 전달하기 위해 여러 대의 소달구지에 나누어 싣고 가두행진에 나섰으나 경찰의 제지로 경향신문사 앞에서 더 이상 진출하지 못하였다. 대신 농협 대표단이 미국 대사관을 방문하여 그레그 대사에게 부시 미국 대통령에게 보내는 메시지와 서명부 1권을 전달하면서 미국이 한국 국민의 일치된 의지를 받아들여 쌀 수입개방 압력을 즉각 중단할 것을 강력하게 촉구하였다. 이 자리에서 한호선 농협회장은 "한국에서 쌀은 농가의 주요 소득원임은 물론 농촌의 고용유지, 지역사회의 균형개발, 식량안보의 중요한 요소이며 홍수조절을 비롯하여 환경보전의 기능도 담당하는 등 중요한 위치에 있다. 쌀은 한국농촌의 뿌리인 동시에 민족문화의 근간이다. 따라서 미국 등 농산물 수출국들이 강력히 주장하고 있는 '예외 없는 관세화'나 최소시장개방은 받아들일 수 없으며, 이는 본 서명운동으로 증명된 바와 같이 쌀을 지키려는 한국 국민의 일치된 견해다. 우리 700만 농민은 본 서명에 참여해 준 국민과 함께 우리 입장이 반영될 때까지 끝까지 투쟁할 것이다"라고 말했다.

이 운동은 우리 국민 모두가 농업의 중요성을 인식하고 농업이 생존산업이요, 환경산업이라는 공감대를 형성하는 계기를 마련하였으며, 농협인들에게는 농업은 내가 지켜나간다는 자부심을 부여하고 자신감 넘치는 성취동기를 부여했다는 데 큰 의미가 있었다. 농협중앙회는 이 뜻을 영구 기리기 위해 1,307만 8,935명이 서명한 서명지 65만 3,947장을 총 1,308권으로 제본하여 서울 중구 충정로 1가 75번지 농협중앙회 농협회관 1층 유리 전시관에 비치하다가 현재는 농업박물관에 이를 보관해오고 있다.

1993년은 1980년 이후 13년만에 전국에 몰아닥친 냉해로 농민들은 더욱 큰 시름에 잠겨야 했다. 문민정부 출범 이후 처음 열린 정기국회에서는 11월말부터 정국을 휘몰아친 쌀 시장 개방문제를 둘러싸고 여야간 입장이 첨예하게 대립된 가운데 농림수산위가 정부의 추곡수매 동의안을 여당 단독으로 변칙 통과시켜 파란을 일으켰다.

전국의 농협조합장 등 2천여 명이 참석한 1993년 11월 25일 '쌀 수입개방반대 결의대회'에는 대정부 국회 건의문과 결의문을 통해 15개 NTC 품목의 개방은 절대 반대하며, 특히 쌀의 경우 어떠한 조건부 개방도 수용할 수 없다는 입장을 다시 한번 밝혔다. 중앙단위의 결의대회를 기점으로 11월말부터 전국의 농협 계통사무소에는 '쌀 개방 결사저지'라는 현수막을 일제히 내걸고 결의대회를 개최하였다.

농협 쌀 개방 결사저지의 분수령이 됐던 서울 여의도 한강 고수부지에서 1993년 12월 5일 열린 '쌀 시장 개방 결사저지 전국 농협인 궐기대회'에는 대회일이 일요일이고 대회 자체가 24시간 전에 급히 결정됐음에도 전국에서 3만여 명의 농민 조합원과 농협 임직원들이 참석하여 문민정부 출범 이후 최대 규모의 시위라는 기록을 남겼다. 농협 임직원, 농민대표 등 3만여 명의 참가자들은 '쌀 시장 개방 결사저지'를 외치며, 마지막까지 최선을 다할 것을 결의하였다. 궐기대회에 이어 조합장 등 농협 임직원 2천여 명은 농협중앙회 대강당에서 400포대의 쌀과 1,300만 명이 서명한 서명부를 쌓아놓고 '쌀 사수 철야농성'에 돌입했다.

이어 한호선 농협 중앙회장과 조합장 등 18명으로 구성된 쌀 개방 저지 농협대표단이 협상이 진행되고 있는 스위스 제네바로 날아가 12월 6~13일까지 벌인 투쟁은 쌀 시장을 끝까지 사수하려는 우리 농민들의 의지가 어느 정도인가를 극명하게 보여주는 사례였다. 가트본부 앞에서 삭발과 혈서를 쓰고 징과 꽹과리를 치며 연일 시위하는 모습이 내외신 등 매스컴을 통해 보도되자 제네바 농협대표단 숙소에는 전국 각지에서 격려 전문이 쇄도하였다.

농협대표단은 쌀쌀하고도 음산한 날씨에도 불구하고 한국에서 가져온 각종 현수막과 태극기, 농협기를 앞세우고 꽹과리·징·북을 치면서 시위활동을 전개하였다. 이날 대표단은 점심도 걸은 채 쌀 개방 반대구호를 목청이 터질 듯이 외쳐대면서 오전 11시부터 오후 4시까지 시위를 계속했다. 특히 "쌀은 우리의 생명이다." "GATT는 공정하라" "쌀 개방은 안 된다"는 등의 구호를 프랑스어로 외쳐댈 때는 지나가는 현지의 외국인도 우리의 입장을 이해하고 경청해주었다. 바로 부근에는 제네바 경찰 2명이 우리의 시위 모습을 바라보고 있었으나 허가된 장소에서 평화적으로 진행하는 것을 보고는 곧 사라져 버렸다.[15]

그러나 그해 12월 UR 협상이 막바지로 접어들면서 국내 대부분의 언론들이 '개방대세론'에 편승함으로써 협상의 입지를 더욱 약화시키고 말았다. 12월 9일 김영삼 대통령은 UR 협상과 관련해 국내 쌀 시장 개방이 불가피함을 밝혔고, 쌀 시장을 끝내 막아내지 못한데 대해 대국민 사과문을 발표했다. 이 소식을 제네바 현지에서 접한 농협 대표단은 한동안 망연자실하였지만 그러나 결코 좌절하지 않았다. 대표단은 더욱 강도를 높여 GATT 정문 앞에서 삭발과 혈서로 시위를 하기로 비장한 각오를 다졌다.

농협 대표단은 12월 11일 오전 10시를 기해 삭발과 혈서로 우리 농민의 뜻을 나타내기로 계획하고 여성인 장정애 씨만 제외하고 12월 10일에 모두 삭발하였다. 전원이 없는 야외에서는 이발기를 사용할 수 없었기 때문에 묵고 있는 숙소에서 삭발을 하였다. …조합장 대표들은 한국에서 출국할 때 가져온 100만 명분의 쌀 개방 반대 서명록이 차곡차곡 담긴 12개의 상자를 내놓고 GATT 본부까지 짊어지고 갈 수 있도록 하나씩 끈으로 묶었다. 호텔의 하얀 시트커버 3장을 찢어 만든 끈으로 우리 조상들이 하던 것처럼 상자를 묶었다. …GATT 본부 정문 바로 옆에 도착하여 서명록 상자를 내려놓고 시위에 들어갔으며, 내외신 기자들이 몰려들었다. …대표단은 GATT 사무총장 비서실장에게 서명록 1권과

---

15) 서병준, "제네바 삭발시위", 농협중앙회 앞의 책, 210쪽

쌀 개방 반대 서명에 관한 기네스북 인증서를 전달하였다. 이 자리에서 미리 준비해간 'GATT 사무총장에게 보내는 600만 한국농민의 성명'을 원철희 이사가 낭독한 후 국·영문 각각 200여부의 자료를 내외신 기자 및 행인들에게 돌렸다. 한편 한국에서 보내온 '600만 농민은 통곡한다'는 제하의 농민신문 사설 등 자료를 배포하는 동안 김기순 이상구 두 조합장은 자신들의 손가락을 깨물어 '쌀 개방 결사반대'라는 혈서를 썼으며, 붙어 통역을 맡았던 장정애 씨까지 만류에도 불구하고 가위로 소중한 머리를 잘랐다. 어떻게 보면 이는 쌀을 지키려는 마지막 몸부림이었는지도 모른다.[16]

1986년 9월 우루과이 푼타 델 에스터에서 다자간 무역협상으로 우루과이라운드가 시작된 이후 약 7년여 동안 끌어왔던 UR 협상이 1993년 12월 15일 급기야 타결이 됨으로써 우리의 쌀 시장 개방저지의 벽은 결국 무너지고 말았다. 쌀 시장 개방저지를 향한 600만 농민, 아니 4,300만 모든 국민들의 염원이 끝내 물거품이 되고 마는 순간이었다.

단군이래 반만년 동안 배달민족의 얼이요, 긍지로 상징돼온 쌀. 우리 겨레의 자존과 문화를 대표해온 쌀. 그래서 쌀은 바로 한국인이요, 대한민국이었다. 그토록 소중히 여겨온 우리 쌀은 끝내 지켜지지 못하게 되었다. 무슨 말로 이 비통함을 형언할 것인가. '슬프다'고 하기엔 너무 마음이 아프고 '경악'이라는 표현도 미흡하다. 하늘이 무너지고 땅이 꺼지는 심정으로 우리 6백만 농민은 통곡할 뿐이다.[17]

문민정부 출범과 함께 농업·농촌·농민에게 새바람이 일지 않겠느냐는 기대와 함께 대통령을 비롯한 관계장관들과 정부 UR 협상 관계자들이 '쌀 시장 개방 절대 않겠다' '쌀 개방은 대통령직을 걸고 막겠다' '쌀 개

---

16) 서병준, 앞의 글, 농협중앙회 앞의 책, 212쪽
17) 『농민신문』 사설 '600만 농민은 통곡한다', 1993.12.13

방 불가에 추호의 변화도 없다' '쌀 시장 개방문제는 전혀 논의되지 않았다' '쌀 시장 절대 고수 관철' 등의 갖가지 표현을 써가며 막겠다던 쌀이 하루아침에 개방되자 전국의 농민들은 충격과 허탈감을 감추지 못했다. 농민의 구심체로서 쌀 시장 개방을 막기 위해 4년여 동안 무려 20여 차례나 쌀 시장 개방 반대와 관련한 대정부, 국회 건의문 제출을 비롯하여 조직적이고 집요하게 국내 농정활동을 전개해왔던 농협 또한 정부의 쌀 시장 개방 발표에 한동안 망연자실할 수밖에 없었다.

600만 농민의 생명창고인 쌀을 지키기 위해 목이 터져라 쌀 개방 반대를 외치며 농협의 모든 역량을 집중했음에도 불구하고 후세에 남겨줄 것이라고는 1,307만 8,935명의 국민이 서명한 쌀 수입 개방 반대 서명부와 각종 쌀 시장 개방 저지 플래카드, 현수막, 어깨띠 밖에 없다는 농협 임직원들의 한탄 섞인 목소리가 허탈감을 대변해 줄뿐이었다. 쌀 시장 개방의 파장은 대통령의 대국민 사과에 이어 국무총리를 비롯한 내각의 전면 개각으로 이어졌다. 특히 기대를 모았던 허신행 농림수산부 장관의 '신농정'은 가시적인 성과도 보지 못한 채 전면 수정되는 운명을 맞아야 했다. "뜬구름처럼 왔다가 바람처럼 사라진다"는 유행어를 남기고 정확히 9개월 24일만에 허 장관의 신농정은 중도하차해야 했다.

결국 우리 나라의 쌀 시장 개방 조건이 관세화 유예기간을 10년으로 하고, 최소시장 접근은 1995~2004년까지 10년 동안 국내 소비량의 1~4%를 수입하는 것을 내용으로 하는 UR 농산물 협상 타결과 함께 '농촌부흥세'의 신설이 후속 대책으로 이루어졌다. 김양배 장관은 우루과이라운드 이행계획서 수정문제에 대한 책임을 물어 1994년 4월 4일, 4개월도 안되어 전격 경질되고 후임에 최인기 전내무부 차관이 임명되었다.

이러한 우여곡절 끝에 1994년 4월 15일, 모로코 마라케시에서 열리는 우루과이라운드 무역협상위원회 각료회의에서 우루과이라운드 최종의정서에 서명을 함으로써 우루과이라운드 협상은 공식 종결됐다. 이에 따라 제2차 세계대전 후 세계무역질서를 규정해 온 GATT를 대신하는 WTO(세계무역기구) 체제가 정식으로 출범하였다. 이에 정부는 1994년 1월 20일 UR 협상 타결에 대응한 농어촌 발전방안을 마련하기 위해 대통령 직속으로 '농어촌 발전위원회(농발위)'를 구성하여 '농어촌 발전대책 및 농정개혁'을 추진해나갔다.

한호선 농협회장과 '신토불이' 운동

한호선 회장은 민주 농협법 개정으로 1990년 농협 역사상 처음으로 전국 조합장에 의해 직접 선출된 농협회장이 되었다. 평직원으로 농협에 투신하여 중앙회장에 오른 그는 농협이 어떠한 모습으로 어떠한 길을 걸어가야 하는지를 아는 정통 농협운동가였다. 특유의 리더십으로 농정활동에 탁월한 능력을 발휘함으로써 농민조합원과 농협임직원들로부터 존경과 사랑을 한 몸에 받았다.

1990년 4월 18일 총 투표수 1,465표의 59.2%를 얻어 2백만 농민조합원을 대표하는 농협중앙회장에 선출됐다. 그 동안의 회장들이 정부의 임명을 받은 낙하산 출신 회장이었던 것에 반해 그토록 열망했던 농민의 대표인 전국 조합장들에 의해 직접 선출되었다는 점에서 모두 감격해했다. "우리는 지금 농협운동사의 한 시대를 마감하고 도약의 새 시대를 여는 역사적인 순간을 맞이하고 있습니다"라는 취임사처럼 그는 명실공히 농민을 위한, 농민에 의한, 농민의 농협의 출범을 선언했다. 회장 취임 후 그는 지난날의 무기력한 농협회장상을 떨쳐버리고, 특유의 농협운동가적 기질을 발휘하여 농민권익활동을 역동적으로 전개해나가는 한편, 농협을 국민 속의 사랑 받는 조직으로 부각시키고자 밤낮없이 동분서주하였다.

직선 회장에 당선된 그는 특히 농촌인구 감소, 농업 생산의욕 감퇴, 농산물 수입개방 압력과 UR 협상 등 국내외적으로 어려운 격변의 시대를 맞아 과거에는 생각할 수도 없었던 농민권익을 위한 농정활동을 다양하게 펼쳐나갔다. 우리 농민의 생존권이 걸린 농산물 수입개방 압력에 맞서 전개한 쌀 수입 개방반대 범국민 서명운동과 우리농산물 애용운동 등은 한국농협운동사에 길이 남을 대표적인 농협운동 사례들이었다. 이와 함께 추곡 수매 값 인상, 지방자치 관련법 개정, 농촌·농민관련 조세감면 등 각종 대정부·국회 건의 및 UR 협상에 대응한 농협의 독자적인 움직임 등도 나름대로 큰 성과를 거두었다. 특히 쌀 수입 개방반대 범국민 서명운동은 우리 국민의 확고한 의지를 국내외에 천명했을 뿐만 아니라 농산물 수입개방 압력으로 실의에 빠져있는 농민들에게 한 가닥 희망을 심어 주었고, 민족의 영혼인 쌀을 지켜야 한다는 범국민적 공감대를 형성시켜 나가는데 크게 기여했다.

이와 함께 '우리 체질에는 우리 농산물' '신토불이(身土不二), 농도불이(農都不二)'라는 캐치프레이즈를 통해 농민은 물론 일반 국민들의 뇌리에 깊은 인상을 심어줌으로써 농민은 우수농산물을 생산하고 국민들은 우리농산물을 애용하여 농산물 수입개방에 범국민적으로 대처하자는 애국적 국민의식을 뿌리내리게 했다. 그 결과 농업과 농촌은 민족의 뿌리이자 우리의 고향이라는 국민적 공감대를 형성시켰고, 도시어린이들에게는 농업·농촌을 이해시키고 애국적 농업·농촌관을 심어줌과 동시에 땅과 민족과의 숙명적인 연관관계를 정립하는데도 크게 기여하였다.

신토불이(身土不二). 참 묘한 표현이었다. 무엇인가 메시지를 전달하고자 하는 상징성은 이해되었지만, 도무지 그 뜻을 설명하기 어려운 조어였다. … 그러던 중에 이 말이 일본의 하수미 다케요시씨가 쓴 '협동조합 지역사회로 가는 길'이라는 저서에서 사용되었고, 이 책을 번역한 한호선 농협회장이 원용한 것으로 밝혀지자 도하의 호사가들은 또 한 번 난리라도 난 듯이 원색적인 비난을 퍼붓고 나섰다. 우리 것을 주장하면서 일본서적에서 원용하였다고 말이다.…우리농산물 애용운동이 국민 속에 깊이 자리할 수 있는 홍보활동을 지속적으로 전개하는 과정에서 '신토불이'라는 말이 본격적으로 사용되었고, 그 결과 이 말은 우리 농산물 애용, 우리 농업 지키기, 우리 농촌 살리기 운동의 대명사로 자리하게 되었다. 더욱이 '신토불이'를 제목으로 한 대중가요가 히트곡으로 불려지는가 하면 농협이 상표등록을 신청한 뒤 각종 농협제품 농산물에 신토불이 상표를 부착하여 판매할 즈음에는 신토불이 상표를 사용한 가짜 상품이 나올 정도로 국민들 사이에 거부감 없이 이 말이 쓰여지기에 이르렀다. …그러나 농협으로서는 이 말의 어원을 밝히고 이 말을 쓰게 된 배경과 의미를 밝혀야 하였다. …기독교의 구약성서 창세기, 전도서, 시편, 신약의 복음서 로마서에서 창조주가 '흙으로 사람을 지으시고, 사람이 죽으면 흙으로 돌아간다'는 구절과 조선 선조조 명의 허준의「동의보감」외형 편에서 '사람의 살이 땅의 흙과 같은 것이니 육이 소진하면 죽는다', 그리고 연호 선덕 8년(1433년) 성균관 대사성 권채가 쓴「향약집성방」서문에서 '풀과 나무도 제 각기 제 습성에 맞는 지대에서 나며 사람들의 식습관과 생활풍습도 각기 달라 사람의 습성에 맞는 약초로 병을 치료한다'고 씌여 있었다. 또 불교서적 가운데 보도법사(1350년)의 저서「노산연종보감」중에 '몸과 흙은 본래 두 가지 모습이 아니며(身土本來無二相)'라는 표현 등의 어원을 찾을 수 있었다. 이런 사료를 바탕으로 '신토불이'는 자신이 태어난 땅과 몸의 연관, 즉 '우리 땅에서 재배하고 가꾼 우리 농산물이 우리 체질에 가장 적합하다'는 이치 있는 정의가 나오게 되었던 것이다.[18]

'신토불이'를 캐치프레이즈로 내걸고 전개된 농협의 우리농산물 애용운동은 1989년 8월 11일의 '우리농산물 애용 캠페인 전진대회'를 시발로 전국 각지의 가두 캠페인과 임직원 모금으로 이어졌다. 농협은 이 운동의 확산을 위해 MBC-TV와 공동캠페인을 전개하는 한편, 각종 옥외 광고물을 설치하고 다양한 홍보물을 배포하였으며, 소비자 단체와 협력하여 무분별한 수입행위와 수입농산물의 유해여부를 조사, 고발하여 우리농산물 애용운동을 뒷받침하기도 하였다. 이 밖에도 소비자의 적극적인 참여를 끌어내기 위해 우리농산물 애용을 주제로 한 전국 어린이글짓기 대회, 전국 주부

---

18) 이상홍, "신토불이와 우리농산물 애용운동", 농협중앙회 앞의 책, 219~221쪽

글짓기 대회, 전국 대학생 논문 현상공모 등을 꾸준히 실시하였다.

또한 농협은 3.1 독립운동 정신과 제2의 물산장려운동으로 우리농산물 애용운동을 확산시키기 위해 유관순 열사의 애국 혼이 깃든 충남 천안의 아우내 장터에서 '3.1만세추념대회'를 1993년, 1994년 2년간 연이어 개최하여 우리 농산물 애용분위기를 전국적으로 고조시켰다.

한 회장의 또 다른 주요 활동은 농협사업의 중심 축과 임직원들의 마인드를 신용사업에서 경제사업 위주로 전환했다는 점이었다. 물론 그 이전에도 경제사업에 역점을 두지 않았던 것은 아니지만, 1980년대를 거치면서 경영우선주의자들의 득세로 지도·경제사업보다는 신용사업이 상대적으로 우선 시 되어온 게 사실이었다. 이를 위해 본부에 경제사업 본부장제를 도입하여 경제사업을 책임 추진토록 하는 한편, 회원조합에 이르기까지 농협조직을 경제사업 추진체제로 대폭 전환, 정비하였다. 이와 함께 소비지의 유통혁신을 위해 서울 양재동에 농산물 집배센터를 비롯한 농산물 종합유통단지 조성 등 유통기능 강화사업에 대대적인 재원을 투입해나갔다. 이와 함께 농산물 출하의 효율성을 높이기 위해 산지조직을 정비하는 한편 직판장 직거래의 폭을 넓히기 위해 도시금융점포에 '우리농산물 애용창구' 설치와 우편판매제 등을 도입 정착시켰다. 또 농민들이 생산한 농산물의 부가가치를 높이고 안정적인 판로를 확보하여 농가소득을 증대시키기 위해 가공사업 5개년 계획도 함께 추진하여 농협의 농산물 가공사업의 새로운 장을 개척해나갔다.

이러한 농정활동과 경제사업 기능강화에 힘입어 민주농협 1주년을 맞아 지난 1992년 농민신문사가 한국갤럽에 의뢰해 실시한 "농협에 관한 국민의식조사"에서 '농민이 생산한 농산물을 팔아주기 위해 농협이 과거보다 어느 정도 노력하고 있는가'를 묻는 질문에 '과거에 비해 다소 많은 노력을 하고 있다'(35.9%), '과거에 비해 아주 많은 노력을 하고 있다'(27.4%)로 전체의 63.3%가 농협 활동에 대해 긍정적인 평가를 내렸다.

또 농협이 운영이나 사업추진에 있어 농민의 의사를 어느 정도 반영하고 있는가에 대해서는 '과거에 비해 다소 많은 노력을 하고 있다'(39.5%), '과거에 비해 아주 많은 노력을 하고 있다'(18.0%)로 농협의 민주적인 운영에 대해서도 57.5%가 긍정적인 반응을 나타냈다.

3. 문민정부와 농어촌발전대책

농어촌발전대책과 농협 개혁

　농어촌의 상대적 빈곤감과 연이은 소 값 파동, 심화되는 농가부채 등 농업문제의 현안을 해결하기 위해 1986년 처음으로 농어촌종합대책이 마련되었고, 이듬해에는 크게 증가한 농가부채의 경감대책이 수립되었다. 또 농산물 수입자유화의 단행으로 수입이 해마다 확대됨에 따라 1989년 4월에는 개방화·국제화에 대응한 중장기적 관점의 구조개선을 촉진하는 '농어촌발전종합대책'이 마련되었다.

　1990년에는 국제화·개방화 진전에 따라 식량증산 농정에서 구조개선과 경쟁력 강화를 목표로 하는 개방농정으로 농정의 기조가 바뀌었고, 농정 운영의 주체도 정부 주도에서 정부, 생산자 단체, 민간 등으로 다양화하였다. 이어 1991년 7월에는 농어촌구조개선대책이 수립되어 42조원의 투자계획이 마련되었고, 이의 조기 실현을 위해 1993년 7월에는 신농정 5개년계획이 마련되었다.

　그러나 1993년 12월 15일 UR 협상이 타결됨에 따라 WTO 체제 출범과 본격적인 지방자치시대에 대응하여 42조원의 구조개선자금을 당초

표 6 협동조합 개편안 요약 비교

(중앙회)

구분	현행	정부안	비고(농발위)
중앙회장 권한	대표권 경영권 미분리	회장 대표권 전문경영인:경영권	좌동
중앙회장 자격	자격제한 없음	자격제한 없음	조합원으로 제한
중앙회장 임기	4년	4년	3년
이사회 구성	조합원 비조합원 각각 2분의 1	조합원을 과반수 이상	조합원을 2/3 이상
신용경제분리	신용경제미분리	엄격분리(단계별추진)	좌동
경제사업	—	출자회사, 조합이양	—
협동조합연합회	—	비법인 '협의회'	좌동
국정감사 폐지	국정감사	국정감사 폐지건의	폐지

(조합)

구분	현행	정부안	비고(농발위)
조합장 권한	대표권 경영권 미분리	단계별 분리 (조합장:대표권, 전무이사:경영권) 분리	좌동
합병	자율적 합병	합병 촉진	좌동
조합장 임기	4년	4년	3년
이사회 구성	조합원	2/3이상 조합원	좌동
대의원회 및 이사회정수 확대	-대의원회:상하한 없음 -이사회:6~10인 또는 3~10인	대의원 및 이사회 정수확대(하한선설정)	
품목별조합	1구역 2조합 설립금지, 설립인가	제1구역 2조합 설립금지폐지, 설립등록제	설립자유화 (협동조합기본법)
광역조합 및 권역별연합회	—	광역조합 (도단위이하) 및 권역별 연합회 설립	좌동
복수조합원제등	1가구1조합원제	복수조합원제, 영농조합법인 등의조합 가입 및 부실조합원 정리	복수조합원제, 부실조합원 정리
중앙회의 조합감독권	조합사업승인, 특수 조합 관할구역조정 등	감독권축소, 지도기능보유 및 시도지사 감독권 신설	—

2001년에서 1998년까지로 앞당겨 투자하고 15조원의 농어촌특별세 투자가 추가되는 등의 '농어촌발전대책 및 농정개혁 방안'이 1994년 6월 마련되었다. 이를 바탕으로 농업인과 지방자치단체의 창의와 자율에 바탕을 둔 '농림사업 실시규정'이 제정되어 상향식 농가지원정책사업이 펼쳐졌다.

이 대책은 당시 UR 협상타결과 WTO 출범 등 개방화·국제화의 거센 흐름에 밀려 벼랑 끝의 위기에 처한 한국 농업·농촌·농민을 살리기 위한 종합적인 처방으로 받아들여졌다. 특히 농어업이라는 산업적 시각에 국한해서 단편적으로 접근했던 과거의 농어촌대책과 달리 이 대책은 중장기적인 해결방안을 제시했다는 점에서 획기적인 것이었다.

농정 개혁안에는 협동조합 개혁도 담겨졌다. 즉 △품목별 축종별 전문조합의 설립을 자유화하여 이들이 유통·가공사업에 적극 참여토록 함으

표 7 개정농협법안 주요내용

(중앙회)

구분	현행	개정
중앙회 임원	회장 1인, 부회장 2인, 이사 19인, 감사 2인	회장 1인, 신용사업담당부회장 1인, 신용사업이외사업담당부회장 1인, 이사 18인(회장, 부회장 2인포함)이상, 감사 2인 이상
상임임원	회장 1인, 부회장 2인, 이사 8인, 감사 1인	회장 1인, 부회장 2인, 감사 1인(중앙회이사전원은 비상임)
중앙회장	중앙회를 대표하며 업무운영과 관리를 통리	중앙회를 대표하며 중앙회 업무를 총괄
이사회 구성	회장, 부회장, 이사로 구성	회장, 부회장, 이사로 구성하되 2/3이상을 조합장이어야 함
임원선출	중앙회장, 상임감사는 총회에서 선출, 부회장·상임이사는 총회의 동의를 얻어 회장이 임명, 비상임이사, 비상임감사는 총회에서 회원조합장중에서 선출	회장·상임감사는 총회서 선출, 부회장은 총회의 동의를 얻어 회장이 임명, 이사·비상임감사는 총회에서 회원조합장 중에서 선출(단 회원조합장이 아닌 이사는 일부 학식과 경험이 있는 자 중 회장이 추천한 자를 총회에서 선출)

구분	현행	개정
중앙회장 자격		조합원으로 제한
직원의 임면	회장이 임면	직원은 회장이 임면하되 부회장 소속 직원은 부회장의 제청에 의해 회장이 임면(단, 집행간부 및 일반간부직원을 제외한 직원은 부회장에게 임면권을 위임해야 함)
집행간부	상임이사 폐지	부회장 직근 하급직원으로 집행간부를 둠, 집행간부의 임기는 2년으로 함
독립 사업부제		중앙회 사업을 경제사업과 신용사업으로 구분, 독립회계단위를 설치하고 독립사업부제로 운영해야 함, 독립사업부제 운영에 관한 사항은 정관에 명시

▶ 부칙
- 중앙회 임원에 대한 경과조치 — 회장, 부회장, 비상임이사, 감사는 개정 농협법에 의해 선출된 임원으로 봄(임기보장)
  상임이사는 집행간부로 임명된 것으로 보며 임기는 종전의 규정에 의한 임기로 하되 선출된 날로부터 기산(상임이사 임기보장)
- 전문조합(특수조합) 신용사업에 대한 경과 조치 — 법시행일 이전에 설립된 전문조합에 대해선 신용사업 인정
- 기획단설치 — 주무부장관은 농·수·축·임협중앙회의 독립사업부제 실시 결과를 포함한 경영의 평가 검증을 통하여 독립사업부제 유지 보완 또는 신용사업의 분리 통합 및 별도 법인의 설립 등 신용사업의 효율화를 추진하기 위한 기획단 설치 운영
- 시행일 : 공포일로부터 6월 경과한 날

(단위농협)

구분	현행	개정
농민 용어 변경	농민	농업인
조합명칭	단위농업협동조합(단위조합)	지역농업협동조합(지역농협)
조합설립	등록제	인가제

구분	현행	개정
정치적 관여금지	조합과 중앙회는 정치에 관여하는 일체의 행위 금지	조합과 중앙회는 공직선거에서 특정 정당을 지지하거나 특정인을 당선 또는 당선되지 못하게 하는 일체의 행위 금지
조합원의 자격	조합구역내 주소 거소를 가진 농민 1가구 1조합원	조합구역내 주소 거소 또는 농업경영사업장을 가진 농업인, 1가구 2조합원 인정
조합원의 책임	보증책임	유한책임:출자액 한도
조합 대의원회	조합원 200인 이상 조합은 정관에 의해 총회에 갈음하는 대의원 구성	'조합원 200인 이상 조합' 삭제→정관에 의해 총회에 갈음하는 대의원회 구성(조합장이 대의원회 의장이 됨)
조합임원의 정수	조합장 1인, 이사 6~10인, 감사 2인	조합장 1인 포함한 이사 10인 이상 15인 이하, 감사 2인
상임이사		이사중 2인 이내의 상임이사 신설(조합업무에 전문지식과 경험이 풍부한 자로서 대통령령이 정하는 요건에 적합한 자 중 조합장이 이사회 동의를 얻어 추천한 자를 총회에서 선출)
조합장 선출	조합원 직선	조합원 직선으로 하되 정관이 정하는 바에 따라 총대회에서 선출(간선제 도입)할 수 있도록 함
조합임원	전원 명예직(정관에 의해 실비 지급)	임원중 상임이사는 명예직에서 제외(기타 임원은 명예직, 정관에 의해 실비지급)
임원의 직무	조합장은 조합을 대표하며 업무집행 (대표권, 업무집행권 겸임)	조합장은 조합을 대표하는 업무총괄, 정관에 의해 업무집행. 단 상임이사를 두는 조합은 상임이사가 업무집행(조합장 대표권, 상임이사는 업무집행권 분리)
선거운동 제한	선거운동 일체 금지	선거운동은 선전벽보, 선거공보, 소형인쇄물 배부, 합동연설회 개최만 허용
여유자금 예치	조합여유자금은 중앙회에 예치	중앙회 금융기관에 예치 국채 공채 또는 대통령이 정하는 유가증권 매입
합병 지원		정부와 중앙회는 조합합병을 촉진키 위해 자금 지원할 수 있도록 함

(특수농협)

구분	현행	개정
조합명칭	특수농업협동조합(특수조합)	전문농업협동조합(전문농협)
조합설립	인가제	인가제
조합구역	동일구역내 동일업종조합 2개 이상 설립금지	동일구역내 동일업종조합 2개이상 설립인정
조합사업	신용사업 인정	신용사업 불인정
연합회 구성	생산 출하 판매 등을 위한 연합회 구성할 수 있고 필요한 경우 법인형태 허용(연합회는 자체자금을 조성할 수 있으며 정부 지원 가능)	생산 출하 판매 등을 위한 연합회 구성할 수 있고 필요한 경우 법인형태 허용(연합회는 자체자금을 조성할 수 있으며 정부지원 가능)

로써 자율적인 수급조절과 가격안정기능을 담당케 한다. △단위조합을 2001년까지 5백여 개로 합병, 사업규모를 키워 농어민에 대한 서비스 기능을 강화토록 한다. △복수조합원제를 도입하여 협동조합운동을 활성화한다. △조합장과 중앙회장은 대표기능, 경영은 전문경영인이 맡는 대표권과 경영권의 분리를 단계적으로 추진하며 조합과 중앙회 이사회에 농어민 대표의 참여 기회를 확대한다. △중앙회의 신용사업과 경제사업을 엄격히 구분하여 신용사업의 전문화와 경제사업의 활성화를 유도하되 내년부터 신용사업의 완전 독립사업부제를 실시하고 별도 은행으로 독립하는 문제는 공청회 등을 거쳐 신중히 검토한다는 내용이었다.

  농림수산부는 6월 23일 농·수·축·임협 등 협동조합에 대한 개편 안을 공식 발표하고 공청회를 통해 각계 의견을 수렴해나갔다. 이렇게 하여 만들어진 농협법 개정안은 1994년 12월 2일 국회 본회의를 통과했다. 주요내용은 중앙회장의 피선거 자격이 조합원으로 제한되고, 복수조합원제가 도입되었다. 단위조합은 지역조합으로, 특수조합은 전문조합으로 명칭이 바뀌고 조합장 선출방식도 직선 또는 간선제 중에서 택일할 수 있게 하였다. 1구역 1조합 원칙이 폐지되고 신설되는 전문조합은 신용사업을 취급할 수 없게 되었다. 조합에 2명 이내의 상임이사를 둘 수 있게 되며, 중앙회 이사회는 회원조합장이 3분의 2이상 차지하도록 했다. 중앙회 이사 중 상임은 회장·부회장과 감사 중 1명으로 제한되었고, 중앙회에는 회장과 부회장 2명을 포함한 이사 18명 이상과 감사 2명 이상을 둘 수 있도록 했다. 중앙회 상임이사는 부회장의 직근(直近) 하급직원으로 집행간부가 되며, 중앙회 직원은 부회장의 제청에 의해 회장이 임면하되 집행간부와 일반 간부직원을 제외한 직원의 임면은 부회장에 위임, 전결처리 하도록 했다. 이 밖에 중앙회의 사업은 경제사업과 신용사업을 분리, 독립사업부제로 운영토록 하였다.

부실덩어리 농어촌구조개선자금

1994년 6월 14일 발표된 '농어촌발전종합대책 및 농정개혁'은 모두 57조원 규모의 재원을 농어촌에 투자하는 농어업 경쟁력 강화 대책이었다. 이를 위해 1)농어업의 중추적 역할을 담당할 15만 가구의 전업농어가 육성 2)농어촌지역에 다양한 2·3차 산업 육성 3)농업경영의 현대화를 위한 농업회사법인 제도 도입 4)농지개혁의 과감한 개혁 5)농수산물 유통의 계열화 6)기계화 자동화 영농체제 구축 7)기술집약농업 및 환경농업 육성 8)품질 위주의 농어업 경영촉진 9)환경보전형 축산업의 육성 10) '기르는 어업' 육성과 산림자원의 조성 등 10대 핵심시책을 골자로 하였다. 이 대책은 우리 농업을 시장지향적 체계로 전환시켜 경쟁력을 확보하기 위해서는 전업농 농업회사법인 등의 육성을 통한 영농규모화와 현대화에 집중해야 한다는 논리였다. 규모만이 경쟁력을 갖출 수 있으며 이는 규모가 큰 농가와 법인 경영체를 집중 육성하면 달성될 수 있다는 구상이었다.

그러나 이 같은 규모화 일변도의 정책목표 설정은 구조개선사업이 부실화되는 가장 큰 원인이 되었다. 규모화를 통한 경쟁력을 강조하다보니 농업이 갖는 역할과 다원적인 기능보다는 산업으로서의 경쟁력 강화에 구조개선사업의 시책이 초점을 맞추게 되었고, 이는 자연스럽게 주곡자급 등 농업이 갖는 본래적 기능을 스스로 부정하는 자충수가 되었다. 이에 따라 1단계 구조개선 사업은 추진과정 내내 '투자효율성' 시비에 휘말리게 되었고, 생산기반의 확충이란 본래의 목표에도 불구하고 급격한 농지전용 등을 초래하기도 하였다. 경지정리사업이 끝나지 않은 상태에서 대구획 경지정리가 시행되면서 일부에서는 재원낭비라는 지적도 끊이지 않았다. 특히 규모확대와 현대화의 중심 축으로 육성된 유리온실 자동화축사와 영농조합법인 등이 잇따른 부실로 이어진 점은 1단계 구조개선사업의 목표가 처음부터 잘못 정해졌다는 점을 반증해주는 것이었다. 나아가 이는 1997년 말 IMF라는 경제위기 상황을 맞게 되면서 극명하게 입증되었다.

　규모화를 통한 경쟁력 강화를 내세운 1단계 구조개선사업이 부실화를 최소화하고 농업의 체질을 개선하기 위해서는 무엇보다도 먼저 지방농정 체계를 튼튼히 갖추는 일이 전제되어야 했다. 사업목표의 설정이나 작목별 구조개선이 지방농정에 뿌리를 두고 추진될 때만이 개별농가들의 경쟁력이 살아날 수 있기 때문이었다. 이를 위해 당시 정부가 내놓은 처방은 '자율사업방식'으로 지칭되는 상향식 농정체제였다. 농림사업을 공공사업·자율사업 등으로 세분화하고 안내서를 만들어 농가들이 스스로 선택할 수 있도록 하였고, 사업자 선정도 시군에 설치된 농어촌발전심의회에서 결정토록 하였다.

　이 같은 상향식 농정체계와 메뉴방식의 사업추진은 지역농업의 특색 있는 발전을 꾀할 것이란 당초의 기대와는 달리 '특징 없는 지역농업'만을 강화시키는 방향으로 귀착됐다는 혹평을 받게 되었다. 지역별 여건에 맞춰 사업의 적절성 여부를 판단하기보다는 보조금을 많이 주는 사업에 맞춰 우후죽순으로 사업이 신청된 결과 대상사업이 졸속 선정되는 문제점을 노출하였다.[19] 특히 정확한 수요예측도 없이 농기계 반값 공급 등이 시행돼 농가들에게 너도나도 사고보자식 심리를 부추겼고, 산지유통강화를 목표로 추진된 간이집하장 등 유통시설도 지역별 적정성에 대한 면밀한 검토 없이 사업대상지역이 선정돼 과잉과 편중현상을 나타내기도 했다.

사업 초기단계부터 제기되어온 구조개선사업의 문제점은 대략 다음과 같이 요약되었다. 1) 보조금 지원에 따른 자금의 초과수요 발생과 이로 인한 초과이득의 사회적 비용으로의 유출, 농가의 의타심 조장 등으로 인해 사업이 부실해졌다. 2) 행정기관이 보조금을 관리, 집행함으로써 사전 심사와 사후 관리·감독기능의 이뤄지지 못했으며, 자금 배분의 경직화와 자금의 유동성 부족, 지역 여건을 고려하지 않은 보조금의 획일적 사용 등으로 자원 낭비와 사업 부서별 세분화로 규모의 경제 달성이 곤란했다. 3) 영농조합법인 등 생산자 조직에 정부지원이 집중되어 자금 수혜를 받기 위한 무계획적인 법인 설립 급증과 이로 인한 부실화가 늘었다. 또 법인 유형이 생산 목적 농업경영체보다는 유통조직형이 많아 쌀의 자급과 경쟁력 확보에 어려움이 컸으며, 유통관련시설의 개별설치로 자원배분의 저효율과 지원시설 등이 개인 소유로 이루어져 조합원간 결속력 부족 및 법인으로서의 안정성과 계속성에도 문제가 많았다. 4) 사업 분류와 지원 조건, 신청 절차 등이 복잡했고, 추진 행정기구의 전문성 결여와 사전 사후 관리 기능도 크게 미흡했다. 5) 홍보 및 교육 부족과 시군 농어촌발전심의회의 형식적인 운영 등도 문제였다.[20]

그 중에서도 가장 문제가 됐던 것은 바로 잘못된 사업자 선정이었다. 최근 감사원의 '농어촌 구조개선사업 추진실태' 감사결과에 따르면 사업자 선정과정이 무자격자 또는 사업경영능력이 미흡한 농가를 사업대상자로

---

19) 『농민신문』, 1999.4.14
20) 권갑하 석사논문, 「농가의 정부지원 농림사업 수용실태 분석」, 1997.

선정한 사례가 23건이나 적발됐으며, 사업실적에 대한 부당 확인 등을 통해 보조금이 과다하게 지급된 사례도 108건에 달해 결국 사업자를 잘못 선정한 경우가 전체 적발건수의 80%나 차지했다. 특히 감사원은 전업농 육성대상자를 선정하는 과정에서 실제 소유토지 및 임차 경작면적을 확인하지 않고 사업대상자를 선정해 사업이 부실화된 사례가 많았다고 지적했다.

농어촌구조개선사업 가운데 농가들이 신청하는 자율사업의 대상자 선정은 시군에 설치된 농어촌발전심의회를 거치도록 하였다. 농발심의회 설치는 선정과정의 투명성과 사업에 적합한 농가를 선정하자는 취지에 따라 이뤄진 것이었으나 대부분의 시군에서는 이를 형식적으로 운영했고 이에 대한 감독이나 사후관리도 이뤄지지 않아 원칙 없는 사업자 선정으로 이어졌다. 이같은 원칙 없는 사업자 선정은 보조금 등 사업비를 우선 집행하고 보자는 식의 지자체 사업추진방식과 나눠먹기식 사업배정이 빚은 결과물이었다. 그 과정에서 정부의 보조금은 '눈먼 돈'으로 인식됐고 지방자치단체 공무원과 결탁해 허위사업계획서 등으로 보조금을 타내는 사례가 빈발했다.

대검찰청은 1998년 9월 '농어촌구조개선사업 비리사건 수사결과'에서 208건의 사업에서 295명이 허위서류 제출 등으로 모두 338억 원의 불법 유용 사실을 밝혀냈다. 검찰의 수사결과는 잘못된 사업자 선정이 바로 사업부실로 이어진다는 것을 입증해준 사례였다. 사업대상자 선정이 잘못됐다 하더라도 사후관리가 철저히 이뤄졌다면 이 같은 사고는 사전에 어느 정도 방지할 수 있었다.

그러나 사후관리를 담당해야할 시군 등 지자체가 사업자 선정에 깊숙이 관여하는 등 선정과 사후관리가 같은 기관을 통해 이뤄지는 체계를 갖고 있어 철저한 사후관리는 애초부터 불가능했다. 더구나 사업자 선정과 사후관리에 지역실정과 농민들의 사업경영능력을 파악할 수 있는 농협 등 생산자 단체의 의견이 배제된 것도 사업의 부실화를 부추긴 요인이 되었다.

결국 방만하고 무원칙하게 운용된 농어촌구조개선자금은 우리 농업의 국제경쟁력은 고사하고 오히려 농민들을 이전보다 더 큰 규모의 빚더미에 올려놓고 말았다는 비판을 면할 수 없게 되었다.

눈덩이처럼 불어난 비료계정 적자

1994년 말 현재 정부가 비료계정 적자로 농협중앙회에서 빌려간 자금은 무려 1조 3,100억 원에 이르렀다. 이는 농협 자본금 1조 403억 원을 훨씬 초과하는 금액이었다. 이처럼 정부가 농협으로부터 자금을 빌려가 갚지 않게 됨에 따라 농협으로서는 대규모 자금이 투입되어야 하는 유통사업부문에서 큰 어려움을 겪어야 했다. 당시 농협 안팎의 경제사업 확대 요구에 발맞춰 물류센터를 비롯해 농산물 포장센터, 간이집하장 등을 설립할 계획이었지만, 이러한 유통시설 설치에 농협부담만도 1조 632억 원이란 막대한 자금이 소요되었다. 그 외에도 환경보전사업이나 유통저리자금지원 등에 2조가 넘는 자금이 소요될 전망이었지만, 비료계정부문에 지나치게 자금을 쏟아 붓는 바람에 이러한 사업의 추진은 엄두도 못낼 지경에 놓이게 되었다.

1994년 말 농협의 가용 예수금 11조 6,858억 원 가운데 경제사업을 위해 쓰인 돈은 2조 9,000억 원 정도였으며, 이중 45% 정도가 비료계정에 충당되어야 했다. 정부가 비료계정 적자를 이처럼 계속 방치할 경우, 이자 누증으로 인한 비료계정적자가 2000년에는 3조 4,000억 원에 달하고 2010년에는 8조 4,000억 원으로 급속히 증가해 차입금 8,200억 원의 10배를 넘게 되며, 1995년 농림수산예산 8조 1,000억 원보다 많아질 상황에 처하였다.[21]

---

21) 『농민신문』, 1995.5.29.

비료계정 적자가 이렇게 눈덩이처럼 불어나게 되자 정부는 정부부채 축소로 재정 수지를 개선하고 영농자금 지원, 양곡사업 등에 소요되는 농협의 자금 공급여력을 확충하기 위해 세계잉여금으로 비료계정 적자를 해소하는 방안을 추진하게 되었고, 이러한 내용을 담은 '비료관리법 개정안'이 1995년 11월 16일 국회를 통과하였다. 이렇게 하여 1995년 1차적으로 농협은 3,000억 원을 돌려 받게 되었다.[22] 이를 계기로 만성적인 비료계정 적자에 묶여 있던 농협자금은 농민들을 위한 추곡수매자금 조달은 물론 농촌구조개선사업의 활성화, 경제사업 기능강화, 각종 영농자재의 안정적 공급 등에 투자할 수 있게 되어 생산자 단체로서 보다 적극적으로 WTO출범에 대응해 나갈 수 있게 되었다.

그러면 어떻게 하여 정부의 비료계정 적자가 이러한 상황에까지 이르게 되었을까? 1961년 충주비료공장이 처음으로 가동되기 시작한 이후 정부는 비료를 주요 수출품목으로 삼기 위해 나주, 영남, 진해 등지에 비료공장을 세웠고, 계속해서 1973년 충주공장과 1974년 남해화학을 건설하였다. 이렇게 하여 1968년부터 비료의 수출이 시작되었는데, 1973년 이후 기름 값 파동으로 원료가격의 급상승과 국제시장의 경쟁력 격화로 수출시장에 먹구름이 드리워지기 시작했다. 이 때문에 수출량이 감소하고 재고는 계속 쌓여 갔으며, 1974년에 건설된 남해화학은 사실상 과잉 시설화되어 건설자체가 불필요하게 되었다.

그런데 여기서 심각한 문제가 발생하였다. 제3,4,7비료공장은 미국자본과의 합작에 의해 설립되었는데, 합작계약 당시 미국자본에 대해 매년 납입자본의 20%에 해당하는 이윤을 경영성과에 관계없이 정부가 의무적으로 보장해준다는 불리한 조건을 달고 있었다. 결국 정부는 약속된 이윤보장을 위해 출혈 수출을 감행해야 했고, 수출되지 않은 재고비료는 정부예

---

22) 『농민신문』, 1995.11.22

산으로 구매하지 않으면 안되었다. 그리고 정부는 여기에 사용된 자금을 메우기 위한 방편으로 필요 이상의 비싼 가격으로 농민들에게 비료를 강매하는 정책을 추진하였다. 조별 판매 등으로 농민이 강제 구입해야 했던 비료의 가격은 1973년 평균 30%, 1974년 65%, 1975년 79.2%, 1979년 20%, 1980년 50% 등 매년 급격한 인상과정을 거치게 되었다. 마침내 1982년에는 국제시가보다 두 배나 비싸게 되었고, 농민들은 어쩔 수 없이 이를 구입해야만 했다.[23]

비료 공급업무는 정부의 위촉을 받아 농협이 지난 1962년부터 1987년까지 대행해왔다. 정부가 합작계약상의 인수의무량에 따라 비료회사들로부터 비료를 일괄 구입하여 농민에게 판매하는 과정에서 정부는 인수의무에 따름은 물론 비료회사와 농민을 보호한다는 차원에서 비료회사로부터는 계약상 정해진 가격으로 비료를 구입하고 농민에게는 농협을 통하여 저가공급하는 이중가격제의 실시로 해마다 비료계정의 적자가 누적되게 되었다. 이처럼 불어나는 계정 적자를 도저히 감당할 수 없게 되자 정부는 1988년 비료사업에서 손을 떼고, 농협이 자체사업으로 떠맡도록 했다. 이 때까지 발생된 적자 누계액은 판매가격차손 6,524억원(55.5%), 수출차손보존 651억원(5.5%), 적자로 인한 차입금이자 3,482억원(29.6%), 재고유지비용 1,097억원(9.3%)으로 정부의 재정보전 1,505억원을 공제하고도 1조 249억 원에 달하였다.

1988년부터 차손의 일부를 재정에서 부담했으나, 이자를 갚지 못해 농협차입금 1조 3,000억원중 원금은 5,200억 원에 그치고 있는 반면 이자 누적액은 1994년 말 7,900억 원으로 배보다 배꼽이 더 큰 실정이었다. 이자는 1994년 한해만도 1,600억 원에 달했다. 정부는 1983년 이후 한은차

---

23) 이우재, "한국농업의 현상과 구조" 변형윤 외, 앞의 책, 346~348쪽, 박세길, 앞의 책 184~185쪽 재인용.

표 8 1994년 이후 비료계정적자 요인 분석

(단위:억원)

연 도	적자요인 (적자이자)	재정보전	적자 당년	적자 누계
1994				18,961 · 농협입체금 :1조3,261억원 · 한은차입금 :5,700억원
1995	1,849	3,088	△1,239	17,822
1996	1,767	3,015	△1,248	16,474
1997	1,216	2,841	△1,625	14,849
1998	1,180	1,380	△200	14,649

입금은 5,700억 원으로 동결한 채 추가소요액을 계속 농협차입금에 의존해왔는데, 한은차입금에 대한 이자 발생 분마저 농협자금으로 상환해오고 있는 실정이다.

농협의 남해화학 인수

1989년 남해화학(주)의 아그리코(Agrico)사 지분 인수 문제가 거론됨에 따라 농협은 민간기업이 인수하는 것보다 생산자 단체이며 대량 구매처인 농협이 인수하는 것이 비료의 적기 적가 안정공급에 보다 효율적임을 정부에 건의하였다. 그 결과 농협은 1990년 7월 10일 아그리코사가 갖고 있던 남해화학 지분의 25%를 인수하여 경영 참가의 첫발을 내딛게 되었다.

1988년은 정부가 독점하여 농협에 대행시켜 온 비료판매를 자유화한 해였다. 그 과정에서 가격을 둘러싼 진통이 엄청나게 컸다. 여기에 특정 비료생산회사를 인수하려는 재벌기업간의 이해관계가 얽히면서 농협에 대한 비료납품을 거부하는 회사가 생겼다. 자기 쪽 주장의 정당성을 입증하기 위한 고육책이었지만 이듬해 봄에 쓸 비료를 수입할 시간적 여유가 없는 상황에서 비료파동을 예견하고 그것을 무기로 삼은 전략이었다. 농협으로서는 너무나 당황스러운 일이었으므로 회장이 직접 나서서 평소 친분이 있는 재벌 회장과 수차 만나 협조를 요청했으나 결국 실패하였다. 부득이 남해화학의 생산라인을 100%가 훨씬 넘게 가동시키는 강수를 써서 파동을 막았지만, 1989년 봄은 하루하루를 비료비상의 상황에서 보내야 했다. 말이 그렇지, 봄에 비료가 모자란다고 상상해 보라. 그것은 일종의 대란일 것이다. 재벌기업은 자기의 목표를 달성하기 위해서 바로 이 대란을 고대하고 있었다. 끔찍한 경험이었다. 농협회장에게는 더욱 끔찍한 경험이었을 것이다. 그러니 어찌 국내 최대이며 가장 생산성이 높은 비료생산회사인 남해화학의 주식인수에 나서지 않겠는가?

…한호선 회장의 이러한 노력은 남해화학 김용휴 사장의 적극적인 후원을 받은 것으로 보였다. 뒤에 보니 상호간의 이해가 일치됨을 알 수 있었다. 남해화학의 주식은 정부투자기관인 한국종합화학이 75%, 아그리코가 25%를 가지고 있었는데, 정부는 아그리코의 지분을 내국화한 연후에 민영화를 추진한다는 방침을 세우고 종합화학으로 하여금 아그리코에 주식매각을 종용하도록 하였다. 그런데 종합화학의 인수협상은 난관에 부딪쳤고, 여기에 농협이 그 인수를 희망하고 나선 것이다. …농협기획단의 임무는 아그리코가 갖고 있는 남해화학 총 주식의 25%를 합리적인 가격으로 인수받는 것이었다. …사실 한국종합화학이 아그리코 주식을 인수하고 싶었지만 법적으로 한국감정원의 평가액을 초과하여 인수할 수 없는 반면에 아그리코의 요구는 이를 크게 웃돌아서 포기한 상태였다. 마치 농협은 정부투자기관이 아니므로 그런 제약을 받지 않을 것으로 생각하고 환영하는 입장이었다. 바로 여기서 근본 문제에 부딪쳤다. 농협이라고 감정원의 평가액에 구애받지 않을 수 있는가. …그런데 김용휴 사장이 매우 서둘렀다. 마치 농협을 위해서 좋은 기회를 만들어 주었는데 무얼 꾸물거리느냐 하는 투가 역력했지만, 한국종합화학과 아그리코 사이의 주식인수계약을 보면 그쪽의 서두르는 사정이 이해될 만도 하였다. 과거 어렵던 시절의 불평등계약의 전형이었다. 25%의 투자지분에 대하여 경제적 적정보상은 물론이고 아예 경영권을 100% 보장한 계약이었다. 웬만큼 중요한 사항의 처리에는 반드시 아그리코 측의 동의가 있어야 했다. 1975년 체결 당시 우리의 입장이 얼마나 어렵고 다급했던가를 되새겨보게 하는 일이지만 이제는 벗어날 때도 되었다 싶었다. 이러한 한국 측의 소망에 대하여 아그리코는 세금 공제 후 1억 달러를 요구하면서 3월말까지 한국 측이 이를 수용하지 않으면 국제시장에 매각하겠다는 으름장으로 협상에서 유리한 고지를 점령한 형국이었다.

그러나 간절하고 급하다고 해서 무조건 따라갈 수는 없는 일이었다. 우리는 당시의 고정자산 취득기준에 의거해서 이를 마지노선으로 정했다. 이는 세금 포함 7,000만 달러로써 아그리코의 요구와 매우 큰 차이가 나는 안이었다. …가격문제에 관한 한 요지부동으로 나갔더니 드디어 농협실무진은 규정만 앞세우고 국가적 이익은 아랑곳 없이 면책에만 급급하다는 힐난성 질책과 함께 회장에 대한 압박(?)과 군출신 부회장을 통한 은근한 압력(?)을 시도한다는 느낌을 강하게 받았다. …드디어 3월말 경에 감정가격을 기준으로 하는 협상이 열렸다. 다만, 이 거래에 부수하여 한국정부에 납부해야할 세금을 한국 측에서 부담하라는 것이었다. 아그리코가 면세혜택을 노려 멕시코 국적의 서류 상 회사를 설립하고 이 회사가 남해화학에 투자하는 형식을 취했었는데 남해화학 주식을 파는 대신 이 회사 자체를 매각하게 되면 세금을 물지 않는다는 것이 그 요구의 근거였다. 우리 쪽에서 보면, 우리 나라 감정기관이 평가한 자산가치 만큼만 대외에 지불하는 것이므로 적정하지 못하다고 우길 수 없는 분위기였다.[24]

이렇게 하여 1990년 6월 27일 농협중앙회와 아그리코 사이에 주식매매계약이 체결되었다. 그리고 대금지급과 주식인수를 끝낸 후인 7월 11일에 농협중앙회가 참석한 최초의 주주총회가 열렸다. 그러나 남해화학의 아그리코의 지분 인수는 경영참여를 운운하기엔 민망할 정도의 단순한 주식인수에 불과하였다. 농협은 아그리코와 전혀 다른 차원의 경영참여 보장과 금융전속거래를 요구하였지만 한국종합화학이 이를 일언지하에 거절하였던 것이다. 감사선임권이 있었지만, 이 또한 농협의 이름으로 농림수산부가 지명하는 식으로 이뤄졌다.

그 6년 뒤인 1996년 11월, 정부투자기관 민영화 방침에 따라 남해화학 경영권을 농협에 양도한다는 정부의 발표가 나왔다. 그러나 농협과 한국종합화학간 매각대금에 대한 입장차가 커 합의점을 찾지 못했다. 이듬해인 1997년 12월 종합화학이 3천억원의 매각대금을 제시하였으나 농협은 2천억원 선을 고수해 협상은 더 이상 진전을 보지 못하였다. 1998년 3월, '국민의 정부'로 정권이 바뀌면서 공개입찰을 통한 민영화 추진계획이 발

---

24) 고현석, "남해화학 경영참여", 농협중앙회 앞의 책, 153~155쪽

표되었다. 그러나 7월에는 농협과의 수의계약으로 다시 방침이 바뀌었고, 3천억원 가운데 1천억원은 일시불, 잔액 2천억원은 4년분할 납부방안을 제시하였다. 이에 농협은 매각대금의 비료계정과의 상환 연계방안을 제시함으로써 인수협상은 급진전돼 1998년 8월 10일 남해화학 인수협상이 최종 타결되게 되었다. 정부는 남해화학의 매각방식과 관련하여 매각대금을 3천억원으로 결정하되 우선 농협이 1천억원을 현금으로 지급하고 나머지 2천억원은 현금지급 다음해부터 매년 5백억원씩 정부가 농협에 지급해야 하는 1조4천억원에 달하는 비료계정 입체금과 상환을 연계한다는 방안을 발표하였다.

이러한 결과는 국내 최대의 종자회사인 흥농종묘가 멕시코계의 세미니스사에 매각되는 등 종자시장이 사실상 외국자본의 지배를 받게 된 상황에서 국내 비료시장의 65%를 차지하는 남해화학은 반드시 지켜야 한다는 인식아래 농림부가 농협의 인수를 적극 중재한데 따른 결과였다. 농협으로서는 IMF에 따른 경제불안과 금융기관의 구조조정의 여파로 3천억원에 달하는 인수자금의 부담이 컸지만, 농민을 보호하기 위해서는 인수를 포기할 수 없다는 의지와 함께 1조원이 넘는 자금이 정부의 비료계정에 묶여 오랫동안 상환 받지 못하는 상황을 종합적으로 감안하여 인수를 결정하게 되었다.

농협의 남해화학 인수는 국내 비료산업을 생산자 단체인 농협이 주도함으로써 그 동안 공급자 중심으로 이루어져 온 국내 비료 수급 및 가격 구조를 소비자인 농민실익 중심으로 바꾸는 획기적인 전기를 마련한 것이었다. 즉 농협으로서는 비료의 생산에서 농가공급까지 일관체계를 구축하게 됨으로써 국내 민간기업이나 외국기업 매각에 따른 비료의 수급 및 가격 불안 우려에서 벗어날 수 있게 되었다. 그러나 농협은 이제 남해화학 인수로 농민에 대한 비료의 적정한 가격의 안정적 공급이라는 근본적인 목적에 부합하는 운영을 해내야 하는 과제를 안게 되었다.

전남 여수 60만평의 대지 위에 1974년 5월 설립된 남해화학은 복합·요소비료 등 비료생산 능력은 총 202만 톤으로 국내 비료수요량의 65%를 차지하고 있으며 암모니아·황산·질산·멜라민 등 기초 및 정밀화학제품의 생산능력은 연간 235만 톤에 달한다. 남해화학은 1995년 3,793억 원, 1996년 4,028억원, 1997년 4,750억원의 매출액을 기록하는 등 최근 꾸준히 매출이 증가하고 있으며 1995년 이후 매년 1억 달러 이상 비료 및 화학제품을 수출해오고 있다.

제6장 농협, 다시 도마 위에 오르다

감사원 감사결과로 시작된 1999년의 농협 사태는 농협이 농민의 농협으로 거듭 태어나기 위해 오랜 기간에 걸쳐 묵묵히 쌓아올린 농민 조합원과 국민에 대한 신뢰를 하루아침에 무너뜨리는 엄청난 충격을 안겨 주었다. 1998년도 고객들이 선정한 가장 신뢰하고 서비스 좋은 은행중의 하나로 손꼽혔던 농협은 어느새 '부실덩어리' '비리의 온상' 이란 원색적인 수식어가 따라붙었으며, 농협은 한마디 항변도 하지 못한 채 언론으로부터 농민을 희생한 파렴치범으로 여지없이 매도되었다. 이를 계기로 농협 등 협동조합에 대한 구조개혁은 불이 붙었고, 농·축·임·삼협 통합 문제는 제어할 수 없는 급류 속으로 빨려들고 말았다.

1. 1999년 농협 사태 전말

폭풍 전야의 작은 불빛

"선배님, 이 기사 보셨어요?"

점심을 마치고 잠시 신문을 뒤적이고 있는데, 후배 오기자가 기사 한 꼭지를 내밀었다.

"무슨 기산데?"

기사는 한겨레신문(1999.2.4)에 실린 '노트북을 열며'라는 기자수첩으로 제목은 '농·축·임·삼협 개혁 물 건너가나'였다. 순간 내 식물적 감각이 풀잎이 이슬을 털어내듯 꿈틀거렸다.

1998년 7월경, 김성훈 농림부장관이 '8월말까지 각 협동조합별로 개혁안을 확정하여 9월말까지는 협동조합의 공동안을 제출해달라'는 언급이 있은 후로 해를 넘기도록 이렇다할 기사를 접하지 못한 가운데 나온 기사였기 때문이었다. 어찌 보면 이상하다 할 정도로 조용했었다. 그래서 내 촉수에는 늘 폭풍전야의 팽팽한 긴장감이 서려 있었다. '올해는 농협 개혁의 해'라는 금감원장의 언급이 새해초 없었던 것은 아니지만, 그렇게 심각하게 받아들여지지 않았던 터였다. 기사는 이렇게 시작하고 있었다.

"통신과 교통이 발달되고 있는 현대에 농·축·임·삼협이 왜 따로 구분돼 있는지 의문이다." 지난해 6월 김대중 대통령이 '국정 과제 추진상황 점검회의'에서 했던 말이다.

그런데, 기사의 서두가 내 마음을 걸고 넘어졌다. 하필이면 대통령의 말을 물고 들어갔기 때문이었다. 이어 문민정부의 농협개혁 실패를 예로 들면서 국민의 정부도 100대 과제로 선정하고 1998년 10월까지 개편안을 마련하기로 했는데, 정권 출범 1년이 다 되도록 '미완'에 머물고 있다며 꼬집었다. 그런 뒤 개혁안 마련이 늦어지는 이유를 농림부, 국회 등 관계자들의 자극적인 멘트로 연결시켜 놓았다.

"자율적인 조직인데 어떻게 정부가 이래라 저래라 할 수 있나."
"통합을 했을 경우 어떤 이익이 농민들에게 오는지 정확히 설명하지 못한다."
"농·축협이 정부의 기능을 대신하는 부분도 있다."
"농조 통폐합 때도 장관의 사생활 문제까지 도마에 오르는 등 한바탕 난리를 치렀는데 협동조합은 그보다 10배 정도는 시끄러울 것이다."
"후유증이 매우 클 것이기 때문에 모두가 부담스러워하고 있다."
"개혁주도 핵심세력 상당수가 협동조합(의 로비와 반발)에 넘어가 있는 것 같다."

그러면서 "그렇다면 위원회를 만들어 개혁방안을 마련하고, '자율조직'인 협동조합에 합의안을 도출하라고 농림부 장관이 지시까지 했던 것은 모두 쇼였다는 셈이냐"며 몰아 부쳤다. 그런 다음 "협동조합은 그야말로 엄청난 로비기관이다. 특히 국회의원들은 협동조합에 약할 수밖에 없다. 문민정부 시절인 지난 1994년 국회는 정부가 내놓은 협동조합개혁법을 '신용·경제사업 분리'라는 핵심내용을 뺀 채 통과시킨 적이 있다"며 주의를 환기시켰다.

기사는 여기에 그치지 않았다. "농촌출신 의원들의 경우 협동조합 문제라면 고개부터 절레절레 젓는다""더구나 내년 총선을 앞두고 어느 간 큰 의원이 협동조합 개혁을 주장하겠느냐""협동조합들은 청와대부터 농림부 주사까지 모두 선을 대고 있다""농협에는 재경위 농림해양위 소속 의원들은 물론이고, 농민단체를 담당하는 부서도 있다"는 등 농협에 대한 일반의 부정적인 인식들을 인용 멘트로 동원했다.

"사정이 이렇기 때문에 정부당국의 강력한 의지가 더욱 중요한 것"이라며 "지난 1994년 농어촌발전위원회 위원으로서 협동조합의 신용·경제사업 분리를 지지했던 김성훈 장관의 '역사적 결단'을 기대해본다"며 장관의 자존심까지 들먹였다.

둔탁한 망치에 머리를 맞은 듯, 나는 기자의 논리에 한동안 멍하니 허공을 바라보아야 했다. 그 때 내 머리를 번개처럼 스쳐간 것은, 어쩌면 이 기사가 농협 개혁에 어떤 작용을 할 지도 모른다는 막연한 생각이었다. 그리고 그 생각은 오랫동안 내 머리를 떠나지 않고 맴돌았다.

감사원 감사 결과에 경악하는 국민들

"농협 조합 48% 자본 전액 잠식" "돈 떼이고…직원은 흥청망청"
"끼리끼리 '협동' 하면 '눈먼 돈' 임자" "본업 대충, 돈 장사 집중"
"영농지원 뒷전, '돈놀이' 주력"

1999년 2월 26일자 조간 신문들은 일제히 농협 관련 기사를 경쟁하듯 대서특필했다. 기사대로라면 농협이 경영 부실로 금방이라도 문을 닫을 것만 같았다. 어느새 농협이라는 단어 앞에는 '부실덩어리' '비리의 온상' 등의 원색적인 수식어들이 따라 붙었다. 국민적 신뢰를 쌓으며 국내 최대의 예금 수신고를 자랑하던 농협이 하루아침에 나락으로 떨어지는 순간이었다.

"사회 전체가 경제위기 극복을 위해 아우성인데, 농협만 방만한 경영을 일삼고 있었다니 말이 되느냐?"
"어려운 농민들을 생각해서 그동안 믿고 거래를 했는데, 농협이 이럴 수 있느냐?"

국민들은 믿는 도끼에 발등 찍혔다는 식의 배신감과 분노의 화살을 농협에 쏟아부었다. 농민들마저 농업 실패의 잘못이 모두 농협에라도 있는 양 흥분을 감추지 못했다. 그도 그럴 것이, 감사원 감사 결과에 대한 언론 보도는 한마디로 충격적이었다. 관련기사들은 대부분 크게 부풀려지거나 문제의 일면성만을 지적한 단편적 보도여서 누가 보더라도 기사만으로는 농협의 방만한 부실경영에 경악과 분노를 나타내지 않을 수 없었다.

- 조합원 돈을 대기업에 떼였다 — 농협이 안고 있는 가장 고질적인 문제는 신용사업부문의 부실규모가 너무 크다는 것. 농협은 농민 도시민 등의 예금으로 조성한 돈을 대기업의 사업확장에 빌려주거나 지급보증을 서 줬다가 무려 9천억대의 거액을 떼였다.

청와대는 즉각 농협에 대한 강도 높은 개혁 조치가 이뤄질 것임을 시사했다. 이제 농협에 대한 개혁은 브레이크를 걸 수 없는 급류 속으로 휘말려들고 있었다.

악의에 찬 언론 보도

각 언론의 기사들은 유례 없이 강한 톤이었다. 일부 신문은 악의적이라 할 정도로 표현이 원색적이고 자극적이었다.

"농협 총체적 부실, 농민엔 '상전', 기업엔 '봉'"
"'흑심(黑心)'이 '농심(農心)'을 갉아먹고 있다."

"농민 외면하고 돈 장사…부실위기 자초, 방만한 기업대출·보증, 전국서 6천
억 떼여…상여금 남발"
"농민 외면 부실경영 적나라하게 드러나"
"농민들은 외면하고 재벌기업들의 사금고로 전락"
"주먹구구식 재벌대출"
"부실과 방만 경영의 표본이라는 지적을 넘어 부조리와 비리의 복마전"
"방만한 운영과 농민 위에 군림하는 자세로 일관, '농심(農心)'을 멍들게 한
'거대 공룡'"
"농협의 대대적인 수술 없이는 자체 존립이 어렵고 정부의 재정자금만 축내는
사태가 지속될 것"
"부실기업 뺨치는 '멋대로 운영'"

이어 언론들은 사설과 특별기획 기사를 통해 농협은 부실덩어리이고 비리의 온상임을 확인시켜 나가려 안간힘을 썼다. 3월 3일자 '한국일보'는 "농심 갉아먹은 흑심, 대출·인사 전횡 '왕조합장'"이란 제목으로 단위조합의 비리와 부실 실태를 부각시키려 했고, 2월 27일자 '한겨레'는 사설에서 "방만한 운영으로 부실덩어리가 된 농협" "농협은 개혁의 무풍지대" "내부가 부실로 곪아 가는데, 외부에는 건실한 금융기관으로 비쳤다" 등 원색적인 문장으로 사안을 극대화시키려 했다. 3월 2일자 '대한매일'은 "농협은 농민의 기관인가, 농민 위의 기관인가. 농민들은 서슴없이 후자를 택한다. 농민들이 스스로를 돕기 위해 만든 기관이건만 어느새 농민들이 도와야 하는 기관이 돼 버렸다"며 일방적 결론을 내리는가 하면 "구조적 비리를 척결하기 위해서는 중앙회 임직원들에 대한 대검의 집중수사와 함께 전국 지검 지청과 유기적인 공조체제를 유지하여 개별 단위조합까지 수사를 동시적으로 확대할 필요가 있다고 본다. 또한 적색거래처 대출, 과다한 퇴직금 지급 등의 부실 경영에 대해서도 형법상 배임죄 적용을 포함한 사법적 책임도 엄정하게 물어야 할 것"이라며 검찰의 강도 높은 수사를 앞장서 촉구하기도 했다.

그중에서도 3월 6일자 '대한매일'의 '농협 문어발식 사업실태'라는 제목의 기사는 농협을 매도하기에 급급한 나머지 농협이 적자를 보면서 환원사업 차원에서 벌이는 각종 사업들까지 '장사' 운운하며, 농협이 해서는 안될 사업인 것처럼 부정적 시각을 유도했다.

낮에는 은행원, 밤에는 장의차 운전사. 공룡조직 농협 구성원들의 면면은 천차만별이다. 국제금융의 첨단을 걷는 외환 딜러가 있는가 하면 허름한 옷차림의 주유소 종업원도 있다. 이 때문에 농협 직원들은 자신들이 은행원인지, 영세사업장 종사자인지 헷갈릴 때도 많다고 한다. 무분별한 사업 확장욕이 부른 결과다.
• 지역조합은 잡화상 - 지역조합을 찾으면 웬만한 의식주 문제는 거의 다 해결된다. 이른바 '이용사업'이라는 명목으로 이것저것 벌여놓은 사업이 많기 때문이다. 지난해 말 현재 전국 1,249개 지역조합 중 214개 조합이 주유소를 세워 기름장사를 하고 있다. 가스판매소와 가스 충전소를 차린 곳도 187개에 이른다. 예식장 임대는 기본이다. 따로 건물을 세우지는 않지만 조합 본소 건물을 임대해 이용료를 챙긴다. 상을 당한 농가에 관과 수의, 영구차를 팔거나 빌려주는 장제사업과 조합이 소유하고 있는 트랙터나 콤바인 등 대형 농기계 임대사업도 있다. 일부 조합은 외식사업에도 진출했다. 밥을 지어 학교 등 단체에 급식해 수익을 올린다. 해당지역 상인들 입에선 "농협 때문에 망할 지경"이라는 말마저 나온다.

이처럼 악의에 찬 언론보도로 농협은 순식간에 만신창이 조직으로 전락하고 말았다.

분노하는 농협 임직원들

"해도 해도 이건 너무 심하다. 아무리 그렇다고 마구잡이로 협동조합 전체가 부실과 비리의 온상인 것처럼 매도할 수 있느냐"

감사원 감사결과에 착잡한 심정을 드러내던 농협 임직원들이 연일 쏟아지는 언론의 보도에 분노를 나타내기 시작했다. 1999년만 해도 3천6백여 명의 중앙회 직원들과 1만여명의 지역조합 직원들을 조기 퇴직시키는 등 자체적으로 뼈아픈 구조조정을 해오고 있는 농협직원들로서는 허탈해 하지 않을 수 없었다. 숱한 역사적 질곡 속에서도 오직 농민과 국민들의 신뢰를 얻기 위해 묵묵히 인내해온 농협인들이었기에 그 허탈감은 더욱 큰 것이었다.

일부 직원들은 취재 온 기자를 붙잡고 "한번 얘기해보자" "농협이 부실 덩어리처럼 비쳐지는 게 너무 억울하다" "농협은 아직까지 부실 문제로 국민의 세금을 지원해달라고 한 번도 정부에 손을 벌린 적이 없다. 그러니 부실 경영으로 외국 금융기관에 팔리고 수 조원의 정부지원을 받은 시중은행에 비하면 농협은 그래도 경영을 잘 한 것 아니냐?" "어떻게 단편적 시각으로 그렇게 일방적으로 매도할 수 있느냐"며 울분을 터뜨렸다.

그런 와중에 비교적 균형감각을 가진 글이 신문에 게재돼 농협인들의 공감을 샀다. 충북대 성진근 교수는 한국일보 3월 5일자「시론」을 통해 "그 동안 어려운 농촌경제를 지탱해온 버팀목이 농협"이었고 "IMF이후 악화된 금융환경 속에서 대부분의 금융기관이 줄줄이 적자를 기록하는 가운데서도 농협은 정부지원 없이도 흑자를 실현했다"면서 농협을 볼 때 "나무와 숲을 모두 관찰하는 냉철함이 있어야 한다"고 꼬집었다.

또 부실경영 문제에 대해서는 "농협이 총 여신규모 중에서 부실여신이 차지하는 비율이 금융기관 중 최저수준이라는 사실에 눈길이 미쳐야 하"며 지급보증문제는 "시중은행의 취급규모보다 현저히 낮은 수준이어서 '과도한'이란 표현이 적절한지 생각해 봐야 할 것"이라고 언론의 편향된 보도를 질타했다.

성교수는 또 농협은 금융당국의 적립기준을 훨씬 초과하는 대손충당금을 적립하고 있으므로 여신 건전성의 토대는 마련돼있고, 과도한 수준의 급여나 명예퇴직금 문제도 경쟁력 있는 인력의 확보라는 측면에서 경쟁관계인 일반은행과 비교해서 이 문제를 통찰해야 한다고 강조했다. 서울 양재동과 창동물류센터의 소매기능 비중이 높다는 지적에 대해서도 막대한 자금을 투입한 물류센터가 야간에 도매기능만 수행한 채 주간에는 놀려진다면, 시설과 인력의 낭비는 결국 농산물의 물류비용만 높여서 소비자나 생산자의 손실로 귀결되지 않느냐고 반문함으로써 부풀려지고 왜곡된 보도에 답답해하던 농협인들의 속을 시원하게 해주었다.

검찰 수사와 원철희 농협 회장 사임

"농협은 몸집이 커질 때로 커진 상태다. 누구도 섣불리 손을 대지 못한다. 이젠 정권 차원에서 다뤄야 한다. 그것도 '독심'을 품지 않는 한 농협의 개혁은 어렵다." 거대 공룡, 농협을 바라보는 농림부 현직 간부의 말이다.

정부의 강박강념이 여지없이 표출된 위 기사는 정부가 농협에 얼마나 '독심'을 품고 있는지를 미루어 짐작할 수 있게 했다. 검찰은 감사원 감사 결과 발표 이틀만에 원철희 농협회장과 송찬원 전축협회장을 출국금지 시키고 강도 높은 내사에 들어갔다. 수사의 초점은 부실 대출 및 대출관련 금품수수 비리를 비롯해 △농축산물 유통 등 조합 경영상의 비리 △조합장 선거 및 임직원 채용·승진 관련 비리 △분식결산 등 허위보고 △기타 임직원의 개인비리 등에 맞춰졌다.

이 와중에 원철희 농협회장이 사임을 표명했다. 원회장은 "최근 발표된 감사원 감사결과로 국민과 농업인들에게 물의를 일으킨 데 대해 책임을 지고 물러난다"며 2월 28일 심야 임원회의에서 사퇴의사를 밝혔다. 이로써 1990년 직선제 도입 이후 선출된 협동조합 중앙회장으로 수협 홍종문 회장(1990년, 선거비리), 축협 명의식 회장(1993년, 뇌물비리), 농협 한호선 회장(1994년, 비자금조성), 수협 이방호 회장(1994년, 외환금융사고), 축협 송찬원 회장(1998년, 뇌물비리)에 이어 여섯 번째로 불명예스럽게 물러나는 회장이 되었다. 원회장의 사임에 대해 3월 1일자 국민일보는 "물론 사퇴의 직접적인 원인은 감사원 감사결과에서 드러난 조직의 파행운영 때문이었다. 이에 김대통령은 김성훈 농림부장관에게 농협에 대한 종합대책 마련을 지시했고, 이때부터 원회장의 퇴진이 거론된 것으로 알려졌다. 여기에 김대통령이 취임 직후부터 강조한 농산물 유통구조 개선대책의 성과도 당초 기대에 비해 미흡했고, 인원정리 등 구조조정 과정에서 내부의 진통과 반발에 적절히 대처하지 못했다는 것도 퇴진의 요인이 된 것으로 보인다"고 분석했다.

3월 1일 오전, 농협중앙회는 긴급 이사회를 열고 회장 사임에 따른 후속 대책을 논의했다. 이내수 회장직무대행 주재로 '비상수습대책위원회'가 구성되었고, 새 회장을 3월 19일에 선출하기로 확정하였다.

음모론 등 설왕설래

감사원 감사결과가 검찰 수사와 원회장의 전격 사퇴로 이어지자 정치권에서는 농협에 대한 감사 및 수사 배경을 놓고 설왕설래가 오고 갔다. 정부가 추진 중인 협동조합 개혁의 '촉매제'라는 해석과 함께 총선을 앞둔 여권의 '길들이기'라는 '음모론'까지 등장했다.

이렇게 되자 언론들은 정부의 농협 개혁 작업에 의구심을 제기하였다. 중앙일보 3월 3일자 사설은 "개혁은 결과 못지 않게 그 과정도 올발라야 한다는 점에서 방향을 잘 잡아야 한다"며 "역대 정권도 비슷했지만 이번 사정을 보면 개혁과정이 수순이 있는 듯 싶다. 감사원의 감사-검찰수사-인사처벌-구조개혁이라는 절차를 밟고 있는 것이 그것이다"라고 꼬집고, "이런 도식화된 절차에는 다분히 의도적인 냄새가 짙고 그것이 비리 캐기에 치우쳐선 정말 곤란하다"고 지적했다.

3월 15일자 한국일보는 "만일 농협 개혁이 일각에서 제기되는 것처럼 정치적 목적에서 이뤄지거나 파워 게임에 따라 결과가 달라진다면 차라리 손대지 않느니만 못한 결과를 낳게 될 것"이라고 경고했고, 조선일보도 3월 10일자 사설, "농협 '음모론' 무슨 소린가"를 통해 이 문제를 거론했다.

'여권의 시나리오가 성공하면 농협중앙회뿐 아니라 단위조합장까지 정치권 눈치를 보게 될 것' '총선에 농협을 활용하려는 음모' '농협 사정에 정치색' '농협 길들이기'… 등등이 한나라당 쪽에서 제기하는 의혹들이다. 지금으로선 이런 말들이 과연 진실인지 어떤지를 가려낼 방도는 없다. …다만 간과할 수 없는 것은 그것이 진실이든 아니든 여·야가 그 문제를 정치적 쟁점으로 표면화 시켰다는 사실이다. …그렇다면 야당은 '음모론'을 뒷받침한다고 간주할 만한 자료들을 더 제시해, 자기 측 주장을 정당화해야 할 책임을 지고 있다. 그리고 여권은 야당의 주장을 대변인 성명식 반박이 아니라, 하나 하나 구체적으로 해명하거나 설명하는 방식으로 임해야 한다. 국민이 원하는 것은 정치적 수사학이나 장군멍군 입씨름이 아니라 실증적인 진상규명이다.

농협의 경영이 방만했고 대출비리가 있었으며, 돈장사에 너무 치중했다는 비판은 이미 오래된 것이며 그것이 사실이라면 개혁은 불가피하다. 그러나 그러한 문제점들은 실제로는 과거의 적폐이며, 최근 몇 년 사이에는 현저하고도 괄목할 개선과 시정이 진행되어 왔기 때문에 작금의 돌연한 파란은 아무래도 미심쩍은 데가 있다는 시각도 있다. 그렇다면 여·야와 당국, 그리고 신·구 농협 관계자들은 이런 논란이 이왕에 표면화된 이상, 자신들이 가지고 있는 모든 자료들과 '하고 싶은 말'들을 국민 앞에 모두 드러내놓기 바란다. 그리하여 농협개혁 작업이 오로지 순수하고 자연스러운 것인지, 아니면 거기에 어떤 정치적 '플러스 알파'가 얹혀져 있는지를 분명하게 따져 밝혔으면 한다. 농협사태… 정말 무엇이 어떻게 되었다는 것인가?

이처럼 언론에 음모설 등의 논란이 일자 농협중앙회 노조는 『동아일보』 3월 15일자에 "이제 진실을 말하겠습니다 - 농협 정치독립 선언문"이란 광고를 게재하였다. 농협중앙회 노조는 "1961년 창립이래, 정부는 농협을 단순한 정책대행기구로 삼아, 일거수 일투족에 대해 간섭하고 오늘날 농민과 국민으로부터 외면당하는 농협을 만들어 온 주범이었으며, 때가 되면 정권의 안보를 위해 농협을 임직원 마녀사냥터로 제공하고 농민 울분을 삭혀주는 장으로 활용해 왔다. 지금으로부터 5년전 김영삼 정부 하에서 농협의 한호선 회장은 비자금을 조성했다는 이유로 회장직에서 물러나 구속되었고, 5년이 지난 지금 또 다시 원철희 회장이 농협의 비리혐의로 회장직에서 중도하차하여 대검 중수부의 내사를 받고 있다. 정권의 실패! 농정의 실패! 농민의 실패! 그로 인한 농민의 울분이 어찌 농협 임직원들만의 잘못이라고 탓할 수 있겠는가?"라며 "3월 15일을 농협의 정치 독립일로 선언한다"고 밝혔다.

그러면서 "이제 우리 농협인은 더 이상 빼앗길 명분도, 지킬 자존심도, 명예도 없다. 연일 계속되는 검찰 수사와 언론의 왜곡보도로 가정과 이웃에 버림받았으며, 아내와 자식은 비리의 온상에서 자란 병든 식물처럼 남편의 직장, 아버지 어머니의 직장을 떳떳하게 밝히지 못하는 처지로 전락하고 말았다. 이에 우리 농협중앙회 노동조합 조합원 일동은 지금까지 자행해온 정부와 정치권의 모든 간섭으로부터 벗어나, 백의종군하는 각오로 농업협동조합의 정치독립을 다음과 같이 선언한다. △농업협동조합은 농업을 직업으로 하는 생산자들의 자발적인 결사체로서 농민조합원이 아닌 어느 누구로부터도 독립된 자율조직임을 선언한다. △우리 농협중앙회 노동조합 조합원 일동은 오직 농협의 주인인 농민조합원의 뜻에 따라서만 행동할 것이다. △우리 농협중앙회 노동조합 조합원 일동은 농협발전의 책임있는 주체로서 농민조합원의 자주적 결사체인 협동조합이 정치적으로 독립하여 자율적인 조직이 될 수 있도록 최선을 다해 농민조합원의 농협을 사수할 것이다. △우리 농협중앙회 노동조합 조합원 일동은 현재 농민이 아닌 정부, 정치권, 학계 등에서 독자적으로 진행하고 있는 정부 정치권을 위한 농협 개혁 논의를 거부, 즉각 중지해줄 것을 요구하며, 농민조합원이 주체가 되어 농협 개혁방안을 도출해 줄 것을 강력히 촉구한다"라고 결연한 의지를 표명했다.

구조개혁, 4개 협동조합으로 확대

한편, 감사원 감사결과 발표로 본격화된 농협의 개혁문제는 3월 1일을 기점으로 4개 협동조합으로 확대되었다. 검찰 수사도 농협 비리 문제에서 협동조합의 구조적인 적폐 개혁 쪽으로 발빠르게 옮아갔다. 청와대는 "지난해 농·수·축협 등의 통합과 구조조정 등 김대통령의 개혁 지시가 내부반발에 부딪쳐 무산된 바 있음"을 상기시키면서 "농협은 물론 수협 축협 임협 등에 대해서도 과거의 누적된 적폐가 있다면 단호히 척결해나갈 것"이라고 밝혔다. 감사원도 "앞으로 수협에 대한 특감을 추가 실시하는 등 4개 협동조합 전체에 대한 감사에 착수할 계획"이라고 밝혀 축협과 임협에 대한 감사에 이어 수협에 대한 감사도 조만간 착수할 방침임을 시사했다.

그런데, 원회장 출국금지 조치 등 검찰의 움직임이 언론에 비리사정 차원으로 비쳐지자 청와대는 즉시 "사정기관이 농협 비리를 사정차원에서 접근하고 표적수사 쪽으로 몰고 가고 있다"고 비판하고 "농협은 지난해 구조개선을 많이 해 여타 금융기관보다 부실채권 비율이 반 밖에 되지 않는다. 농협을 구조적으로 개선해야지 비리·표적대상으로 몰아 붙이는 것은 문제가 있다"고 수사의 각도를 잡아주기도 했다.

이러한 가운데 농림부가 "농협을 포함해 축협 임협 등 협동조합의 개편방안을 곧 확정하여 대통령에게 보고할 계획"이라고 밝혀 협동조합의 개혁안 마련이 급류를 탔다. 농림부가 생각하는 협동조합 개혁안의 일부가 관계자들의 입을 통해 언론에 조금씩 비춰졌고, 관련 협동조합들은 이들의 일거수일투족에 촉각을 곤두세웠다.

연말부터 농협에 대한 법인세 신고 납부와 원천세 징수상황을 조사하고 있던 국세청도 "그동안 협동조합들에 대해서는 특별세무조사 대상에서 사실상 제외됐으나 이번 협동조합들의 비리부문은 사안이 다르기 때문에 검찰조사가 끝나는 대로 특별 세무조사를 실시할 계획"이라고 밝혀 협동조합 개혁 합동작전에 마지막 주자로 합류했다.

축·임협 감사결과 발표

3월 3일에는 축협에 대한 감사원 감사결과가 발표되었다. '한보사태의 축소판' '농협보다 더 하다' 등의 혹독한 비판이 뒤따랐다. 축협은 대다수 축산농가들이 소 값 하락으로 엄청난 고통을 겪고 있는 상황에서 외국 쇠고기업자들과 직거래방식으로 수백 억 원 어치를 수입해 쇠고기 가격을 부채질했던 것으로 드러났는가 하면, 경영도 극히 방만하여 부실한 무역회사들의 수출환어음을 820만 달러 어치나 매입하고 특정기업의 부도를 막기 위해 260억 원을 대출하는 등 불량기업들과 거래를 하다가 약 690억 원의 부실채권을 떠 안은 것으로 밝혀졌다. 이런 부실경영을 축협은 분식결산으로 감춰온 것으로 밝혀졌는데, 감사원은 축협이 1997년 7억 원의 당기순이익을 남겼다고 결산했으나 실사 결과 614억 원의 당기 순손실을 기록하고 12월말 현재 출자금 967억 원에서 124억 원의 자본잠식이 이루어진 상태라고 지적했다.

임협도 정도의 차이는 있지만 운영상 적지 않은 부조리가 있는 것으로 나타났다. 임협은 산림청으로부터 116억 원을 지원 받아 68개의 시·군조합이 설치 운영하고 있는 임산물 직매장에 재정지원을 해왔는데, 상업성 여부를 면밀히 검토하지 않고 주먹구구식으로 지원대상을 선정함으로써 매장의 76%가 적자 상태에서 허덕이는 등 실효가 없었던 것 등이 지적됐다. 축협 감사결과에 대한 언론의 시각은 경향신문 3월 5일자 다음 기사에서 적나라하게 표출됐다.

감사원 감사로 드러난 축협의 경영난맥상을 보면 협동조합이 복마전이란 시중의 말을 새삼 실감케 된다. 최근 몇 년 동안 방만하고 부실한 경영의 실태를 숱하게 목격했지만 이번과 같이 총체적 문제점이 한꺼번에 노출된 적은 없었다. 허술한 경영, 축산농가를 외면한 사업경쟁, 임직원의 도덕적 해이 등 사기업에도 있기 어려운 부실과 비리가 얽혀 있어 충격적이다.

재경부와 금감원의 움직임

농림부가 협동조합의 개혁안을 청와대에 보고한다고 하자 재경부도 자체 안을 마련했다. 농림부와 재경부는 신용과 경제사업 분리안의 두 축이라는 점에서 특히 주목을 끌었다.

재경부는 농수축협의 구조조정을 위해선 궁극적으로 신용사업과 경제사업을 분리하고, 각 협동조합의 신용사업을 통합해 농어민을 위한 특수은행으로 만드는 것이 바람직하다는 의견을 밝혔다. 그러나 지금 당장 신용사업을 떼어낼 경우 중앙회와 단위조합간의 상호금융을 정리하는 것이 쉽지 않고, 경제사업에 대한 지원도 축소되는 등 파장이 크기 때문에 일단은 신용사업에 대한 금감원의 건전성 감독을 강화해 신용사업과 경제사업이 자연스럽게 분리되도록 유도하는 방안을 제시했다. 이를 위해 현재 농림부와 재경부에 걸쳐 있는 농수축협에 대한 감독권을 금감원으로 일원화하고, 상대적으로 느슨한 동일여신한도를 일반은행 수준으로 낮추는 등 감독을 철저히 해야 한다고 주문했다. 즉, 당장은 협동조합에 대한 감독권을 거머쥐고, 다음에 신용부문을 떼어 내겠다는 의중을 드러낸 것이다.

이에 대해 농림부 당국자는 "전문성을 유지하기 위해 통폐합은 검토되고 있지 않다"며 "신용부문을 독립시키려면 BIS(국제결제은행) 기준에 따라 1조원의 자금이 필요하기 때문에 현실성이 떨어진다"고 잘라 말했다. 그 뿐 아니라 "분리할 경우 추곡수매처럼 막대한 자금이 들어가는 유통 경제사업에 대한 농협의 자금지원이 불가능해진다"면서 "1998년 1조

8천억 원이 들어간 추곡수매자금의 절반 가량을 농협에서 지원했다"고 신용과 경제사업을 겸영하는 종합농협의 장점을 적극 두둔했다. 대신 "경제와 신용사업을 철저히 분리하는 독립사업부제를 통해 분리의 효과를 거둘 수 있다"고 강조했다.

이에 앞서 금감원은 2월 26일, "현재 협동조합에 대한 감독·검사권은 농림부와 해양수산부, 재경부, 감사원, 금감원 등으로 4원화 돼 있어, 책임소재가 불분명한데다 농·수·축협법의 독소조항으로 효율적인 감독검사가 불가능한 실정"이라면서 감사원의 감사결과 드러난 농·수·축협의 신용사업부문의 문제해결을 위해 농림부, 해양수산부 등 해당부처에 관련법 개정을 요구, 4월부터 이들 금융기관에 대한 검사 감독권을 금감원으로 일원화할 방침임을 밝혔다. 금감원은 현재 농·수·축협 신용사업부문에 대한 검사권을 갖고 있으나 감독권이나 제재권이 없는 데다 농·수·축협이 은행법 적용을 배제하고 있어 건전성 감독이 제대로 이뤄지지 못하고 있다는 주장이었다.

현행 농·수·축협법은 해당 기관의 특수성을 들어 은행법상의 자기자본 유지, 대손충당금 적립, 재무제표 공고 등의 건전성 핵심사항을 특수은행의 신용사업 부문에 적용하지 못하도록 규정하고 있기 때문이다. 그러나 이러한 금감위의 움직임은 "감사원 감사결과 등 일련의 사태가 재경부와 금융감독원의 시나리오가 아니냐. 경제사업과 신용사업 분리, 농협에 대한 감독 일원화를 위해 농협의 힘을 빼려는 포석이라는 주장" 등 언론으로부터 의혹을 사기도 했다.

농민들의 대출금리 인하 요구

이번 사태는 상호금융 금리인하와 연대보증제도 개선 등을 요구하는 농민들의 농협 점거 농성이 충남, 전북 등지에 번지고 있는 과정에 발생하여 농·축협의 입지를 더욱 어렵게 만들었다. 그러나 이는 이자율 문제, 부채 문제 등 농가경제가 극도로 악화된 상태에서 제기된 농민들의 요구를 농협이 너무 안일하게 받아들인 결과였다. 농협사업이 외형적으로 아무리 커졌다해도 그것이 곧 농민 조합원 개인의 복지로 연결될 수 없다는 점과 농협에 대한 농민 조합원들의 기대가 엄청나게 높아져 있는 현실을 농협이 제대로 인식하지 못한 결과이기도 했다.

전국농민회총연맹(이하 전농 또는 농민회) 소속 농민들이 "농가들이 부채로 허덕이고 있는 데도 농협은 시중은행보다 높은 금리로 대출마진을 챙기고 있다. 농협은 금리를 내리고 농민들이 체감할 수 있는 강도 높은 구조조정을 실시하라"며 지역의 농협을 점거하고 가장 먼저 농성에 들어간 곳은 서천군지역이었다. 결국 서천군지역 농협과 농민 조합원들이 신규 상호금융 대출금리를 현 14.5%에서 12.5%로 내리기로 합의함으로써 이러한 금리 인하 요구 농성은 전국으로 확대되었다. 충남 보령시, 논산시, 천안시, 아산시를 비롯하여 경남 거창군, 전남 나주시, 진도군, 장흥군과 강원의 횡성군, 철원군, 춘천시 등 전국 곳곳에서 같은 내용의 농협 점거 농성 사태가 발생하였다.

밑으로는 농민들로부터, 위로는 정부로부터 비판과 개혁의 대상이 됨으로써 농협은 항변 한마디 제대로 할 수 없는 어려운 입장에 처하게 되었다. 상황이 이렇게 되자 농협중앙회는 2월 28일 "최근 농민단체에서 요구한 대출금리를 연 12%대로 인하키로 했다"고 밝히는 등 사태 수습에 들어갔다. 이러한 농민들의 주장은 '농민의 농협으로 거듭나야 한다'는 언론들의 주장에 더욱 힘을 실어주는 계기가 되었다.

농협 예금 인출사태 심각

언론의 악의적인 왜곡 확대 보도로 농협은 엄청난 예금 인출사태에 시달려야 했다. 신문과 방송들이 연일 농·축협 중앙회와 단위조합을 거래하는 고객들의 불안심리를 자극했기 때문이었다. 특히, 단위조합 예금은 '정부가 보장해주지 않는다'는 부분을 '보장 자체가 안되는 예금'인 것처럼 보도하여 내용을 잘 모르는 일반 고객들을 더욱 불안하게 만들었다.

단위조합은 '은행법'이 아닌 '신용협동조합법'의 적용을 받기 때문에 단지 정부의 예금 보장은 못받는다 뿐이지, 법에 의한 중앙회 예치와 자체 안전기금 등 이중 삼중의 안전장치가 되어 있어 은행과 다를 바가 없었지만 이러한 내용은 거의 보도되지 않았다. 즉, 농협중앙회는 일반 은행과 똑 같이 1998년 7월 31일 이전 가입 예금은 2000년 말까지 정부가 원리금 전액 지급을 보장한다. 다만 8월 1일 이후 예치금은 다른 은행과 같이 2천만 원을 넘을 경우 원금만 보장하고, 오는 2001년부터는 은행과 같이 2천만 원까지로 그 보장한도가 줄어든다.

반면, 단위조합은 '신용협동조합법'에 따라 설립된 금융기관이어서 이들 예금은 법에 의해 예금의 10% 씩을 떼어 '상환준비예치금'이란 이름으로 중앙회에 맡겨지게 되는데, 이 자금이 현재 5조5천억 원에 이른다. 또 다른 안전장치로 단위조합끼리 서로 어려울 때를 대비해 출연한 '조합상호지원기금' 5천4백억 원과 '예금자 안정기금' 1백50억 원 등 전체적으로 약 6조원의 예금자 보호기금이 준비돼 있었다.

사정이 이러했지만 대부분의 언론들은 이러한 기사를 보도하는데 인색했다. 나중에는 재경부까지 나서 예금보호에 문제가 없다고 공식 발표를 했는데도, 일부 방송과 신문은 계속적으로 불안감을 조성하는 기사를 보도해 농협 측의 극렬한 항의를 받았다. 언론의 보도가 이처럼 편파성을 띠자 각 영업점에서는 '농협 예금은 안전합니다' '단위조합의 예금은 예금자 보호제도에 따라 완벽하게 보호 됩니다' 등의 안내문을 붙여놓는 등 인출사태를 막느라 안간힘을 썼고, 안전 여부를 묻는 고객들의 전화문의에 진땀을 흘려야 했다.

감사원 발표 10일도 안되어 무려 1조원이 넘는 금액이 농협에서 빠져나 갔다는 기사가 보도를 탔다. 이렇게 전국적으로 예금이 뭉터기로 빠져나 가자 일부 조합들은 유동성 확보를 위해 대출금을 일부 회수하거나 신규 대출을 기피해 영농기를 맞은 농민들의 자금 조달에 차질이 우려되기도 했다. 예금 인출사태가 심각성을 더해가자 농사모(농업을 사랑하는 공무 원들의 모임)에서는 '농·축협에 저축하기 운동'을 전개하였다. 농·축협 예금 인출사태가 확대될 경우 영농자금 공급 등의 차질이 우려되었기 때 문이다.

농협 돈, 우체국으로 몰려

농·축협에서 무더기로 인출된 예금은 같은 지역에 있는 우체국 등으로 대거 몰려들었다. 농협사태 이후 불과 6일만에 우체국 예금은 무려 5천억 원 이상 늘어난 것으로 보도되었다. 3월 달만해도 2일 408억, 3일 1천 317억, 4일 989억, 5일 996억, 6일 920억, 8일 434억 원의 우체국 예금 이 늘었다고 정보통신부는 밝혔다.

그런데, 정부의 협동조합 개혁안이 처음 발표되던 3월 8일에는 정보통 신부 관계자가 "협동조합 중앙회와 일선 단위조합의 대대적인 통폐합으로 농촌지역의 금융서비스 불편이 예상된다"면서 "대출한도 확대와 체신보 험 가입한도를 늘리고 이자소득세 면제를 추진하는 등 체신금융 확대로 협동조합 통폐합으로 인한 농촌금융 불편부분을 보완하겠다"는 보도자료 를 내어 농협인들의 공분을 샀다.

그러나 농협예금의 우체국으로의 이탈은 농업금융의 흐름을 왜곡시켜 농민들에게는 결국 농업자금의 부족만을 부추길 뿐이라는 우려가 제기되 기도 했다.

화장실에서 웃는 손해보험사들

농협 문제가 연일 언론에 오르내리자, 손해보험사들은 화장실에 가서라도 웃고 싶은 심정을 나타냈다. 자동차 보험시장을 둘러싼 농협과의 한판승부에서 주도권을 잡을 수 있는 호기로 판단되었기 때문이다. 농협과 손해보험사와의 싸움은 1998년 말 농협이 농기계 전용보험을 만들기 위해 농촌형 자동차보험 시장에 진출을 선언하면서부터였다. 농기계 운행 중 발생하는 교통사고 등에 대해 배상하는 보험이 없기 때문에 농민들을 위한 자동차 보험사업을 하겠다는 것이 농협의 생각이었다. 이미 농민들을 위한 공제(보험)사업을 하고 있는 농협으로서는 당연한 생각이었고, 그래서 자동차 손해배상법 등 개정안을 이미 국회에 청원해 놓은 상태였다.

다급해진 손보사들은 급히 경운기·트랙터 등 농기계 사고에 대한 배상을 기본으로 하는 농가종합보험 상품을 개발해 금융감독원에 인가신청을 해 인가가 나면 곧바로 농촌지역에 대대적인 판촉활동을 벌여 시장을 선점하겠다는 전략까지 세워놓았다. 그리고 1999년 2월 농협의 자동차 보험 진출에 반대하는 대규모 집회를 계획하고 있던 차에 농협 사태가 터졌으니 기뻐하지 않을 수 없었던 것이다.

이와함께 농협을 비방하는 각종 불공정 행위도 전국에서 잇달았다. 경북관내 00생명 보험 모집인들은 농협 관련 언론 보도내용을 발췌하여 주민들에게 배포했는가 하면, 충남관내 00은행 00지점에서는 농협 관련보도에 자신들의 설명자료를 붙여 DM 발송하기까지 했다. 또 경남 관내 00우체국에서는 농협을 빗대어 우체국은 정부가 지급을 보증한다는 리후렛을 만들어 우체부를 통해 각 가정에 배포하기도 했다. 지역농협들은 이에 강력히 항의하여 사과문을 발송토록 하거나 해당 기관으로부터 재발방지 약속을 받아내기도 했다.

2. 항변과 해명, 그리고 반박

농협은 부실덩어리?

농협이 제역할을 하지 못한데 따른 자성으로 침묵하고 있던 농협 직원들은 연일 언론에 농협이 부실덩어리로 왜곡 매도되자 해명 자료를 만들어 항변을 하기 시작했다. 감사원 감사 결과가 발표되던 당시 농협 보유 예금은 중앙회 46조원, 단위조합 54조원으로 무려 1백조 원에 이르렀다. 단일은행으로 국내에서 가장 크다는 국민은행 수신고(50조9천억 원)의 두 배에 가까운 규모였다. 거기에다 농협은 1998년도 고객들이 선정한 가장 신뢰하고 서비스 좋은 은행중의 하나로 손꼽혔다. 당시 농협에 쏟아진 찬사들은 다음과 같았다.

- 전국민의 43%에 해당하는 1,625만 고객이 농협과 금융거래를 하고 있다. (1998.4.8 동아일보)
- 농협을 가장 신뢰하고 서비스 좋은 3대 은행 중 하나로 꼽고 있다.(월간중앙 WIN 1998년 5월)
- 실제 국민의 정부 파워엘리트들이 선호하는 3대 은행에도 농협이 포함되어 있다.(1998.4.24 매일경제)

• 정부와 지방자치단체도 농협을 믿고 나라 살림을 맡기고 있다.(전국 188개 공공기관 금융업무를 농협에서 전담 취급) 등

감사원 결과에 대한 직원들의 해명 자료는 언론에 배포되었고, '넷츠고' 토론실과 각 일간지 인터넷 독자투고란 등에 실리기도 했다.

3월 5일자 '매일경제'는 금감원의 자료를 바탕으로 '농협 자산건전성 은행보다 낫다'라는 기사를 보도했다. "98년 말 결산에서 농협은 경제사업 부분과 신용사업부분을 합산한 결과 총 372억 원의 이익을 올렸다. 경제사업 부분이 만성적인 적자를 보이는 것을 감안하면 예금·대출과 자산운용 등 은행업무상에서는 이 이상의 수익을 올렸다는 계산이다. …은행의 자산건전성 기준으로 적용되는 국제결제은행 자기자본비율(BIS)도 농협의 경우 1998년 말 현재 10.27%로 일반 시중은행 평균보다 높다"고 지적하고 "은행과 비교해 봤을 때 농협의 신용사업부분은 건전한 편으로 감사원 감사 결과가 농협의 취약한 부분을 부각시킨 측면이 있다"는 금감원 관계자의 멘트까지 인용 보도했다.

3월 9일자 기사에서는 "최근 부실로 곤혹을 치르고 있는 농협과 축협 중앙회가 자산 건전성 면에서는 양호한 것으로 나타났다"면서 "지난해말 기준으로 농·축협 중앙회의 고정이하 무수익 여신비율이 각각 5.5%와 3.5%를 기록, 한빛·조흥 등 6개 선발시중은행 평균인 8.6%를 밑돌고 있다"고 밝히고 또 "담보를 초과한데다 이자마저 3개월 이상 밀려 사실상 회수가 어려운 부실여신 비율도 농협은 총여신의 2.6%, 축협이 1.8%에 불과한 것으로 6대 시중은행 평균 4.0%보다 낮"고 "대손충당금 및 퇴직금 급여충당금 등 충당금을 적립하기 전 손익면에서도 농협이 8,667억원, 축협이 311억원의 흑자를 낸 것으로 나타나 평균 7,509억 원의 적자를 낸 6대 시중은행보다 양호하다"고 덧붙였다.

그러나 대부분의 언론들은 이러한 내용을 보도하지 않거나 외면한 채

농협이 곧 부도가 날 것처럼 호들갑을 떨었다. 파행적인 언론 보도로 농협은 금융기관으로서의 신뢰도에 엄청난 상처를 입었고, 이를 원상 회복하기에는 물적·인적으로 엄청난 비용과 시간을 요할 것이라는 우려가 제기되었다. 이러한 보이지 않는 손실은 결국 농민 조합원들의 몫으로 돌아가는 것이지만, 농협의 주인인 농민조합원들은 이러한 문제를 제대로 인식하지 못하여 임직원들을 안타깝게 만들었다.

〈미디어 오늘〉의 비평

이렇게 각 언론이 이해 당사자인 농협의 항변을 거의 보도하지 않자 3월 24일자 〈미디어 오늘〉은 언론의 편파적인 보도 행태를 특집 기사로 다루어 비평했다. "'농협 보도'에 '농협 목소리' 없다"라는 제목의 이 기사는 "농협의 경영부실에 대한 언론의 보도는 '균형의 묘미'를 살리지 못했다. 감사원의 발표문을 그대로 인용 보도했을 뿐 이해당사자인 농협의 항변은 거의 반영하지 않았다"고 지적하면서, 농협관련 언론보도 내용을 둘러싼 쟁점을 다음과 같이 정리 보도했다.

- 비리온상 — 중앙일보 3월 3일자. '농수축협 왜 이러나' 라는 제목의 기사는 "각종 특혜성 정책자금의 창구가 되다보니 각종 청탁과 뇌물로 돈이 엉뚱한 곳으로 흘러 들어가는 일이 비일비재했다"고 보도했다. 농협직원들이 농어촌구조개선자금 등 정책자금을 집행하면서 비리를 저질렀다는 지적. 농협측은 그러나 "농어촌구조개선자금은 행정기관에서 대상자와 지원규모를 결정하며 농협은 자금출납의 업무만을 담당해 비리를 저지를 여지가 없었다"고 해명하고 있다. 농어촌 구조개선사업 등 정책성 자금의 부실운영과 농협을 직접적으로 관련 지을 수 없다는 항변이다.
- 자본잠식 — 감사원은 농림부가 지난 97년 1,332개 회원조합 가운데 39개 조합이 결손상태이고, 17개 조합이 자본잠식 됐다고 공표했으나 실제로는 퇴직급여와 신용대손충당금의 부족 적립액을 결산에 반영할 경우 1,234(92%) 조합이

결손이고 647개 조합이 전액 자본잠식 상태라고 밝혔다. 모든 언론은 이를 그대로 인용 보도했다. 그러나 이 역시 반론의 소지가 있었던 항목. 지역조합의 회계 기준은 신용협동조합 규정에 따르게 돼 있다. 이에 따르면 대손충당금 및 퇴직급여금 충당비율은 각각 2000년, 2001년에 가서야 100%이상 반영토록 돼 있다. 감사원의 금감위 규정을 벗어난 잣대로 무리한 평가를 했다는 게 농협의 주장이다. 감사원의 한 관계자는 그러나 "신협은 상당수가 부실인 상태로 이 규정은 분식결산 등을 편법적으로 인정해주려는 것"이며 "정확히 회계를 하기 위해서는 오히려 100% 적용하는 회계의 원칙을 기준으로 해야 한다"고 밝혔다.

• 퇴직금 과다지급 — 농협직원들은 명예퇴직자에게 최고 월고정급여의 13년6개월에 해당하는 명예퇴직금이 지급됐다는 내용과 관련, 월 고정급여에 대한 구체적인 설명이 없이 보도돼 피해를 입었다고 항변했다. 월 고정급여는 기본급과 직책수당으로 구성돼 있을 뿐이어서 평균 임금의 1/3에도 미치지 못하는데 이에 대한 설명 없이 보도가 돼 13년 6개월치의 월급여 총액을 명예퇴직금으로 받는 것으로 비쳐졌다는 주장이다. 월고정급여의 13년6개월치는 평균임금의 4년치에 해당한다. 이에 대해 감사원은 "회원조합들이 명예퇴직금을 월고정급여의 최저 2년치에서 최고 4년치만 지급하는 것과 비교하기 위해 월고정급여란 표현을 사용했으며 월고정급여에 대한 개념도 기자회견에서 충분히 설명했다"고 밝혔다.

• 부실여신 — 대기업에 대한 과도한 지급보증으로 부실여신이 6,195억 원에 이른다는 내용에 대해서도 농협직원들은 시중은행들이 보통 3조에서 10조 규모의 부실채권을 받지 못한 것에 비한다면 농협이 부실화했다고 볼 수 없다고 주장했다. 농협은 수신고가 50조원에 이르고 자금운용 수단인 여신규모는 32조원, 원화대출만 해도 26조원이 넘는다. 부실채권이 원화대출금의 3%에도 미치지 못해 부실이라고 평가할 수 없다는 것이다. 언론들은 이를 두고 "경영이 극히 부실하다"고 평가했다. 그러나 지난 8일 금융감독위원회는 "농협과 축협중앙회의 자산건전성 현황" 자료를 발표하며 농협이 부실채권 비율 5.5%로 시중은행 평균 8.6%에 비해 낮은 수준이라고 밝혔다.

• 구조조정 사각지대 — 지난 94년도부터 97년도까지 4년간 976명을 명예퇴직시켰으나 같은 기간에 3,177명을 신규 채용해 구조조정에 역행했다고 보도했다. 이에 대해 농협중앙회 노조는 "높은 호봉의 직원을 명예퇴직시키고 인건비가 적게드는 신규직원이나 계약직 직원을 채용한 것이며 당시에는 사업확장기여서 신규사원이 필요했지만, 언론은 이 같은 내부사정을 반영하지 않았다"고

주장했다. 또한 이들은 지난해 초 840여명, 올해 초 3,600여명이 퇴사했는데도 이 같은 농협의 구조조정 노력에 대해서는 보도하지 않고 '구조조정의 사각지대'로만 몰아 붙였다고 지적했다. 감사원은 이와 관련, "명예퇴직 대상자들을 들여다보면 35세의 젊은 직원도 포함돼 있었다"며 "이를 보면 농협은 명예퇴직과 관련, 조직 효율화를 말하기는 힘든 입장"이라고 말했다. 중앙일간지의 한 기자는 지난해와 올해의 인원감축에 대해 "이를 알았더라도 농협의 전반적인 부실운영을 뒤집을 만한 결정적인 문제는 아니지 않느냐"고 반문했다.

• 적색거래처 신규대출 — 신용거래 불량자인 적색거래자들에게 대출해주는 잘못을 저질렀다는 보도에 대해서도 농협직원들은 항변하고 있다. 대부분의 경우 신규대출이 불가능한 사람이나 기업체에 대출을 한 것이 아니라 기존의 대출금을 갚지 못하는 기존 고객에게 대출을 갱신해준 것이라는 주장이다. 금융기관 신용정보교환 및 관리규약상 적색거래처에 대한 여신의 신규·연기·대환은 원칙적으로 할 수 없으나, 타금융기관에서 적색거래처로 규제한 사실이 없으면 해당 은행에서는 자체 판단에 따라 이를 처리할 수 있도록 하는 예외 규정을 두고 있다는 것. 이에 따라 농협은 지난해 기업 도산에 따른 실직으로 부도위기에 처한 고객이 많아 이들의 연체이자 부담을 줄여주기 위해 정상이자만 받고 연기 또는 재대출 해주도록 했다는 주장이다. 감사원은 이에 대해 "적색거래처 대출 모두를 문제가 있는 것은 아니지만 부실화의 요인이 될 수 있다는 점에서 지적했으며 대환대출은 법적으로 신규대출에 해당돼 '신규대출'이라고 표현한 것은 문제가 아니다"고 밝혔다.

정부도 종아리를 걷어라

'한겨레 21'('99.3.18)도 감사원 감사결과가 일면성을 띠고 있다며 비판했다. 이 기사는 '정부도 종아리를 걷어라'는 제목으로 '농협사태 마구잡이 여론몰이, 정부 정책실패 은폐 의혹, 협동조합 재편 경제사업 중심 돼야' 한다는 명쾌한 논리를 전개했다.

"감사원 감사결과를 계기로 '농가부채 경감 탕감'이 지지부진했던 이유가 전적으로 부실한 농협의 소극적인 태도 탓으로만 비치기 시작한 것은 더욱 큰 문제"라며 "정작 농가부채 해결의 열쇠를 쥐고 있는 정부는 쏙 빠져 있다. 사실 농민들의 꾸준한 요구사항인 영농자금의 금리인하는 농협만이 감당할 수 있는 성질을 띠고 있지 않다"고 지적했다. "지금의 상황에서 회원조합을 통해 농민들에게 대출되는 상호금융금리를 낮추려면, 농협중앙회가 회원조합에 '무이자 자금'을 지원해야 가능하다"고 말하고 "최근 농협이 정부의 압력에 못 이겨 상호금융금리를 14.5%대에서 12%대로 낮추기로 결정한 것도 중앙회의 무이자 자금지원을 바탕으로 깔고 있는 것"임을 상기시켰다.

따라서 "생산자를 위해 정부는 좀더 책임 있는 모습을, 협동조합 중앙회들은 자체 구조조정을 통해 자신의 물적 인적 자원을 경제사업 쪽으로 돌리는 노력을 기울려야 한다"면서 "시민사회의 자율적인 협동조합 개혁이 공공부문의 구조조정처럼 정부 주도의 '사람 자르기' 식의 구조조정으로 흐르지 않으려면, 경제사업 쪽으로 자원배분에 반대하는 조합 내 일부 기득권 층의 반발을 눌러야 할 필요가 있다"고 덧붙였다. 또 "농협은 그 동안 조합원인 생산자 이외의 비조합원을 대상으로 하는 여수신 등 신용사업에 무게중심을 두어왔다는 것을 부정할 수 없다"며 "정부가 도매시장에서 상인들의 경쟁을 부추기는 방향으로 '농산물 유통 및 가격 안정에 관한 법률'을 바꾸려 하고 있는데, 이렇게 되면 농산물 가격은 이들에 의해 멋대로 좌우될 것이다. 농협을 비롯한 협동조합은 경제사업 강화를 통해 생산자에게 안정된 가격을 보장하는 가격조절기구로 자리잡아야 한다. 농협이 생산자로부터 도매상인에까지 이르는 이른바 '산지유통'을 사실상 장악하는 게 필요하다. 정부의 강압에 못 이겨 무리한 직거래 사업을 벌이며 소매시장에까지 뛰어들고 있는 것은 포기해야 한다"고 충고하기까지 했다.

'협동조합은행' 설립 문제와 관련해서는 "협동조합은행에 대한 통제권을 확보하려는 정부 각 부처의 물밑경쟁"으로 해석한 뒤 "이런 정부의 움직임은 생산자들의 자율적 결사체라는 협동조합의 본질을 외면한 처사"라고 비판했다. 그러면서 "협동조합이 시민사회의 일부분이라는 점을 고려하면, 조합원의 출자금으로 설립되는 협동조합은행은 당연히 협동조합 내부의 통제를 받아야 한다는 게 학계와 농민단체의 중론이다. 협동조합은행 역시 예금 신용 등을 취급한다는 점에서 이들도 금감위로부터 일정한 '건전성 규제'를 받는 것은 필요하다고 한다. 하지만 이 경우에도 수익성보다는 생산자를 위한 공익성을 강조해야 하는 협동조합은행에 시중은행과 같은 자기자본비율 등을 적용할 수 있을 지는 따져볼 문제"라며 협동조합에 대한 이해부족을 꼬집었다.

KBS 1TV '심야 토론' 논란

KBS 1TV의 '심야토론' 프로에서도 부풀려진 언론보도의 후유증을 앓아야 했다. '농협개혁, 어떻게 해야 하나?'라는 주제로 1999년 3월 6일 저녁 10시40분부터 다음날 1시까지 생방송으로 열린 이날 토론회는 나형수씨의 사회로 최상호 농협대부학장, 조현선 경기 안성 고삼농협 조합장, 김정주 건국대교수(농업경제학), 안종윤 농림부 기획관리실장, 유상욱 전국농민총연맹 사무총장, 장종익 한국협동조합연구소 사무국장, 황창주 한농연 중앙연합회장 등이 참여했다.

그동안의 언론 보도를 감안할 때 이날 토론은 기본적으로 '농협=부실덩어리'임이 전제돼야 했는데, 죄(?)를 진 당사자들이 나름대로 근거를 대며 항변함으로써 토론 자체가 우습게 돼 버렸다. 사회자로서는 당시 언론에 대서특필됐던 '대기업 채권 부실' 문제와 '단위조합의 자본 잠식' 문제를 집중 부각시켜 시청자들의 공감을 얻은 뒤 그 여세를 몰아 농협의 전반적인 구조개혁 문제를 다루려 했던 것이 농협 측의 반박 논리로 목표물이 사라져버릴 상태에 놓였던 것이다. 더구나 최상호 부학장이 "어떤 사안을 평가하고 비판할 때는 사실 그 자체를 정확히 알고 객관적이고 공평하게 비판해야 한다"고 결정타를 날림으로서 사회자는 더욱 어려운 입장에 처하게 되었다.

토론은 결국 안종운 농림부 기획실장이 농협의 감사시점이 1997년 말이었다는 점과, 그 이후로 농협의 자체적인 노력에 의해 부실채권 부분은 많이 정화되었으며, 다른 은행들과 비교할 경우 농협의 경영상태는 매우 양호하다는 사실을 인정하고, 그러나 이 자리에서는 그런 문제보다는 농협의 구조적인 개혁 문제를 토론하는 것이 바람직하다는 귀띔을 해줌으로써 제자리를 잡을 수 있었다. 감사원 감사결과의 일면성만 갖고 농협이 이렇게 부실하니 개혁을 해야 한다는 식으로 논리를 전개했다가는 자칫 우스운 꼴을 당할 수 있음을 눈치 챈 사회자는 노련한 솜씨로 위기를 탈출해 나갔다. "그렇다면 농협에는 개혁할 것이 없다는 얘기냐?" "대기업에 대출만 안 하면 개혁은 안 해도 된단 말이냐?"는 식의 초강수 역공으로 토론자들을 물리적으로 제압해나갔던 것이다.

이처럼 토론의 초점이 분명치 않았으니 좋은 결실이 있을 리 만무했다. 일부 출연자는 농협 직원이면 다 아는 얄팍한 이론으로 코끼리 다리 만지는 식의 농협 개혁을 들먹였고, 또 어떤 참석자는 자신들의 단체를 비호하는 소아적인 모습까지 드러내 시청자들을 혼란스럽게 만들었다. 농협개혁을 위한 '심야토론'이 이처럼 씁쓸한 뒷맛을 남긴 채 끝을 맺자, 다음날 농협내 '하나로통신'에는 이를 비판하는 글들이 다수 올라왔다.

'내 작은 눈에 비친 세상 이야기'라는 제목 아래 실린 다음의 글은 당일 TV를 지켜본 사람이면 누구나 공감했던 글로 역작중의 역작이었다.

토론을 지켜보면서 나는 몇 가지 사실들을 확인할 수 있었다. 우선 토론의 목적이 그 무엇이든 간에 참가자들은 각자에 부여된 임무에만 충실하려 한다는 점이었다. 너무나 당연한 이야기일 것이다. 그 당연한 행동의 원인이야 각자 다르겠지만 순간 나는 한사람의 입장을 깊이 생각해 보고 싶어졌다. 여기서는 진행을 맡은 사회자의 경우를 말해 보겠다.

토론 서두에 그는 농협측 토론자의 발언에 상당히 당황하는 태도를 보였다. 당연한 것이 수많은 시청자들을 상대로 농협의 부실과 비리가 엄청나다는 것을 알려 시청자들의 열띤 관심을 끌어내고 그도 방송인으로서 이제까지 누려왔던 위상을 한껏 높이고자 했을 것이기 때문이다. 그런데, 어떤 사람의 표현처럼 점령당한 자가 오히려 부당한 침략군을 고발하려 들지 않는가? 사회자로서는 당황하지 않을 수 없었을 것이다. 순간 그의 머리 속에는 만감이 교차했을 것이다. 이대로 무너질 수 없다. 내가 무너지면 내 사랑하는 방송국과 내 위치가 불안해 질 것이고, 시청자들의 사랑이 밀물 쓸려가듯 사라질 것을 생각했을 때 그는 등골이 오싹했을 것이다.

그의 반응은 우리가 본 그대로였다. 그는 신과 같은 근엄한 목소리로 다그치듯 묻고 있었다. "그러면 농협은 개혁을 논할 필요도 없는 조직이라는 말이냐?"는 식이었다. 적절한 반격이었다. 그러나 그 반격 속에 숨겨진 처절한 심경과 그렇게 반격해야할 그의 위치가 내겐 안쓰러움마저 느끼게 했다. 너무나 당연한 이야기를 점령군의 목소리를 빌려 했기 때문이다.

도대체 개혁이 필요 없는 조직이 세상에 어디 있단 말인가. 당연히 농협도 개혁이 필요하고 아무리 세월이 흘러가고 상황이 변해도 정도에 차이는 있을지언정 개혁은 계속될 성질의 것이지 않는가. 이런 당연한 사실을 강한 어조로 상대를 제압해야할 무슨 이유가 있지 않았을까…. 그러나 그가 그렇게 반응할 수밖에 없었던 이유는 다른데서 찾을 수 있었다. 방송이 구체적인 주제를 갖고 토론을 벌이는 경우에는 특정한 대상이 희생(?)자가 되어주어야 한다. 때문에 상황이 다르게 흘러갈 위기에는 토론의 본질이 무엇이든 간에 그 대상을 제압하지 않으면 안 된다. 그것은 자신의 방송인으로서의 능력에 크나큰 흠집을 남길수 있는 상황이었기 때문이다. 이후의 결과는 대충 짐작이 갔다. 본인은 물론 그 동안 가족들이 누려왔던 상황에 많은 변화가 생김은 물론 방송사에도 적지 않은 타격을 줄 것이기 때문이다.

그런데, 이런 위기 상황에 대한 반전은 토론이 마무리되어갈 즈음 발생했다. 너무나 귀에 익은 말 잔치들이 계속되고 있을 때 멀리 우리의 착하디 착한 농민으로부터 구원의 목소리가 들려왔기 때문이다. "농협에 대한 이야기만 나오면 속에서 불이 나고 목이 메인다"는 내용이었다. 다행히 사회자는 이 말에 힘을 얻어 자신 있게 방송을 마무리할 수 있었고, 다소 편안한 마음으로 사랑하는 가족들이 있는, 그가 목숨과 같이 지키고자 하는 보금자리로 돌아 갈 수 있었을 것이다. 그에게는 참으로 다행스러운 하루가 된 셈이다.

〈하나로 통신〉에 쏟아진 농협인들의 절규

농협이 제역할을 하지 못한 점을 깊이 자성하면서 감정을 억눌러 오던 농협인들이었지만, 언론에 자신들이 농민을 희생한 '파렴치범'으로 매도되고 낙인찍히자 흥분을 감추지 못했다. "아빠 직장이 그렇게 나쁜 곳이야?"라는 자녀들과 "사람들이 손가락질을 하는 것 같아 마실을 못 나가겠다"는 아내의 눈물 섞인 말에 "농민을 위하는 마음 하나로 청춘을 농협에 바쳤는데, 하루아침에 비리조직으로 매도당하니 너무나 한스럽다"며 하나같이 직원들은 울분을 터뜨렸다.

왜곡된 언론보도에 농협이 사정없이 난도질당하자 농협 '하나로통신'에는 이러한 분노와 한이 섞인 농협인들의 글이 속속 올라왔다. "정권이 바뀔 때마다 비리의 온상이 되고, 정책에 대한 여론만 악화되면 에누리없이 사정의 칼날에 피를 흘려야 하는 조직이 있다면 그 조직은 도대체 어떤 조직이며, 그 조직에 몸담고 있는 구성원은 또 어떤 사람들인가"로 시작하는 '농협, 과연 죽여 마땅한 조직인가?'라는 제하의 글은 모든 농협인들에게 절규로 받아들여졌다.

…금융감독 전문가인 은감원 검사역과 농정감독 전문가인 농림부 감사관 수십 명을 대동하고 3개월 여에 걸쳐 본부와 지방 사무소들을 샅샅이 뒤졌고, 그 결과 "세련미는 떨어지지만 이만한 거대한 조직이 이만한 물량을 만지면서 이 어려운 시기에 이 정도 실적을 올리고 있다는데 놀랐다"고 했다. 적어도 강평하는 자리에서 내 두 귀로 똑똑히 들었다. 그런데, 3개월 여가 지난 어느 날 대통령께서 국민과의 대화를 마치고 주재하신 첫 각의에서 농림부장관에게 농협의 잘못된 점을 호되게 꾸짖었다는 보도가 나오자 그 즉시, 감사원이 기자들을 불러 돌린 자료에는 농협은 잘 한 일이라고는 눈꼽만큼도 없는 형편없는 조직이라 적었고, 이를 근거로 온 나라 신문과 방송은 농협문제로 시간과 지면을 물쓰듯 할애하더니 급기야 대검찰청 중수부에서 깨끗한 나라에 유일하게 썩어 있는 집단을 잘라 내겠다고 시퍼렇게 날이 선 칼을 들이댄다. (중략) 이러한 내용들이 타 은행 사례 또는 총 계수와의 비교 언급 없이 잘못된 금액만 공표 한다거나,

어떤 과정에서 나타난 것인지의 전후 배경 설명은 빼버린 채 그 분야에 전혀 생소한 일반 국민들에게 공표 되고, 이를 근거로 하나의 조직을 매장시키려는 일련의 과정이 바로 정부와 언론의 합작으로 진행되고 있다는 것을, 힘없는 소속원은 어디에다 하소연할 것인가…! (중략) 농협은 경영체인가? 아니면 운동체인가? 그것도 아니면 정부의 하부조직인가? 농가의 부채 탕감을 농협의 몫으로 치부하고, 경영은 아랑곳없이 상호금융대출 금리는 무조건 낮추어야 하며, 농민대출에는 보증인을 세우면 안 된다고 운동권이며 언론이 한 목소리를 낸다. 이러한 일은 국가 돈으로 유지 운영되는 정부기관이 아니면 도저히 감당할 수 없다. 존경하는 국회의원들은 국정감사 때마다 농협이 농민 아닌 기업이나 공무원들에게 대출을 해 주었다고 바람난 여편네 몰아세우듯 하다가 부실대출이 늘어난 것은 어찌된 일이냐며 직원을 돈 떼어먹는 놈 정도로 치부한다. 농협은 자선단체여야 하는가, 아니면 하늘의 계시를 받아 무엇이든 잘 할 수 있는 만능 선수인가? (중략) 덩치가 커서 때릴 곳 많아 좋고, 맞으면 펑펑 소리 크게 나서 효과 좋고, 맷집이 워낙 좋아 웬만큼 맞아도 끄덕도 하지 않으니까 부담 없어 좋은 농협이라지만 그 속에서 살아가는 조직원들은 각자 한 가정의 가장으로서, 권위와 자존심도 갖추어야 하는 남편이며 아버지임을 배려해 달라.…

원문을 옮기지 못해 논리에 다소 비약이 있을 수 있겠으나 대략 이런 내용이었다. 많은 직원들은 이 글에 동감을 표시했고, 너도나도 돌려읽기에 바빴다. 어디 하소연할 곳 없는 직원들은 이 글을 읽으며 속으로 울분을 삭혔다.

농협이 당면한 구조조정의 딜레마를 빵집에 비유한 글도 눈길을 끌었다. 농협이 처한 구조조정의 특수한 상황을 잘 이해할 수 있게 해주는 글이었다.

학교 주변에는 빵집과 독서실이 있게 마련이다. 어느 가게주인이 빵집과 독서실을 함께 경영하고 있다. 이 가게의 빵집은 매우 잘되는 반면 독서실은 그저 그렇다. 그렇다고 가게주인이 독서실을 홀대하고 빵집에만 전념하는 것은 아니다. 이 가게의 빵은 맛이 있을 뿐만 아니라 가격도 싸기 때문에 학생들로부터 인기가 높다. 그러나 독서실은 규모도 크고 시설이 좋아도 심드렁하다. 가게주인은 독서실을 중요시한다. 그래서 주인은 빵집에서 생기는 수익으로 독서실을 보조해 왔다.
　요즘 가게주인은 구조조정 압력을 받고 있다. 첫째, 빵집 때문에 독서실이 잘 되지 않는다는 비판을 받는다. 여론은 독서실을 위하여 빵집 규모를 줄이거나 아예 폐지해야 한다고 주장한다. 그러나 가게주인은 빵집이 있기 때문에 독서실이 존재할 수 있다고 생각한다. 이 가게의 독서실이 다른 독서실보다 규모도 훨씬 크고 시설이 쾌적한 것은 전적으로 빵집에서 생기는 이익을 전용하기 때문이다. 둘째, 소방당국이 화재예방을 위해 빵집과 독서실을 분리해야 한다고 주장한다. 빵집 주방장에서 화재가 나면 독서실로 불길이 번질 수 있기 때문이다. 그러나 빵집 주인은 안전하다고 생각한다. 방화시설을 안전하게 갖췄고 화재보험도 가입했으며 빵집 화재가 독서실로 번지지 않도록 빌딩을 특수설계 했기 때문이다. 셋째, 빵집과 독서실의 경영권을 제3자에게 넘겨주고 주인은 홍보에만 주력해야 한다는 주장이다. 그러나 주인은 생각이 다르다. 빵집과 독서실 경영의 중요한 결정을 대리인에게 모두 맡기면 모럴해저드를 막을 수 없기 때문이다. 주인은 또한 제3자에게 빵집과 독서실을 맡길 경우 독서실은 더욱 위축될 것이고 빵집은 더 번성할 것으로 믿는다. 두 사업간 의견 조정이 어려워 빵집에서 생기는 이익이 독서실에 쓰여지기 힘들 것이기 때문이다.
　요즘 농협의 처지는 빵집 주인의 구조조정 딜레마와 흡사하다. 신용사업으로 인해 경제사업이 홀대받기 때문에 신용사업을 줄이라는 소리가 높다. 빵집을 줄이면 독서실이 잘 된다는 주장과 같다. 금융감독 당국은 신용사업과 경제사업이 분리되어야 신용사업의 건전성이 향상된다고 주장한다. 빵집과 독서실을 분리해야 화재에 안전하다는 주장이다. 중앙회 회장의 권한을 신용과 경제담당 부회장에게 모두 넘겨줘야 모럴해저드가 줄고 전문성이 높아진다는 주장도 있다. 가계경영권을 빵집과 독서실로 나누어 제3자에게 넘겨주라는 주장과 같다. 빵집 주인과 농협이 이와 같은 구조조정 주장을 어떻게 처리할지 두고볼 일이다. 물론 그 영향은 농협은 물론 농업 및 농민들에게도 크게 미칠 것이다.

　'어느 농협직원의 글'은 농협인으로서의 자세를 새롭게 가다듬게 하는 다짐 섞인 호소가 담겨 있었다.

　여론의 빗발치는 비난 앞에 농협인의 한 사람으로서 심한 자괴감을 느끼며 '왜 이러한 결과가 초래되었으며 앞으로 어떻게 해야할 것인가'에 대하여 나름대로 생각해 보았다. 결론부터 말한다면 이번 사태를 계기로 우리 농협은 '국민과 농민의 사랑 받는 조직'으로 새롭게 태어나야 한다는 것이다. 우리는 너무 값비싼 대가를 치루었다. 우리가 그 동안 나름대로 노력하여 쌓아놓은 국민적 신뢰가 한순간에 무너지고 말았으며 한심한 조직으로 각인 되고 말았다.

우리는 사태의 본질을 정확히 인식하지 않으면 안 된다. 왜 농협은 국민적 지탄을 묵묵히 감수해야 하며 여론의 질타를 받으면서도 어느 누구로부터 옹호를 받지 못하는가. 우리가 제대로 일했다면 농민조합원이 우리를 감싸주며 '아니다. 무언가 잘못되었을 것이다. 농협이 우리를 위하여 나름대로 애를 많이 썼다'고 했을 것이다.

나는 여론의 지탄보다도 농협 앞에서 농협을 규탄하는 농민조합원을 보면서 더욱 큰 충격을 받았다. 이번 사태가 단순히 감사원의 감사결과 부실채권이 과다하다거나 직원의 급여가 높다는데 문제가 있다고 보지 않는다. 부실채권은 농협이 현재 가지고 있는 자산으로도 충분히 감당할 수 있으며 우리 직원들은 지난 몇 년간 임금을 동결해왔듯이 보다 낮은 임금을 받고 일할 각오가 되어 있다.

문제의 본질은 농협이 제 노릇을 다하지 못하였다는 질책과 채찍이며 '바른 모습으로 변하여 제 몫을 다하라'는 개혁의 요구인 것이다. 농민을 사랑하는 조직, 오직 농민조합원만을 바라보는 조직으로 거듭나는 길만이 우리가 치른 값비싼 대가를 보상받을 수 있는 길이 아니겠는가. 나는 농협이념의 숭고한 정신에 매료되어 농협인이 되었다. 경제적인 약자인 농민의 자주조직, 스스로의 힘을 모아 사업을 영위하고 거대자본으로부터 스스로를 보호하려는 자조조직 농협이 만일 제 노릇을 제대로 한다면 국민과 농민의 사랑을 한 몸에 듬뿍 받을 것을 확신한다. 우리가 가지고 있는 개인적 기득권이 걸림돌이 된다면 농민을 위하여 과감히 포기할 수 있는 대승적 자세를 견지해야 할 것이다. 협동조합의 숭고한 이념, 그 숭고한 정신으로 돌아가자!

이 밖에도 '넷츠고' 토론실과 조선일보, 한겨레 인터넷 독자투고란 등에 많은 글이 올라왔다. 일간지 독자투고란에도 농협을 비판하는 글, 농협의 입장을 대변하는 글 등 다양한 글들이 눈길을 끌었다.

농협 매도 방송에 농협인들 강력 규탄

농협인들을 특히 울분 터지게 한 것은 방송이었다. 3월 4일 16:00~

18:00, MBC 라디오 프로 '지금은 라디오 시대-이종0 · 최유0입니다'에서 진행자 이종0 · 최유0는 농협과 축협을 사오정에 비유하여 비꼬다가, 급기야는 단위조합에 예금한 사람들은 위험하다는 조로 비아냥거려 농협인들의 공분을 샀다. 방송 내용은 대략 이러했다.

('지금이 무슨 시대냐'고 묻는 아들의 넌센스 질문에 자신도 모르게 '라디오 시대'라고 대답했다가 아들로부터 사오정 취급을 받았다는 어느 여성 시청자의 글을 최유라가 코믹하게 읽고 난 다음)
"그런데 지금 무슨 시대라 그래야 돼요?"(최)
"(웃으며) 고성0(PD)씨 보고 물어봐요."(이)
"(웃으며) 저쪽도 사오정 아니에요?"(최)
"(웃으며) 축협시댄가 그럼?"(이)
"저기, 사오정을 잘 모르시는 어르신네를 위해서. 사오정이란 말씀입니다. 남의 말을 잘 알아듣지 못하고 엉뚱한 소리를 하는 사람. 예를 들면, 야 지금 몇 시야? 어 지금 엠비씨야. 이런게 사오정입니다."(최)
"아이, 해야 할 일이 뭔지 모르고 엉뚱한 일을 하는 사람도 사오정이에요."(이)
"그것도 사오정이지."(최)
"농협 축협이 대표주자로 지금 나섰다고…."(이)
"오호 대표 사오정이군요. 어쨌든 사오정의 의미라는게 그렇습니다."(최)
"자 오늘은요, 그래서 대충 짐작은 하셨을거에요."(최)
"(우려하는 조로) 세상에 그, 농협이나 축협이나 그 단위조합에 저금한 사람들 빨리 그 돈을 …아이고 참 나"(이)
"큰일났어요, 농협 믿고, 제일 안전한데라고 우리가 믿었잖아요 예."(최)
(이하 생략)

이 프로의 전국적인 인기도나 은행 거래와 농산물 구입을 주로 맡는 가정주부들의 청취율이 대단히 높다는 점에서 공신력을 생명으로 하는 농협에 미칠 파급영향을 생각해볼 때 엄청난 사건이 아닐 수 없었다. 방송 내용을 전해들은 직원들은 즉각 대응에 나섰다. 관련내용이 속보로 '하나로

통신'에 올려졌고, 전국의 직원들은 '초강경 대응'을 선언했다. 방송이 나가던 날 저녁 10부터 다음날 오후 2시까지 전국에서는 MBC방송사로 격렬한 항의 전화를 쏟아부었다. 일부 지역에서는 최유0가 광고 모델로 나오는 아기분유 '아기사랑'을 하나로마트에서 반품하고 즉각 불매운동에 들어가기도 했다.

다음날, MBC로부터 "제발 전화 좀 하지 말아달라, 사과방송을 내보내겠다"는 통보를 받고, 또 같은 시간대에 사과 발언이 이뤄짐으로써 사태는 일단락 되었다. "농협도 시중은행처럼 안전하다, 그리고 농협직원들에게 불편을 주었다면 죄송하게 생각한다"는 식의 형식적인 사과였지만, 방송에 농협 이야기가 자주 오르내리는 것 자체가 오히려 바람직스럽지 않을 수도 있다고 판단한 직원들이 항의를 종결한 것이다. 방송 결과는 생각보다 심각했다. 다음날 '하나로통신'에 올라온 다음 글은 그 심각성을 적나라하게 보여주었다.

    아파트 아줌마들이 농협수퍼(하나로마트)에 안 간데요, 썩어 빠진 농협×들이 파는 물건(농산물)을 어떻게 믿고 사느냐는 거지요." 어젯밤 아내가 들려준 이야깁니다. 저요? 할 말 없데요. 가슴만 답답하고요. 빠져나간 예금도 예금이지만 정말 중요한 것은 주부들로부터 불신을 받게 되었다는 사실입니다. 우리 농협, 주부들에게 외면 당하면 살아남지 못합니다. 어떤 이는 시간이 지나면 잊게 마련, 괜찮아 지겠지 하지만 지금 당장, 유통개혁을 하든 직거래를 하든 농협의 마지막 소비자는 주부들입니다. 우리가 만든 김치, 음료수 캔 하나라도 가정주부들 손에 달렸습니다. 학사공제, 노후공제 누가 들어줍니까? 어떻게 하든 주부들에게 농협의 신뢰감을 회복 해야 합니다. 더 늦기 전에. 그래서 '지금은 라디오 시대' 그 문제를 끝까지 물고 늘어지자는 건데, 머리띠 두르고 피켓 들고 MBC 찾아가서 꽹과리라도 쳐야되는 것 아닙니까?

3월11일에는 또다른 사건이 터졌다. 아침 8시 30분, KBS-FM의 "황정0의 FM대행진 '경제가 보여요' 코너"에서 또다시 농협예금에 불안감을 조성하는 발언이 나온 것이다. 재경부까지 나서 이미 농협예금 안전하다고 밝힌 뒤였기에 아침 출근길에 이 방송을 들은 직원들은 분을 참지 못하고 KBS에 극렬히 항의했다. 〈하나로통신〉에는 시시각각 속보가 올라왔다. 대략 이런 내용이었다.

해당 프로그램의 담당 PD는 이연O, 아나운서는 황정O이었는데, 아나운서가 "농협예금의 예금자보호는 어떻게 하느냐"는 질문에 대담자로 참석한 경제전문지 ROI 이상O 기자는 "단위조합은 신용협동조합법에 따라 자기자본 6조원을 조성하였다고 하나, 부실이 심해 보호가 될 수 있을지 모르겠다. 뚜껑을 열어 봐야 안다. 감사를 8~9년간 한 번도 받지 않았으니 얼마나 부실화가 되어 있겠느냐? 농협중앙회는 은행과 같이 정부의 보호를 받으나 단위조합은 그렇지 못하다"는 식으로 답변을 한 것이었다. 아침에 라디오를 청취한 군산의 모 조합 임원 한 분은 본부로 직접 전화를 걸어 "방송내용이 농협을 너무 왜곡했다"며 흥분을 감추지 못했다. 당시 직원들이 더욱 심한 분노를 나타냈던 것은 이미 정부(재경부)까지 나서 안전하다고 공표한 조합의 예금에 대해 공영방송인 KBS가 새삼스럽게 시청자들의 불안감을 조성했다는 점이었다.

농민 조합원들의 격려 이어져

그런데 생각지 못했던 일도 일어났다. 농협 '하나로 봉사실'에는 엊그제까지 농협을 비난하고 꾸짖던 농민들이 약속이라도 한 듯 "농협 힘내라, 직원들 기죽지 마라, 우리는 농협 편이다"라는 격려전화를 해주었던 것이다.

전남의 홍OO씨는 3월 9일 언론에 항의하기 위해 서울까지 올라온 사람이었다. 그는 신문사와 방송국을 돌며 편파보도의 시정을 요구하고, 감독기관을 찾아가서는 농협을 살려야 된다고 호소하였다. 농협에 와서는 "직원들 힘내라. 농협이 흔들리면 결국 농민만 어려워진다. 마치 비리의 온상인양 떠들고 있지만 농협은 농민들이 더 잘 안다"며 직원들이 의연하게 대처해줄 것을 당부하였고, 농협방송(NBS)에 출연해서는 직원들을 격려하는 특별방송까지 해주었다.

노동조합의 반발

왜곡된 언론보도로 농협에 대한 일반 국민들의 감정의 골이 깊어지자 농협중앙회 노조는 3월 5일자 한겨레신문에 '최근 농협사태와 관련한 우리의 입장'이라는 광고를 게재해 진실을 알리고자 노력하였다.

농민과 농촌을 위해 묵묵히 헌신해 온 직원들로서 농협이 하루아침에 부조리, 비리, 비능률의 화신으로 전락해버린 현실에 참담함을 느낀다. 과연 농협이 부실한 기관인지 재무구조의 건전성과 안전성을 시민단체 등에서 공개적으로 평가해줄 것을 당당하게 요구한다. 농협이 농민을 위한 조직으로 거듭나는 개혁에 대해서는 찬성한다. 그러나 외부로부터 어떠한 정치적 음모가 있거나, 반농업 세력의 농협 약화를 위한 어떠한 기도도 좌시하지 않겠다. 사정당국은 언론을 통한 여론재판과 정치적 의도에 의한 사정을 해서는 안될 것이다. 일부언론이 최근 마녀사냥식 추측보도로 농협이 사정없이 짓밟히고 있는데 대해 강력 대응해 나가겠다.

3. 언론에 제기된 농협의 문제점들

언론은 사설과 기획기사를 통해 농협의 다양한 문제점들을 지적했다. 신문과 방송에 지적된 농협에 대한 문제는 일반 국민들의 정서에 깊이 닿아 있다는 점에서 충분한 검토와 대책이 요구된다. 언론에 제기된 문제점들을 단순 서술하는 방식으로 정리하면 다음과 같다.

정권 바뀔 때마다 개혁 법석

농협은 왜 정권이 바뀔 때마다 개혁을 한다고 법석을 뜨는가, 그렇게 매번 개혁을 했으면 어느 정도 개혁은 됐을 것 아닌가, 라는 언론의 지적이었다. 즉 5공화국 출범과 함께 축협을 농협에서 떼어 내는 대대적인 개혁이 이뤄졌고, 노태우 정부때는 소위 민주화 조류에 맞춰 '민주 농협법'으로의 혁명적인 개혁이 이뤄졌으며, 문민정부 때는 소위 '농어촌발전위원회'가 구성되어 범국민적 개혁을 추진하지 않았느냐는 것이었다.

이렇게 정권이 바뀔 때마다 농협 개혁에 법석을 떠는 것에 대해 각 신문들은 다음의 멘트들을 동원하여 신랄하게 꼬집었다. "정부는 필요할 때는 그럴싸하게 준공공기관 대접을 해주고, 골치 아플 땐 자율조직이라는 이유로 빠져나간다" "농협 개혁의 필요성은 인정하지만 농협 스스로 온갖 비리를 저지른 것처럼 청와대 감사원 검찰까지 나서서 난리법석을 떠는 데에는 정치적인 의도도 포함됐을 것이다. 즉 공직자를 사정하는 듯한 효과를 거두고, 부채문제 등으로 불거진 농민들의 불만을 희석시키는 데는 농협이 그만이라는 것이다. 또 내년 총선에 대비해 농협을 친여 조직으로 만들기 위해서도 길들이기가 필요했을 것이라는 시각도 있다." "협동조합의 진정한 개혁은 개인비리를 표적 삼아 여론몰이를 하는 방법으로 이뤄지지 않는다. 수십 년 동안 정권이 바뀔 때마다 제기돼온 협동조합 개혁문제가 왜 지금까지 한 걸음도 나아가지 못했는지를 곰곰이 따져봐야 한다" "정치인들은 협동조합을 표밭으로만 보고, 정부는 사금고나 수족 정도로 생각하는 인식이 결국 협동조합 문제를 키운 주범이다." "정치적인 중립과 정부로부터의 실질적인 독립이 확보되지 않으면 협동조합의 개혁은 요원하다. 정치인·행정관료는 물론 떡고물이나 받아먹고 농민 위에 군림하려는 협동조합 직원들 모두 '농민이 주인'이라는 '협동조합의 원론'으로 돌아가야 한다" 등이었다.

농·수·축·임·삼협 중앙회 통합해야

구조개혁과 관련해서는 농·수·축·임·삼협 등 5개 중앙회의 통합 문제가 최대 이슈였다. 오늘의 협동조합 문제는 임직원을 바꾼다고 해결될 수 있는 문제는 아니고, 협동조합의 구조 자체를 개혁하지 않으면 안 된다는 접근이었다. 즉 우리 나라의 협동조합 중앙회는 세계에 유례없는 매우 특이한 조직구조를 지니고 있다. 중앙회가 5개로 분립되어 있으며, 각각이 서로 이질적인 비사업적 기능과 사업적 기능을 동시에 수행하고 있다. 비사업적 기능은 회원조합의 지도·교육·감독 기능과 농정활동 기능을 말하고, 사업적 기능이란 경제사업과 신용사업의 수행을 말하는 것이다.

이처럼 중앙회가 이질적 기능을 종합적으로 수행하고, 각 분야별로 분립되어 있는 특이한 구조로 인해 다음과 같은 문제들이 발생한다. 첫째, 협동조합 중앙회 조직이 너무 비대하고 중앙회장의 권한이 막강한 반면 권한 행사를 효과적으로 감독할 체제가 갖추어져 있지 않다. 따라서 중앙회장과 임직원은 언제든지 비리에 연루될 가능성을 안고 있다. 둘째, 경제사업과 신용사업의 전문성과 효율성이 저해될 뿐 아니라 중앙회는 은행금융, 정책금융 등 신용사업에 치중함으로써 회원조합의 경제사업 연합기능은 소홀히 되고, 경제사업은 만성적인 적자사업으로 전락하였다. 셋째, 중앙회의 본래적 기능인 지도 · 감독 사업이 매우 취약하다. 특히 중앙회가 회원조합에 대한 지도 · 감독을 소홀히 한 것이 조합 부실의 한 원인이 되었다. 넷째, 각 중앙회의 수직적 구조로 인하여 독자적인 조직확대가 지속되어 회원조합간 신용사업의 과당경쟁이 초래되어 스스로의 존립기반을 위협하고 있다.

따라서 농업관련 조합을 모두 합해 단일조직으로 출범시켜 조직의 효율성과 시너지 효과를 꾀해야만 협동조합들이 갖고 있는 근본적인 문제들을 해결할 수 있다. 즉 우리 나라의 경우 농민은 농업생산자이며, 축산업자이고, 동시에 임업생산자인데, 협동조합이 분할되어 있어 규모의 경제와 범위의 경제 이점을 살리지 못하고 있다는 지적이었다.

이러한 통합 주장에 대해 통합이 오히려 산업 전문화 추세에 역행하고, 이질적인 구성원의 통합으로 내부갈등을 초래하는 데다 특정산업에 자금이 편중될 우려가 크다는 반대의 목소리도 만만치 않았다. 또 통합을 하더라도 일선조합에 대한 중앙회의 감사가 회장 선출권을 가진 일선 조합장을 의식해 '솜방망이'로 이뤄지고 있는 현실을 감안하여 경영평가제 도입, 독립적인 감사위원회 운영 등의 제도적 보완이 필요하다는 지적도 함께 제기되었다.

신용사업과 경제사업 엄격히 분리해야

신용사업과 경제사업의 분리문제도 큰 이슈였다. 신용사업의 전문성과 효율성을 높이기 위해서는 각 협동조합의 신용사업을 통합하여 경제사업과 분리 독립적으로 운영해야 한다는 지적이었다. 그런데, 분리 문제는 특수은행으로의 완전 분리를 주장하는 측과 농협조직 내에서의 독립사업부제 운영 안으로 나뉘었다.

완전분리에 반대하는 측은 지난 1961년 종합농협으로 출범하기 전에 실제 농업은행(신용)과 구농협(지도,경제)으로 분리 운영하였으나 농업자금의 유기적인 조달과 수수가 이뤄지지 못했고, 결국 농업부문의 은행은 일반 금융기관화 돼버리고 말았다는 점, 그리고 신용사업에서 낸 수익으로 경제사업의 손실을 보전해주고 있기 때문에 오늘의 지도경제사업이라도 이루어낼 수 있었다는 점 등을 이유로 들었다. 다시 말해 신용사업이 경제사업을 먹여 살리고 있기 때문에 신용사업을 떼어내면 둘 다 죽게된다는 주장이었다.

반면, 분리를 주장하는 측은 경제사업이 적자사업이라고는 하지만, 경영기법의 개선 등을 통해 경제사업도 이제는 흑자를 낼 수 있다는 점과 신용사업이 손쉽기 때문에 신용사업에 치중하고 있는 것 아니냐는 점 등을 이유로 꼽았다. 이들은 또 농림부가 농협에서 매년 엄청난 자금을 빌어다 쓰고 있기 때문에 신용사업이 떨어져 나가는 것을 원하지 않고 있는 것 아니냐는 의구심을 나타내기도 했다.

그러나 신·경 분리 문제와 관련하여 유통·기술지도 등 경제사업의 재원 마련 대책이 우선적으로 확실하게 세워져야 한다는 지적에는 대체적으로 동의했다. 2조원이 넘는 양곡수매자금과 유통 가공 및 기술지도사업 등에 들어가는 막대한 재원을 신용사업에 의존하고 있는 현실을 무시하고 무리하게 통합을 추진할 경우 농촌지원대책의 기반이 허물어질 우려가 크다는 지적도 있었다.

조합장·중앙회장에게 권한이 집중돼 있다

조합장·중앙회장에 대한 권한 집중 폐해도 심각한 것으로 지적되었다. 이에 따라 대표권과 경영권을 분리해야 한다는 주장이 특히 많이 제기되었다.

조합장에 대한 언론의 비판은 다음과 같았다. 즉 2천만 원만 쓰면 4년간 1억 원의 이상의 수입과 명예가 보장되는 자리. 조합장들은 조직을 마음대로 주무르면서도 책임은 지지 않는다. 경영성과가 좋지 않으면 밑에 사람에게 책임을 물으면 그만이다. 재벌 총수는 회사가 잘못돼 주가가 떨어지면 자신이 손해를 보기도 하고, 회사가 망하면 소유지분은 휴지조각이 되어 시장원리에 따라 경영을 잘못한 대가를 상당 부분 치르지만 조합장은 그 어떤 손해도 지지 않는다. 만일 경제사업에서 손해를 보더라도 신용사업자금으로 메우니 별 문제가 안된다. 그래도 어려우면 정부와 중앙회에 지원을 요청하면 그만이다. 인사·자금·조직에 이르기까지 권한을 마음대로 행사하면서도 조합 경영보다는 자신의 연임문제에 더 관심이 높다. 조합장의 권한이 워낙 막강해서 전횡을 막을 방법이 없다 등.

중앙회장에 대해서도 지적은 비슷했다. 농민 대통령, 국회의원도 좌지우지하는 자리, 대기업에 맞먹는 식솔을 거느리는 총수의 지위, 전국 각지에 '없는 곳 없는' 거미줄 같은 조직 확보, 200만 농민 조합원들을 대표하는 자리, 청와대 경제단체장 회의에도 참석, 국회의원들도 눈치보는 자리 등.

이처럼 농·수·축협 조합장과 중앙회장에 대한 시각은 부정적이었다. 이에 따라 대표권과 경영권을 분리하여 조합장과 중앙회장을 명예직화 해야한다는 주장과 함께 경영성과에 따라 민·형사상 책임을 물게 해야 한다는 지적이 제기되었다.

조합원·회원조합 중심체제로 전환해야

농협이 중앙회 중심으로 운영되는 것에 대한 비판도 높았다. 즉, 중앙회 조직이 너무 비대하다. 중앙회가 대도시를 중심으로 신용사업을 크게 확대해 조합 규모가 영세한 농민들의 욕구는 충족시키지 못하고 있다. 또한 신용사업 등을 경쟁적으로 벌여 규모의 경제를 이루지 못하고 고비용 저효율을 초래하고 있다. 따라서 농협을 농민조합원·회원조합 중심 체제로 완전 개편해 조직의 효율성을 높여야 한다. 또 비대해진 중앙회 기능을 과감히 회원조합에 넘겨 상향식 조직체계로 재확립해야 한다는 것 등이 비판의 핵심이었다.

허술한 감독체계 바로 세워야

신용사업의 부실화 원인 중 하나로 언론은 감독체계의 난맥상을 지적했다. 주무부처(농·축협은 농림부, 수협은 해양수산부), 감사원, 금융감독원(옛 은행감독원) 등이 검사·감독권을 나눠 갖고 있어 입체적인 점검은 고사하고 책임소재만 불분명하게 하고 있다는 지적이었다. 즉 현재 농·수·축협중앙회의 신용사업에 대한 감독권은 주무부처와 재정경제부가 갖고 있다. 주무부처의 경우 금융업무에 대한 전문지식이 부족하다는 판단에 따라 재경부 장관과 협의해 감독하도록 해놓은 것이다.

이에 반해 검사권은 금융감독원이 쥐고 있다. 농·수·축협 중앙회 신용사업은 은행법상 일반은행으로 취급되고 있어 재경부로부터 위탁받는 과정을 거칠 필요 없이 금감원이 곧바로 검사권을 행사할 수 있도록 돼 있다. 산업·수출입·기업은행 등 특수은행의 경우 별도 설립법에 따라 검사·감독권이 재경부에 귀속돼 있는 것과 다르다. 이로 인해 협동조합에 대한 검사 후 부실 시정에 대한 감독·제재 권한이 없어 매년 반 쪽짜리 검사에 그쳐왔고, 문제가 생겼을 때 책임을 물을 수 없었다. 여러 기관에서 검사·감독을 함으로써 빠져나갈 수 있는 '구멍'이 줄어들 것 같지만, 실은 특정 부분에 대해서만 중복적인 검사·감독이 이루어져 늘 공백이 생긴다. 감독을 받는 농·수·축협 입장에선 시어머니를 여럿 모셔야 하는 애로도 만만치 않는 등 '중복 감사'에 따른 폐해도 함께 지적되었다.

그러나 언론들은 농·수·축협 검사·감독권의 난맥을 치료하는 일은 의외로 쉽다고 지적했다. 지난해 이미 금감위가 관련법 개정을 통해 검사·감독권의 일원화를 주장한 바 있고, 국제통화기금(IMF)도 이 주장을 뒷받침하고 있어서 부처간의 협의만 이뤄지면 문제가 없다는 주장이었다.

하지만 농림부는 농협이 신용사업과 더불어 경제사업까지 담당하고 있기 때문에 현재 상태에서 신용부분만 떼어 금감원이 감독하는 것은 타당하지 않다고 지적했다. 이유는 "부실로 도산한 은행·보험·종금사 등이 금감원의 감독을 받지 않아서 도산했느냐"는 역설적 질문에 담겨 있었다. 전문가들도 "여러 기관이 검사·감독권을 나눠 갖고 있는 것이 반드시 나쁘다고 단정할 수는 없다. 입체적인 점검을 통해 빠져나갈 수 없는 촘촘한 그물을 형성할 수 있고 기관간 상호견제도 가능하다"며 감독권을 나눠 가지는 것에 대해 옹호하기도 했다. 이와 함께 회원조합에 대한 중앙회의 감독기능이 획기적으로 강화되지 않으면 일선 농협조직이 농민의 단체로 거듭나기 어려울 것이라는 지적도 제기되었다.

직선제 폐해 심각하다

농·수·축협 등의 중앙회장을 비롯 단위조합장을 모두 직선제로 선출하는 것이 바람직하냐는 것도 언론에 주요 이슈로 거론되었다. 이는 지난 1988년 민주화 바람을 타고 간선제에서 직선제로 바뀌었으나 기대했던 '밑으로부터의 개혁'은 이뤄지지 않고, 선거과정에서 금품 살포, 조합원간 직원간 갈등 노출, 선거를 의식한 일회성, 전시효과적 사업 남발 등 부정적인 평가가 많다는 지적이었다. 중앙회장의 경우도 지역 조합장들이 직접 선출을 하다 보니 농업·농협 문제를 거시적인 차원에서 보는 것이 아니라 선거에서 표를 갖고 있는 지역 조합장의 눈치를 보게되는 바람직스럽지 못한 상황이 초래되고 있다고 지적했다.

전문가들은 이에 대해 "직선제로 뽑더라도 조합장과 중앙회장은 조합원의 이익을 대변하는 대표권만 부여하고, 경영은 전문가에게 맡기도록 하는 등 권한 분활이 이뤄진다면 문제는 어느 정도 해결될 수 있을 것"이라고 충고했다.

'본업 대충, 돈 장사 집중' 개선 돼야

"농협 '돈놀이 부업'이 '유통 본업' 7배" "한마디로 농협 등이 농산물 유통 등 경제사업보다는 돈을 빌려주는 신용사업에 치중함으로써 생산자단체로서의 역할을 제대로 해주지 못한다" 등. 농협의 본질인 지도·경제사업은 소홀히 하고, 이른바 돈 되는 신용사업에만 매달려 '잿밥에만 관심이 있다'는 비판이었다. 이에 언론들은 한결같이 신용사업을 떼어 내야 한다고 주장했다. 하지만, 신용사업을 떼 내어 본업인 지도·경제사업이 더 잘 될 수 있다는 보장이 어디 있느냐는 질문에는 답을 내놓지 못했다.

줏대없는 경영 이젠 바뀌어야

농협이 정부와 정치권의 입김으로부터 벗어나지 못하고 있는 점을 언론들은 한결같이 지적했다. 즉, 줏대없는 농협 경영이 오늘의 사태를 불렀다는 비판이었다. 농협은 농민을 위한 조직이어야 함에도 조직이 전국적인데다 거대하다는 점 때문에 정부나 정치권의 입김에 중심을 잃기 일쑤였고, 정치권에서 한마디만 하면 사업계획이나 자체 정책이 손바닥 뒤집히듯 바뀌는 운영이 지속돼 왔다는 지적이었다. IMF 이후인 지난 1998년 1월 농협중앙회가 재경부 등 금융당국의 요청으로 고려·동서증권에 거액을 대출해줬다가 7백억 원을 돌려받지 못했고, 역시 재경부의 요청에 못 이겨 14개 부실 종금사에 6천억원을 대출해주는 등 부실기업 대출에 금융당국이 개입한 것 등이 대표적인 사례라고 지적했다.

제7장 '국민의 정부' 협동조합 개혁

1999년 3월 8일 발표된 정부의 협동조합 개혁 초안은 당시의 분위기가 반영되어 가히 충격적이라 할 정도로 획기적인 내용이 담겨졌다. 김성훈 농림부장관의 변은 "농협 등 협동조합을 제대로 개혁하지 않으면 농민도 죽고 협동조합도 죽고 농림부도 죽는다"였다. 그러나 이 안은 각계 전문가들로부터 '정부의 일방 통행적 성격이 강하다' 수요자인 농민의 입장보다는 공급자인 정부의 입장에 초점을 뒀다"는 비판에 직면해야 했다. 결국 농·축·임·삼협의 통합 원칙에 따라 금융, 농업경제, 축산경제, 지도농정담당 부회장을 각각 대표이사로 하는 독립사업부제 형식의 거대 통합 협동조합이 그 탄생을 보게 되었다.

1. '국민의 정부' 협동조합 개혁 추진

추진 경과

'국민의 정부'는 농협 등 협동조합 개혁을 농정개혁 제1과제로 선정했다. 1998년 2월 대통령직 인수위원회는 '국민의 정부 100대 국정개혁 과제'의 하나로 협동조합 개혁을 꼽았고, 이를 그해 10월까지 마무리하기로 결정했다. 이렇게 하여 4월, 학계·협동조합·생산자·정부 대표로 구성된 '협동조합개혁위원회'가 구성되어 조직 통합 등 협동조합 개혁 논의에 들어갔다. 그러나 별 진전을 보지 못하자 김대중 대통령까지 나서 협동조합의 개혁을 강조하고 재촉하였다.

당시 논의의 가장 큰 이슈는 협동조합 통폐합 문제였다. 이와 관련하여 농협 측은 대체로 이를 수용하겠다는 입장이었지만, 축협은 축산업의 특성을 강조하며 '현행 체제' 유지를 강조했다. 임·인삼협은 4개 중앙회와 1개 협동조합 연합회를 두되 협동은행을 설립하자는 안을 내놓고 맞섰다.

우여곡절 끝에 1998년 7월경 3가지의 개혁방안이 마련되었는데, 농림부가 이 안중 하나로 개혁안을 직접 확정하지 않고, 4개 협동조합 중앙회장에게 그해 8월말까지 합의안을 도출하라고 지시하면서 문제가 꼬이기 시작했다. 당연한 결과이지만 이들 협동조합들이 합의에 이르는데 결국 실패했기 때문이다. 농림부는 '협동조합의 자율적인 개혁이 이뤄지지 않을 경우 정부가 직접 나서겠다'고 압력을 넣었으나, 각 협동조합들이 통폐합 당하지 않겠다고 완강히 나오자 아무런 대안도 제시하지 못한 채 이 문제는 국회 내 '협동조합 개혁 소위원회'에서 다뤄야 할 문제라고 슬그머니 발뺌을 했다.

이런 와중에 농협에 대한 충격적인 감사원 감사 결과가 발표되었고, 지지부진하던 협동조합 개혁 불씨는 여론을 등에 업고 엄청난 화력으로 되살아났다. 첨예한 갈등을 우려해 주저하던 농림부가 강력한 개혁작업에 돌입한 것이다. 각 협동조합들은 감사원 감사 결과와 검찰수사에 발목이 잡혀 입 한 번 벙긋하지 못하는 '바람 앞의 등불' 신세가 되고 말았다.

'협동조합개혁위'의 3개 개혁안

협동조합개혁위원회가 제출한 △독립사업부제 강화(현 체제 유지) △경제 신용 분리 △중앙회 통합 등 3개 개혁방안을 바탕으로 농림부가 새로운 자체안을 마련해 1999년 3월 6일경 대통령에게 보고한다는 일정을 세움으로써 개혁안 확정 작업은 급류를 탔다. 3개 개혁안은 농협과 축협의 신용사업을 어떻게든 교통 정리하는데 초점이 맞춰져 있었다. 이는 협동조합이 본연의 사업인 구매·판매·지도 등 일반 농정보다 신용사업에 치중하여 금융 골리앗화하고 있다는 비판에 따른 것이었다. 그러면 여기서 협동조합 개혁위원회가 1998년 7월 마련한 3개 개혁안의 골자를 살펴보자.

제1안은 기존의 협동조합 체제를 유지하면서 신용과 경제·지도·관리 부문을 나누어 독립사업부로 전문화해 나가자는 내용이었다. 지금처럼 농·축협의 조직은 그대로 두되 부문별로 인사·보수·채용 등을 독립적으로 운영한다는 것이다. 대신 부회장에 대한 임기 중 업무평가를 실시하여 책임경영을 하도록 하자는 내용이었다. 그러나 이 안은 현재의 조직체계와 비슷한데다 거대 조직을 분리해야 한다는 여론에 배치돼 채택되지 않을 것이란 분석이 지배적이었다.

제2안은 농협과 축협·임협·인삼협 중앙회를 하나의 연합회 형태로 통합, 농·축·임·인삼협 중앙회를 만들고 그 밑에 농협경제사업연합회, 축협경제사업연합회, 임업연합회, 인삼협연합회를 두자는 안이었다. 그리고 가장 중요한 각 조합의 신용사업은 따로 묶어내 '협동조합은행' (가칭)으로 분리 독립시키자는 안이었다. 협동조합은행의 경우 회원조합과 연합회의 공동출자에 의한 특수은행으로 하고 은행업무, 상호금융업무, 공제사업업무, 정책자금공급업무 등을 종합적으로 담당할 수 있게 한다는 것이었다. 이사회는 조합과 연합회의 대표와 외부전문가로 구성하는 방안이 마련되었다. 농림부는 당시 이 안에 대해 각 사업별로 전문성과 효율성을 높일 수 있을 것으로 기대했다. 그러나 농촌부문에 대한 자금지원업무가 차질을 빚을 것이 우려되었다. 즉 신용사업이 은행으로 나가면 농민을 위한 은행이 일반 시중은행화 할 가능성이 높다는 지적을 불식시키는 게 숙제였다.

제3안은 농·축협(임협·인삼협 포함) 등의 중앙회를 단일 법인체로 완전 통합하고 독립사업부제를 실시한다는 안이었다. 통합중앙회장 밑에 신용사업 부회장과 경제사업, 지도관리사업부문의 부회장을 두자는 것으로 부회장의 권한은 중앙회장의 지시에 따르는 현행보다 다소 강하게 부여하여 독립성을 유지한다는 것이었다. 이에 대해 전문가들은 조직을 1개로 통합함으로써 농정활동이 신속하게 이뤄질 수 있으나 조직이 너무 비대해져 비능률을 초래할 우려가 높다고 지적했다. 농림부도 조직의 슬림화와 전문화를 기본으로 하고 있는 구조조정의 목표에 부합하지 않는다며 이 안에 높은 점수를 주지 않았다.

농림부는 그 동안 별도의 제4안을 강구, 협동조합을 통합하기보다는 연합회를 신설하고 기존의 4개 협동조합 중앙회를 존치시키는 방안에 관심이 컸었다고 한다. 농협과 축협, 임협, 인삼협동조합 등 4개 조합을 통합하면 조직만 비대해질 뿐 아니라 각 부문별 전문성을 확보할 수 없다는 단점을 고려한 것이었다.

※ 경제적 약자단체가 스스로 대항력을 행사할 수 있도록 하는 것은 그 자체적으로 이익일 뿐만 아니라 자본주의의 항구적 발전을 위해서도 필요하다.

— 갈브레이드

2. 모습 드러낸 정부의 농협개혁안

각 단체들의 개혁안

농림부가 청와대에 보고하기 위한 개혁안 확정 작업에 들어가자 각 관련단체에서는 조직 개편을 자신들에게 유리한 방향으로 끌고 가기 위해 자체 개혁안을 제시하는 등 분주히 움직였다.

△농협 ― 감사원 감사결과와 회장 사임이라는 위기상황을 맞은 농협중앙회는 비상대책회의를 열어 3월 3일 당면문제를 포함한 '농협 7대 개혁안'을 농림부에 건의했다. 1) 지난 1989년 간선제에서 직선제로 바뀐 현행 조합장 직선제를 간선제로 환원, 조합장을 명예직화 하도록 하겠다. 2) 현행 11.5~14.5% 수준인 상호금융 금리를 12%대로 인하, 최고 1.5%포인트 낮출 방침이다. 3) 신용사업 부문을 농민신문사처럼 완전 독립시켜 별도 법인화 하겠다. 이를 위해 전문경영인을 영입해 다른 금융기관과 경쟁에 대비키로 한다. 4) 대출과 경영의 투명성을 확보하기 위해 자체 여신위원회를 설치하고 주식회사처럼 외부감사제를 두겠다. 5) 조합원들이 회계 등 각종 자료열람을 요청할 경우 이를 보장해주는 정보요청제도를 도입, 주주 격인 조합원에 의한 경영감시가 가능토록 할 계획이다. 6) 완

전연봉제와 계약제를 실시하는 등 급여 및 임용체계를 대폭 손질하겠다.
7) 회원조합수도 현재 1,200개에서 2000년까지 5백 개로 축소하겠다.

△한농연 ― 한국농업경영인중앙연합회(한농연)는 3월 5일 최근의 농·축협 사태와 관련 협동조합의 올바른 개혁방안에 대한 입장을 밝혔다. 협동조합 개혁은 농민조합원이 중심이 되어야 하고 농민들의 의지와 요구를 반영하는 진정한 농민을 위한 개혁이 이루어져야 한다고 강조하고, 그래야 농협비리를 둘러싼 음모론을 불식시킬 수 있다고 주장했다. 한농연은 현행 농·축·임·인삼협 중앙회가 2년 동안 각자 강도 높은 구조조정을 실시한 후 중앙회를 통합하는 방안을 제시했다. 통합중앙회의 신용·경제사업을 전문화해 재정·회계·인사를 독립적으로 운영하고, 통합중앙회 의결기구인 이사회의 대표성과 전문성을 강화해 중앙회 사업 및 운영에 대한 조합원의 감독기능을 활성화시켜야 한다고 주장했다. 또 회원조합은 시·군 단위 광역조합으로 합병하고 신용·경제사업의 민형사상 배상책임제도를 도입해 책임경영체제를 확립하자는 의견도 내놓았다.

정부의 협동조합 개혁 초안

1999년 3월 8일 발표된 정부의 협동조합 개혁 초안은 당시 분위기가 반영되어 가히 충격적이라 할 정도로 획기적인 내용을 담고 있었다. 발표에 앞서 김성훈 농림부장관은 "농협 등 협동조합을 제대로 개혁하지 않으면 농민도 죽고 협동조합도 죽고 농림부도 죽는다"며 "협동조합이 농업과 농민을 위한 봉사조직으로 거듭날 수 있도록 자리를 걸고 개혁을 추진하겠다"는 강력한 추진 의지를 표명했다. 이번 개혁안에서 돋보이는 대목은 협동조합을 중앙회 중심이 아닌 일선 회원조합 중심으로 끌고 가겠다는 방향 재설정이었다. 조합이 '농민의 것'이 되게 하려면 비대한 중앙회가 아니라 유통·경제사업이 강화된 일선 회원조합의 기능강화가 전제돼야 하기 때문이었다.

이에 따라 비대해진 중앙회 기능을 대폭 축소해 일선 단위조합으로 넘기고, 현재 읍·면 단위로 흩어져 있는 단위조합도 1군 1조합으로 광역화해 경제사업을 중심으로 운영하겠다는 내용이 담겨졌다. 개혁안은 △2001년 4개 협동조합 중앙회의 통폐합 △신용사업과 경제사업의 독립경영 △중앙회장의 권한 축소와 간선제로 선거제도 개편 △유통 경제사업이 강화된 일선 단위조합의 기능강화 등으로 요약되었다.

신용·경제 분리 문제는 막바지까지 논란을 거듭했는데, 신용사업을 분리할 경우 유통 등 경제사업자금을 외부에서 조달하는 방안이 마땅치 않아 일단 중앙회 내 조직으로 두되 독립경영체제를 구축한다는 절충안으로 낙찰되었다. 농협의 신용사업 재원으로 연간 8조원 이상의 수매·영농자금 등 각종 정책자금이 지원되는 '현실' 속에서 '이상' 만을 고수하기가 어려웠다는 것이다. 신용사업을 분리해 사실상 자회사 형태로 일반 은행과 같이할 경우 은행수준의 국제결제은행(BIS) 자기자본 비율을 맞추는데 1조원 정도의 자본금을 추가로 마련해야 한다는 현실적 문제점도 고려됐던 것으로 알려졌다. 정부의 협동조합 개혁방 초안을 요약하면 다음과 같다.

〈회원조합〉

가. 회원조합 육성

농산물 유통개혁 관련 예산을 농축협의 일선 조합에 집중 지원해 경제사업 위주의 협동조합으로 적극 육성한다. 이를 위해 유통개혁 관련예산 5,477억원, 농안기금 7,922억원, 축발기금 1,309억원의 유통자금을 일선조합에 지원하고 회원조합의 기존 상호금융과 지도 교육사업을 보강해 명실공히 농민을 위한 종합농협으로 육성한다. 이와 아울러 기구 통폐합 및 점포정리에 따른 고정자산 등의 매각대금을 농·축협 일선조합의 경영합리화에 집중 지원한다. 특히 각 조합의 운영상황을 평가하여 경제사업을 제대로 하지 않는 조합에 대해서는 신용사업을 하지 못하도록 조치한다.

나. 조합장 선거

현재 조합원의 직접선거 방식에서 간선제로 개편한다. 각 조합별로 구성돼 있는 이사회(6~14명)에서 전문경영능력을 갖춘 인사 2~3명을 일차로 추천하면 조합 대의원 총회(50~200명)에서 선출하게 된다. 조합장 출마자격은 조합원으로 한정하지 않고 외부전문가도 영입할 수 있도록 개방할 방침이다.

다. 조합장의 권한과 책임

조합장이 조합경영에 대한 실질적인 권한과 그 권한 행사에 상응하는 민·형사상 책임을 묻는 제도나 업무 일체를 전문 경영인에게 맡기고 대표권만 부여받는 명예직 제도 가운데서 해당조합이 정관에 따라 택일하도록 할 방침이다.

라. 회원조합 통합

일선조합을 시군 및 경제권을 중심으로 적정 경제단위로 운영되고 있는 1,203개소의 농협 일선조합을 1군 1조합의 원칙에 따라 300개소 이내로 최단기간 안에 통합 완료한다. 단 도·농 복합 시는 경제권에 따라 2~3개 조합으로 통합한다. 일선조합을 시·군단위로 통합하는 경우 기존 중앙회 시군지부는 지점화 하고 신용사업 이외의 기능은 통합조합에 이양한다. 축협의 일선조합은 지역별로 축산업의 분포상황에 따라 광역화해 전문업종조합으로 적극 육성하기 위해 현재 202개소에서 100개소 이내로 최단기간 안에 통합 완료한다. 임협 일선조합과 인삼협동조합 상호금융은 금융감독기구와 공동실사를 거쳐 부실조합 상호금융에 대해서는 다른 임협 또는 농협에 흡수시키고 재무구조가 건전한 조합은 존치시킬 방침이다.

마. 통합촉진방안

일선조합의 통합을 촉진시키기 위해 '농업협동조합 합병촉진법'을 '협동조합 합병촉진법'으로 개정하고 통합조합에 대해서는 재정지원을 강화한다. 경영부실조합, 조합원 과소조합 등에 대한 합병 권고 불이행시 강제 정리할 수 있는 합병 명령제도를 도입한다. 합병촉진을 위해 부실채권 상각, 시설 재배치 등에 필요한 소요자금(조합당 5억원)은 중앙회의 불요불급한 자산의 매각자금 등을 활용하고 부족 시에는 정부재정에서 지원한다.

바. 지도감독권 강화

일선조합에 대한 중앙회와 농림부의 지도 감독권을 대폭 강화하고 취약한 자체감사제도를 보완한다. 중앙회의 일선조합에 대한 감사를 2년에 한번이상 정례화하고 농림부도 일선조합에 대한 표본감사를 정기적으로 실시한다.

감사 결과 경영상태가 부실한 조합은 책임을 묻고 통폐합명령 등을 조치한다. 경영평가 결과 경제사업 실적이 계속 부진한 일선조합은 상호금융업무를 중지시키거나 통합한다. 현재 비상임 감사만 두고 있는 일선조합에 대해 외부전문가와 농민조합원 대표가 참가하는 경영평가제를 도입한다. 예수금 1천억 원 또는 경제사업 취급규모 200억 원 이상 등 일정규모 이상의 조합에 대해 상임감사제도를 도입, 자체감사기능을 대폭 강화한다.

사. 임금구조 단순화

조합 임직원에 대해 연봉제 계약제 성과급제를 실시하고 유급휴가, 지도수당, 복리후생비 등 20여종의 수당을 정비하는 등 임금구조를 단순화해 수당 중심의 불합리한 급여체계를 개선한다.

〈중앙회〉

가. 협동조합 중앙회 통합

농·축·임협 및 인삼협 등 4개 중앙회의 기능과 조직을 통폐합해 대폭 개편한다. 우선 임협 중앙회는 산림조합(임업생산자조합)연합회로 재편하고 인삼협 중앙회는 농협중앙회와 통폐합한다. 농·축협중앙회의 통합은 농·축협중앙회의 기능을 일선조합으로 대폭 이양해 중앙회 조직을 경량화(슬림화)시킨 후 2001년까지 통합을 목표로 추진한다. 일선 임협은 산림조합연합회로 재편, 임업인의 권익을 신장하고 상호금융업무는 농협과 통합한다. 일선 인삼협은 품목별 전문조합으로 그 기능을 대폭 보강하며 인삼협의 역사성, 특수성을 고려한 전문조합으로 적극 육성한다. 통합 중앙회에 인삼협 조합원의 대표권을 보강할 방침이다.

나. 중앙회장 선거 및 권한

중앙회장 선거를 직선제에서 선거인단 선출방식으로 개편한다. 전국 조합장 전체가 참여해 선출하는 현행 방식의 중앙회장 선거제도를 전국대의원과 조합장 중에서 투표 2~3일전 무작위로 뽑힌 선거인단이 선출하는 방식으로 전환한다. 현재 중앙회의 모든 업무를 장악하고 있는 중앙회장은 권한을 대폭 축소하여 명예직으로서 총괄대표권만 갖고 지도·교육·관리업무는 농정활동 업무를 담당하는 등 권한을 축소한다.

다. 경제 및 신용사업 독립

경제사업과 신용사업의 완전 전문책임경영체제를 확립한다. 경제 및 신용사업은 각 사업별로 대표이사제를 도입해 대표이사 책임경영체제로 운영하고 경영의 전문화와 효율화를 위해 외부 전문가를 기용할 수 있는 아웃소싱(Outsourcing)이 가능하도록 개선한다. 또한 대표이사는 중앙회장이 지명해 대의원총회의 동의를 받아 선임한다.

경제 및 신용사업부문은 완전 독립시켜 업무특성에 맞는 인사제도를 확립하고 경영성과에 따른 임금지불이 가능하도록 하는 등 경영에 대한 책임소재를 명확히 하고 집행간부 및 일반 간부직원를 대상으로 연봉제, 계약제, 성과급제를 확대 실시해 임금구조를 단순화한다.

라. 경영투명성 확립

각 부문별 독립회계제도와 기업회계기준에 의한 결산제도를 도입하여 경영의 투명성을 확보한다. 신용사업부문의 자금과 이익금이 경제사업, 지도사업 등 비신용사업 부문에 원활히 제공될 수 있도록 법적 제도적 장치를 마련한다. 신용사업의 경우 농축협의 특수성이 반영된 BIS 비율 산출기준을 금융감독원과 협의 제정해 회계결산의 투명성을 확보하고 대기업에 대한 지급보증 취급을 중단하는 등 여신심사 기능을 강화해 건전 경영을 유도한다.

마. 중앙회 기능 조합에 대폭 이양

중앙회와 회원조합간 경합되는 사업은 회원조합에 이관하거나 중앙회와 회원조합간 공동출자, 공동경영방식으로 개편키로 한다. 중앙회와 회원조합 공동출자회사의 경영은 자회사 형태로 운영하거나 전문가에 의한 책임경영을 유도하고 중앙회는 동 사업체의 경영지도만 담당토록 할 방침이다.

바. 중앙회 경영합리화 추진

기능이 중복되는 기구의 통폐합과 적자 점포 등의 정리에 따라 부동산을 매각 처분하는 등 경영합리화를 강력히 추진한다. 농협중앙회의 경우, 서울, 대전, 대구, 광주 등 지역본부가 있는 지역에 대해서는 그와 기능이 중복되는 신용사업본부 4개소(105명)를 올해 안에 폐쇄한다. 농협중앙회 직영의 가공제품 서울물류센터, 농특산 가공품 전시판매장은 (주)농협유통에 통합, 불요불급한 고정자산 매각을 추진하고 매각대금은 일선조합의 경영안정자금으로 지원한다. 이를 위해 농협중앙회는 총 1,028억 원(총 고정자산의 6%)의 자산을 매각하고 축협은 총 710억 원(총 고정자산의 26%)의 자산을 매각한다.

축협중앙회의 경우 회원조합수가 적어 중간조직의 필요성이 낮은 10개 도지회(149명)는 올해 안에 폐쇄해 건물 매각대금을 일선조합의 경영합리화에 투입한다. 대도시 신규점포 설치를 억제하고 개점 후 3년 경과된 점포로서 2년 연속 적자점포 등 적자 부실점포를 통폐합한다. 도시지역 일선 회원조합 점포도 연내에 정리한다.

사. 중앙회에 대한 지도감독 보강

중앙회에 대한 정부의 지도감독 기능을 보강하고 체계화한다. 농림부, 금감원 등이 긴밀히 협조하여 역할과 책임을 분명히 하고 공동감독체제를 강화한다. 신용업무의 건전성 감독은 금감원의 검사기능을 대폭 보강해 일반은행과 같이 직접 감독 제재할 수 있도록 조치함으로써 신용업무 전반에 대한 금감원의 감독권을 강화한다. 농림부는 포괄적인 감독기능을 강화하기 위해 협동조합과를 신설하고 관리부문과 경제사업, 지도사업에 대해 감사를 철저히 한다. 협동조합 감독기관인 농림부, 금감원 등이 긴밀히 협조하여 역할과 책임을 분명히 할 뿐 아니라 공동 감독체제를 강화해 나갈 방침이다.[1]

관련 단체의 반응

정부 개혁 초안에 대해 축협과 인삼협 등 중앙회가 농협에 통폐합되는 곳은 크게 반발하는 반면 농협과 농민 단체들은 대체로 환영하는 분위기였다. 찬성하는 측은 정부자금과 중앙회 자금을 집중 지원해 회원조합을 경제사업 중심으로 적극 육성하고 상호금융, 지도사업을 보강하는 것과 동시에 신용과 경제사업의 분리 불가를 주장해 온 목소리가 수용된 때문이었다.

그러나 이번 안은 급조됐다는 인식이 강했다. 그래서 공청회를 거치고 입법화하는 과정에서 농업인을 비롯한 이해당사자들의 충분한 의견이 더

---

1) 『농민신문』, 1999. 3. 10.

반영되어 합리적으로 조정되어야 한다는 목소리가 높았다.

△ 농협 — 농협은 정부개혁안을 수용하고 구체적 시행을 위해 자체 비대위 산하 실무기획단을 발족시켰다. 정부 개혁안 가운데 일부 이견이 있는 부분은 원칙적으로 수용하면서 정부와 조율해나간다는 입장이었다. 한 관계자는 "상당히 개혁적인 안이다. 담담하게 받아들인다"며 "그러나 이미 강도 높은 구조조정을 진행하고 있는 마당에 추가적인 조직 및 인원감축이 불가피한 점은 부담스런 부분이다"고 말했다.

△ 축협 — 축협은 정부 발표 직후 노조가 중심이 돼 통합은 '절대 안 된다'며 총력투쟁을 선언하고 나섰다. 노조는 "지난 1981년 축산업에 대한 전문화의 필요성에 의해 농협으로부터 분리 독립해 비약적인 축산업의 발전과 축산인의 권익신장을 이루어냈다"고 지적하고 "오히려 전문화가 더 필요한 시대에 농협과 통합하면 축산물 수입개방 등에 대처해 나가는 일이 더욱 어려워질 것"이라는 입장을 나타냈다.

△ 임·인삼협 — 임협과 인삼협도 정부안을 수용하는 쪽으로 의견을 모았다. 그러나 "임협을 산림조합으로 환원하는 것은 산림을 경제자원으로 육성하기 위해 산주들의 적극적인 참여가 중요한 현실과 거리가 있는 것이 아니냐"며 불안감을 드러냈고, 인삼협 직원들은 1910년 개성인삼조합이 설립된 후 인삼농가들의 자발적인 필요에 의해 1989년 발족한 삼협중앙회가 간판을 내리게 된다는 사실이 믿기지 않는 듯 불안한 모습을 나타냈다. 직원이 320명 정도에 불과한데 통합이라는 대세에 희생양이 됐다는 분위기였다.

농민들의 반응

많은 농민들의 의견을 충분히 수렴한 후 신중하게 처리해야 한다. 자칫 잘못하면 열악한 위치에 있는 우리 농촌이 더 후퇴할 수 도 있다. 정부가 일방적으로 개혁을 주도한다면 농민을 무시하는 처사로 밖에 볼 수 없다.…공무원은 국민의 세금으로 살아가지만 농협은 자생단체로 농민을 위해 경제사업과 신용사업을 실시해 얻어지는 수익으로 살아간다는 사실을 명심하고 농협개혁을 신중하게 처리해주기 바란다.(농민신문, 1999.3.22, 박00-강원도 홍천군)

협동조합 통폐합과 조합장 선출 간선제 등의 발상은 개혁이 아니라 개악이라고 생각한다. 농민을 위해 일할 수 있는 조합장을 농민 스스로 뽑는 것은 당연한 일이다. 국가와 지역을 위해 일하는 국회의원과 지방자치단체장은 물론 지방의원까지도 주민들의 손으로 직접 뽑고 있다. 그런데 유독 농민의 대표인 조합장만은 간선으로 선출하도록 한다는 것은 농민의 자율권을 침해하는 매우 비민주적인 처사이다. 협동조합 개혁은 정부가 주도권을 잡기 위해서가 아니라 농민중심으로 이뤄져야 한다. 만일 간선으로 농협 조합장이 선출된다면 조합장은 농민을 위해서가 아니라 조합장 선출권한을 갖고 있는 사람들을 위해 일을 할 것이다.(농민신문, 1999.3.22, 이00-경북 울진군)

3월 15일자 각 일간신문에 게재된 농협중앙회 노동조합원의 절규에 가까운 정치독립선언문을 읽고 농협이 할 얘기를 다 했다고 생각한다.…무엇보다 정치독립선언문을 왜 진작 발표하지 않고 행동으로 옮기지 않았나 하는 생각이 앞선다. …이번 기회를 통해 농협도 농민을 위한 기관으로 거듭나야 하겠지만, 농림부 등 감독기관도 대오 각성해야 한다. 특히 농협의 정치독립 선언문에서처럼 정부당국의 지나친 간섭을 없애고 농민에 의한, 농민을 위한 농협으로 거듭나도록 최대한 지원할 것을 촉구한다.(농민신문, 1999.3.22, 김00-경기 안성시)

언론들의 반응

• 조선일보 — 4개 협동조합 개혁방안은 일응 긍정적이다.…그러나 무조건 통합부터 서두르다 보면 이것도 저것도 아닌 어정쩡한 조합으로 전락시킬 가능성을 배제할 수 없다. 따라서 해당조합들의 반발을 단순히 밥그릇 싸움 정도로만 생각하고 밀어 붙이기식 통합을 추진하기보다는, 해당조합의 반발이 '이유 있는 항변'인지 아닌지 충분히 의견을 수렴하고 전문가들의 지혜를 모아가며 '조합원을 위한 조합원의 조직'이 되도록 하는데 초점을 모았으면 한다.(1999.3.10, '사설—농민 위한 농·축협 돼야'에서)

• 중앙일보 — 중앙회장과 단위조합장 선출을 간선제로 전환키로 했지만 현 직선제가 농민들의 절대적 지지를 받았던 이유를 잘 파악해 미비점을 보완해야 할 것이다. 차제에 수협도 단위조합을 통폐합하고 중앙회는 다른 협동조합과 하나로 합치는 방안을 검토해야 한다.…주의해야 할 것은 이번 개혁이 농민과 협동조합의 자율을 저해해서는 안 된다는 점이다. 이번 개혁안은 정부의 일방통행적 성격이 강한데다 그렇지 않아도 협동조합은 수조원에 달하는 정책사업 대행으로 농림부에의 의존도가 엄청나다. 결국 이것은 농림부의 입김 강화로 연결돼 협동조합의 관료화가 다시 정부의 관료화로 대체될 우려를 갖게 한다. 내년 총선거를 앞두고 이번 개혁이 다시 실종되지 않을까 하는 현실적 우려도 크다. 지역구 정치인은 선거 때만 되면 서로 농협조직 장악을 위해 뛰어 온 게 사실이며 한쪽에서는 벌써부터 이번 개혁안을 협동조합 길들이기로 보는 시각도 나타나고 있다 한다.(1999.3.9, '사설—관료화 안될 농·축협으로'에서)

• 한국일보 — 농림부가 과연 협동조합의 문제점 및 조합원들의 비판을 제대로 알고 있는지 의문이다. 개혁안은 신용 경제사업을 별도 법인으로 분리하지 않고, 각각 대표이사를 두고 책임 경영하는 독립경영체제로 전환키로 했다. …중앙회장의 권한을 대폭 축소해 명예직으로 하겠다는 것도 핵심에서 벗어난다. … 그렇다고 직선제를 폐지하는 것은 조합원들의 자율운영이라는 '협동조합'의 대원칙에 어긋난다. 직선제가 왜 잡음이 많았는지를 찾아내 해결방안을 마련해야지, 직선제가 부작용이 있다고 간선제로 돌아가는 것은 시대를 역행하는 것이다. 당연히 새로운 관치 조직화가 우려된다. 일부에서 이번 개혁을 '조합 길들이기'로 보고 있는 것도 이런 이유에서다.(1999.3.10, '사설—핵심 벗어난 협동조합 개혁'에서)

• 한겨레 — 중앙회 조직을 통합하겠다면서 수협을 뺀 것은 문제가 있다.…중앙회장과 단위조합장 선출방식을 바꾼 것도 재고할 필요가 있다.…신용사업과 경제사업을 독립사업부제로 운영하기로 한 것은 상당히 진전된 조처다.(1999.3.10, '사설—생산자가 주인인 조합으로'에서)

• 문화일보 — 아무리 좋은 제도 규정을 갖고 있더라도 조직 운영자의 자세 여하에 따라 결과가 달라질 수 있다는 점에서 협동조합 개혁방안의 성공여부는 '사람의 손'에 달려 있다는 점을 강조하지 않을 수 없다.…농민의 이익단체로서 축

협의 전문성과 독립성을 갖고 있는 측면을 간과해서는 안 된다고 본다.…농협의 신용 및 경제사업을 부회장 중심의 분리운영체제로 한다는 점에 있어선 차제에 완전히 분리 운영체제로 전환하는 방안을 더 검토했으면 한다. 무엇보다도 협동조합 개혁방안이 관료화해서는 안 된다.(1999.3.10, '사설―농민 위한 농·축협 개혁을'에서)

• 대한매일 ― 지금까지 조합들은 이른바 상의하달식 중앙회 중심 조직 체계를 갖고 있는 데다 조합원이 원하는 경제사업보다는 신용사업(금융업무)에만 치중하는 바람에 조합원들로부터 불만을 샀다. 농림부가 이번에 중앙회 권한을 대폭 축소하고 일선 단위조합의 기능을 강화한 것은 하의상달식 선진국 형태로 국내 조합을 개혁하려는 것이다.…중앙회 기능을 대폭 축소하기로 한 것과 현재 읍·면 단위로 조직돼 있는 일선 단위조합을 시·군 단위로 통폐합하는 한편 본연의 업무인 생산과 출하 등 경제사업 위주로 전환하기로 한 것은 농민을 위한 진정한 조합으로 가꾸려는 정부의지가 담겨 있다.(1999.3.8, '진정한 농민의 농협으로'에서)

• 세계일보 ― 정부가 내놓은 농업관련 4개 협동조합개혁안은 기본 인식에서부터 잘못돼 있다. 농협 등은 원래 생산자인 농민 등이 상부상조하기 위한 자발적 민간조직이다. 하지만 지금의 협동조합은 정부가 조직하여 지속적으로 지원·통제해온 준공조직으로 변질돼 왔다. 직선제로 선출한다지만 중앙회장은 친정부인사가 차지하기 일쑤였다. 다른 요직도 전직 공무원들의 낙하산 인사가 많아 조직 관료화의 원인이 되었다. 과거 권위주의 정권 하에서는 집권당의 정치조직으로도 됐다는 비판을 받았다.

개혁의 원인이 된 각종 부조리도 이 같은 정부와의 관계에서 비롯된 측면이 강하다. 대출비리의 경우도 정부의 특혜성 자금이 조합을 창구로 하여 배분됐기 때문에 가능했을 것이다. 따라서 협동조합의 근본개혁은 정부가 조합의 설립취지를 되살려주는 쪽으로 방향설정을 해야 한다.

이번 기회에 정부간섭을 완전 배제하는 방향으로 개혁해나가는 것이 더욱 중요하다는 것이다 이런 점에서 볼 때 중앙회장의 권한을 대폭 축소해 명예직으로 하겠다는 개혁안은 납득하기 어렵다. 향후 개혁작업의 완수를 위해서도 조합원들이 직접 뽑은 개혁인사가 회장직을 맡는 게 바람직하다. …간선제는 정부가 회장선거에 간여하는 장치가 될 우려가 있다.(1999.3.10, '사설―농협개혁 딴 길로 가고 있다'에서))

• 한국경제 — 이번 개혁안이 공룡화된 중앙회 기능을 대폭 축소하고 일선 단위 조합을 본연의 업무인 생산과 출하 등 경제사업 위주로 전환시키기로 한 것은 농민을 위한 조합으로 거듭나게 하려는 정부의 강력한 의지를 읽을 수 있는 대목이다. 특히 협동조합 통폐합문제는 정권이 바뀔 때마다 조합개혁의 최우선 과제로 거론됐다가도 반발과 로비에 밀려 번번이 흐지부지됐던 사안임을 생각할 때 이 문제에 가장 큰 무게를 싣고 있는 이번 개혁안에 거는 기대는 어느 때보다 크다. (1999.3.10, '사설—농·축협 개혁 이번엔 관철해야'에서)

• 서울경제 — 고비용 저효율의 대명사처럼 불러 온 협동조합이 구각을 벗고 거듭 탄생한다는 차원에서 일단 방향을 잘 잡은 것 같다. …그러나 이번 개혁안은 기대치에 달할 만큼 흡족한 것은 아니다. …우선 개혁안의 초점이 됐던 신용사업이 분리되지 못하고 하나의 중앙회 아래 신용사업과 경제사업이 독립적으로 운영되는 '한지붕 두가족'이 돼 버린 것이다.…이번 개혁에서 수협이 빠진 것도 그렇다. (1999.3.10, '사설—수협 빠진 협동조합 개혁'에서)

• 내외경제 — '경제와 신용 분리 불가'를 외친 농민들의 의견이 수용된 셈이다. 이번 개혁안은 경영과 투명성이 확보되고 여신심사기능이 강화될 수 있어 건전 경영 측면에서 대체로 긍정적으로 볼 수 있다. (1999.3.10, '사설—진정 농어민을 위한 개혁을'에서)

3. 정부개혁 초안 문제점 분석

정부의 협동조합 개혁 초안에 대해서는 학계나 언론에서 많은 문제점을 제기하였다. 이를 단순 정리하면 다음과 같다. 이러한 문제점들은 앞으로 반드시 고려되어 수정 보완되거나 운영에서 묘를 살려나가도록 해야 할 것이다.

자율성 위축 및 정부의 영향력 강화 우려

이번 개혁안은 정부의 일방통행적 성격이 강하다. 수요자인 농민의 입장에서 안을 작성했다기보다는 공급자인 정부의 입장에 초점을 뒀다고 볼 수 있다. 즉 자율화·분권화·슬림화는 세계적인 추세인 만큼 일사불란하고 획일적인 백화점식 운영보다는 농민에 의해 자율과 내실을 기하는 방향으로 이루어져야 한다. 다시 말해 협동조합 개혁의 목표는 농민에 의한 조합의 자율과 자생에 두어야 하며 부실을 사전에 방지하고 건전한 조합으로 성장, 발전하도록 하는 제도적 장치를 마련하는데 두어야 한다. 더구나 이번 안의 기저는 신용사업 이익금을 경제사업에 지원토록 하는 것인데, 이 부분과 관련하여 정부의 통제와 간섭이 예상된다. 수조 원에 달하는 정책사업 대행은 농림부의 입김 강화로 연결될 소지가 큰 만큼 정부는 최대한 지배의 사슬을 끊고 농민의 자율조직으로 탈바꿈하도록 돕는 한편, 농협이 본연의 임무에만 충실하도록 감시 · 감독 체계를 효율화 투명화하는 것이 중요하다.

신용 · 경제 분리 문제

'뜨거운 감자'로 비유됐던 신용과 경제사업 분리문제는 완전 분리보다는 부회장 대표이사제 도입 등 현행 독립사업부제를 보완하는 정도에 한정시켜 그 동안 논의돼왔던 수준에 못 미친다는 비판이 높다. 정부로서는 농정예산과 지도 · 경제사업의 상당부분을 신용사업에 의존하는 현실을 무시할 수 없었을 것이다. 당장 신용사업을 떼어 내면 엄청난 정부예산을 따로 책정해야 하는 부담이 따르기 때문이다.

그러나 다른 금융기관은 업무가 고도로 전문화 · 선진화되고 있는 시점에서 농협만 옛 형태를 유지해서 경쟁력이 생길 수 있겠느냐는 지적은 여전히 설득력이 높다. 또 정부가 일반 은행의 빅뱅 시에는 엄청난 자금을 지원 · 보조하면서 협동조합의 신용사업에 대한 경쟁력 제고조치에는 인색하다는 것이 농업계의 불만이다.

이와 함께 신용사업부문의 대표이사를 회장이 독자적으로 추천하지 못하게 하거나 이사회 운영에 외부 인사의 참여가 커질 경우 중앙회장의 신용사업 통제는 불가능해지고, 자칫 갈등관계를 표출할 수도 있다. 그렇게 될 경우 신용사업의 이익금을 경제사업에 지원토록 한다는 기본 틀은 깨지고 농협은 엄청난 어려움에 처하게 될 수도 있다. 농협이 그 동안 농민과 따로 움직이는 조직이라는 비판을 받게 된 이면에는 정부가 농협을 각종 특혜성 자금의 창구로 활용하는 것을 빌미로 교묘하게 통제 · 감독 · 이용해온 탓이 크다.

검사 감독권 문제

이제 농협의 신용사업은 금융감독원의 감독 아래 놓이게 됐다. 농림부도 협동조합과를 신설하고 감사 횟수를 늘리는 등 중앙회에 대한 지도·감독기능을 한층 강화할 태세다. 이제까지의 경험에 비추어 볼 때 외부감독에 대한 지나친 의존은 감독기구와의 유착과 그에 따른 심각한 병폐를 낳을 수도 있다. 즉 농협 자체의 자율적 개선장치가 확보되는 것에 중점을 둬야 함에도 이번 개혁안은 주로 문제가 됐던 분야에 대한 하드웨어적 수술에만 초점을 맞추고 있다는 비판이 높다.

문제는 사업에 대한 자체감독기능 강화의 구체적인 방안이 빠져 있다는 점이다. 예컨대 최근의 감사원 감사결과로 제기된 문제들은 자율적 체제로 탈바꿈한 협동조합이 자율성의 강점을 살리지 못한데 그 원인이 있다. 따라서 지역조합의 감사를 상임제로 하고 조합 조직과는 별도로 독립적인 감사위원회를 두는 방안 등의 검토도 필요하다. 자율과 민주적 운영을 생명으로 하는 협동조합에 대하여는 정부의 감독 수준은 최대한 낮추고 독자적인 감사기능을 강화토록 하는 것이 올바른 방향이라는 지적이다.

1군 1조합 문제

농협은 그 동안 꾸준히 합병을 추진해 왔다. 통합 농협에는 5억원의 자금을 지원해주는 등 자율적으로 통합을 유도해 온 것이다. 그 결과 1990년 1,425개소이던 조합이 1995년 1,356개소, 1999년 3월에는 1,203개소로 줄어들었고, 2000년까지 500개소로 합병한다는 계획을 세워놓고 있다.

이런 상황에서 정부가 '1군1조합' 원칙으로 300개소로 줄인다는 당초의 안은 획일적인데다 이를 경직되게 적용할 경우 기존에 경제적 효율성을 갖고 있던 조합조차도 통합으로 인해 비효율적 사업규모를 갖게 될 우려가 있고, 규모와 범위의 비경제성이 더욱 커질 가능성이 크다. 즉 지역과 조합원의 여건을 무시한 합병은 합병의 효과가 반감됨은 물론 조합원의 저항을 불러일으킬 수도 있고, 조합의 합병은 민주적인 절차에 의해 순리적으로 지역실정에 맞게 추진되어야지 그렇지 않을 경우 오히려 발전에 도움이 되지 않는다.

조합의 광역화에 따라 조합원의 결집력이 저하됨으로써 조합원과 조합 사업간의 괴리가 심화될 우려도 크다. 개혁의 목표는 시장 중심의 경제적 구조아래서 협동조합이 살아남는데 초점이 맞춰져야지 다른데 있어서는 안 된다. 또 조급한 합병은 오히려 조직의 관료화를 가져올 수 있다. 합병으로 인한 이점을 최대한 살릴 수 있도록 지역 실정에 맞는 전문적인 영농지도와 농산물 홍보, 유통을 책임지는 종합적인 시스템을 연구하는 등 사전 철저한 준비가 선행되어야지 덜컥 합병만 한다고 저절로 효과를 볼 수 있는 것이 아니기 때문이다.

간선제 문제

간선제는 우선 협동조합의 기본원리인 1인 1표 주의에 어긋난다. 조합원의 의사결정 참여가 곧 선거제도이므로 직접선거의 부작용을 최소화하는 제도적 장치만 만들어진다면 직선제가 더 바람직하다는 것은 두말할 나위가 없다. 특히 중앙회장 선거방식으로 처음 제시된 무작위 추출에 의한 선거인단 구성은 대표성을 가질 수 없다. 또 동일 집단의 경우 다수 참여에 의한 선거보다는 소수참여에 의한 선거에서 비공식적 선거비용(부정)이 더 많은 영향력을 미친다는 연구결과를 보더라도 무작위에 의한 간접 선거인단 구성은 바람직하지 못하다. 웬만한 투명한 절차가 아니고는 자칫 '작위' 시비에 휘말릴 수 있고, 또 줄어든 선거인단을 대상으로 하는 막판 과열선거, 금권선거 등의 부작용도 예상된다.

따라서 이 안은 민주화의 역행으로 받아들여진다. 즉, 농민들의 의사를 충분히 반영하기 보다 하향식 의사결정이 이뤄질 우려가 크고 이로 인해 농협에 대한 정부의 영향력이 강화될 가능성이 크다. 또 조합운영이 몇몇 조합 주도 인물에 의해 좌우될 수 있는 소지도 안고 있어 보다 분명한 감사제도 확립과 외부 경영평가제도의 활용이 요구된다. 뿐만 아니라 우리 현실에서 대의원들이 얼마나 조합원의 의사를 잘 대변할지도 의문이다. 중앙회장 선출도 회원조합 수가 축소될 것인 만큼 조합장들이 직접 선출권을 가져야 농민의 의사가 충분히 반영될 수 있다.

경제사업 중심체제로 전환 문제

현재 대부분의 조합은 경제사업을 확대할수록 수익성이 악화되고 있다. 즉 조합사업은 경제사업의 수익성 악화를 보전하기 위해 신용사업의 자금과 수익의 만성적인 수혈을 필요로 하는 부의 시너지구조를 가지고 있다. 그런데 정부의 개혁안은 경제사업을 조합의 중심사업으로 하고, 이를 제대로 하지 않는 조합은 신용사업을 못하도록 한다는 인식을 바탕에 깔고 있다. 이 방안은 경제사업을 중심으로 한 정의 시너지 효과를 전제로 한 것이나, 부의 시너지 효과가 강한 현실에는 맞지 않는다.

왜냐하면 이를 현실에 적용하여 부실사업을 철저하게 정리할 경우 대부분의 조합이 경제사업은 물론 신용사업도 축소해야 하고, 또 부실사업은 물론 부실사업을 개선하려 할 경우 막대한 투자가 요구되기 때문이다. 특히 경제사업을 중심으로 한다는 개혁안은 자칫 신용사업의 경제사업 지원 기능을 강화해야 하는 것으로 오해되어 부의 시너지 구조를 더욱 심화시킬 가능성도 없지 않다.

협동조합의 신용사업이 협동조합 추진의 자원 공급원 역할을 지속하는 것은 가능하지도 않을 뿐더러 바람직하지도 않다. 또 조합에서 경제사업과 금융사업의 적정규모는 일치하지 않을 뿐만 아니라 규모의 경제만을 찾게 되면 협동조합 본연의 목적을 망각할 수 있으므로 두 가지 목적을 다 달성할 수 있는 방안을 찾아야 한다.

협동조합 정체성을 도외시했다

지나치게 사업의 효율성 제고에 초점을 맞추다 보니 협동조합의 정체성을 도외시한 듯한 부분도 없지 않다. 예컨대 일선 협동조합의 조합장 출마 자격을 외부 전문가에게도 허용하는 초안 등은 지나친 경영주의적 발상이다. 경영의 효율성을 제고시키기 위함이라면, 조합장은 명예직으로 대표권만을 갖게 하고, 사업은 전문경영인이 전담토록 하여 견제와 책임경영 체제를 양립시키는 것이 보다 합리적이다. 결국 협동조합의 모든 운영원리를 주식회사를 중심으로 하고 있는 경영효율의 기업경영원칙과 기준에 적용하게 될 경우 자본주의 사회에서의 협동조합 역할의 상실 문제 등 심각한 위기를 맞을 수 있음을 인식해야 한다.

정부사업의 대행 문제

협동조합 사업의 범위와 이에 필요한 자원의 조달문제에 관하여 원칙과 기본 방향이 새롭게 설정돼야 한다. 지금까지 협동조합이 신용사업과 경제사업을 겸업하는 명분이 돼왔던 농정 대행사업을 앞으로 어떻게 할 것인가에 대하여 구체적인 방향이 설정돼 있지 않다. 양 사업간의 범위를 명확히 하지 않음으로써 협동조합은 수익을 신용사업에 의존하는 명분을 갖게 되고, 정부 또한 어쩌면 농업부문의 재정 부담을 경감하는 방편으로 이러한 구조를 활용하고 있다는 비판을 받고 있다.

결국 모두 농업인을 위한 사업이라 할지라도 정부의 재정사업과 협동조합 사업의 영역이 명확히 구분돼야 협동조합은 사업체로서 정상화될 수 있다. 정부가 져야할 짐을 협동조합에 떠맡기면서 잘 지지 못한다고 개혁을 반복한다면 어떻게 개혁이 이루어지더라도 근본적인 문제해결은 되기 어렵다. 따라서 협동조합의 농정대행사업을 재정사업으로 최대한 분리해 나가는 구체적인 계획을 세워야 한다.

대농민 서비스 기능 약화 우려

단위조합 수를 대폭 줄여 광역화하겠다는 방침은 군살을 뺀다는 장점은 있지만, 대 농민서비스가 위축되고 지역사정이 밝아야 제대로 이뤄질 수 있는 경제·지도사업이 부실화될 우려가 있어 별도의 보완책이 필요하다. 즉 조합의 대단위 합병은 조합과 조합원의 관계를 더욱 멀게 해 조합에 대한 조합원의 관심과 참여를 소홀하게 할 우려가 있으므로 기존의 조합을 영농지원센터, 종합생활센터로 기능을 대폭 전환해 조합원들의 다양한 요구를 효과적으로 수용할 수 있는 방안들을 구체적으로 마련해나가야 한다. 특히 절감되는 비용을 영농지도원 확보로 대체해 지역농협이 명실공히 전문적인 영농·생산지도와 유통 및 지역농업개발의 주체로서의 역할을 수행할 수 있도록 해야 한다.

수협이 빠졌다

농어민은 같은 카테고리 속에 들어가 있는데 수협의 소관부처가 해양수산부라는 이유로 제외되는 것은 납득하기 어렵다. 즉 공청회 등 여론 수렴과정에서 수협의 신용사업부분을 분리, 농협과 통합하는 방안을 마련해야 한다.

전문성과 독립성 문제

3개 협동조합을 농협 중심으로 통폐합한다는 것은 협동조합도 이제는 전문조합의 길로 가야 한다는 대원칙에 비추어 보면 시대에 역행이라는 지적도 많다. 세계화·국제화에 대비해 품목별·업종별로 발전하는 것이 농업경영·축산경영을 확실하게 뒷받침하는 방법인 만큼 품목별 전문성을 키우고 마케팅 활동의 효율성을 높이기 위해서는 품목별 전국연합회와 같은 조직의 활성화 대책이 우선적으로 마련돼야 한다.

통합기한, 방법 등

중앙회의 통폐합이 불가피하다면, 농·축협 통합을 2001년까지 미룰게 아니라 가능한 한 앞당겨 비용손실을 최소화해야 한다. 또 통폐합은 인수합병(M&A) 방식이어야지, 자산·부채이전(P&A) 방식이 돼서는 안 된다. 이는 농협이외의 다른 조직을 모두 퇴출시키는 결과를 낳고 말기 때문이다. 이와 함께 통폐합의 부작용을 얼마나 잘 해소하느냐 하는 점도 과제다. '한 지붕 여러 가족' 체제에 따른 내부 갈등도 해결해야 하고, 산업 전문화 추세에 맞는 전문 서비스 기능도 약화되지 않도록 해야 한다.

의식과 자세 전환이 더 중요

아무리 법과 제도를 잘 갖추더라도 조직 운영자에 따라 결과가 달라질 수 있다는 점에서 협동조합 개혁의 성패는 결국 '사람의 손'에 달려 있다. 이를 위해 협동조합 임직원들이 '서비스 맨' '협동조합 운동가'의 본질에 더욱 충실하는 환골탈태의 의식전환이 먼저 필요하다. 또 농림부를 비롯한 농림공직자들의 자세전환도 중요한 성패요인이다. 협동조합이 오늘에 이르게 된 데는 농림부의 책임도 크기 때문이다.

4. 농협개혁안 추진과정과 진통

농협개혁안 추진 과정

농림부는 장관 자문기구로 농림부차관과 농·축협 중앙회장을 공동의 장으로 하는 '협동조합개혁추진위원회'를 구성했다. 농축협 중앙회장과 교수, 조합장, 농민단체 등 관계자 28명으로 실무작업반을 구성하고 3월 10일에는 '협동조합개혁추진단'의 현판식을 갖는 등 즉각적인 후속대책 마련에 착수했다.

개혁추진위원 명단은 다음과 같다. △위원장=김동태(농림부차관) △부위원장=안종운(농림부기획관리실장) △위원=강춘성(전국농민단체협의회장), 황창주(한국농업경영인중앙연합회장), 정광훈(전국농민회총연맹의장), 권광식(방송대교수), 김상기(경북대교수), 김영철(건국대교수), 김호탁(서울대교수), 서기원(순천향대교수), 장원석(단국대교수), 선상규(보성농협조합장), 윤익로(예산능금농협조합장), 이정백(상주축협조합장), 이종준(경북중앙낙농축협조합장), 박삼희(창녕임협조합장), 이종근(전북인삼협조합장), 황민영(협동조합연구소 이사장), 유지창(재경부금융정책국장), 소만호(농림부축산국장), 남상덕(금융감독위원회제2심의

관), 손은남(농협중앙회기획관리상무), 허삼웅(축협중앙회기획관리상무), 최동혁(임협중앙회관리상무), 노종규(인삼협중앙회상무) △간사=김웅채(농림부농업정책국장)

특히 농림부는 협동조합 개혁 방안을 원활히 추진하기 위해서는 농민들의 이해가 우선돼야 한다고 보고 홍보방안 마련에 주력했다. 이에 앞서 농림부는 협동조합 개혁을 전담하는 협동조합과를 신설키로 한 방침에 따라 기존의 '농업금융과'를 '협동조합과'로 바꾸는 등 개혁추진체계를 완비했다.

지난 3월 18일에는 개혁추진위원회 제1차 회의를 열어 협동조합 개혁 방안에 대한 의견수렴에 들어갔다. 이날 회의에서 김성훈 장관은 "이번 개혁방안은 어디까지나 시안"이라며 "농민을 살리고 협동조합을 농민에게 돌려주는 방향이라면 얼마든지 정정이 가능하다"고 말해 개혁안에 대한 비판을 겸허히 수렴하겠다는 자세를 밝혔다.

개혁안 논란과 반발

정부의 협동조합 개혁안이 발표된 이후 각계에서 공청회 등을 통해 의견을 제시했다. 주요 토론회와 공청회의 내용을 정리한다.

△ YMCA 주최 '협동조합 개혁 토론회' — YMCA 주최로 열린 '협동조합 개혁 토론회'에서는 정부 주도의 일방적인 개혁은 협동조합의 자율성과 대표권을 크게 해칠 수 있다는 지적이 강하게 제기되었다. 이날 토론회는 결국 정부안에 많은 보완대책이 필요함을 일깨워주는 계기가 되었다.

(주제발표)
- 최진국(전농 정책위원장) = 협동조합의 통폐합과 합병, 조합장의 외부영입 및 간선제 등은 개혁이 아니라 형식적인 구조조정일 뿐 협동조합의 자율권과

대표권을 침해하고 있다. 농축협의 통합은 중앙회의 기능과 권한에서 오히려 비대화할 수 있다. 또 조합 중심의 경제사업 연합기능을 어떻게 확립할 것인지가 빠져 있으며 지도감사, 교육 및 농정기능과 관련한 개혁내용이 빈약하다. 독립사업부제는 문제의 본질을 비켜가면서 현재 신용사업 제일주의를 정당화하는 수단이다. 따라서 정부 개혁안은 농민을 위한 조합을 만들겠다는 강력한 의지의 표명과는 다르기 때문에 농림부는 협동조합 개혁을 원점에서 다시 시작해야 한다.

(토론내용)
- 장종익(한국협동조합연구소 사무국장) = 임협을 산림조합으로 만드는 것은 타당하나 농협중앙회와 축협중앙회의 모든 기능의 조직적 통합은 기능의 전문화와 효율화에 역행하는 것이다. 조합장의 권한에 맞는 책임제도를 도입한 것은 적절하지만 조합장 선거제도를 일률적으로 간선제로 전환하는 것은 현실적으로 부작용이 클 것이다. 또한 조합장 출마자격을 비조합원에게도 부여하는 것은 협동조합 원칙에 정면으로 위배된다.
- 김용택(한국농촌경제연구원 연구위원) = 짧은 기간 안에 단위농협을 3백 개로 줄이는 것은 무리한 합병으로 인한 부작용을 초래할 수 있다. 중앙회 경제사업의 일방적인 회원조합 이관은 또 다른 부실을 양산할 수 있다.
- 이인우(농협노조 홍보부장) = 농정, 협동조합, 농민의 실패를 모두 농협이 뒤집어쓰고 여론재판을 받고 있다. 협동조합의 개혁은 문제의 본질을 냉철히 파악하고 협동조합의 논리로 풀어나가야 한다. 또한 협동조합의 개혁은 정부주도가 아닌 조합원 중심으로 민주적으로 이뤄져야 한다.
- 박종규(축협노조 정책국장) = 통합결정과정에서 협동조합의 주인인 일선 농민과 축산인의 의사 수렴과정이 전혀 없었고 이해 당사자간의 합의과정 또한 결여됐다. 또한 현재 축산업의 규모화와 전문성에 대한 고려가 배제됐다. 농축협의 통합이 조합원에게 얼마만큼의 실익보장을 담보할 수 있는지에 대한 검증절차 없이 힘의 논리나 밀어붙이기 식의 통합을 한다면 결국 농민들만 또다시 통합의 피해자로 남을 것이다.
- 김인식(농단협 사무총장) = 협동조합 통합과정에서 자칫 농업에 대한 비중을 오히려 약화시켜 농업과 축산업의 입지를 더욱 좁힐 우려가 있다. 또한 중앙회가 오히려 비대해질 수 있으므로 통합은 하되 중앙회의 기능이 회원조합에 대폭 이양될 수 있는 구체적인 대안을 제시해야 한다.

• 이희준(국민회의 농림전문위원) = 농민과 국가를 위해 협동조합 개혁은 조속히 해결돼야 한다. 이는 정부 혼자서가 아니라 함께 해결해 나갈 수 있도록 해야 한다. 농가가 가장 중요하게 여기는 부분이 바로 생산한 농산물을 제값 받고 파는 문제이다. 지금의 협동조합 개혁도 농산물 유통문제가 제대로 해결되지 않아 발생한 문제라고 볼 수 있다.
• 장원석(단국대 교수) = 농민단체는 협동조합 개혁과정에서 어떤 안을 제시할 때 객관성과 실현가능성을 충분히 감안, 대안을 제시해야 한다. 정부에서 발표한 회원농협 3백 개 감축방안이 현실성과 설득력을 가진 대안인지 의심스럽다. 조합장 선거를 일률적으로 간선제로 하는 것은 문제가 있다. 조합 여건에 따라 직선이나 간선을 선택해야 할 것이다.[2]

△ 국회 농림해양수산위 전체회의 — 3월 15일 열린 국회 농림해양수산위원회 전체회의에서도 정부의 협동조합 개혁 초안에 대한 논란이 있었다. 주요내용은 다음과 같다.

"행정 및 경제권 중심으로 꾸준히 협동조합의 합병이 이뤄지고 있는 상황에서 단기간에 농협을 3백 개, 축협 1백 개로 통합한다는 것은 정부의 의욕만 앞세워 지나치게 숫자에 연연한 것 아닌가."
"기존 협동조합에 대한 경영성과 분석조차 제대로 돼 있지 않은 상황에서 숫자에 얽매인 밀어 붙이기식 통합은 합병에 따른 또 다른 부실을 양산할 수 있다."
"통폐합에 역점을 둔 협동조합 개혁은 전문조합 육성 등 전문화를 통한 경쟁력 강화와는 어긋나는 정책이 아니냐."
"중앙회장과 조합장의 직선제에 따른 일부 부작용을 이유로 중앙회장 선거를 선거인단 선거방식으로 전환하고 조합장을 대의원 총회에서 선출하는 것은 협동조합 민주화에 역행하는 시대착오적 발상으로 이는 개혁 아닌 개악이다."
"조합장에 대한 비조합원의 출마자격 부여는 조합의 경영합리화만을 고려한 것으로서 협동조합의 자율권과 대표권을 침해하는 조치다."
"중앙회의 신용사업과 경제사업을 완전 독립시켜 운영할 경우 협동조합 본연의 비수익사업인 지도사업이나 경제사업이 크게 위축될 것이라는 우려가 팽배해지고 있다."

---

2) 『농민신문』, 1999. 3. 15.

"협동조합의 신용사업 분리는 전문화와 경쟁력 강화에 역점을 둬야 함에도 신용사업을 경제사업과 분리해 전문화한다 면서도 신용사업과 관련하여 도시지역 점포개설 억제, 지급보증 취급중단 등 과다한 규제조항을 둔 것은 앞뒤가 맞지 않다."

"협동조합 개혁은 협동조합개혁위원회 건의안을 중심으로 꾸준히 추진돼 왔음에도 불구하고 갑자기 정부 주도의 새로운 개혁방안을 마련해 협동조합을 개혁하겠다는 것은 정부 여당의 협동조합 장악기도나 협동조합 길들이기 의도라는 의구심을 낳고 있다. 협동조합은 경제·사회적 약자인 만큼 주인이 아닌 제3자가 나서 마음대로 주무르겠다는 것은 매우 위험한 발상이다."

"협동조합에 대한 감독권이 없어 협동조합들은 부실했고, 일반시중은행들은 감독을 너무 잘해 망했느냐. 협동조합에 대한 감독권 강화가 협동조합의 본질을 훼손해서는 안 된다."[3]

△ 국회 협동조합 개혁방안 좌담회 — 3월 22일에는 국회에서 정부·학계·농민단체 및 일선 협동조합 관계자 등 15명이 참석하여 이길재의원(농어촌대책위원회) 주관으로 간담회를 갖고 개혁방안에 대해 토론을 가졌다.

〈단위조합 개혁방안〉
• 황장수(한농연 사무총장) — 단위조합의 합병은 지역여건을 고려해 1~3개로 합병, 전체 규모를 5백개 정도로 하는 것이 적당하다. 특히 직능별 대표가 이사회에 참여토록 해야 한다.
• 서중일(상지대 교수) — 단위조합을 면단위로 둬두면 전문 경영인 영입이나 업종별 전문조합 육성이 성공할 수 없으므로 시군 단위로 합병해야 한다.
• 문창호(송탄농협 조합장) — 단위조합 합병이 1군1조합으로 될 경우 지도 경제사업에서 양질의 서비스가 떨어질 것이다. 조합장 직선제는 긍정적인 면이 많기 때문에 반드시 유지돼야 한다.
• 황금영(순천축협 조합장) — 농가에 대한 경영컨설팅을 강화하고 교육 유통기능을 활성화해 조합원과 조합의 거리를 줄여 나가는데 개혁의 초점이 맞춰져야 한다.

---

3) 『농민신문』, 1999. 3. 17.

- 김영철(건국대 교수) ─ 조합장의 권한인 경영권과 대표권을 분리해야 한다. 합병을 협동조합이 자체적으로 추진할 수 있도록 별도의 독립기관으로 '협동조합감독위원회'를 구성하는 방안도 고려해 볼 수 있다.

〈중앙회 개혁방안〉
- 박진도(충남대 교수) ─ 농림부 안은 협동조합이 비대하고 농민에 군림하며 자립성이 결여돼 있다는 문제를 해소하지 못할 것이다. 중앙회의 경제·신용 및 비사업적 기능의 분리가 미흡하다.
- 정재돈(가농 사무총장) ─ 농림부 안은 조합원의 참여와 책임에 기초하기보다 경영혁신과 효율성 등의 시작에서 마련된 것으로 중앙회의 사업적, 비사업적 기능의 분리가 미흡하다.
- 김종원(전 여산농협 조합장) ─ 협동조합 개혁은 먼저 나를 버려야 한다는 전제 위에서 출발해야 한다. 중앙회는 통합해야 하며 구체적으로 한국협동조합총연합회 체제로 하는 방안이 바람직하다.
- 배종렬(전남 서남부채소농협 조합장) ─ 중앙회는 정치적이면서도 비경제단체로 존재해야 한다. 모든 사업은 전문화한 자회사 체제로 이뤄져야 한다.
- 허삼웅(축협중앙회 상무) ─ 협동조합간에 유사성이 있는 부분은 어떤 방식으로든 통합의 필요성은 인정한다. 그러나 통합이 경영적 측면에서는 합당할지 몰라도 조합원의 대의수단으로 부적당하다.
- 손은남(농협중앙회 상무) ─ 협동조합 개혁은 어떤 형태로든 중앙회 통합을 불가피하게 하고 있다. 다만 개혁방향은 회원조합 입장에서 협동조합을 현대사회에 맞게 재구성하는 쪽으로 진행돼야 한다.[4]

협동조합 개혁안이 이처럼 논란을 거듭하면서 구체화되는 과정에도 일부 관련 단체들의 반발은 계속되었다. 일선 조합장들은 "농협은 정부기관이 아니라 농민들의 자주적 단체이다. 따라서 농협은 스스로 판단해서 합병하지 않으면 안 될 상황이 되면 조합원들의 의견을 모아 합병을 한다. 정부의 압력이나 중앙회의 권고에 의해서 하는 합병은 조합원들에게 정당

---

4) 『농민신문』, 1999. 3. 26.

성을 인정받을 수 없다"며 대규모 합병이 능사가 아님을 강조했다. 축협 측의 반발도 계속되었다. 특히 축협 노조는 「한겨레」신문 등에 광고 게재와 함께 장외 집회를 통해 '농축산인들의 의견 수렴 없이 졸속으로 발표한 협동조합 통합 안은 철회돼야 마땅하다'며 강하게 반발했다.

정부 공청회안 확정

농림부는 3월 8일 발표한 초안을 바탕으로 여론을 수렴, 이를 구체화한 다음 내용의 협동조합 개혁방안을 4월 15일 발표하고 공청회에 들어갔다.

△ '1군1조합 원칙' 삭제 ─ 당초 1군1조합을 원칙으로 경제권 생활권 중심으로 하기로 했던 '1군1조합 원칙'이 삭제됐다. 이에 따라 일선조합은 지역 농축협과 업종별 농축협을 구분해 육성하되 합병은 경제권과 생활권 등 지역여건을 감안, 신축적으로 추진된다. 합병으로 조합이 없어진 지역에는 지소 또는 출장소를 설치, 농민조합원에 대한 서비스 기능을 계속 유지토록 했다. 또 전문조합은 경제사업 핵심체로 육성되고 지역조합은 지역농축산업의 중심체 역할을 수행할 수 있도록 기능이 강화된다.

△ 직선제 유지 ─ 간선제로 바꾸려던 조합장 선출방식도 직선제 간선제 및 이사회 호선제까지 모두 포함해 조합원이 자율적으로 선택할 수 있도록 했다. 조합장의 권한과 관련해서는 대표권만 갖는 명예직과 실질적인 업무집행권을 갖는 방안 중 조합이 자율적으로 정관에서 선택할 수 있도록 했다. 다만 실질적인 업무집행권을 갖는 조합장과 상임이사에 대해서는 업무소홀 등 경과실까지도 손해배상 책임을 묻도록 경영책임을 강화키로 했다.

△ 조합에 대한 지도감독권 강화 ─ 부실대출이나 임직원의 위법 부당한 행위로 조합의 경영이 극도로 어려워지거나 예금지급 불능사태에 도달할 위험이 있는 경우에는 업무정지 등의 조치를 취할 수 있도록 했다. 또 설립인가 기준에 미달하는 조합이나 경영평가 결과 자본이 잠식된 조합이 경영개선 요구나 합병권고 등의 시정조치를 따르지 않을 경우 설립인가를 취소토록 했다. 사업규모가 일정수준이상인 조합에 대해서는 상임감사제를 도입토록 하고 조합에 농민대표 외부전문가 등이 포함된 경영평가단을 운영토록 했다. 특히 회원조합이 받은 외

부감사결과 등에 대해서는 반드시 총회에 보고토록 의무화했다.

△ 통합 중앙회 조직 — 통합중앙회에는 각 사업별 전문성과 효율성을 높일 수 있도록 농업경제사업·축산경제사업·신용사업 부문으로 나눠 각 사업별로 대표이사(부회장) 책임경영체제를 도입, 대표성과 독립성을 보장키로 했다. 이와 함께 통합중앙회의 지도·교육·정보·농정활동·홍보 등의 사업에 대해서는 중앙회장이 관장토록 하되 지도사업 담당 부회장을 둬 중앙회장을 보좌토록 했다. 인삼관련 사업에 대해서는 사업을 관장하는 집행간부(상무급)를 두고 그 집행간부가 중앙회를 대표하도록 했다.

△ 통합중앙회의 기구 — 이사회는 현행제도를 유지하되 이사회 정수를 18명에서 25명 이상으로 확대하고 이 가운데 3분의 1이상을 사외이사로 선임토록 했다. 대의원회는 경종·축산·인삼 등 업종별 대표성이 발휘될 수 있도록 구성방법을 정관에 명시토록 했다. 특히 중앙회장과 부회장 및 사업별 대표이사, 집행간부로 구성되는 (가칭)경영전략회의를 설치해 사업부문별 경영전략을 협의하고 의견조정 등을 할 수 있도록 했다.

△ 통합중앙회 명칭 — 명칭은 제1안 '농업협동조합중앙회' 명칭을 그대로 사용하는 안, 제2안 '농축산업협동조합중앙회'로 개칭하는 안, 제3안 '농축산물생산자협동조합중앙회'로 개칭하는 안 등 3가지 안을 제시하고 입법과정까지 의견을 계속 수렴해나가기로 했다.

△ 중앙회 기능 슬림화 — 중앙회 사업 방식은 회원조합과 공동출자, 공동경영을 원칙으로 하고 회원조합의 사업과 중복되는 사업은 수행할 수 없도록 했다. 이를 위해 중앙회 사업 가운데 1)사업구역이 특정지역이나 권역으로 한정된 사업으로 1개 또는 여러 조합이 운영 가능한 사업 2)사업 규모가 1개 또는 여러 일선조합의 자본금으로 인수 가능한 사업 3)일선조합이 인수를 희망하고 인수할 능력이 있는 사업 등은 회원조합으로 이관한다. 또한 4)사업구역이 전국 또는 여러 시도에 관련된 사업 5)사업 특성상 특정조합만이 운영할 경우 문제점이 있는 사업 등에 대해서는 중앙회와 회원조합간의 공동출자·공동경영방식으로 운영토록 했다. 특히 공동출자, 공동운영사업은 단계적으로 자회사화를 추진하되 우선은 회원조합의 특별출자형태로 공동경영을 추진키로 했다.[5]

---

5) 『농민신문』, 1999. 4. 16.

협동조합 개혁 공청회(1999.4.15~16)

정부가 여론수렴과정을 거쳐 보완된 안에 대해 공청회에서는 일부 소수를 제외하고는 대체적으로 공감하는 분위기였다. 공청회의 주요 쟁점은 통합중앙회의 조직과 기구를 독립사업부제로 하는 방안, 경제권 생활권을 중심으로 한 회원조합의 자율적 합병 추진, 통합중앙회의 명칭을 농협중앙회로 하는 방안 등에 모아졌다. 공청회에서는 특히 "시중은행 등의 합병과정에서 정부가 막대한 지원을 해온 만큼 협동조합 통합에 드는 비용도 협동조합 자체 구조조정만으로 충당시키기보다는 정부가 적극적인 지원대책을 마련할 필요가 있다"는 주장이 강하게 제기되었다.

공청회에서 제기된 정부 개혁안에 대한 반대의견은 다음과 같다. 1) 농림부 안은 자율성과 민주성을 침해하고 있다. 또 개혁이 아닌 개선 쪽으로 가고 있다. 경쟁력만 강조되는 쪽으로 개혁이 이뤄져선 안 된다. 2) 협동조합이 신용사업에 치중한다는 비난을 해소하지 못한다. 따라서 신용사업은 분리하여 별도 법인화해야 금융자율화에 능동적으로 대응할 수 있다. 3) 축산업의 전문성·차별성·독립성을 인정하지 않아 이에 따른 부작용이 예상된다. 그러나 이에 대해서는 중앙회가 통합되더라도 지역 농협 및 축협은 그대로 가는 만큼 문제가 안 된다는 반론도 있었다. 4) 생산·유통·판매도 연합회 체계로 가야 협동조합이 제 역할을 할 수 있다. 5) 지도사업 부회장을 두는 것은 중앙회장이 지도사업을 직접 관장하는 만큼 불필요하다. 6) 통합중앙회 명칭은 농축인삼협중앙회로 하는 것이 원칙이지만 간판 바꾸는 데만 2,470억원이 소요된다. 정부안에 농업인협동조합중앙회(가칭)으로 하는데 문제가 있다. 세계적으로 농업인으로 하는데는 인도 밖에 없다. 7) 통합의 의미는 농축협 2개의 독립법인을 하나로 하는 것인데 통합중앙회 아래 4개의 별도법인을 설치하자는 것은 결국 비용만 더 들게 된다. 8) 신용사업은 전문조합연합회 등 구조조정 후 자생력이 생겼을 때 분가해야지 당장은 안 된다. 9) 농협중앙회장 기능에 연구개발사업을 추가하자. 10) 회원조합의 상임감사제 도입이나 평가단 운영 등은 비용이나 현실여건을 감안할 때 실효성이 의문시된다. 11) 농업과 축산부문 대표이사를 농축협 등 회원조합장이 선출할 수 있게 하자. 12) 협동조합 개혁은 10~20년 후를 바라보고 진행돼야 한다 등.

입법예고안 주요 문제점

정부는 4월 19일 총칙 등 6장 174조 부칙 17조의 가칭 '농업인협동조합법안'을 입법 예고했다. 이 안은 입법예고기간을 거쳐 정부안을 최종 확정한 뒤 국회에 회부하게 되는데, 입법예고 법안에 대해서는 다음의 문제점들이 주로 지적되었다.

공익성 지나치게 강조
△ 법안 제1조 목적에서 '이 법은 국민식량의 안정적 공급과 국토환경의 보전을 도모하고…'라고 규정하여 협동조합의 공익성을 지나치게 강조하고 있다. 협동조합은 구성원인 조합원들의 경제 사회적 권익보호 및 지위향상에 있는 것이지 식량공급이나 환경보전 등과 같은 국가적 사업을 목적으로 하는 조직이 아니다. 즉 국가 사업의 의무를 협동조합에 전가하는 것으로 이는 협동조합의 근본을 흔드는 요소가 될 수 있다.
△ 법안 제13조 지역조합의 목적에 '농산물의 수급안정 및 유통원활화를 도모해야 한다'는 조항과 제60조 사업 가운데 '유통개선 및 가격안정사업' 명시 등도 국가나 지방자치단체가 해야할 의무를 협동조합에 떠넘기는 조항이다. 유통개선이나 가격안정사업은 생산자의 가격보장보다는 물가안정 차원에서 소비자위주로 운용돼 조합원의 이익과 상반되는 방향으로 활용될 소지가 크다.

중앙회장 권한 지나치게 축소

△ 신용사업전담 부회장 선출방식과 지도사업 전담 부회장제 도입 등은 회장의 대표권과 업무조정권을 지나치게 침해하거나 위축시킬 우려가 크다. 즉 중앙회 신용사업 전담 부회장을 이사회가 추천한 자를 총회에서 선출토록 규정한 법안 제140조의 단서조항은 신용사업 전담 부회장의 임면에 대한 회장의 권한이 배제돼 신용사업과 기타 사업부문간 업무조정이 어렵고 다른 사업부문과의 형평성에도 문제가 있다. 또 법안 135조와 137조에서 지도사업전담 부회장을 두도록 한 것은 회장의 업무영역을 축소시켜 회장의 대표권을 지나치게 제한하는 규정이라 할 수 있다.

운영과 사업의 자율성 지나치게 규제

△ 법안 제6조 조합의 육성과 관련, '중앙회는 회원의 사업과 경합되거나 그 사업을 위축시킬 우려가 있는 활동을 하여서는 안 된다'는 조항은 중앙회 사업의 존립기반을 뿌리째 뒤흔들 소지가 크다. 중앙회 신용사업은 회원조합의 상호금융과 경합관계에 있고, 경제사업은 대부분 회원조합 사업과 연계돼 있기 때문이다.

△ 법안 제43조의 조합장 선출방식에 관한 정관변경은 전체조합원의 과반수 투표와 투표조합원의 과반수 찬성으로 변경토록 함으로써 조합장 선출방식에 대한 효율성을 지나치게 규제하고 있다.

△ 법안 제167조 '농림부장관의 경영지도 부여' 규정은 정부의 과도한 간섭으로 협동조합의 자율성을 크게 침해할 우려가 크다.

지나친 비용부담 우려

△ 법안 제135조와 137조에서 지도사업 전담 부회장을 두도록 한 것은 회장의 업무영역을 축소시킬 뿐만 아니라 부회장이 4명이나 돼 조직의 비대화는 물론 엄청난 비용 낭비와 의사결정단계의 비효율을 초래할 수 있다.

△ 법안 제30조, 이사회에서 매년 조합원 자격심사를 하도록 한 규정은 합병으로 인해 광역 및 규모화되는 상황을 감안할 때 엄청난 노력과 비용을 수반할 뿐만 아니라 형식화할 우려가 높다.

△ 제2조의 통합협동조합 명칭을 '농업'이 아닌 '농업인' 협동조합으로 한 것은 통합의 당위성과 비용 등을 외면한 것이다.

△ 제141조 인삼관련 사업 집행간부에게 대표권을 부여한 것 역시 인삼협의 입장을 너무 의식한 조항이라는 지적이다.

입법예고 안에 대한 농협의 건의문

입법 예고된 통합 협동조합법안에 대해 농협은 4월 28일 전국 조합장들의 의견을 모은 9개항의 건의문을 농림부에 전달하고 이를 적극 수용해줄 것을 요청했다.

첫째, 통합 협동조합법의 입법은 현행 농협법을 개정하는 형식으로 하고 명칭도 '농업협동조합'으로 해주시기 바랍니다. 축산업과 인삼업은 모두 '농업'의 범주에 속할 뿐만 아니라 1981년 이전까지 축협은 농협중앙회의 회원조합이었기 때문에 농협중앙회를 존속법인으로 하여 현행 농협법을 개정하는 형식으로 입법이 추진되어야 합니다. 둘째, 협동조합중앙회의 통합목적을 달성하기 위해서는 정부의 적극적인 지원이 뒷받침되어야 하므로 정부지원에 관한 사항을 통합 협동조합법(안)에 반드시 명시하고 예산확보 등 필요한 조치를 취해주시기 바랍니다. 셋째, 직선으로 선출되는 조합장의 해임은 현행과 같이 조합원 투표에 의한 방법으로만 가능하도록 수정하여 주시기 바랍니다. 넷째, 조합장과 중앙회장의 자격을 조합원 신분 5년 이상인자로서 일정액 이상의 농업소득이 있는 자로 수정하여 주시기 바랍니다. 다섯째, 신용사업을 담당하는 부회장의 선임절차를 다른 부문과 동일하게 대의원회의 동의를 얻어 회장이 임명할 수 있도록 수정하여 주시기 바랍니다. 여섯째, 중앙회의 회원조합 사업과 경합금지 조항은 삭제하여 주시기 바랍니다. 일곱째, 회원의 경제사업을 위한 정책자금의 공급 관리업무를 중앙회 금융사업부문에서 담당할 수 있도록 수정하여 주시기 바랍니다. 여덟째, 중앙회 경제사업에 대해 "회원조합과 공동으로 출자하여 운영함을 원칙으로 한다"는 조항을 "공동으로 출자하여 운영할 수 있다"고 수정하고 단서조항도 삭제하여 주시기 바랍니다.

입법예고 수정 검토안 중 쟁점사항

'농업인협동조합법안' (가칭)의 입법예고가 끝났으나 최종안 마련은 다소 지연되었다. 국무회의 전까지 쟁점이 됐던 사항은 다음과 같다.

◇ 품목별·업종별 협동조합연합회 설립 허용 문제 = 이 문제는 농림부가 최종안 마련 과정에서 초안에 없던 품목별 업종별협동조합의 전국단위 연합회의 설립을 허용하고 이들에게 원료의 공급조달과 공동판매는 물론 자금의 알선까지 담당하는 사업기능을 주는 조항 신설을 검토하고 있는 것이 알려지면서 표면화되었다.

농협은 이에 대해 중앙회 통합은 유사 및 중복기능의 통합을 통한 저비용 고효율화로 농민과 회원조합에 대한 지원을 극대화하는 것인데 법인형태의 전국연합회 허용은 전국단위 중앙조직의 난립을 초래, 통합의 효과를 상쇄시키는 방안이라고 지적했다. 또 연합회에 공동구매 공동판매 등의 사업기능을 부여하는 것은 중앙회와 연합회의 사업이 중복될 뿐만 아니라 중앙회의 슬림화와 회원조합과의 경합금지를 이유로 중앙회 사업을 회원조합에 이관하면서 연합회에는 회원조합과 경합할 새로운 사업기능을 부여하는 것은 형평성은 물론 당초 개혁목적과도 상치된다는 것이다. 따라서 품목별·업종별협동조합연합회 설립허용 관련규정을 삭제하거나 당초 입법예고 초안대로 품목별·업종별 협의회 운영으로 가는 것이 바람직하다는 입장을 나타냈다.

◇ 조합장대표회의 및 경영위원회 설치 문제 = 조합장대표회의 도입문제는 농림부와 농협이 첨예한 대립을 보이고 있는 부분이었다. 조합장대표회의란 농업경제사업부문과 축산경제사업부문 산하에 사업부문별 대표이사를 추천할 별도의 조합장 대표기구를 각각 설치한다는 것이었다. 농림부는 이러한 조합장 대표회의는 공청회 과정에서 소수의견으로 제기됐던 조합장 협의회를 수용한 것으로 사업부문별 대표이사의 독립성 확보를 위해 절대 양보할 수 없는 부분임을 내세웠다.

농협은 이에 대해 농협 등 협동조합은 물론 농업계 내부에서는 우선 사업부문별 독립성 강화를 위한 방안도 좋지만 지나친 중앙회 의결기구의 중복을 지적하였다. 중앙회에 총회와 이사회가 있고 대표이사 산하에 의결권을 가진 조합장대표회의와 경영위원회가 설치될 경우 법정 의결기구의 중복으로 의사결정 지연은 통합의 시너지효과 극대화의 장애가 될 것이라는 분석이었다. 이들은 같은 조합장들로 구성된 총회와 조합장대표회의가 대표이사 선임을 둘러싸고 마찰을 빚거나 대표이사 산하 경영위원회와 중앙회 이사회의 의견이 맞설 경우 오히려 비능률만 양산할 우려가 있다고 지적했다.

◇ 조합감사위원회 설치 허용 문제 = 농림부는 중앙회에 별도의 독립된 조합감사위원회를 설치, 중앙회장이 가지고 있는 회원조합에 대한 감사권을 감사위원회에 넘겨준다는 것이다. 이에 대해 농민단체들과 농협 등 협동조합은 감사권의 독립강화를 위해서 바람직한 방안이라는데 이견은 없지만 감사권에 대한 중앙회장의 완전 배제는 중앙회장의 지도기능 위축을 우려했다. 농협 등 협동조합은 지도 및 지원은 감사권과 맞물려야 제 역할을 할 수 있다는 입장이었다.

◇ 금융부문 대표이사 선임 절차 문제 = 농림부는 금융부문 대표이사의 독립성을 확보하기 위해 금융부문 대표이사는 이사회가 추천하고 대의원회 동의를 얻어 임명하는 방안을 당초 초안에서부터 제시하고 있다. 금융부문 대표이사 선임절차와 관련, 농림부는 이는 재경부나 금감위의 요구사항이라며 절대 양보할 수 없다는 입장이었던 반면 농협은 타 사업부문과 형평성 등을 들어 대표이사 선임에 회장이 일정한 역할이 필요하다는 입장을 굽히지 않았다.[6]

국무회의 통과 정부안 주요 쟁점사항

6월 8일 국무회의에서 심의 의결된 '농업인협동조합법안'에 대한 미결 쟁점사항은 다음과 같다.

◇ 명칭문제 = 농협은 농업의 헌법격인 농업·농촌기본법의 농업의 범위, 한국산업표준분류상의 농업의 범주, 농업에 대한 사전적 정의, 외국의 사례 등은 물론 농민과 국민의 정서, 브랜드 가치, 통합에 따른 비용 절감 등 모든 점을 감안할 때 '농업협동조합' 이외의 명칭은 있을 수 없다는 반면 축협은 '축산'을 사용해야 한다는 주장이다. 이에 농림부는 통합법안의 명칭을 '농업인협동조합법안'으로 확정해 국회에 떠넘겼다.

---

6) 농민신문, 1999.5.12

◇ 통합비용 정부지원 문제 = 농협 등 농업계에서는 금융권의 구조조정 과정에서 시중은행 하나에만 수조원을 지원한 현실을 고려할 때 타금융기관과의 형평성 및 도농간의 균형 발전을 감안해 통합비용의 정부의 지원이 반드시 이루어져야 한다는 주장이다. 그래야만 중앙회와 회원조합들이 명실상부한 조합원을 위한 조직으로 거듭날 수 있다는 것이다. 그런데 관련 부칙조항은 초안의 '해야한다'를 '할 수 있다'의 임의규정으로 오히려 후퇴했다.

◇ 지나친 감독권 강화 문제 = 통합법안 정부안 확정과정에서 보인 협동조합의 원칙과 특성을 무시한 감독요구나 조직 및 인사권에까지 관여하려는 재경부와 금감위의 형태는 '건전성 감독' 수준을 넘어 감독권 강화 등 권한 행사에만 집착한다는 비난을 받고 있다. 이로 인해 일각에서는 통합협동조합은 주무부처인 농림부를 비롯해 재경부 금감위의 감독에다 국정감사까지 일년 열두달 감사로 지새울 수 있다는 우려를 낳고 있다.

◇ 중앙회 정관 제정 절차 문제 = 당초 통합중앙회 정관은 설립위원회가 작성하고 통합중앙회 대의원회가 의결, 농림부장관이 인가하는 것으로 돼 있었으나 법제처 심사과정에서 통합중앙회 대의원회가 설립위가 만든 정관을 부결할 경우 통합 자체가 무산된다는 이유를 들어 이를 삭제해 버렸다. 이에 대해 농협은 통합중앙회 최고의 자치규범인 정관을 구성원의 동의도 없이 정부가 마음대로 만들어 시행하겠다는 것은 농민조합원의 정서상 맞지 않는다며 사전 동의절차를 거쳐야 한다고 주장하고 있다.

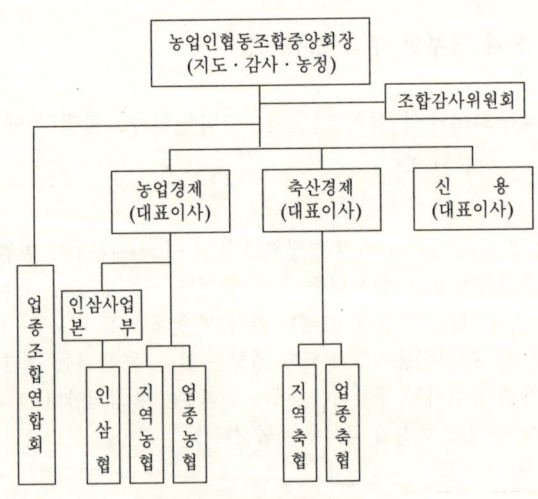

▲ 통합 협동조합 기구도(정부안)

제8장 농협 자치시대 개막

'농협자치시대'를 선언한 정대근 회장 체제의 농협호가 힘찬 깃발을 올렸다. 정대근 회장의 당선은 1961년 농협 창립이래 농민조합원의 대표인 조합장 출신 최초의 중앙회장 당선이라는, 한국 농협운동사에 새로운 페이지를 쓰게 만든 역사적인 사건이었다. 정회장은 여덟 번이나 지역농협 조합장을 지낸 경력에다 탁월한 경영능력, 풍부한 농촌경험, 합리적이며 빠른 판단력을 갖추었다는 평을 얻어 지역농협의 역할이 상대적으로 커지고 있는 농협 발전과정에 볼 때 중앙회장으로 최적임자라는 평가를 받았다.

1. 조합장 출신 중앙회장 당선

정대근 회장 당선

"조합원인 제가 회장으로 선출된 것은 38년간 직원출신 회장의 신탁통치를 받아온 중앙회를 주인인 농민들에게 되돌려 준 것입니다. 올해를 농협 자치시대의 원년으로 삼겠습니다."

"농협에 대한 비판을 겸허하게 받아들이고, 개혁을 성실히 수행해 이번 사태를 전화위복의 기회로 삼아 국민과 농민으로부터 사랑 받는 농민의 농협으로 거듭 태어나도록 최선을 다하겠습니다."

1999년 3월 19일 치뤄진 제18대 농협회장 선거에서 조합장 출신의 정대근 후보(55)가 압도적인 지지로 개혁의 시대 5백만 농민의 수장으로 선출됐다. 정 후보는 유효투표 1,198표의 70.8%인 848표를 얻었으며, 소구영(59) 후보는 321표, 김종우(42) 후보는 25표를 얻는데 그쳤다.

이로써 정 회장은 1961년 농협 창립이래 조합장 출신 최초의 중앙회장 당선이라는 한국 농협운동사의 새로운 페이지를 장식하게 되었다. 지난 1988년 민주농협법 탄생으로 전체 조합장의 직접선거에 의해 한호선 회장이 1기(1990~93년) 회장으로 선출됐고, 이어 원철희 회장이 민선 2기

(1994~97년)에 당선됐었지만, 농민의 대표인 조합장 출신이 중앙회장에 선거로 뽑히기는 이번이 처음으로 역사적인 일이 아닐수 없다.

1944년 경남 밀양시 삼랑진에서 출생하여 부산공고를 졸업한 정 회장은 1975년 31살의 젊은 나이로 고향인 삼랑진농협 조합장에 투신하여 24년간 8선의 조합장을 지낸 정통 농협운동가로 입지전적인 인물이다. 1980~92년 농협중앙회 대의원, 1987년 운영위원, 1988년 농림수산부 양곡유통위원회 위원, 1988년 농협민주화 촉구 전국 농민조합원 및 조합장 궐기대회장를 맡았고, 지난 1992년에는 프랑스에서 열린 우루과이라운드 협상 반대 유럽 농민대회에 한국대표로 참석했다. 1993년 중앙회 비상임이사를 거쳐 1994년에는 직선 2기 회장 후보로 출마했다가 원철희 전회장에게 고배를 마셨다. 그러나 24.9%의 높은 지지를 이끌어내 일찌감치 차기 회장감으로 주목을 받았다.

지난 1998년 3월 농협중앙회 상임감사로 선출되어 중앙회로 근무지를 옮긴 뒤 1년만에 회장 선거에 다시 도전해 당선된 것이다. 여덟 번이나 지역조합장을 지낸 경력으로 탁월한 경영능력과 풍부한 농촌 경험, 합리적이며 빠른 판단력을 갖추었다는 평을 받고 있는 정 회장은 중앙회의 역할과 권한이 줄어드는 반면 지역조합의 역할이 상대적으로 커지는 농협 발전과정에서 볼 때 최적임자라는 평가를 받고 있다.

정 회장은 "농협중앙회는 우리 사회에서 가장 변하지 않은 조직이었다." "그 동안 농협관료들의 경영 방식에 대한 반발이 컸기 때문에 38년 농협 역사상 처음으로 조합장 출신이 중앙회장에 당선될 수 있었다." "조합장들이 농협을 탈바꿈시키라고 나에게 몰표를 준 것으로 받아들이겠다"는 요지의 당선소감을 밝혔다. 이와함께 단위조합을 300개 이내로 줄이겠다는 정부의 개혁안에 대해 정회장은 "현재 단위조합은 시·군·읍·면으로 조직돼 있어 일선 조합의 강제적인 통합은 곤란하다"는 의사를 밝혔다. 역점을 두고 추진할 사업에 대해서는 "수익성이 높은 경제사업장을 완전 자회사로 전환하고 전문성이 요구되는 부분은 회원조합과 공동 운영 토록 하겠다" "회원조합이 자체 운영할 수 있는 사업은 회원조합에 과감히 넘기겠다"고 피력했다.

당선 배경과 의미

정 회장이 압도적인 지지를 얻어낼 수 있었던 것은 정부가 단위조합을 300개로 줄이겠다는 개혁안을 발표한 시점인데다 "위기에 빠진 농협을 농민의 진정한 대표인 단위조합장 출신에게 맡기자"는 호소가 일선 조합장들에게 먹혀들었다고 볼 수 있다. 뿐만 아니라 농협중앙회가 농민을 위한 조직이라기보다 임원 등 중앙회 직원들을 위한 조직이라는 비난이 확산되면서 "이번에는 중앙회 출신이 아닌 '풀뿌리'인 단위조합장 출신에게 맡겨보자"는 여론도 긍정적인 요인으로 작용했다고 볼 수 있다. 즉 이제는 조합장 출신이 농협회장을 할 때가 됐다는 지역 농민조합원들의 목소리가 반영됐다는 반응이다.

한편으로는 정 회장이 8선의 조합장 출신에다 중앙회 대의원, 운영위원, 상임감사와 대외활동도 활발히 하는 등 폭넓은 경험을 쌓아 온 점이 강점으로 작용했으며, 소견발표에서 "농사 한 번 짓지 않고 조합원 명부에 이름만 올려놓은 사람을 농협의 대표로 뽑는다면 농민을 위한 농협으로의 개혁은 정녕 요원하다"며 조합장들을 설득한 것이 주효했을 것이란 분석도 있다.

이번 선거에는 조합장 출신대 비조합장 출신 문제가 선거의 핵심이슈로 부상했다. 조합장출신 후보들은 "역대 중앙회장은 중앙회 출신 간부들이 독식해 개혁의 장애가 돼왔다"고 비판하고 "조합장 출신이 당선돼야 현재 직면하고 있는 개혁을 강도 높게 추진해 나갈 수 있을 것"이라고 주장했던 것이다.

운영 방침의 변화 예상

정 회장의 당선으로 농협의 개혁 회오리는 그 어느 때보다 밑에서부터 거세게 몰아칠 전망이다. 선거공약은 △농민조합원과 회원농협 중심의 개혁단행 △조합장의 위상과 권익신장 △정부의 농협개혁 방안 중 현실에 맞지 않는 사안 개선 △농산물유통구조 개선 △회원조합에 대한 지원강화 △농협의 모든 직무와 사업을 전문화 효율화 △합병조합에 대한 과감한 지원 등으로 요약된다.

앞으로 공약사항을 바탕으로 농협운영 전반에 걸친 자체 개혁방안이 구체적으로 수립되겠지만, 그에 앞서 우선적으로 강도 높은 조직정비가 이뤄질 전망이다. 정회장은 이미 "그 동안 가장 보수적이며 변하지 않은 조직이 농협"이라며 조직 내부에 직격탄을 날린바 있고, '공룡조직' 중앙회가 개혁의 도마 위에 오른 상황을 감안해볼 때 대대적인 수술로 어떻게든 변화의 길을 찾아야 할 것이기 때문이다.

대정부 관계에서도 적지 않는 변화가 예상된다. 중앙회장에 첫 당선된 조합장 출신 회장으로 정부 방침에 무작정 끌려갈 수만은 없을 것이기 때문이다.

정 회장의 당면 과제

따라서 정 회장은 우선 이번엔 농협의 문제점을 고치겠다고 잔뜩 벼르고 있는 정부·정치권을 어떻게 잘 설득하고 한편으로 조합장들을 추슬러 가면서 난마처럼 얽힌 협동조합 개혁의 매듭을 어떻게 풀어나가느냐 하는 당면 과제를 안고 있다. 이와 함께 조합장 출신에 대한 중앙회 내부의 이질감을 원만히 극복하고 직원들의 지지와 참여를 이끌어내는 것도 중요한 과제다.

한편에서는 자칫 일선 조합의 이해에 끌려 다니다가 개혁의 시기를 놓칠 지도 모른다는 우려도 만만치 않다. 그리고 조합의 자립을 위해 자회사 출자지분과 자산을 매각해 1조원을 마련하겠다는 청사진에도 우려의 목소리가 높다. 조합의 자립기반 확충을 위해 쓰라고 준 돈이 적자가 난 곳에 전용되거나 경영의 비효율 및 부실 은폐용으로 쓰일 가능성이 높기 때문이다.

윤승혁 상임감사 당선

4월 7일 전국 조합장들이 참석한 가운데 열린 임시총회에서 윤승혁 후보가 전체 투표수 1,123표 중 70.4%(791표)를 얻어 253표를 얻은 이영선 후보를 제치고 농협중앙회 상임감사에 당선됐다. 윤 감사는 1935년 전남 나주 출생으로 전남대 농대를 졸업했다. 7선의 남평농협 조합장 출신으로 농협중앙회 비상임이사, 농산물수입개방 대책위원, 전남도의회 농림수산위원장, RPC 전국협의회 회장 등을 역임했다. 윤 감사는 소감에서 "회장과 함께 중앙회가 회원농협을 적극 지원하도록 탈바꿈하는데 노력해 나가겠다"고 밝혔다.

2. 협동조합 개혁 주도적 역할 수행

'1군1조합'에서 경제권·생활권 중심의 자율합병으로

정 회장은 취임 첫날부터 난마처럼 얽힌 협동조합 개혁 문제를 풀기 위해 밤낮없이 동분서주해야 했다. 옛 옷을 벗고 새로운 농민의 농협으로 거듭날 것을 중앙회와 회원농협에 강력히 촉구하는 한편, 정부와 국회에는 농민이 주인되는 조직으로 거듭나려는 농협을 믿고 도와달라고 호소함으로써 정부의 이해와 지원약속을 얻어냈다. 특히 협동조합 개혁에 대해서는 주도권을 잃지 않고 명분과 실리를 챙기고자 애를 썼다. 농림부와 축협에 농·축협의 조기통합을 주창하여 협동조합 개혁의 물꼬를 트는 결정적인 전기를 마련했으며, 이로인해 회원조합 합병 숫자에 '신축성'을 보장받았다. 즉 정부의 '1군1조합'의 합병 원칙을 '경제권·생활권 등 지역여건에 따라 자율적으로 통폐합하는 안'을 이끌어낸 것이다.

농협 저리자금 4조원 특별지원

취임사에서 '자치농협시대'를 선언한 정 회장은 취임 이후 구태의 옷을 벗고 새로운 농협으로 거듭나기 위한 조치들을 하나 둘 취해 나갔다. 그 첫 번째가 4조원의 특별 저리자금지원 조치다. 정 회장은 4월 3일 농림부의 국정개혁보고회의에서 4조원의 자금을 국내 금융기관 대출금리 중 최저수준인 연리 9.75%로 4월 10일부터 9월 말일까지 전국의 농민들에게 특별지원 한다고 발표했다. 이는 '농민을 위한 농협, 회원농협 위주의 중앙회를 만들겠다'는 철학과 소신을 실천에 옮긴 혁신적인 조치로 받아들여졌다. 특히 이 지원조치는 규모가 엄청나다는 점 외에도 상호금융 금리가 국내 금융기관 대출금리 중 최저라는 점, 130만 전농가를 지원 대상으로 삼고 있는 점, 그리고 농림수산업자 신용보증서 담보대출을 원칙으로 하여 무담보 신용대출도 가능하도록 했다는 점 등에서 높은 평가를 받았다. 그러나 농협으로서는 경영상 많은 부담을 떠 안게 되었고, 그로 인해 해결해야할 과제도 적지 않아 앞으로 뼈를 깎는 구조조정을 이뤄내야 하는 부담을 안고 있다.

수도작에 대한 비료와 농약 무상 지원

또 1조원의 자금을 조성하여 농민들의 수도작에 대한 비료와 농약 소요분을 무상 지원하기로 했다. 이 안은 '농민을 위한 농협, 회원농협을 위한 중앙회를 만들겠다'는 철학과 소신을 실천에 옮긴 조치로 발상과 관행을 뛰어넘는 농협의 새로운 경영방향이었다.

농협 사업체제 농민중심 개편

농협은 지금까지 경영향상에 중점을 뒀던 중앙회의 사업계획을 농가 소득증대 위주의 사업계획으로 개편하고 농민과 회원농협에 대한 지원 성과를 중시하는 방향으로 전환해 나가기로 했다. 또 농협회계에 대한 신뢰향상을 위해 중앙회와 자회사는 연결·결합재무제표, 중앙회와 회원농협은 합산 재무제표를 작성하고 신용사업을 포함한 모든 사업부문에 외부 회계감사제도를 도입해 농협회계의 투명성을 높여나갈 계획이다. 아울러 사업별 대표이사제를 실시하고 회장의 전결권을 최대한 하부로 넘겨 사업별 책임경영제를 조속히 정착시켜 나가기로 했다.

통합 중앙회 명칭 '농협중앙회'로 관철 적극 추진

통합 중앙회 명칭과 관련하여 '농업협동조합'을 그대로 사용할 것을 강력히 주장하였다. 역사성과 농업의 범위, 타 법률의 입법사례, 그리고 명칭을 바꿀 경우 10조원에 이르는 무형자산가치(영업권)를 상실함은 물론 각종 간판 장표류 등의 교체에 약 3천억 원의 비용이 소요된다는 점 등을 그 이유로 들었다.

협동조합 통합비용 정부 부담 요구

농·축협 등 협동조합 통합의 효과를 극대화하기 위해 정부가 통합에 필요한 제반 비용을 재정에서 지원해줘야 함을 적극 주장하였다. 농업생산력의 증대와 농민지원 확대, 국민의 안정적 먹을거리 공급이라는 막중한 역할을 수행해야 될 통합 농협 입장에서 통합으로 새롭게 떠 안게 될 부실채권에 대한 정부지원이 없다면 통합농협 역시 부실을 면키 어려울 것이기 때문이다.

이는 "정부가 금융기관 부실채권 매입자금 32조 5,000억원, 부실금융기관 인수 합병지원자금 31조 5,000억원 등 모두 64조원을 일반금융기관에 지원하면서 협동조합에는 어떠한 지원도 하지 않고 있는 만큼 최소한의 형평성 차원에서라도 협동조합에 대한 부실채권 정리자금을 지원해야 한다"는 주장이었다.

제9장 자치농협을 위한 7가지 메시지

자치농협의 역사적 소임은 진정한 의미의 농민을 위한, 농민에 의한, 농민의 농협을 창조해나가는 일이다. '농민을 위하여 활동하는 농협'이 아닌 '활동하는 농민의 농협'을 만드는 일이다. '조합원의 에너지'가 곧 '농협의 에너지'라는 사실을 분명히 인식하고 활동하는 일이다. '농협'을 위해서가 아닌 '조합원'을 위하여 일하고 있다는 것을 잘 인식하는 직원을 양성하는 일이다. 농민조합원의 비판을 공개적으로 수렴하여 논의하는 일을 두려워하지 않는 일이다. 오늘의 성취보다는 미래를 생각하고 준비하는 일이다.

메시지 ①
21세기는 협동조합 시대다

협동의 원리

만물이 존재해 가는 원동력은 협동이며 사랑에 있다고 할 수밖에 없다. 그리고 협동은 사랑의 실천 행동이다. 따라서 모든 존재는 사랑(협동)의 산물이며, 사랑 그 자체의 성질을 가지고 있는 것이다. 그래서 사람들은 무엇이든 간에 사랑함으로써만이 자아실현이 가능하다. 자아실현을 하고자 하는 자는 기술이 되었던지, 학문이 되었던지, 사업이 되었던지 간에 무릇 자기의 정성을 쏟아넣음(사랑)이 없이는 불가능하다. 다시 말하거니와 사람은 협동하며 사랑하는 존재이다.[1]

인류의 역사는 크게 경쟁과 투쟁 및 협동의 3가지 형태로 발전된다고 한다. 자본주의 사회가 경쟁의 원리를 따른다면 공산주의 사회는 투쟁원리가 강하다. 능력이 있는 사람은 잘 살고 그렇지 못하면 못 살게 되는 경쟁의 원리는 인류 발전의 기본 축으로 작용해오고 있다. 그러나 끝없는 경쟁의 원리를 따르는 자본주의 사회는 그 자체의 모순에 의해 가난한 자,

---

1) 오두영, "민주사회와 협동운동", 『협대』 제16집, 1991, 71쪽

눌린 자가 생겨나게 되고 그들에 의해 투쟁의식을 싹틔우게 되었다.

경쟁이 강자의 논리라면, 투쟁은 약자의 논리다. 그러나 투쟁의 원리는 인류가 지향할 현명한 행로는 되지 못한다. 그래서 대안으로 나온 것이 협동의 원리다. 경쟁과 투쟁은 힘을 전제로 하는데, 약자에겐 이 힘이 없다. 그래서 약자들에겐 숭고한 협동의 원리가 존중된다. 1인의 힘보다는 10인의 힘이 더 크고 위대한 것이다.

이렇게 볼 때 경쟁과 투쟁으로 점철된 한 세기를 보내고 새롭게 맞는 21세기는 협동의 세기가 될 것임이 분명하다. 협동조합은 바로 이러한 원리로 독점자본가들과의 경제적 경쟁을 극복하고 향후 21세기의 중심적인 사회체제로 자리 잡아 인류의 복지 실현에 이바지해나갈 것이다.

협동조합의 미래

이처럼 협동의 원리에 의한 협동조합 운영 방식은 미래 조직의 대안으로 부각되고 있다. 그 동안 협동조합은 정부나 정치 지향적인 사람들 또는 특별한 명분에 이롭지 않게 이용된 적이 적지 않았다. 학교 교육에서도 협동조합 제도를 자세히 소개하지 않거나 부정적인 태도를 보임으로써 협동조합의 긍정적인 발전을 저해해왔다.

그러나 미래를 일반 사기업의 독주에 그냥 맡겨둘 수는 없다는 인식이 확산되고 있다. 세계적인 추세이지만 우리 나라도 작은 정부를 지향하며 일부 정부기관을 국영기업체화 또는 운영에서 아예 손을 떼는 방향으로 나아가고 있다. 이러한 변화에 가장 현실적 대안이 바로 협동조합식 운영 방식이다.

여기서 중요한 것은 서비스의 질과 가치 측면에서 협동조합도 이제는 일반 사기업과의 경쟁이 불가피해졌다는 점이다. 그런데 일반 사기업과 협동조합간의 경쟁은 협동조합의 가치를 더욱 높여줄 것이란 견해가 지배적이다. 그런 점에서 협동조합의 미래는 무척 밝다.

하지만 협동조합이 조합원들의 기본적인 욕구를 충족시켜주지 못하거나 근본 목적을 상실하게 되면 쇠퇴의 길을 걸을 수밖에 없다. 오늘의 젊은 세대들은 자신들의 요구에 민감하게 반응하는 경향이 강하고, 지구 환경문제 등 장기적인 목표 충족에도 높은 관심을 갖고 있다는 점 등은 협동조합이 염두에 두어야 할 미래적 과제들이다.

현실로 다가온 21세기 농협

협동조합은 세계 여러 나라에서 괄목할 만한 성장을 이루어가고 있다. 일본의 농협은 농촌경제발전에 크게 기여하였고, 미국의 전력배급협동조합은 전국 전화사업을 성공적으로 이룩하였다. 프랑스 농협은 세계 3위의 금융조직을 보유하고 있고, 폴란드의 주택협동조합은 신축 도시주택의 75%를 공급하고 있다. 스웨덴의 OK협동조합은 국내 최대의 정유시설을 보유하고 있으며, 인도의 주자라트주 우유판매협동조합은 세계 최대의 근대적 우유처리공장을 운영하고 있다. 말레이지아 보험협동조합은 국내최대의 보험기관으로 활동하고 있다.[2]

스페인의 바스크 지방에서는 각종 협동조합의 복합체인 '몬드라곤 협동조합'이 괄목할 만한 성장을 이룩하여, 지역사회의 사회·경제 시스템 중에서 불가결한 존재 의의를 확립하고, 지배적인 영향력을 행사하고 있다. 이는 협동조합에 의해 지역사회가 새롭게 건설될 수 있다는 가능성을 입증해주는 실제적인 사례가 될 것이다.

이 같은 사례에 비추어 우리 농촌도 농협에 의한 지역 복지사회의 건설을 꿈꾸게 된다. 즉 농협이 농촌지역사회의 경제·사회·문화적 센터로서

---

2) 서원호, "미래의 협동조합", 『협대』 11집, 1987, 32쪽

의 역할을 담당함으로써 농민을 포함한 지역주민들에게 다양한 서비스를 제공하는 지역사회를 건설하는 것이다.

우선 농민조합원과 지역 주민들이 쉽게 도달할 수 있는 '농협 종합서비스센터'를 설치하고 생활속의 각종 편익을 제공한다. 즉 농업의 생산과 유통은 물론 주택, 금융, 의료, 생필품, 탁아소, 보육원, 식당, 장례사업을 비롯하여 이발소, 미용실, 목욕탕, 예식장, 가정용품의 수리, 세탁, 자동차·농기계 수리 등의 다양한 서비스를 협동조합적 기능으로 제공하는 것이다. 스포츠 센터, 취미교실, 공예센터, 오락 및 문화 활동, 화랑, 음악센터, 영화관, 도서관, 협동조합 자료실, 기타 조합원의 개인적인 관심사 등 조합원의 욕구를 다양하게 충족시켜주는 서비스에도 중점을 두어야 한다.

이를 위해서는 농민을 포함한 지역 주민들의 필요에 대한 합의를 민주적으로 도출하고 구상을 현실화나가는 농협의 지역종합개발 리더십이 요구된다. 계획은 현실성 있게 구체적으로 수립해야하며, 장기적인 관점에서 치밀하게 추진되어져야 한다. 정부나 중앙단위의 획일적인 계획과 지시는 경계해야 한다. 새마을운동과 같은 전시효과적인 사업 추진이어서는 더욱 곤란하다.

일부 지역 농협에서 이러한 지역개발 구상을 하고는 있으나 아직은 센터 건립 등 하드웨어적인이고 초보적인 수준에 머물고 있다. 내실 있는 프로그램 운영 등의 소프트웨어적인 부분에는 아직 미치지 못하고 있는 것이다. 빠른 시일 내에 이루고자 하는 조급함은 일을 그르친다. 20년, 30년의 긴 안목을 가지고 체계적이고 단계적인 준비가 필요하다.

농협이 이러한 지역민들의 후생복지 측면에 관심을 갖고 지속적인 연구와 투자를 해나간다면 우리의 농촌지역은 조만간 농협이 중심조직이 되는 수준 높은 삶의 공간으로 탈바꿈해나갈 것이다.

메시지 ②
협동조합 원론으로 돌아가자

협동조합 원칙 재인식

협동조합운동의 힘을 낳는 엔진은 조합원이지만 선장은 조합장이고 방향반을 쥐는 것은 직원이다. 이 때 그 방향을 잡는 조타실에 놓인 나침반이 바로 협동조합원칙인 것이다.(藤澤宏光)

협동조합이 주식회사와 다른 점은 ICA(국제협동조합연맹)가 채택한 협동조합 원칙에서 찾을 수 있다. 협동조합의 효시인 영국의 로치데일 협동조합의 운영 원칙을 ICA가 국제 협동조합 원칙으로 채택한 것은 1937년이다. 1) 조합원 공개 2) 민주적 운영 3) 이용고 배당 4) 출자배당제한 5) 정치·종교적 중립 6) 현금 거래 7) 교육촉진의 원칙 등이 그것이었다.

1966년 총회에서는 이 원칙 중 '정치·종교적 중립' 원칙과 '현금거래' 원칙이 삭제되고 '협동조합간 협동' 원칙이 추가되었다. 즉 1) 가입자유의 원칙 2) 민주적 관리의 원칙 3) 자본이자제한의 원칙 4) 잉여금 공정분배의 원칙 5) 협동조합 교육의 원칙 6) 협동조합간 협동의 원칙 등 6대 원칙이다.

1990년대로 접어들면서 기업과의 경쟁이 격화되고 조합원들은 더 많은 서비스를 요구하는데 반해 정부의 지원이나 보호는 현저하게 약화되었다. 이러한 현실을 반영하여 ICA 원칙의 2차 개정이 이루어졌다. 1) 가입의 자유 2) 민주적 관리 3) 조합원의 경제적 참여 4) 자율과 독립 5) 교육과 홍보 6) 협동조합간 협동 7) 지역사회에 대한 기여 원칙의 채택은 협동조합의 '자율과 독립'을 재확인하고, '교육과 홍보'의 중요성 증가와 '지역사회에서의 역할이 증대' 됨에 따른 현실적인 선택이었다.

이러한 변화는 협동조합이 그 동안 지역사회와 조합원들의 욕구 충족 등 현실보다는 규정과 원칙에 너무 얽매여 왔다는 자성에 따른 것이기도 했다.

운동체로서의 기능 강화해야

농협이 농협답지 않다, 농협이 제 역할을 하지 못한다 등의 비판이 최근 높게 일고 있다. 농협이념(운동)의 퇴색에 대한 따가운 지적이다. 경영쇄신, 경영합리화의 구호가 난무하는 오늘의 농협 현실은 이를 극명하게 보여준다. 혹자는 이 시대에 무슨 농협이념이냐 하겠지만, 천만의 말씀이다. 자본주의 경제체제에서는 기업(독점자본)이 독점적 권력을 행사한다. 이에 따른 모순, 즉 자유경쟁시장 안의 불균형을 바로잡는 보완 장치가 바로 협동조합이다. 따라서 협동조합이 자신의 존재가치를 잃는다는 것은 기업 중심의 자본권력에 백기 투항하는 것과 다르지 않다.

농협운동은 영리를 추구하는 기업과 달리 인간의 최대 행복이라는 목표와 숭고한 협동의 원리를 바탕으로 한 인간 우선주의를 그 바탕에 깔고 있다. 농협이념의 쇠퇴는 곧 농협운영이 영리기업의 운영원리인 이윤 추구와 경쟁원리로 기울고 있다는 것을 의미한다.

따라서 운동체로서의 기능이 취약하다는 것은 농협이 경영체적인 측면에 중점을 두고 있다는 것을 의미한다. 즉 농협의 사업과 경영은 조합원의 행복을 이루기 위한 수단으로 존재하는 것인데 마치 이것이 농협의 목적인 것처럼 중시됨으로써 영리기업과 다를 바 없다는 비판인 것이다.

만일 사업이 목적이라면 농협은 조합원에게 이로운지 해로운지에 대한 구별 없이 사업량만 늘리면 될 것이고, 경영이 목적이라면 그것이 조합원에게 이익을 주든 불이익을 주든 잉여금만 많이 나오면 된다는 것인데, 이것은 협동조합의 이념과 거리가 멀다. '농협이 일반 기업이나 은행, 보험회사와 다를 바 없다'는 비판은 바로 이러한 경영주의에 대한 비판인 것이다.

그렇다면 농협에 운동(이념)과 경영의 양립은 불가능한 것인가. 많은 경영자들은 "이념에 충실하면 경영이 어려워진다"고 실토한다. 조합원들도 입장은 같아 보인다. 즉 조합원 입장에서 협동조합 활동은 협동을 기본원리로 하고 있는데, 협동이란 기본적으로 자신의 양보와 손해를 전제로 하는 것이기 때문이다.

그러나 반드시 그런 것만은 아니다. 이념의 확보로 조합원의 참여가 적극적인 농협은 경영문제가 저절로 해결되기 때문이다. 즉 조합원 스스로 왜 농협을 전이용 해야되는지, 상대방의 입장을 먼저 생각하는 협동의 실천이 결과적으로는 어떻게 모두에게 이익이 되는지 등을 바르게 인식하고 조합을 전이용하게 되면 경영문제는 자연적으로 풀리게 된다는 것이다.

이것은 이념을 경시하면 경영은 오히려 더 어렵게 된다는 것의 반증이다. 다시 말해 조합원이 농협 이념의 참뜻을 이해하지 못하고 자신들이 뽑은 임원을 무시하거나 자신들이 조직한 농협을 개인 기업이나 은행 같은 영리회사로 간주하고 눈앞의 이익에만 급급한다면 그 농협의 경영은 더욱 어려워질 수밖에 없는 것이다. 이러한 결과는 조합원 자신의 행복에도 결코 도움이 되지 못한다.

그러나 이러한 농협운동의 성공은 저절로 이뤄지지 않는다. 지속적인 교육이 뒤따라야만 가능하다. ICA 원칙에 '교육의 원칙'이 들어 있는 이유가 바로 여기에 있다. 창립 초기와 비교할 때 협동조합 교육 열기는 무척 식어있다. 교육비 배정도 사업 규모에 비해 낮고, 일선의 조합 단위에서도 과거처럼 활력 넘치는 교육이 이루어지지 않고 있다.

협동조합 운동에는 지도자가 매우 중요하다. 농협운동은 특히 지도자에 의존하는 경향이 강하다. 지도자들이 농협의 미래를 좌우한다해도 과언이 아닐 정도다. 그런데 이러한 지도자는 그냥 생겨나는 것이 아니다. 지도자가 될 가능성이 있는 사람을 발굴하여 체계적인 교육으로 지속적으로 양성해나가지 않으면 어렵다. 이런 점에서 지역농협의 선출직 지도자(조합장, 임원 등)는 반드시 소정의 훈련과정을 거치도록 해야 한다. 농협의 목적과 목표를 분명하게 이해하게 하고 목적과 목표달성을 위한 전략도 스스로 개발할 수 있도록 해야 한다. 경쟁에서 살아남는데 필요한 요소들, 관련 사업분야의 발전 추세, 지도자의 책임과 의무 등 다양한 교육이 이뤄져야 함은 물론이다.

교육 중단은 농협운동의 중단을 의미한다. 임직원은 물론이고 농민 조합원, 일반 국민에 이르기까지 농협이념에 대한 체계적인 교육과 홍보가 강화되어야 하는 이유가 여기에 있다.

운동단체로의 기능강화는 주로 중앙회에 해당된다. 중앙회는 특히 농민 조합원의 권익보호와 사회적 지위 향상을 위한 농민단체 연합회로서의 성격을 더욱 강화해야 한다. 그동안 이 부분은 중앙회의 가장 취약한 부분이었다. 농협이 본연의 역할을 못하고 있다는 비판도 일정부분은 중앙회의 미약한 운동단체로서의 기능에 기인한다. 중앙회는 이를 위해 농정활동을 비롯하여 정보화사업과 지도·교육·조사연구분야에 특히 중점을 둬야 한다. 그런데 그동안 중앙회의 운동단체로서의 기능이 약했던 것은 수익성사업 수행 때문이었다. 정책적 지원에 의존하는 수익성 사업이 농협의 진정한 활동인 농정활동의 발목을 잡은 것이다.

차제에 중앙회 수익사업은 자회사화나 일선조합으로의 과감한 이양을 할 필요가 있다. 그렇게 하여 중앙회는 일선조합을 위한 서비스지원과 농업과 농민의 이익을 대변하는 운동연합체로서 과감한 변신을 꾀해야하고 일선조합은 경영체이면서 운동단체로서의 역할에 충실해야 한다. 또 자회사는 그 설립목적 범위 내에서 농협에 보다 많은 이익을 제공하는 것을 기준으로 삼는 순수 경영체로 분리 독립하는 분명한 역할 부담이 이뤄져야 한다.

이미지 쇄신으로 위상 재정립해야

농협은 그 동안 각종 사업활동을 통해 농가 소득증대, 농민부담 경감 및 농촌복지 증진을 위해 많은 노력을 기울여오고 있다. 그러나 여전히 금융사업 치중으로 구·판매사업 등 경제사업은 소홀하다는 비판이 높다. 또 지나치게 경영수지에 얽매이고 있다는 지적도 받고 있다.

물론 이러한 비판에 대해서는 그 동안 신용사업을 통해 영농자금 등 농민들이 필요로 하는 각종 자금을 조달 공급해왔고, 영농자재 적기 공급과 농산물 유통개선 등을 위해 최선의 노력을 기울여왔으며, 경영합리화를 통해 연간 수백억 원의 잉여금을 농민조합원에게 환원해 주었다고 반박할 수 있다.

그러나 이것만으로 농협의 역할을 다 했다고 생각해서는 안된다. 임직원들은 우선 농협에 대한 일반인들의 이해가 매우 낮다는 점에 유의해야 한다. 농협을 기업의 한 형태로 인식하는 사람들도 우리 주변에는 적지 않다. 농협과 관련이 없는 그들에겐 어쩌면 당연한 일인지도 모른다.

최근 일련의 농협 사태에서도 이러한 현상은 여실히 드러났다. 농협이 지원을 받아야 할 정부나 대학, 경제학자, 언론인 및 여론지도자 층으로부터도 농협활동에 대해 충분한 이해를 얻지 못하고 있음이 확인되었다. 그들의 잠재된 의식 속에는 아직까지도 '관제농협'의 어두운 그림자가 드리워져 있고, 농협 임직원들을 '관료의식에 젖어 있는 공무원' 쯤으로 여기는 잘못된 인식도 여전히 갖고 있다.

하지만 일반인들의 농협에 대한 현재시점의 인식은 매우 중요하다. 그것이 맞든 틀리든 그들의 마음속에 각인되어 있는 농협의 모습이 어쩌면 오늘 우리 농협의 진정한 모습일지도 모르기 때문이다. 따라서 농협인들은 이를 엄연한 현실로 받아들이고 여기에서 새로운 개혁의 출발을 시작해야 한다.

농협의 위상을 재정립하는 전략은 물론 종합적이어야 한다. 그 중 가장 중요한 것은 이해당사자들에게 농협을 정확하게 이해시키고 새로운 농협의 이미지를 창출해나가는 교육과 홍보전략이라 할 것이다. 물론 농협이 나아갈 방향에 대한 명확한 비전이 설정되어 있지 않는 홍보는 모래성을 쌓는 것과 같은 것임을 유의해야 한다.

만일 현재의 '농협 명칭'과 '농협 마크'가 젊은 세대들에게 좋은 이미지를 주지 못하고 있다면 이를 대체할 새로운 명칭의 개발도 고려해볼 필요가 있다. 일본농협이 이미 오래 전에 'JA'라는 이름으로 젊은 세대를 겨냥한 이미지 변신을 해오고 있음은 좋은 본보기가 될 것이다.

조합원 의사 민주적으로 수렴해나가야

농협의 사업과 활동이 중앙회나 조합에서 일방적으로 결정하고 수행되어져서는 소기의 성과를 달성하기 어렵다. 즉 효율적인 농정활동과 사업수행을 위해서는 농민조합원들의 의견을 민주적으로 모으고 이를 다시 중앙회로 결집시키는 민주적인 상향식 통로가 열려 있어야 하고 이러한 과정과 절차가 존중되어져야 한다.

그렇다고 의사결정 때마다 모든 조합원이 참석하는 총회를 개최한다는 것은 현실적으로 불가능하다. 따라서 대의원회와 이사회 등을 통한 민주적인 의사결정 문화가 정착돼야 한다. 이를 위해서는 우선 능력 있는 사람을 대의원과 이사로 선출해야 한다. 다음에는 이들에게 조합원 자신들의 평소 생각을 정확히 제공해서 이사회와 대의원회 등에서 충분히 활용되어지도록 해야 한다.

중앙회의 경우도 마찬가지다. 조합장 전원이 참석하는 총회에서 의사를 결정한다는 것은 현실적으로 쉽지 않다. 농협의 민주화는 이 같은 기초적인 운영의 민주화에서 출발한다. 이를 위해서는 무엇보다 조합원들의 투철한 민주의식이 요구된다. 민주주의는 방관이 아닌 참여를 요구한다. 권리와 의무를 함께 부여하는 것도 이 때문이다.

이러한 민주의식은 조합장 선거에 한 표를 행사하는 행위에서부터 조합의 의사결정 과정에도 발휘되고, 적극적인 사업 이용으로도 나타나야 한다. 민주주의의 열매는 하루아침에 익는 것이 아니라 점진적으로 성숙해가는 것이다. 성급한 마음에서 덜 익은 열매를 따먹으려 한다면 민주주의는 손상되고 만다.

※ 협동조합이란 빙산과 같은 것이다. 눈에 보이는 배당은 적을지 모르지만 눈에 보이지 않는 배당은 그 몇 배나 더 큰 것이다.

— 해롤드 슈니트거

메시지 ③
발상의 틀을 깨고 농민을 바라보자

'농협적 사고'에서 벗어나자

'농협적 사고'란 임직원들이 농협 조직 내만 바라보는 폐쇄된 사고라 할 수 있다. 예컨대 집안에 먹을 것과 입을 것을 다 갖추고 있으니 밖으로 나가지 않아도 되는 '안주와 자만'의 사고다. 이러한 사고는 자유시장의 경쟁 원리를 존중하거나 의식하지 않는, 남(고객)의 생각과 입장을 별로 고려하지 않는 닫힌 의식, 닫힌 문화로 연결된다.

이러한 사고는 농협의 특수성에 기인한다. 즉 농협 조직 안에는 금융에서 생필품에 이르기까지 생활에 필요한 어지간한 것은 다 갖추어져 있어서 특별히 외부 조직에 손을 벌리지 않아도 구성원들로서는 생활하는데 별 문제가 없다는데서 생겨난다.

'농협적 사고'의 만연은 때로 동료 직원들의 직장 밖 활동을 좋지 않게 보는 문화를 낳기도 한다. 그런 문화로 인해 직원들은 사회 생활의 발이 좁아지기도 한다. 이러한 문화의 가장 큰 병폐는 '우물 안의 개구리' 식이 되어서 결국 현실 감각이 떨어진다는 점이다. 다시 말해 자유시장 경쟁원리에 적응력을 떨어뜨려 조직의 경쟁력 상실로 이어진다. 정체되고 폐쇄된 이러한 문화는 획일적인 사고와 경직된 행동문화를 잉태하고 업무 추진에 있어서도 탁상공론과 관료화 경향을 짙게 나타낸다. 농협 직원들이 능력보다는 유달리 직급을 많이 따지는 것도 이러한 문화와 무관치 않다. 따라서 농협의 진정한 개혁은 '농협적 사고'의 탈피라는 의식개혁에서부터 시작돼야 한다.

중앙회 본부가 더 변해야 한다

농협 내의 부정과 비리의 주범은 역대 정권의 농민 소외정책의 누적된 역사적 결과이며, 군사정권부터 농협을 농업정책 대행기구로 삼아 정치적으로 이용한 정치권력과 정치권력의 하수인이 되어 농협의 본연의 임무를 저버리고 정치권력의 꼭두각시 노릇을 한 농협중앙회에 있습니다.[3]

지역농협이 일간지에 실은 이 광고는 중앙회 본부에 대한 일선 농협 직원들의 시각이 어떠한지를 극명하게 보여준다. 중앙회가 최우선적으로 개혁돼야 한다는 주장이다. 물론 중앙회 본부는 그동안 농협 내에서 가장 많은 변화를 겪어온 곳이라 할 수 있다. 그럼에도 농민들이나 일선 농협 직원들은 본부가 더 변해야 한다고 요구하고 있다.

그렇다면 구체적으로 무엇이 변해야 한다는 것일까? 이 질문의 답은 인용문에 어느 정도 들어 있다. 이에 덧붙여 필자는 역사적 유산인 '관료성의 군림문화' '권력에 영합하는 순응문화'를 더욱 털어내자고 호소하고 싶다. 사실 이 부분은 그 동안 엄청난 변화를 겪어왔다. 그러나 요소 요소에는 이러한 문화의 그림자가 아직 많이 남아있다.

한가지 예만 들어보면, 본부의 행사 의전 문제다. 어느 전임 임원의 자

---

3) 지역농협노조 성명서, "농협 개혁 우리가 앞장서겠습니다", 『한겨레신문』, 1999.3.18

조 섞인 독백처럼 "농협 의전은 군대보다 더 심하다." '한 치의 오차를 용납하지 않는' 경직된 본부의 의전문화는 농협 창립 초기 군 출신 낙하산 인사들이 뿌려놓은 부끄러운 유산이다. 당시 농협 수뇌부는 군 출신 또는 정부 관료 출신들이 완전 장악하였고, 그들은 농협을 '관제농협―정부의 시녀'로 만들어 파행적 운영을 일삼았다.

이들은 자신을 임명해준 사람에게 충성을 맹세할 뿐, 농민의 권익과 농업의 백년대계에는 별로 관심이 없었다. 내실보다는 윗사람에게 보여주기 위한 업적 제일주의, 전시효과적 행사주의, 일회성 한건주의만이 그들의 자리를 영화롭게 치장해주는 거창한 도구였다.

그들이 취임하여 제일 먼저 하는 것은 위 사람 모시고 거창한 행사를 개최하는 일이었다. 전임자들의 구상과 계획들은 전면 백지로 돌려졌고, 모든 사업은 자신의 이름으로 다시 시작되어져야 했다. 사업 추진도 진정으로 농민에게 도움을 주는 장기적 안목의 내실 추구보다는 '몇 % 초과달성'이라는 물량 업적주의의 계수 놀음과 사진 찍기에 바빴다.

농협 제2의 탄생으로 평가되는 '농협자치시대'를 맞았다. 잘못 물려받은 지난날의 유산은 하루빨리 씻어내고 새로운 모습으로 힘찬 발걸음을 내딛지 않으면 안 된다. 정부 권력에의 의존성과 눈치보기, 알아서 앞장서는 순응문화로부터 자유로워지지 않고는, 진정한 농협자치는 신기루에 지나지 않음을 명심해야 한다.

농협 운동가가 없다

기본적으로 농협 임직원은 기업의 임직원과 달라야 한다. 아무리 학력이 높고 우수한 두뇌를 가졌다 하더라도 농협 이념으로 무장되어 있지 않으면 그들은 단순한 회사원에 불과할 뿐이다.

농협에 가슴 뜨거운 농협운동가는 없고 차가운 뱅크맨들만 득세한다는 비판이 제기된 것은 이미 오래 되었다. 이유는 신용사업의 비대화에 기인한다. 일선 조합도 마찬가지지만, 중앙회의 경우 신용사업의 규모가 상대적으로 너무 크다보니 농협 운영의 축이 신용사업 쪽으로 쏠리지 않을 수 없게 되었다.

창립 초기만 해도 의식 있는 농협운동가들이 다수 있었지만, 이후 농협 운영이 신용사업 중심으로 경영우선주의, 업적제일주의가 판을 침에 따라 농협운동론자들은 하나 둘 거세되었고 이제는 싹마저 자라지 못하고 있는 실정이다.

신용사업에 종사하는 인원이 절대적으로 많다보니 지도·경제사업보다는 금융업무에 밝은 직원이 유능한 직원으로 평가받는 조직문화가 형성되었고, 승진도 상대적으로 유리해져 구조적으로 상위 직급으로 올라갈수록 처세에 능한 차가운 '뱅크맨'들만 득세하는 조직이 되었다.

이처럼 농협이념에 철저하지 못한 '뱅크맨' 중심의 관료적 엘리트들이 농협을 경영하다보니 금융기관적 성격은 날로 강해졌고, 외부에도 "농협=돈 장사"라는 이미지가 강하게 구축되었다.

앞으로 중앙회는 신용과 지도·경제 부서로 분리 운영될 것이다. 당연히 신용부서에는 뛰어난 뱅크맨들이 일반 은행과 경쟁하며 능력을 발휘해야 하겠지만, 지도·경제사업 부서에는 철저한 선별과정을 거쳐 협동조합 이념에 투철한 정신주의자들로 대거 수혈해야 한다. 이를 위해 특별히 전문성이 요구되는 몇몇 자리를 제외하고는 중앙회와 회원조합간 장단기 순환 근무제 등 인력통합운영제의 도입도 필요할 것이다.

바로 이것이 농협을 바로 서게 하고, 농협이 또다시 제 역할을 하지 못한다는 돌팔매를 맞지 않는 근본적인 개선책이 될 것이다. 농협이념의 부재, 운동 철학의 빈곤 상태에 대한 처방은 시급히 이루어져야 할 농협의 최대 과제다.

신용사업 중심 업적평가 개선돼야

　권위주의의 서슬이 시퍼렇던 1980년대 초, 사무소 업적이 괜찮았던 O군지부장이 중앙회장의 방문을 맞아 업무보고를 하다 호된 질책을 받았다. 이유는 신용사업 추진실적부터 보고했기 때문이었다. 명색이 농협 군지부의 업무보고인데, 농업 관련 지도·경제사업이 주가 돼야지 예금실적 몇 % 성장이 뭐가 중요하냐는 것이 질타의 요지였다.

　옳은 지적이었다. 그러나 그것도 한 순간일 뿐 중앙회 회원조합 할 것 없이 신용사업은 당시 농협사업의 확실한 효자로 사랑을 독차지했다. 어느 회의석상이든 예금실적이 좋은 사무소장은 어깨를 펴고 다녔다. 이러한 경향은 지금도 크게 달라지지 않고 있다.

　이제는 이러한 잘못된 의식의 틀부터 바꿔야 한다. 필자의 생각으로는 신용사업에 대한 업무 평가는 아예 하지 말았으면 한다. 어차피 조직을 운영하려면 수익은 알아서 낼 것이기 때문이다.

　앞으로의 평가는 농민 조합원을 위한 지역농업 개발과 유통 혁신 및 영농지도 등을 위해 어떠한 계획으로 얼마만한 규모의 자금을 투자하며, 또 구체적으로 어떠한 성과를 거두고 있는가 하는 점을 세밀히 평가하는 제도를 도입했으면 한다. 이와함께 조합에 대한 평가에 일정 부분 농민조합원들이 조합을 평가하는 제도의 도입도 고려할 필요가 있을 것이다.

　직원 승진에도 지도·경제사업 분야 근무자에게 가점을 주어 이 분야업무를 경험한 직원들이 조합의 최고 경영자로 성장할 수 있도록 유도해나가지 않으면 안 된다.

메시지 ④
조합원 참가의 민주적인 조합운영이 중요하다

조합의 민주적 운영이란

협동조합의 '민주적 운영'이란 한마디로 '조합원 참가의 운영'을 말한다. 흔히 '조합원의 조합 이용'이란 말을 사용하는데, 이는 '조합원 = 협동조합'이라는 관점에서 볼 때 잘못된 인식이다. 조합원은 조합의 주인으로서 조합사업과 활동에 자발적으로 참가하는 것이지 고객(손님)으로서 이용하는 것이 아니기 때문이다. '협동조합의 민주적 운영'이란 '협동조합의 공평적 운영'이라는 말로 대치될 수 있다. 따라서 협동조합을 단순히 경제조직으로 보고 '능률'과 '효율', '합리성'을 좇는 조합운영은 경계되어야 한다. '인간 조직'으로서의 협동운동이 중요하다. 조합원의 조합 참가는 조합에 대한 관심으로부터 출발한다. 관심이란 '의식'을 말하며, 의식이 없는 협동이란 존재할 수 없다. '조합원 의식이 높아지지 않는 한 협동조합은 성공할 수 없다'는 말은 여기에 바탕을 두고 있다. 여기서 '조합 의식'이란 협동의 목적 즉, 협동의 힘이나 가능성을 확실하게 인식하고 행동하는 정신을 의미한다.

조합원의 조합 참가를 저해하는 요인들

"조합에 관심이 없다, 조합을 자기 것으로 생각하지 않는다, 조합 행사에 출석하지 않는다, 출석을 하여도 발언을 하지 않는다, 결정된 것을 지키지 않는다, 조합을 이용하지 않는다, 편리할 때만 이용한다. 등등" 이러한 조합의 사업·운영·활동에의 조합원 참가 부진은 어째서 발생하는가의 원인을 정확히 이해하는 것은 민주적 조합 운영에 있어 출발점이 된다.

첫째, 조합이 공통의 목표인 조합의 비전을 제시하지 못하거나, 제시한다하더라도 조합원에게 잘 전달되어 있지 못한 경우다. 뚜렷한 목표를 가지고 있지 않는 조직에 누가 관심을 기울이겠는가.

둘째, 조합의 활동이나 사업이 조합원의 이익과 직결되지 않는 경우다. 뚜렷한 목표를 갖고 있다 하더라도 활동이나 사업이 조합원 개인의 이익과 연결되지 않으면 적극적으로 참여하지 않기 마련이다.

셋째, 조합원과 조합 양자의 권리와 의무가 불명확한 경우다. 조합은 조합원에 대하여 '할 수 있는 일과 할 수 없는 일' '할 수 있도록 하기 위한 조건, 즉 그렇게 하기 위하여 조합원이 어떻게 하여야 할 것인가'를 평소 또는 문제가 있을 때마다 명확하게 밝혀둘 필요가 있다.

덴마크의 경우 농협을 통하여 판매되는 농산물의 품질이 신용 있는 우수한 것이기 때문에 고품질, 고가격을 유지하고 있다. 그만큼 국제경쟁력이 강하다. 그런데 덴마크 농협에 있어서는 조합원과 조합 쌍방간의 권리와 의무 즉, 양자간의 계약관계가 아주 명확하게 규정되고 있다. 계약 위반자에 대하여는 매우 엄중한 제재가 가해지고 있다. 제재의 목적은 약속을 잘 지켜 주고 있는 다른 정직한 조합원을 보호하자는데 있다.

넷째, 커뮤니케이션(Communication)이 원활하게 이루어지고 있지 못한 경우다. 의사소통은 조직을 성립시키고 조합내의 단결과 질서를 유지하기 위한 중요한 요건의 하나이다. 그것은 또한 인간의 협동을 가능케 하는 기초조건이기도 하다. 커뮤니케이션과 인포메이션(Information)은 조합원 참가를 촉진시키는 중요한 요인이다. 따라서 그것은 쌍방통행이어야 하며 동시에 '크던 작던 빠짐 없는' 커뮤니케이션이 아니면 안 된다.

커뮤니케이션이 충분치 못하면 조합원의 의향에 따른 활동이나 조합원의 요구에 합치된 사업을 할 수 없을 뿐만 아니라 반성이나 개선의 자료를 얻을 수 없게 된다. 결과적으로 독선적인 '조합원 부재'의 경영에 빠지지 않을 수 없게 되는 것이다. 또한 조합원이 조합의 일을 잘 알지 못하면 조합원 사이에 불만과 오해, 감정의 불씨가 발생할 수 있다. 그렇게 되면 조합에 대한 신뢰감이 떨어지고 편견과 엇갈린 감정, 비협력적 부정적인 태도를 나타내게 된다.

다섯째, 조합이 조합원의 에너지를 제대로 활용하지 못하고 있을 경우다. 조합은 조합원에 대하여 조합사업의 이용을 적극적으로 불러일으키는 동시에 조합원의 에너지를 조합이 최대한 이용하고 활용하는데 대하여 많은 연구와 토론이 이루어져야 한다.

여섯째, 조합이 조합원 조직에 대한 자세가 바르지 못할 경우다. 대부분의 조합은 영농회·부녀회·작목반·청소년회·지소운영위원회 등 조합 내 다양한 협동조직을 조성, 활용하고 있다. 조합은 조합활동을 활발하게 할 목적으로 또는 조합원 참가를 촉진하기 위해 그러한 소집단을 육성 강화하고 조성한다. 그러나 그러한 조합원 조직에 대한 조합의 자세가 적절하지 못하거나 다루는 방법을 그르치게 되면 조합원의 조합 참가를 가로막는 결과를 가져오게 된다.

일곱째, 제도만을 중시하고 실질적인 면이 경시되는 경우다. 즉, 민주적 운영의 제도면, 절차면은 지켜지고 있지만 그 기본적인 이념, 사고방식, 목적이 경시되고 있는 경우다. 그렇게 되면 개인의 무관심이나 '자기 한 사람이 발언을 한다거나 반대한다고 할지라도 아무런 효과도 가져오지 못한다'는 무력감, 그리고 '어차피 결과는 처음부터 결정되어 있다, 아무리 발언을 해보았자 먹혀 들어가지 않는다'는 '결과의 확정성'이 높아지게 되어 조합원의 참가가 떨어지게 된다. 이를 방지하고 조합원의 운영참가를 활발하게 하기 위해서는 무엇이든 대화를 통해 결정한다는 태도와 조합의 무슨 일이든 올바르게 알리는 자세, 그리고 다수결의 민주적 운영 속에서도 소수의 의견을 최대한 중요시하는 것 등의 자세가 요구된다.

여덟 번째, 조합의 서비스가 좋지 않을 경우다. 협동조합에 있어서 '서비스를 잘한다'는 것은 '조합원 본위로 사안을 생각하고 행동한다는 것'이며 '조합원의 입장에서 조합원을 도와준다는 것'이다.

아홉 번째, 조합 내부기구가 관료화되어 있을 경우다. 조합의 규모가 커졌을 경우, 조합과 조합원의 밀착을 약화시키는 요인으로 등장하는 것이 바로 경영기구의 관료주의화이다. 관료제도 그 자체는 능률에 있어 기술적 장점을 지니지만, 관료제도의 폐해가 너무 크다는데 문제가 있다.

즉, 1) "규정이 이렇게 되어 있기 때문에~"식의 규정제일주의, 형식주의, 탄력성의 결여, 2) "상사에게 말씀드린 다음에 답변해드리겠습니다"식의 결심의 지연, 탄력적 판단의 결여, 결단기피, 3) "담당계원이 없어서 알 수 없습니다"식의 책임회피, 뺑뺑이 돌리기, 4) "저는 담당자가 아닙니다"식의 섹션너리즘(Sectionalism)의 팽배, 5) "그와 같은 전례가 없기 때문에 ~"식의 무사안일주의, 혁신개혁에 대한 저항, 6) "확정될 때까지 알려드리지 못하도록 되어 있습니다"식의 비밀주의, 7) "00번 손님 기다리게 하여 죄송합니다"식의 인간관계의 사물화, 8) "전에 알려드렸는데요, 모르고 계셨다면 곤란합니다"식의 거만과 불손 등. 이러한 관료화를 방지하기 위해서는 "모든 일을 '조합원 본위'로 생각하고 행동하며, 조합원 입장에서 업무를 처리한다"는 확고한 운영자세의 확립이 필요하다.[4]

---

4) 木下泰雄, 『협동운동의 원점을 찾아서』, 1974, 조합협동연구사

조합원의 비판력이 조합의 신진대사를 촉진한다.

비판력이란 '사물을 올바르게 인식하고 올바르게 평가하는 능력'이다. 올바른 의미의 비판이란 "의견이나 제안, 사실이나 행동의 우려, 옳고 그른 것을 명확히 말하는 것"이라고 말할 수 있다. 그러나 그것이 건설적인 것이 아니라면 '올바른 비판'이라고 말할 수 없다.

조합원의 올바른 비판은 조합 발전에 큰 도움이 된다. 조합원의 비판력이 없어지게 되면 조합의 독주가 시작된다. '조합의 자전운동'이 그 회전 속도를 가속화하기 시작하는 것이다. 만약 자전운동이 조합원의 의향으로부터 멀어지게 된다면 밖으로부터 그 회전에 브레이크를 걸지 않으면 안 된다. 회전의 소용돌이 속에 있는 것은 그 회전의 브레이크가 될 수 없기 때문이다.

농협을 민주적 조직으로 육성하려면 조합원의 비판을 두려워해서는 안 된다. 모든 것을 공개하고 주권자인 조합원에게 있는 그대로의 모습을 들어내 보이지 않는다면 농협 속에 민주주의를 보존하기는 어려워진다.

커뮤니케이션 활동을 더욱 강화해야 한다.

조합과 조합원의 결합, 조합원의 조합 참가를 강화하는 일은 커뮤니케이션 활동과 교육활동을 통해서만 가능하다. 이를 위해서 현실적으로 가장 중요한 것이 조합의 '소식지' 등 각종 출판물에의 투자이다. 많은 조합들이 아직 이에 대한 중요성을 인식하지 못하고 있다. 조합원을 교육하고 의사를 원만히 소통되도록 하는 일에는 많은 돈이 들어가지만 이러한 활동을 하지 않으면 더 많은 돈이 들어간다는 사실을 조합 운영자들은 분명히 인식해야 한다. 선진국 조합들의 경우 조합원을 교육시키는 치밀하게 편집된 다양한 조합의 출판물들이 월간 또는 격월간으로 조합원 가정에

송부된다. 농협과 관계없는 일반인들도 흥미를 갖고 읽을 수 있도록 편집에도 세심한 주의를 기울이지 않으면 안 된다.

조합원과 밀착화를 도모하는 사례들

조합이 조합원과의 밀착화를 지속적으로 도모하기 위해서는 기존의 총회 개최방법이나 회의 운영방법 등을 재미있고 내실있게 개선해나가지 않으면 안 된다. 정기총회 때 저명한 인사를 초청하여 기념강연을 하거나 그룹별로 문제점을 토론하게 하는 것도 유익하다. 총회 외에 년 1~2회 정도 '조합원의 밤'을 개최하는 것도 밀착화에 큰 도움을 준다. 조합 범위의 광역화로 이러한 '만남의 장'의 필요성은 더욱 높아지고 있다. 이와 함께 조합원 가족이 함께 참여하는 '여름 가족캠프' 프로그램 같은 것도 좋은 효과를 발휘할 것이다.

농협은 지역 청소년들과의 교류를 특히 활발히 하여야 한다. 기성 조합원들은 조합 초창기의 고충을 잘 알고 있지만, 젊은 사람들은 조합에 대한 의식이 부족하기 때문이다. 이를 위해 군 단위 이상의 연합회 조직의 경우 '청소년을 위한 캠프' 운영 등이 절실히 요청된다. 각 회원조합에서 뽑힌 중학생이상 소년소녀가 참가하고 비용은 회원조합이 부담하도록 한다. 지역문제에 대한 토론 시간도 넣고 농협의 조직이나 역할에 관한 교육과 대화를 벌이도록 하는 것도 농협의 미래를 위해 유익하다. 캠프가 열리는 동안에는 어린이들 손에 의해 협동조합 방식의 매점을 운영하게 하는 것도 협동조합 교육에 좋다. 즉 아이들이 출자하여 매점을 만들고 캠프 종료 시에 잉여가 있으면 이용고 배당에 따라 출자자에게 배분하도록 하는 것이다. 이와 함께 지역 학교에 장학금 지원 등의 사업도 꾸준히 실천해나가야 한다.

메시지 ⑤
농민이 변하지 않으면 말짱 도루묵이다.

농협의 주인은 농민이다

농협이 바로 서기 위해서는 농민조합원들의 의식이 바로 서야 한다. 농협의 주인은 농민 자신이라는 분명한 자각 없는 농협 운동은 모래성을 쌓는 일과 같다. 농협은 그동안 엄청난 성장과 발전을 이룩해왔다. 그러나 그것은 정부의 강력한 지원을 받아 임직원들이 이룩한 외형적이고 양적인 결과다. 농민조합원의 자조·자립·협동에 의해 이룩된 부분은 상대적으로 적다.

농민들은 이제부터라도 농협의 주인이라는 철저한 주인의식을 가져야 한다. 농협은 이미 만들어져 있는 것이 아니라 조합원 자신들이 만들어가는 것이다. 조합 일을 자신의 일처럼 걱정하고 책임감을 갖고 솔선 참여하지 않으면 안 된다. 즉 농민 자신의 농업과 생활의 모든 문제를 농협을 통해서 해결하겠다는 확고한 자세확립이 중요한 것이다.

민주적인 농협 운영도 농민조합원의 자각 위에서 가능하다. 즉 마을 단위 협동조직의 민주적인 운영에서 농협의 민주화는 출발한다. 총회에 참석하는 대의원은 자기를 뽑아준 조합원의 의사를 충분히 수렴하여 의결에 참여해야 한다. 그리고 총회에서 의결된 사항은 조합원들에게 반드시 보고하여 일반 조합원들의 적극적인 조합 참여를 이끌어내지 않으면 안 된다. 이렇게 해야만 농민조합원도 농협운영에 참여했다는 자부심과 주인의식을 갖게 되고 농협사업에도 더욱 적극적으로 참여하게 되는 것이다.

농협을 중심으로 뭉쳐야

농협은 농민들이 자신들의 권익을 향상시키기 위해 조직한 단체이다. 따라서 목적을 달성하기 위해서는 농협을 중심으로 뭉치지 않으면 안 된다. 정책당국이든 거대한 독점 자본이든 농민 개인으로는 무력하다. 자신들의 주장이 아무리 정당하다 할지라도 조합원 개인의 행위는 달걀로 바위치기일 뿐이다. 때문에 농민들은 농협이라는 기구를 자신들의 경제적·사회적 지위향상을 위해 적극 활용해야 한다.

농협의 큰 힘은 눈앞의 작은 이익에서 벗어나 영농과 생활에 관한 모든 활동을 농협을 통할 때 효과적으로 발휘된다. 모든 농민들이 농협을 중심으로 뭉칠 때 시장 지배력과 대외 교섭력은 커지고, 농민들의 권익도 보다 효율적으로 신장된다. 따라서 농협의 기본적인 행동양식인 '협동'을 더욱 강화해야 한다.

협동조합의 에너지는 조합원 '스스로의 노력'이다

'조합원의 에너지=조합의 에너지'이며 조합 능력의 높낮이는 오로지 조합원의 '자발성-스스로의 노력' 여하에 따라 결정되어진다. 따라서 조합으로서는 조합원의 '스스로의 노력'을 배양하여 조합원의 에너지를 이끌어내는데 힘쓰지 않으면 안 된다. 이를 위해서는 조합원이 스스로의 에너지를 발휘할 수 있는 기회를 적극 마련해나가는 활동이 중요하다.

메시지 ⑥
정부는 농협을 진정으로 육성해야 한다.

　농협이 민주적으로 육성 발전하기 위해서는 정부의 뒷받침이 무엇보다 중요하다. 농협이 농민의 조직으로 거듭나는 제도적 개선은 지난 민주농협법 개정으로 어느 정도 이뤄진 만큼 이제 정부가 할 일은 농협이 제 역할을 다하도록 인내심을 갖고 묵묵히 후원해주는 자세가 필요하다.
　지난날 독재권력의 중앙집권적 사고로 농협을 틀어쥐려는 생각은 이제 완전히 털어 버려야 한다. 그리고 더 이상 농정실패의 희생양으로 농협을 도마 위에 올려서는 안된다. 농협을 하급기관이나 산하단체로 여겨 한낱 정책집행 대행기관으로 활용하는 자세가 아닌, 상호 대등한 입장에서 이 땅의 진정한 농업과 농민의 발전을 위한 보완·협조기관으로 육성 발전시켜나가야 한다.
　이와함께 농협에 대한 재정적 행정적 지원을 더욱 확대해야 한다. 이는 민주화 이전보다 더욱 미흡하다는 지적이 많다. 간섭과 통제가 아닌 진정한 의미의 지도와 지원이 요구되는 것이다. 진정으로 정부와 농협이 힘을 합칠 때 산적한 이 땅의 농업·농촌·농민 문제가 해결될 수 있다는 것을 분명히 인식했으면 한다.

메시지 ⑦
개혁은 이제 시작일 뿐이다.

　개혁은 변화를 의미한다. 변화는 기존의 방식을 바꾸는 것이다. 그런데 변화하고자 할 때는 우리를 변화도록 압력을 가하는 것이 무엇인지를 먼저 정확히 파악해야 한다.
　변화란 다양한 의미를 갖지만 진정한 변화는 조직문화에 영향을 주는 변화여야 한다. 자신의 기득권을 포기하고 자신의 손해를 받아들이는 변화여야 한다. 다시말해 직원 수와 같은 단편적인 변화가 아닌 구성원들의 마음과 의식을 바꾸는 변화여야 한다.
　변화를 이야기할 때 우리는 흔히 개구리 이야기를 예로 든다. 개구리를 물에 넣고 서서히 온도를 상승시키면 개구리는 자신도 모르는 사이에 삶겨 죽게 된다. 변화의 필요성을 느끼지 못하는 순간 이미 파멸의 길을 걷고 있음을 깨달아야 한다.
　자치농협의 개혁에 있어 중요한 것은 농협의 분명한 비전을 세우는 일이다. 이 비전은 이제 더이상 몇몇 엘리트들의 머리로 만들어져서는 안 된다. 기존의 많은 개혁들이 뿌리내리지 못하고 흐지부지된 이유는 바로 이때문이다. 시간이 걸리더라도 조합원과 임직원들이 많은 토론을 통해 비전을 도출 정립해나가는 것이 중요하다. 자치농협답게 농민조합원들의 목소리를 대대적으로 수렴해나가는 프로그램을 기획하는 것도 큰 의의가 있을 것이다.

예를 들어 영농회·작목반 등 소모임(20인 이내) 토론회를 적극 지원 권장하는 것이다. 농협에 대한 비판, 자신들이 당면하고 있는 문제 등 토론 의제는 조합이 관여하지 말고 자율적으로 정하도록 해야 한다. 여기서 중요한 것은 조합의 강제나 지시가 아닌 자율적이고 임의적인 참여와 토론이 이뤄지도록 지원하는 것이다. 또 토론 된 내용은 지역 또는 중앙회, 나아가서는 정부의 정책에 최대한 반영되도록 해야 한다는 점이다.

미국에서는 조합에 대한 조언을 하는 회의(Advisory Councils)를 상설 운영하고 있는데 농민들이 임의로 참여 운영하는 이러한 토론그룹의 수가 엄청나게 많다고 한다. 이를 위해 회보를 만들기도 하는데, 토론된 사항은 토론회의 서기가 상세히 기록하여 지역조합과 연합회에 보내고 이것은 협동조합 자체의 운영방침이나 대정부 건의안 작성 등에 중요한 영향을 미친다고 한다.

이렇게 하여 모든 구성원들의 마음을 울렁이게 하는 비전이 만들어지면 다음에는 구성원 모두가 이를 공유할 수 있도록 집중적인 교육과 홍보가 체계적으로 이뤄져야 한다.

그러나 기본적으로 구성원들에게 이익을 제공하지 못하는 변화는 성공할 수 없다는 점을 반드시 염두에 두어야 한다. 새로운 방식이 자신에게 실질적인 도움을 주지 못하면 다시 옛날 방식으로 돌아가려 하는 것이 인간의 속성이기 때문이다.

개혁은 이제 시작일 뿐이다. '농협'을 위해서가 아닌 '농민 조합원'을 위한 진정한 개혁의 첫걸음을 힘차게 내디뎌야 한다.

제10장 농협회장(조합장)님께 드리는 10가지 고언

농협이 소유하는 자산 가운데 가장 가치가 큰 것은 농협의 사정을 충분히 이해하고 열의가 있는 성실한 조합원이다

농협회장(조합장)님께 드리는 10가지 고언

너무 욕심을 내지 말고 시대적 소임에 최선을 다하십시오.

"○○회장(조합장)은 이것만은 확실히 구축해놓았다"는 평가를 받도록 하십시오. 그러기 위해서는 너무 많은 욕심을 내서는 안됩니다. 회장(조합장)님께 부여된 시대적 소임이 무엇인지를 분명하게 정립하고, 그 중 한 가지만이라도 확실하게 의지를 갖고 추진해 주십시오. 모든 일은 농민을 바라보는 데서 시작해야 합니다. 사업규모가 아무리 커져도 그것이 결과적으로 농민들의 경제적·사회적 권익 향상으로 이어지지 않는다면 어쩌면 그 일은 농협에서 할 일이 아닐 것입니다. 따라서 어떤 일을 추진하실 때는 "이 일이 농민들에게 실제 어떤 이익을 주는가"를 먼저 냉철하게 따져주십시오.

농협 운영의 목표를 영농지도와 지역농업 개발 및 유통조직 강화에 두십시오.

신용부서의 직원을 최소화하고, 영농지도와 지역농업 개발 및 유통조직의 강화에 모든 역량을 쏟으십시오. 전문적인 생산지도와 유통문제를 책임지는 지역농협이 되도록 해야 합니다. 지난날 예금 추진하듯이 농협의 모든 역량을 집중해 나간다면 반드시 큰 변화가 있을 것입니다. 감사도 이런 방향으로 이뤄지고, 업적평가도 주안점을 여기에 두어야 합니다. 그러면 머지않아 농협 이미지도 달라지고 농민들의 참여도 높아질 것입니다. 그리고 '지도사업'이란 용어는 이제 바꿨으면 합니다. '농민을 지도한다'는 개념은 일제가 남긴 지배와 통제, 관료와 권위주의 시대의 사고개념이라고 생각합니다. 그 동안 정부나 농협이 농민을 어떻게 지도했단 말입니까? 그리고 그 결과가 어떻게 되었습니까? 이제는 농민들의 자발적인 참여를 유도하는 방향으로 사업추진과 활동이 이뤄져야 합니다. 즉 '지도'가 아닌 실익있는 '지원'의 사고로 전환해야 한다는 것입니다.

농협운동 전문가가 필요합니다. 농협운동가를 우대하고 특별히 육성하십시오.

농협의 운영이 1980년대를 거치면서 신용사업 중심체제로 급속히 바뀌었습니다. 농협에 운동성이 사라지기 시작한 것입니다. 그 사이 농협이념에 충실한 직원들은 거의 거세되고 말았습니다. 특히 이번 구조조정과정에서도 이러한 류의 직원들이 많이 도태되었습니다. 농협 직원이 일반 기업의 직원과 같아서는 농협의 미래가 어두울 수밖에 없습니다. 우수대학을 나온 엘리트라 하여 모두 농협이념에 충실한, 농민들에게 도움을 주는 농협운동 전문가일 수는 없습니다. 뜨거운 가슴을 가진 농협운동가가 필요합니다. 이를 위해서는 농협운동 전문가의 체계적인 육성이 필요합니다. 특별한 우대정책과 끊임없는 교육을 통해 이들 집단군을 육성해 거대한 농협운동의 물줄기를 형성해 나가지 않으면 안됩니다. 오늘 농협의 위기는 엘리트 부족에서 생겨난 것이 아님을 분명히 인식해야 합니다. 농협운동의 본질과 이념에 투철한 직원들이 농협운영의 주축이 될 때 농협은 농민의 농협으로, 농협다운 농협의 모습으로 다시 태어날 수 있습니다.

신용사업의 업무보고는 받지 마십시오.

사무소의 업무보고를 받거나 업적평가를 할 때 이제 신용사업은 제외하십시오. 신용사업을 등한시하라는 뜻이 아닙니다. 신용사업이 농협의 중심업무가 되어서는 안 된다는 것입니다. 수익사업인 신용사업의 추진은 하지 말라해도 자신들의 생존을 위해 할 것입니다. 이제부터는 농협이 지역농업의 발전과 농민을 위해 어떤 계획을 세우고, 얼마의 투자를 하고, 어떤 구체적인 지원을 하는지를 평가하고, 보고 받으십시오. 그러나 이러한 것도 지난날처럼 책상에 앉아 지역개발계획서를 그럴듯하게 꾸미고 이를 보고하는 식이어서는 이제 안 됩니다. 행정기관과 농협이 공동으로 참여하는 보다 실제적인 프로젝트를 마련하고 이를 추진해나가는 구체적인 종합지원 시스템이 강구되어져야 합니다.

관료문화의 유산인 업적주의, 한건주의, 1회성 행사주의를 지양하십시오.

사업 몇 % 초과 달성에 연연하지 마십시오. 한 때 지역농협에서 판매사업 실적을 올리기 위해 공판장의 허위 매출전표를 끊는 사례들이 있었습니다. 그렇게 실적을 올려 농민들에게 무슨 의미가 있겠습니까? 더 이상 위 사람에게 보여주기 위한 업적주의나 한건주의, 1회성 행사주의에 치우쳐서는 안됩니다. 농협이 이런 외형적인 실적에 연연하게 된 것은 지난날 낙하산으로 내려온 관료주의자들이 물려준 좋지못한 유산입니다. 농민들의 일시적인 기분을 맞추는 식의 사탕발림과 같은 1회성 환원사업도 이제는 조합에서 중단돼야 합니다. 내실을 기하고 불필요한 비용은 최대한 절감 하십시오.

정부(지방자치단체)와 협력을 강화하되 농민의 권익을 먼저 생각하십시오.

정부(지자체)와의 관계 설정이 어려운 과제일 것입니다. 그러나 결론적으로 너무 순응하는 자세를 갖지 마십시오. 그 동안의 역사를 되돌아볼 때 농협인들은 한마디로 줏대가 없었습니다. 이유가 많겠지만, 농민들의 민주적인 의사에 바탕하지 않고 몇몇 사람들의 손에 농협이 움직여졌기 때문입니다. 즉 정통성을 갖지 못했기 때문일 것입니다. 그러나 이제는 다릅니다. 농협자치시대입니다. 농민의 힘을 바탕으로 한 자주적인 농협으로 새롭게 태어나는 진정한 자치농협를 이룰 때입니다. 공개적이고 민주적으로 농민들의 의사를 모으고 이를 배경으로 정부(지자체)와의 관계를 발전적으로 설정해 나가야 합니다.

중앙회와 회원조합이 융합되는 인사정책을 펴십시오.

중앙회와 회원조합 직원은 같은 농협직원입니다. 같은 목표 아래 같은 농협마크를 달고 있습니다. 중앙회와 회원농협간 지난날의 상하관계와 잠재된 갈등은 일제 때의 금융조합이 물려준 부끄러운 유산입니다. 즉 금융조합연합회를 통해 산하 조직을 통제 관리하려 했던 것이지요. 이제 이러한 갈등 구조는 근본적으로 해소되어야 합니다. 이번 농협사태 때만 해도 서로를 비방하는 한가족 두 목소리를 낸 적이 있습니다. 부끄러운 일이 아닐 수 없습니다. 이를 해소하기 위해서는 인력 융합이라는 대대적인 인사정책을 펼쳐나가야 합니다. 직원은 농협운동을 전개해나가는데 있어 가장 중요한 요소이기 때문입니다.

본부 문화에 깊이 젖어 있는 사람들을 멀리하십시오.

본부가 갖고있는 조직문화는 그 뿌리가 깊습니다. 어떤 한 두 사람의 문제에서 생겨나는 것이 아닌 근 백년에 가까운 역사에 그 바탕을 두고 있습니다. 조속히 슬림화 단계를 거쳐 소위 본부 제일주의와 뿌리깊은 관료주의를 불식시켜 나가야 합니다. 농협이 하지 않아도 되는 불필요한 계수 집계나 사업은 이제 중앙회 업무에서 제외시켜야 합니다. 이 일을 중앙회가, 농협이 꼭 해야 하는지 자문해 볼 필요가 있습니다. 그리고 그것이 농민에게 어떤 실익을 주는 것인지도 깊이 생각해보아야 합니다. 하부 이양도 더욱 많이 이루어져야 합니다. 그리하여 지역농협이 잡다한 보고서 작성으로 시간과 정열을 낭비하지 않도록 해야 합니다. 그러기 위해서는 주변을 맴도는 소위 관료적 본부 문화에 오래 젖어 있는 처세에 능한 '도사'들을 멀리해야 합니다. 그들은 조직의 민주적인 의사수렴을 어렵게 하고 중앙회의 입장을 합리화시키며 지속적으로 새로운 권위주의와 관료성을 잉태해나가기 때문입니다.

욕심을 버리고 내내 청렴하십시오.

전임 농협회장(조합장)들의 뒷모습이 아직 뇌리에 선명하게 남아 있습니다. 슬픈 일입니다. 태국의 그 유명한 시장처럼, 농민들로부터 깊은 존경을 받는다는 일본의 농협중앙회장(조합장)처럼 정치인의 모습이 아닌 가슴 뜨거운 농협운동가상, 청렴한 농민의 지도자상을 몸소 실천해 보여주십시오. 위기에 처한 오늘 우리 농협에는 의식있는 그런 청렴한 지도자가 필요합니다.

부 록

부록 ①/농업인협동조합법안

②/1950~60년대 협동조합 운동 연표

■ 부록 ①/농업인협동조합법안(정부안)

農業人協同組合法案

제1장 총칙

제1조(목적) 이 법은 농업인의 자주적인 협동조직을 바탕으로 농업인의 경제적·사회적·문화적 지위의 향상과 농업의 경쟁력강화를 도모함으로써 농업인의 삶의 질을 높이고, 나아가 국민경제의 균형있는 발전에 이바지함을 목적으로 한다.

제2조(정의) 이 법에서 사용하는 용어의 정의는 다음과 같다.

  1. "조합"이라 함은 이 법에 의하여 설립된 지역농업협동조합, 지역축산업협동조합 및 품목별·업종별협동조합을 말한다.

  2. "지역조합"이라 함은 이 법에 의하여 설립된 지역농업협동조합과 지역축산업협동조합을 말한다.

  3. "업종조합"이라 함은 이 법에 의하여 설립된 품목별·업종별협동조합을 말한다.

  4. "중앙회"라 함은 이 법에 의하여 설립된 농업인협동조합중앙회를 말한다.

제3조(명칭)

  ① 지역조합은 그 지역명 또는 지역의 특성을 나타내는 명칭을 붙인 농업협동조합 또는 축산업협동조합의 명칭을, 업종조합은 그 지역명과 품목 또는 업종명을 붙인 협동조합의 명칭을, 중앙회는 농업인협동조합중앙회의 명칭을 각각 사용하여야 한다.

  ② 이 법에 의하여 설립된 조합과 중앙회가 아니면 제1항의 규정에 의한 명칭 또는 이와 유사한 명칭을 사용하지 못한다.

제4조(법인격 등)

  ① 이 법에 의하여 설립되는 조합과 중앙회는 법인으로 한다.

  ② 조합과 중앙회의 주소는 그 주된 사무소의 소재지로 한다.

제5조(최대봉사의 원칙)

  ① 조합과 중앙회는 그 업무에 있어 조합원 또는 회원을 위하여 최대로 봉사함을 목적으로 하고 일부 조합원 또는 회원의 이익에 편중되는 업무를 하여서는 아니된다.

  ② 조합과 중앙회는 영리 또는 투기를 목적으로 하는 업무를 하여서는 아니된다.

제6조(중앙회의 책무)

① 중앙회는 그 회원의 건전한 발전을 도모하기 위하여 적극 노력하여야 한다.

② 중앙회는 회원의 사업과 직접적으로 경합되는 사업을 함으로써 회원의 사업을 위축시켜서는 아니된다.

제7조(정치에의 관여금지)

① 조합과 중앙회는 공직선거에 있어서 특정정당을 지지하거나 특정인을 당선되게 하거나 당선되지 못하게 하는 행위를 하여서는 아니된다.

② 누구든지 조합과 중앙회를 이용하여 제1항의 규정에 의한 행위를 하여서는 아니된다.

제8조(부과금의 면제) 조합과 중앙회의 업무 및 재산에 대하여는 국가 및 지방자치단체의 조세외의 부과금을 면제한다.

제9조(국가·공공단체의 협력 등)

① 국가와 공공단체는 조합과 중앙회의 자율성을 침해하여서는 아니된다.

② 국가와 공공단체는 조합과 중앙회의 사업에 대하여 적극적으로 협력하여야 하며, 필요한 경비를 보조 또는 융자할 수 있다.

③ 중앙회장은 조합과 중앙회의 발전을 위하여 필요한 사항에 관하여 국가와 공공단체에 의견을 제출할 수 있다. 이 경우 국가와 공공단체는 그 의견이 반영되도록 최대한 노력하여야 한다.

제10조(다른 협동조합 등과의 협력) 조합과 중앙회는 다른 조합 또는 다른 법률에 의한 협동조합 및 외국의 협동조합과의 상호협력·이해증진·공동사업개발 등을 위하여 노력하여야 한다.

제11조(다른 법률의 적용 등)

① 중앙회의 신용사업에 대하여는 은행법 및 한국은행법을 적용한다. 다만, 은행법 제2조제1항제4호, 제8조 내지 제12조, 제15조 내지 제19조, 제22조 내지 제26조, 제28조제1항, 제30조제2항제3호, 제31조제2항, 제33조, 제37조제1항·제2항, 제40조, 제45조제3항·제4항, 제53조제1항제3호, 제55조 내지 제64조, 제67조, 제68조제1항제1호·제2호·제5호 내지 제7호·제9호·제11호·제14호 내지 제16호 및 이와 관련되는 한국은행법의 각 조항은 이를 적용하지 아니한다.

② 중앙회의 신용사업에 대하여 은행법 제2조제1항제5호의 규정을 적용함에 있어서 중앙회의 기본자본은 출자금(회전출자금을 포함한다), 우선출자금(비누적적인 것에 한한

다), 자본준비금 및 이익잉여금의 합계에서 자기자본 조정항목중 투자유가증권평가손실을 차감한 금액으로 한다.

③ 중앙회의 신용사업에 대하여 은행법 제35조의 규정을 적용함에 있어서 그 적용대상은 중앙회의 은행계정 및 신탁계정에 의한 신용공여에 한한다.

④ 중앙회의 신용사업에 대하여 은행법 제38조제3호의 규정을 적용함에 있어서 그 적용대상은 중앙회의 신용사업회계에 속하는 업무용부동산에 한한다.

⑤ 금융감독위원회가 중앙회의 신용사업에 대하여 은행법 제45조제2항의 규정에 의한 경영지도기준을 정함에 있어서는 국제결제은행이 권고하는 금융기관의 건전성감독에 관한 원칙과 중앙회의 특수성을 충분히 감안하여 농림부장관의 의견을 들어 정한다.

⑥ 조합의 보관사업에 대하여는 상법 제155조 내지 제168조의 규정을 준용한다.

제12조(다른 법률의 적용배제) (생략)

제2장 지역농업협동조합

제1절 목적과 구역

제13조(목적) 지역농업협동조합(이하 이 장에서 "지역농협"이라 한다)은 조합원의 농업생산성을 향상시키고 조합원이 생산한 농산물의 판로확대 및 유통원활화를 도모하며, 조합원이 필요로 하는 기술, 자금 및 정보 등을 제공함으로써 조합원의 공동이익을 도모함을 목적으로 한다.

제14조(구역과 지사무소)

① 지역농협의 구역은 행정구역 또는 경제권 등을 중심으로 하여 정관으로 정한다. 다만, 같은 구역안에서는 2 이상의 지역농협을 설립할 수 없다.

② 지역농협은 필요한 곳에 지사무소를 둘 수 있다.

제2절 설립

제15조(설립인가 등) (생략)

제16조(정관기재사항) 지역농협의 정관에는 다음 각호의 사항을 기재하여야 한다.

1. 목적
2. 명칭
3. 구역
4. 주된 사무소의 소재지

5. 조합원의 자격과 가입, 탈퇴 및 제명에 관한 사항
6. 출자 1좌의 금액과 조합원의 출자좌수한도 및 납입방법과 지분계산에 관한 사항
7. 경비부과와 과태금의 징수에 관한 사항
8. 적립금의 종류와 적립방법에 관한 사항
9. 잉여금의 처분과 손실금의 처리방법에 관한 사항
10. 회계년도와 회계에 관한 사항
11. 사업의 종류와 그 집행에 관한 사항
12. 총회 기타 의결기관과 임원의 정수, 선출 및 해임에 관한 사항
13. 간부직원의 임면에 관한 사항
14. 공고의 방법에 관한 사항
15. 존립시기 또는 해산의 사유를 정한 때에는 그 시기 또는 사유
16. 설립후 현물출자를 약정한 때에는 그 출자재산의 명칭, 수량, 가격, 출자자의 성명·주소와 현금출자로의 전환 및 환매특약조건
17. 설립후 양수를 약정한 재산이 있는 경우에는 그 재산의 명칭, 수량, 가격과 양도인의 성명·주소

제17조(설립사무의 인계와 출자납입) (생략)

제18조(지역농협의 성립) (생략)

제3절 조합원

제19조(조합원의 자격)

① 조합원은 지역농협의 구역 안에 주소나 거소 또는 사업장이 있는 농업인이어야 하며, 조합원은 2 이상의 지역농협에 가입할 수 없다.

② 농업·농촌기본법 제15조 및 제16조의 규정에 의한 영농조합법인 및 농업회사법인으로서 그 주된 사무소를 조합의 구역 안에 두고 농업을 경영하는 법인은 지역농협의 조합원이 될 수 있다.

③ 제1항의 규정에 의한 농업인의 범위는 대통령령으로 정한다.

제20조(준조합원)

① 지역농협은 정관이 정하는 바에 따라 지역농협의 구역 안에 주소 또는 거소를 둔 자로서 그 지역농협의 사업을 이용함이 적당하다고 인정되는 자를 준조합원으로 할 수 있다.

② 지역농협은 준조합원에 대하여 정관이 정하는 바에 따라 가입금 및 경비를 부담하게 할 수 있으나 출자를 하게 하여서는 아니된다.

③ 준조합원은 정관이 정하는 바에 따라 지역농협의 사업을 이용할 권리를 가진다.

제21조(출자)

① 조합원은 정관이 정하는 좌수 이상을 출자하여야 한다.

② 출자 1좌의 금액은 균일하게 하여야 한다.

③ 출자 1좌의 금액은 정관으로 정한다.

④ 조합원의 출자는 질권의 목적이 될 수 없다.

⑤ 조합원은 출자의 납입에 있어서 지역농협에 대한 채권과 상계할 수 없다.

제22조(회전출자) (생략)

제23조(지분의 양도 · 양수와 공유금지) (생략)

제24조(조합원의 책임) 조합원의 책임은 그 출자액을 한도로 한다.

제25조(경비와 과태금의 부과)

① 지역농협은 정관이 정하는 바에 따라 조합원에게 경비와 과태금을 부과할 수 있다.

② 조합원은 제1항의 규정에 의한 경비와 과태금의 납입에 있어서 지역농협에 대한 채권과 상계할 수 없다.

제26조(의결권 및 선거권) 조합원은 출자의 다소에 관계없이 평등한 의결권 및 선거권을 가진다.

제27조(의결권의 대리)

① 조합원은 대리인으로 하여금 의결권을 행사하게 할 수 있다. 이 경우 그 조합원은 출석한 것으로 본다.

② 대리인은 조합원 또는 본인과 동거하는 가족(제19조제2항의 규정에 의한 법인의 경우에는 조합원 · 사원 등 그 구성원을 말한다)이어야 하며, 대리인이 대리할 수 있는 조합원의 수는 1인에 한한다.

③ 대리인은 대리권을 증명하는 서면을 지역농협에 제출하여야 한다.

제28조(가입)

① 지역농협은 정당한 사유없이 조합원의 가입을 거절하거나 그 가입에 관하여 다른 조합원보다 불리한 조건을 붙일 수 없다.

② 새로이 조합원이 되고자 하는 자는 정관이 정하는 바에 따라 즉시 출자하여야 한다.

③ 지역농협은 조합원수를 제한할 수 없다.

④ 사망으로 인하여 탈퇴된 조합원의 상속인(공동상속인 경우에는 공동상속인이 선정한 1인의 상속인을 말한다)이 제19조제1항의 규정에 의한 조합원의 자격이 있는 경우에는 피상속인의 출자를 승계하여 조합원이 될 수 있다.
⑤ 제1항의 규정은 제4항의 규정에 의하여 출자를 승계한 상속인에 대하여 이를 준용한다.

제29조(탈퇴)

① 조합원은 지역농협에 탈퇴의 의사를 통지하고 탈퇴할 수 있다.
② 조합원이 다음 각호의 1에 해당하게 된 때에는 당연히 탈퇴된다.
  1. 조합원으로서의 자격이 상실된 때
  2. 사망한 때
  3. 파산한 때
  4. 금치산선고를 받은 때
  5. 조합원인 법인이 해산한 때
③ 제43조의 규정에 의한 이사회는 조합원을 대상으로 동조제3항제1호의 규정에 의한 자격심사를 하여 자격이 없는 조합원을 탈퇴처리하여야 한다.

제30조(제명)

① 지역농협은 다음 각호의 1에 해당하는 조합원에 대하여는 총회의 의결을 얻어 제명할 수 있다.
  1. 1년 이상 지역농협의 사업을 이용하지 아니한 조합원
  2. 출자 및 경비의 납입 기타 지역농협에 대한 의무를 이행하지 아니한 조합원
  3. 기타 정관에 의하여 금지된 행위를 한 조합원
② 제1항의 경우에 지역농협은 총회개회 10일전에 그 조합원에 대하여 제명의 사유를 통지하고 총회에서 의견을 진술할 기회를 주어야 한다.

제31조(지분환급청구권과 환급정지) (생략)

제32조(탈퇴조합원의 손실액부담) (생략)

제33조(의결취소의 청구 등) (생략)

제4절 기관

제34조(총회)

① 지역농협에 총회를 둔다.
② 총회는 조합원으로 구성한다.

③ 정기총회는 매년 1회 정관이 정하는 시기에 소집하고, 임시총회는 필요한 때에 수시로 소집한다.

제35조(총회의결사항 등)

① 다음 각호의 사항은 총회의 의결을 얻어야 한다.

1. 정관의 변경
2. 해산·합병·분할 또는 업종조합으로의 조직변경
3. 조합원의 제명
4. 임원의 선출 및 해임
5. 규약의 제정 및 개폐
6. 사업계획의 수립 및 수지예산의 편성과 사업계획 및 수지예산중 정관이 정하는 중요한 사항의 변경
7. 사업보고서, 대차대조표, 손익계산서, 잉여금처분안과 손실금처리안
8. 중앙회의 설립발기인이 되거나 이에 가입 또는 탈퇴하는 것
9. 임원의 보수 및 실비변상
10. 기타 조합장 또는 이사회가 필요하다고 인정하는 사항

② 제1항제1호 및 제2호의 사항은 농림부장관의 인가를 받지 아니하면 효력을 발생하지 아니한다. 다만, 제1항제1호의 경우 농림부장관이 정하는 정관예에 따라 변경하는 경우에는 그러하지 아니하다.

제36조(총회의 소집청구)

① 조합원은 조합원 500인 또는 100분의 10 이상의 동의를 얻어 소집의 목적과 이유를 기재한 서면을 제출하여 총회의 소집을 조합장에게 청구할 수 있다.

② 제1항의 청구가 있는 때에는 조합장은 2주일 이내에 총회를 소집하여야 한다.

③ 총회를 소집할 자가 없거나 제1항의 청구가 있는 날부터 2주일 이내에 정당한 사유없이 조합장이 총회를 소집하지 아니한 때에는 감사가 5일 이내에 이를 소집하여야 한다.

④ 감사가 제3항의 기간내에 총회를 소집하지 아니한 경우에는 제1항의 규정에 의하여 소집을 청구한 조합원의 대표가 이를 소집한다. 이 경우 그 조합원이 의장의 직무를 수행한다.

제37조(조합원에 대한 통지와 최고)

① 지역농협이 그 조합원에게 통지 또는 최고를 하는 때에는 조합원명부에 기재된 조합원의 주소 또는 거소로 하여야 한다.

② 총회소집의 통지는 총회개회 7일전까지 회의목적 등을 기재한 총회소집통지서의 발송에 의한다. 다만, 같은 목적으로 총회를 다시 소집하고자 하는 때에는 개회 전일까지 통지한다.

제38조(총회의 개의와 의결) 총회는 이 법에 다른 규정이 있는 경우를 제외하고는 조합원 과반수의 출석으로 개의하고 출석조합원 과반수의 찬성으로 의결한다. 다만, 제35조제1항제1호 내지 제3호의 사항은 조합원 과반수의 출석과 출석조합원 3分의 2 이상의 찬성으로 의결한다.

제39조(의결권의 제한 등)

① 총회에서는 제37조제2항의 규정에 의하여 통지한 사항에 한하여 의결할 수 있다. 다만, 긴급을 요하여 조합원 과반수의 출석과 출석조합원 3분의 2 이상의 찬성이 있는 때에는 그러하지 아니하다.

② 지역농협과 조합원과의 이해가 상반되는 의사에 관하여 해당 조합원은 그 의결에 참여할 수 없다.

③ 조합원은 조합원 300인 또는 100분의 5 이상의 동의를 얻어 조합장에 대하여 서면으로 일정한 사항을 총회의 목적사항으로 할 것을 제안할 수 있다. 이 경우 상법 제363조의2의 규정을 준용한다.

제40조(총회의 의사록)

① 총회의 의사에 관하여는 의사록을 작성하여야 한다.

② 의사록에는 의사의 진행상황 및 그 결과를 기재하고 의장과 총회에서 선출한 5인 이상의 의사록서명인이 기명날인하여야 한다.

제41조(총회의결의 특례)

① 다음 각호의 1에 해당하는 사항에 대하여는 조합원투표로써 제35조제1항의 규정에 의한 총회의 의결에 갈음할 수 있다. 이 경우 조합원투표의 통지·방법 기타 투표에 관하여 필요한 사항은 정관으로 정한다.

   1. 해산·합병·분할 또는 업종조합으로의 조직변경

   2. 제45조제3항제1호의 규정에 의한 조합장의 선출

   3. 제54조제1항의 규정에 의한 임원의 해임

② 제1항 각호의 사항에 대한 의결 또는 선출은 다음 각호의 방법에 의한다.

   1. 제1항제1호의 사항은 조합원 과반수의 투표와 투표조합원 3분의 2 이상의 찬성으로 의결

2. 제1항제2호의 사항은 유효투표의 최다득표자를 선출

3. 제1항제3호의 사항은 조합원 과반수의 투표와 투표조합원 과반수의 찬성으로 의결

제42조(대의원회)

① 지역농협은 정관이 정하는 바에 따라 제41조제1항 각호에 규정된 사항외의 사항에 대한 총회의 의결에 관하여 총회에 갈음하는 대의원회를 둘 수 있다.

② 대의원은 조합원이어야 한다.

③ 대의원의 정수, 임기 및 선출방법은 정관으로 정한다. 다만, 임기만료연도 결산기의 최종월 이후 그 결산기에 관한 정기총회전에 임기가 만료된 때에는 정기총회가 종결될 때까지 그 임기가 연장된다.

④ 조합장을 제외한 지역농협의 임원이나 직원은 대의원을 겸직하여서는 아니된다.

⑤ 대의원회에는 총회에 관한 규정을 준용하되, 그 의결권은 대리인으로 하여금 행사하게 할 수 없다.

제43조(이사회)

① 지역농협에 이사회를 둔다.

② 이사회는 조합장을 포함한 이사로 구성하되, 조합장이 이를 소집한다.

③ 이사회는 다음 각호의 사항을 의결한다.

1. 조합원의 자격심사 및 가입승낙
2. 법정적립금의 사용
3. 차입금의 최고한도
4. 경비의 부과와 징수방법
5. 사업계획 및 수지예산중 제35조제1항제6호에서 정한 사항외의 경미한 사항의 변경
6. 간부직원의 임면
7. 업무용 부동산의 취득과 처분
8. 업무규정의 제정 및 개폐와 사업집행방침의 결정
9. 총회로부터 위임된 사항
10. 법령 또는 정관에 규정된 사항
11. 기타 조합장 또는 이사 3분의 1 이상이 필요하다고 인정하는 사항

④ 이사회는 이사의 업무집행상황을 감독한다.

⑤ 이사회는 구성원 과반수의 출석으로 개의하고 출석자 과반수의 찬성으로 의결한다.

⑥ 간부직원은 이사회에 출석하여 의견을 진술할 수 있다.

⑦ 이사회의 운영에 관하여 필요한 사항은 정관으로 정한다.

제44조(운영평가자문회의의 구성·운영)

① 지역농협은 지역농협의 건전한 발전을 도모하기 위하여 조합원 및 외부전문가 15인 이내로 운영평가자문회의를 구성·운영할 수 있다.

② 제1항의 규정에 의하여 운영되는 운영평가자문회의는 지역농협의 운영상황을 평가하고 그 개선사항을 조합장에게 건의한다.

③ 조합장은 운영평가자문회의의 건의사항을 이사회 및 총회에 보고하고, 조합운영에 적극 반영하여야 한다.

제45조(임원의 정수 및 선출)

① 지역농협에 임원으로서 조합장 1인을 포함한 이사 7인 이상 25인 이하와 감사 2인을 두되, 그 정수는 정관으로 정한다. 이 경우 이사중 3분의 2 이상은 조합원이어야 한다.

② 지역농협은 정관이 정하는 바에 따라 제1항의 규정에 의한 조합장을 포함한 이사중 2인 이내, 감사중 1인을 상임으로 할 수 있다. 다만, 조합장을 비상임으로 운영하는 지역농협의 경우에는 상임이사를 두어야 한다.

③ 조합장은 조합원이어야 하며 정관이 정하는 바에 따라 다음 각호의 1의 방법으로 선출한다.

  1. 조합원이 총회 또는 총회외에서 투표로 직접선출
  2. 대의원회가 선출
  3. 이사회가 이사중에서 선출

④ 조합장외의 임원은 총회에서 선출한다. 다만, 상임이사는 대통령령이 정하는 요건에 적합한 자중에서 이사회의 추천을 받아 총회에서 선출한다.

⑤ 상임인 임원을 제외한 지역농협의 임원은 명예직으로 한다.

⑥ 임원의 선출 및 추천에 관하여 이 법에서 정한 사항외에 필요한 사항은 정관으로 정한다.

제46조(임원의 직무)

① 조합장은 지역농협을 대표하며 업무를 집행한다. 다만, 조합장이 비상임인 경우에는 상임이사가 업무를 집행한다.

② 조합장은 총회 또는 이사회의 의장이 된다.

③ 이사(조합원이 아닌 이사를 제외한다)는 조합장이 궐위·구속되거나 60일 이상의

장기입원 등의 사유로 그 직무를 수행할 수 없는 때에는 이사회가 정하는 순서에 따라 그 직무를 대행한다.

④ 감사는 지역농협의 재산과 업무집행상황을 감사하며, 전문적인 회계감사가 필요하다고 인정되는 때에는 중앙회에 회계감사를 의뢰할 수 있다.

⑤ 감사는 지역농협의 재산상황 또는 업무집행에 관하여 부정한 사실이 있는 것을 발견한 때에는 총회에 이를 보고하여야 하며, 그 내용을 총회에 신속히 보고하여야 할 필요가 있는 경우에는 정관이 정하는 바에 따라 조합장에게 총회의 소집을 요구하거나 총회를 소집할 수 있다.

⑥ 감사는 총회 또는 이사회에 출석하여 그 의견을 진술할 수 있다.

⑦ 감사의 직무에 관하여는 상법 제412조의4 내지 제413조의2의 규정을 준용한다.

제47조(감사의 대표권)

① 지역농협이 조합장 또는 이사와 계약을 하는 때에는 감사가 지역농협을 대표한다.

② 지역농협과 조합장 또는 이사간의 소송에 관하여도 제1항과 같다.

제48조(임원의 임기)

① 조합장과 이사의 임기는 4년으로 하고, 감사의 임기는 3년으로 한다. 다만, 설립 당시의 조합장·이사와 감사의 임기는 정관으로 정하되 2년을 초과할 수 없다.

② 제42조제3항 단서의 규정은 제1항의 규정에 의한 임원의 임기만료의 경우에 이를 준용한다.

제49조(임원의 결격사유)

① 다음 각호의 1에 해당하는 자는 지역농협의 임원이 될 수 없다. 다만, 제11호의 규정은 조합원인 임원에 한하여 이를 적용한다.

  1. 대한민국국민이 아닌 자
  2. 미성년자
  3. 금치산자·한정치산자·파산자
  4. 법원의 판결 또는 다른 법률에 의하여 자격이 상실 또는 정지된 자
  5. 금고 이상의 실형의 선고를 받고 그 집행이 종료되거나 집행을 받지 아니하기로 확정된 후 3년이 경과되지 아니한 자
  6. 법령에 의하여 징계면직의 처분을 받고 2년이 경과되지 아니한 자
  7. 형의 집행유예 선고를 받고 그 유예기간 만료후 2년이 경과되지 아니한 자
  8. 금고 이상의 형의 선고유예를 받고 그 유예기간중에 있는 자

9. 제172조의 규정에 의하여 100만원 이상의 벌금형의 선고를 받고 4년이 경과되지 아니한 자
10. 이 법에 의한 임원선거에서 당선되었으나 그 귀책사유로 인하여 당선이 무효로 되거나 취소된 자로서 그 무효 또는 취소가 확정된 날부터 4년이 경과되지 아니한 자
11. 선거일공고일 현재 당해 지역농협의 정관이 정하는 출자좌수 이상의 납입출자를 2년 이상(상임인 조합장의 경우에는 5년 이상) 계속 보유하고 있지 아니한 자. 다만, 설립 또는 합병후 2년(상임인 조합장을 두는 조합의 경우에는 5년)이 경과되지 아니한 지역농협의 경우에는 그러하지 아니하다.
12. 선거일공고일 현재 당해 지역농협에 대하여 정관이 정하는 금액과 기간을 초과하여 채무상환을 연체하고 있는 자

② 지역농협은 정관이 정하는 바에 따라 제1항 각호의 사유외의 임원의 결격사유를 정할 수 있다.
③ 제1항 및 제2항의 사유가 발생한 때에는 당해 임원은 당연히 퇴직된다.
④ 제3항의 규정에 의하여 퇴직한 임원이 퇴직전에 관여한 행위는 그 효력을 상실하지 아니한다.

제50조(선거운동의 제한)
① 누구든지 자기 또는 특정인을 지역농협의 임원 또는 대의원으로 당선되거나, 되게 하거나 되지 못하게 할 목적으로 다음 각호의 1에 해당하는 행위를 할 수 없다.
  1. 선거인에게 금전·물품·향응 기타 재산상의 이익이나 공사의 직을 제공하거나 그 제공의 의사를 표시하거나 그 제공을 약속하는 행위
  2. 후보자가 되지 아니하게 하거나 후보자가 된 것을 사퇴하게 할 목적으로 후보자가 되고자 하는 자나 후보자에게 제1호에 규정된 행위를 하는 행위
  3. 제1호 또는 제2호에 규정된 이익이나 직을 제공받거나 그 제공의 의사표시를 승낙하는 행위
② 임원이 되고자 하는 자는 정관이 정하는 기간중에는 선거운동을 위하여 조합원을 호별로 방문하거나 특정장소에 모이게 할 수 없다.
③ 누구든지 지역농협의 임원 또는 대의원선거와 관련하여 연설·벽보 기타의 방법으로 허위의 사실을 공표하거나 공연히 사실을 적시하여 후보자를 비방할 수 없다.
④ 누구든지 임원선거와 관련하여 정관이 정하는 선전벽보의 부착, 선거공보·소형인쇄물의 배부 및 합동연설회 또는 공개토론회의 개최외의 행위를 할 수 없다.

제51조(선거관리위원회의 구성·운영 등)

① 지역농협은 임원선거를 공정하게 관리하기 위하여 선거관리위원회를 구성·운영한다.

② 선거관리위원회는 이사회가 조합원(임원을 제외한다)과 선거에 관한 경험이 풍부한 자중에서 위촉하는 7인 이상의 위원으로 구성한다.

③ 선거관리위원회의 직무 및 운영에 관하여 필요한 사항은 정관으로 정한다.

제52조(임직원의 겸직금지 등)

① 조합장과 이사는 그 지역농협의 감사를 겸직할 수 없다.

② 지역농협의 임원은 그 지역농협의 직원을 겸직할 수 없다.

③ 지역농협의 임원은 다른 조합의 임원 또는 직원을 겸직할 수 없다.

④ 지역농협의 임직원의 경업금지에 관하여는 상법 제397조의 규정을 준용한다.

제53조(임원의 의무와 책임)

① 지역농협의 임원은 이 법과 이 법에 의한 명령 및 정관의 규정을 준수하여 충실히 그 직무를 수행하여야 한다.

② 임원이 그 직무를 수행함에 있어서 고의 또는 과실(비상임인 임원의 경우에는 고의 또는 중대한 과실)로 지역농협에 끼친 손해에 대하여는 연대하여 손해배상의 책임을 진다.

③ 임원이 그 직무를 수행함에 있어서 고의 또는 중대한 과실로 제3자에게 끼친 손해에 대하여는 연대하여 손해배상의 책임을 진다.

④ 제2항 및 제3항의 행위가 이사회의 의결에 의한 것인 때에는 그 의결에 찬성한 이사도 연대하여 손해배상의 책임을 진다. 이 경우 의결에 참가한 이사로서 이의를 제기한 사실이 의사록에 기재되어 있지 아니한 자는 그 의결에 찬성한 것으로 추정한다.

⑤ 임원이 허위의 결산보고·등기 또는 공고를 하여 조합 또는 제3자에게 끼친 손해에 대하여도 제2항 및 제3항과 같다.

제54조(임원의 해임)

① 조합원은 조합원 5분의 1 이상의 동의로 총회에 임원의 해임을 요구할 수 있다. 이 경우의 총회는 조합원 과반수의 출석과 출석조합원 3분의 2 이상의 찬성으로 의결한다.

② 제45조의 규정에 의한 임원선출방법에 따라 다음 각호의 1의 방법으로 임원을 해임할 수 있다.

   1. 대의원회에서 선출된 임원은 대의원 3분의 1 이상의 요구로 대의원 과반수의 출석과 출석대의원 3분의 2 이상의 찬성으로 해임의결

2. 이사회에서 선출된 조합장은 이사회의 해임요구에 의하여 총회에서 해임의결. 이 경우 이사회의 해임요구와 총회의 해임의결에 있어서는 제1호의 규정에 의한 의결정족수를 준용한다.
3. 조합원이 직접선출한 조합장은 대의원회의 의결을 거쳐 조합원투표로 해임결정. 이 경우 대의원회의 의결에 있어서는 제1호의 규정에 의한 의결정족수를 준용하며, 조합원투표에 의한 해임결정에 있어서는 조합원 과반수의 투표와 투표조합원 과반수의 찬성이 있어야 한다.

③ 해임의 의결을 하고자 하는 때에는 당해 임원에게 해임의 이유를 통지 하여 총회 또는 대의원회에서 의견을 진술할 기회를 주어야 한다.

제55조(민법·상법의 준용) (생략)

제56조(직원의 임면)

① 지역농협의 직원은 정관이 정하는 바에 따라 조합장이 임면한다. 다만, 상임이사를 두는 지역농협의 경우에는 상임이사의 제청에 의하여 조합장이 임면한다.

② 지역농협에는 정관이 정하는 바에 따라 간부직원을 두어야 하며, 간부직원은 중앙회장이 실시하는 전형시험에 합격한 자중에서 조합장이 이사회의 의결을 얻어 임면한다.

③ 간부직원에 관하여는 상법 제11조제1항·제3항, 제12조, 제13조 및 제17조와 비송사건절차법 제149조, 제179조 내지 제181조의 규정을 준용한다.

제5절 사업

제57조(사업)

① 지역농협은 그 목적을 달성하기 위하여 다음 각호의 사업의 전부 또는 일부를 행한다.
1. 교육·지원사업
    가. 농업생산의 증진과 경영능력의 향상을 위한 상담 및 교육훈련
    나. 농업 및 농촌생활관련 정보의 수집 및 제공
    다. 주거 및 생활환경 개선과 문화향상을 위한 교육·지원
    라. 도시와의 교류촉진을 위한 사업
    마. 신품종의 개발, 보급 및 농업기술의 확산을 위한 시범포, 육묘장, 연구소의 운영
    바. 기타 사업수행과 관련한 교육 및 홍보
2. 경제사업
    가. 조합원의 사업과 생활에 필요한 물자의 구입·제조·가공·공급 등의 사업

나. 조합원이 생산하는 농산물의 제조 · 가공 · 판매 · 수출 등의 사업
다. 조합원이 생산한 농산물의 유통조절 및 비축사업
라. 조합원의 사업 또는 생활에 필요한 공동이용시설의 운영 및 기자재의 임대사업
마. 조합원의 노동역 또는 농촌의 부존자원을 활용한 가공사업 · 관광사업 등 농외 소득증대사업
바. 농지의 매매 · 임대차 · 교환의 중개
사. 위탁영농사업
아. 농업노동력의 알선 및 제공
자. 농촌형 주택보급 등 농촌주택사업
차. 보관사업

3. 신용사업
가. 조합원의 예금과 적금의 수입
나. 조합원에게 필요한 자금의 대출
다. 내국환
라. 어음할인
마. 국가 · 공공단체 및 금융기관의 업무의 대리
바. 조합원을 위한 유가증권 · 귀금속 · 중요물품의 보관 등 보호예수업무

4. 공제사업

5. 복지후생사업
가. 복지시설의 설치 및 관리
나. 장제사업
다. 의료지원사업

6. 다른 경제단체 · 사회단체 및 문화단체와의 교류 · 협력
7. 국가, 공공단체, 중앙회 또는 다른 조합이 위탁하는 사업
8. 다른 법령이 지역농협의 사업으로 정하는 사업
9. 제1호 내지 제8호의 사업과 관련되는 부대사업
10. 기타 설립목적의 달성에 필요한 사업으로서 농림부장관의 승인을 얻은 사업

② 지역농협은 제1항의 사업목적을 달성하기 위하여 국가, 공공단체 또는 중앙회로부터 자금을 차입할 수 있다.
③ 제1항제3호의 규정에 의한 신용사업의 한도와 방법 및 제2항의 규정에 의하여 지역

농협이 중앙회로부터 차입할 수 있는 자금의 한도는 대통령령으로 정한다.

④ 국가 또는 공공단체가 지역농협에 제1항제7호의 사업을 위탁하고자 하는 때에는 당해 기관은 대통령이 정하는 바에 따라 지역농협과 위탁계약을 체결하여야 한다.

⑤ 지역농협은 제1항의 사업을 수행하기 위하여 필요한 때에는 자기자본의 범위안에서 다른 법인에 출자할 수 있다. 이 경우 동일법인에 대한 출자한도는 자기자본의 100분의 20을 초과할 수 없다.

⑥ 지역농협은 제1항의 사업을 안정적으로 수행하기 위하여 정관이 정하는 바에 따라 사업손실보전자금 및 대손보전자금을 조성·운용할 수 있다

제58조(비조합원의 사업이용)

① 지역농협은 조합원의 이용에 지장이 없는 범위안에서 조합원이 아닌 자에게 제57조제1항의 규정에 의한 사업을 이용하게 할 수 있다. 다만, 동조제1항제2호나목(농업인이 아닌 자의 판매사업을 제외한다)·바목·사목·차목, 제3호마목, 제5호(다목을 제외한다), 제7호 및 제10호의 사업외의 사업에 대한 비조합원의 이용은 정관이 정하는 바에 따라 이를 제한할 수 있다.

② 조합원과 동일한 세대에 속하는 자, 다른 조합 또는 다른 조합의 조합원이 지역농협의 사업을 이용하는 경우에는 이를 그 지역농협의 조합원이 이용한 것으로 본다.

③ 지역농협은 업종조합의 조합원이 제57조제1항제3호의 사업을 이용하고자 하는 경우 최대의 편의를 제공하여야 한다.

제59조(유통지원자금의 조성·운용)

① 지역농협은 조합원이 생산한 농산물 및 그 가공품 등의 유통을 지원하기 위하여 유통지원자금을 조성·운용할 수 있다.

② 국가, 지방자치단체 및 중앙회는 제1항의 규정에 의한 유통지원자금의 조성을 적극 지원하여야 한다.

제60조(조합원에 대한 교육)

① 지역농협은 조합원의 권익이 증진될 수 있도록 조합원에 대하여 품목별 전문기술교육과 경영상담 등을 적극 실시하여야 한다.

② 지역농협은 제1항의 규정에 의한 교육 및 상담을 효율적으로 수행하기 위하여 주요 품목별로 전문상담원을 둘 수 있다.

제61조(공제규정) (생략)

제6절 회계

제62조(회계년도) 지역농협의 회계년도는 정관으로 정한다.

제63조(회계의 구분 등)

① 지역농협의 회계는 일반회계와 특별회계로 구분한다.

② 일반회계는 종합회계로 하되, 신용사업회계와 신용사업외의 회계로 구분하여야 한다.

③ 특별회계는 특정사업을 운영할 때, 특정자금을 보유하여 운영할 때 기타 일반회계와 구분할 필요가 있는 때에 정관이 정하는 바에 따라 설치한다.

④ 일반회계와 특별회계간, 신용사업부문과 신용사업외의 사업부문간의 재무관계 및 조합과 조합원간의 재무관계에 관한 재무기준은 농림부장관이 정한다.

⑤ 조합의 회계처리기준에 관하여 필요한 사항은 중앙회장이 정한다. 다만, 신용사업의 회계처리기준에 관하여 필요한 사항은 금융감독위원회가 따로 정할 수 있다.

제64조(사업계획과 수지예산)

① 지역농협은 매회계년도의 사업계획서와 수지예산서를 작성하여 당해 회계년도가 개시되기 1월전에 이사회의 심의를 거쳐 총회의 의결을 얻어야 한다.

② 사업계획과 수지예산을 변경하고자 하는 때에는 이사회의 의결을 얻어야 한다. 다만, 제35조제1항제6호의 규정에 의한 중요사항을 변경하고자 하는 때에는 총회의 의결을 얻어야 한다.

제65조(운영의 공개)

① 조합장은 정관이 정하는 바에 따라 사업보고서를 작성하여 그 운영상황을 공개하여야 한다.

② 조합장은 정관, 총회와 이사회의 의사록 및 조합원명부를 주된 사무소에 비치하여야 한다.

③ 조합원과 지역농협의 채권자는 제2항의 규정에 의한 서류를 열람할 수 있으며, 조합이 정한 비용을 지급하고 그 서류의 사본의 교부를 청구할 수 있다.

④ 조합원은 조합원 300인 또는 100분의 5 이상의 동의를 얻어 지역농협의 회계장부 및 서류 등의 열람 또는 사본의 교부를 청구할 수 있으며 지역농협은 특별한 사유가 없는 한 이를 거부할 수 없다.

⑤ 조합원은 지역농협의 업무집행에 관하여 부정행위 또는 법령이나 정관에 위반한 중대한 사실이 있다고 의심이 되는 사유가 있는 때에는 조합원 300인 또는 100분의 5 이상의 동의를 얻어 지역농협의 업무와 재산상태를 조사하게 하기 위하여 법원에 검사인

의 선임을 청구할 수 있다. 이 경우 상법 제467조의 규정을 준용한다.

제66조(여유자금의 운용)

① 지역농협의 업무상의 여유자금은 다음 각호의 방법으로 운용할 수 있다.

1. 중앙회 또는 대통령령이 정하는 금융기관에의 예치
2. 국채 · 공채 또는 대통령령이 정하는 유가증권의 매입

② 제1항제1호의 규정에 의한 예치를 함에 있어서 그 하한비율 또는 금액은 여유자금의 건전한 운용을 저해하지 아니하는 범위안에서 중앙회장이 정한다.

제67조(법정적립금, 이월금 및 임의적립금)

① 지역농협은 매회계년도의 손실보전과 재산에 대한 감가상각에 충당하고 잉여가 있는 때에는 자기자본의 3배에 달할 때까지 잉여금의 100분의 10 이상을 적립(이하 "법정적립금"이라 한다)하여야 한다.

② 제1항의 규정에 의한 자기자본은 납입출자금, 회전출자금, 가입금, 제적립금 및 미처분이익잉여금의 합계액(이월결손금이 있는 때에는 이를 공제한다)으로 한다.

③ 지역농협은 제57조제1항제1호의 사업비용에 충당하기 위하여 잉여금의 100분의 20 이상을 다음 회계년도에 이월하여야 한다.

④ 지역농협은 정관이 정하는 바에 따라 사업준비금 등을 적립(이하 "임의적립금"이라 한다)할 수 있다.

제68조(손실의 보전과 잉여금의 배당)

① 지역농협은 매회계년도의 결산결과 손실금(당기손실금을 말한다)이 발생한 때에는 미처분이월금 · 임의적립금 · 법정적립금 · 자본적립금 · 회전출자금의 순으로 이를 보전하며, 보전후에도 부족이 있는 때에는 이를 다음 회계년도에 이월한다.

② 지역농협은 손실을 보전하고 제67조의 규정에 의한 법정적립금, 이월금 및 임의적립금을 공제한 후가 아니면 잉여금의 배당을 하지 못한다.

③ 잉여금은 정관이 정하는 율에 의하여 납입출자액에 따라 배당하고 또 잉여가 있는 때에는 조합원의 사업이용실적에 따라 배당한다.

제69조(이익금의 적립) 지역농협은 다음 각호에 의하여 발생하는 금액을 자본적립금으로 적립하여야 한다.

1. 감자에 의한 차익
2. 자산재평가차익
3. 합병차익

제70조(법정적립금의 사용금지) 법정적립금은 다음 각호의 1의 경우외에는 이를 사용하지 못한다.
1. 지역농협의 손실금을 보전하는 때
2. 지역농협의 구역이 다른 조합의 구역으로 된 경우에 있어서 그 재산의 일부를 다른 조합에 양여할 때

제71조(결산보고서의 제출, 비치와 총회승인)
① 조합장은 정기총회일 1주일전까지 결산보고서(사업보고서, 대차대조표, 손익계산서, 잉여금처분안 또는 손실금처리안)를 감사에게 제출하고 이를 주된 사무소에 비치하여야 한다.
② 조합원과 채권자는 제1항의 규정에 의한 서류를 열람할 수 있으며, 지역농협이 정한 비용을 지급하고 그 서류의 사본의 교부를 청구할 수 있다.
③ 조합장은 제1항의 규정에 의한 서류와 감사의 의견서를 정기총회에 제출하여 그 승인을 얻어야 한다.
④ 제3항의 규정에 의한 승인을 얻은 경우 임원의 책임해제에 관하여는 상법 제450조의 규정을 준용한다.

제72조(출자 1좌의 금액의 감소)
① 지역농협은 출자 1좌의 금액의 감소를 의결한 때에는 그 의결이 있은 날부터 2주일 이내에 대차대조표를 작성하여야 한다.
② 제1항의 경우 이의가 있는 채권자는 일정한 기일내에 이를 진술하라는 취지를 정관이 정하는 바에 따라 1월 이상 공고하고, 이미 알고 있는 채권자에 대하여는 개별로 이를 최고하여야 한다.
③ 제2항의 규정에 의한 공고 또는 최고는 제1항의 규정에 의한 의결이 있은 날부터 2주일 이내에 하여야 한다.

제73조(감자에 대한 채권자의 이의)
① 채권자가 제72조제2항의 규정에 의한 기간내에 출자 1좌의 금액의 감소에 대하여 이의를 진술하지 아니한 때에는 이를 승인한 것으로 본다.
② 채권자가 이의를 진술한 때에는 지역농협이 이를 변제하거나 상당한 담보를 제공하지 아니하면 그 의결은 효력을 발생하지 아니한다.

제74조(조합의 지분취득 등의 금지) 지역농협은 조합원의 지분을 취득하거나 이에 대하여 질권을 설정하지 못한다.

제7절 합병·분할·조직변경·해산 및 청산

제75조(합병)

① 지역농협이 다른 조합과 합병하는 때에는 합병계약서를 작성하고 총회의 의결을 얻어야 한다.

② 합병은 농림부장관의 인가를 받아야 한다.

③ 합병으로 인하여 지역농협을 설립하는 때에는 각 총회에서 설립위원을 선출하여야 한다.

④ 설립위원의 정수는 20인 이상으로 하고 합병하고자 하는 각 조합의 조합원중에서 동수를 선임한다.

⑤ 설립위원은 설립위원회를 개최하여 정관을 작성하고 임원을 선임하여 제15조제1항의 규정에 의한 인가를 받아야 한다.

⑥ 설립위원회에서 임원을 선출하는 때에는 설립위원이 추천한 자중에서 설립위원 과반수의 출석과 출석위원 과반수의 찬성이 있어야 한다.

⑦ 제3항 내지 제6항의 규정에 의한 지역농협의 설립에 관하여는 그 성질에 반하지 아니하는 한 제2절의 설립에 관한 규정을 준용한다.

⑧ 조합의 합병무효에 관하여는 상법 제529조의 규정을 준용한다.

제76조(합병지원) 국가와 중앙회는 지역농협의 합병을 촉진하기 위하여 필요하다고 인정되는 경우에는 예산의 범위안에서 자금을 지원할 수 있다.

제77조(분할)

① 지역농협이 분할하는 때에는 분할설립되는 조합이 승계하여야 하는 권리의무의 범위를 총회에서 의결하여야 한다.

② 제1항의 규정에 의한 조합의 설립에 관하여는 그 성질에 반하지 아니하는 한 제2절의 설립에 관한 규정을 준용한다.

제78조(조직변경)

① 지역농협이 업종조합으로 조직변경을 하고자 하는 때에는 정관을 작성하여 총회의 의결을 얻어 농림부장관의 인가를 받아야 한다.

② 제1항의 규정에 의한 지역농협의 조직변경에 관하여는 그 성질에 반하지 아니하는 한 제2절의 설립에 관한 규정을 준용한다.

③ 제79조의 규정은 지역농협의 조직변경의 경우에 이를 준용한다.

④ 신용사업을 실시하고 있는 지역농협이 업종조합으로 조직변경을 한 경우에는 조직

변경 당시에 실시하고 있는 신용사업의 범위안에서 이를 계속하여 실시할 수 있다.

제79조(합병으로 인한 권리의무의 승계)

① 합병후 존속하는 지역농협이나 합병으로 설립되는 지역농협은 합병으로 소멸되는 지역농협의 권리의무를 승계한다.

② 지역농협이 합병하는 경우 등기부 기타 공부에 표시된 소멸되는 지역 농협의 명의는 당해 합병지역농협의 명의로 본다.

제80조(합병·분할·조직변경의 공고, 최고) 제72조 및 제73조의 규정은 지역농협의 합병·분할 또는 조직변경의 경우에 이를 준용한다.

제81조(합병등기의 효력) 지역농협의 합병은 합병후 존속하는 지역농협 또는 합병으로 설립되는 지역농협이 그 주된 사무소의 소재지에서 제95조의 규정에 의한 등기를 함으로써 그 효력을 가진다.

제82조(해산사유) 지역농협은 다음 각호의 1에 해당하는 사유로 해산한다.

1. 정관에 규정한 해산사유의 발생
2. 총회의 의결
3. 합병, 분할
4. 설립인가의 취소

제83조(파산선고) (생략)

제84조(청산인) (생략)

제85조(청산인의 직무) (생략)

제86조(청산잔여재산) (생략)

제87조(청산인의 재산분배제한) (생략)

제88조(결산보고서) 청산사무가 종결된 때에는 청산인은 지체없이 결산보고서를 작성하고 이를 총회에 제출하여 승인을 얻어야 한다. 이 경우 제85조제2항의 규정을 준용한다.

제89조(민법 등의 준용) 지역농협의 해산과 청산에 관하여는 민법 제79조, 제81조, 제87조, 제88조제1항 및 제2항, 제89조 내지 제93조제1항 및 제2항, 비송사건절차법 제121조의 규정을 준용한다.

제8절 등 기

제90조(설립등기) (생략)

제91조(지사무소의 설치등기) 지역농협의 지사무소를 설치한 때에는 주된 사무소의 소재

지에서는 3주일 이내에, 지사무소의 소재지에서는 4주일 이내에 이를 등기하여야 한다.
제92조(사무소의 이전등기)
① 지역농협이 사무소를 이전한 때에는 전소재지와 현소재지에서 각각 3주일 이내에 이전등기를 하여야 한다.
② 제1항의 규정에 의한 등기를 함에 있어서는 조합장이 신청인이 된다.
제93조(변경등기)
① 제90조제2항 각호의 사항이 변경된 때에는 主된 사무소 및 당해 지사무소의 소재지에서 각각 3주일 이내에 변경등기를 하여야 한다.
② 제90조제2항제2호의 사항에 관한 변경등기는 제1항의 규정에 불구하고 회계년도말을 기준으로 그 회계년도 종료후 1월 이내에 등기하여야 한다.
③ 제1항 및 제2항의 규정에 의한 변경등기를 함에 있어서는 조합장이 신청인이 된다.
④ 제3항의 규정에 의한 등기신청서에는 등기사항의 변경을 증명하는 서류를 첨부하여야 한다.
⑤ 출자감소, 합병 또는 분할로 인한 변경등기신청서에는 제4항의 규정에 의한 서류외에 제72조 및 제73조의 규정에 의하여 공고 또는 최고한 사실과 이의를 진술한 채권자에 대하여 변제나 담보를 제공한 사실을 각각 증명하는 서류를 첨부하여야 한다.
제94조(행정구역의 지명변경과 등기) (생략)
제95조(합병등기)
① 지역농협이 합병한 때에는 2주일 이내에 그 사무소의 소재지에서 합병후 존속하는 지역농협은 변경등기를, 합병으로 소멸되는 지역농협은 해산등기를, 합병으로 설립되는 지역농협은 제90조의 규정에 의한 설립등기를 하여야 한다.
② 제1항의 규정에 의한 해산등기를 함에 있어서는 합병으로 소멸되는 지역농협의 조합장이 신청인이 된다.
③ 제97조제3항의 규정은 제2항의 경우에 이를 준용한다.
제96조(조직변경등기) 지역농협이 업종조합으로 변경된 때에는 2주일이내에 그 사무소의 소재지에서 지역농협에 관하여는 해산등기를, 업종조합에 관하여는 설립등기를 하여야 한다. 이 경우 해산등기에 관하여는 제97조제3항의 규정을, 설립등기에 관하여는 제90조의 규정을 각각 준용한다.
제97조(해산등기)
① 지역농협이 해산한 때에는 합병과 파산의 경우를 제외하고는 주된 사무소의 소재지

에서는 2주일 이내에, 지사무소의 소재지에서는 3주일 이내에 해산등기를 하여야 한다.

② 제1항의 규정에 의한 해산등기를 함에 있어서는 제4항의 경우를 제외하고는 청산인이 신청인이 된다.

③ 해산등기신청서에는 해산사유를 증명하는 서류를 첨부하여야 한다.

④ 농림부장관의 설립인가의 취소로 인하여 해산한 경우의 등기는 농림부장관의 촉탁에 의하여 한다.

제98조(청산인등기)

① 청산인은 그 취임일부터 2주일 이내에 주된 사무소의 소재지에서 그 성명·주민등록번호 및 주소를 등기하여야 한다.

② 제1항의 규정에 의한 등기를 함에 있어서 조합장이 청산인이 아닌 경우에는 신청인의 자격을 증명하는 서류를 첨부하여야 한다.

제99조(청산종결등기)

① 청산이 종결된 때에는 청산인은 주된 사무소의 소재지에서는 2주일 이내에, 지사무소의 소재지에서는 3주일 이내에 청산종결의 등기를 하여야 한다.

② 제1항의 규정에 의한 등기신청서에는 제88조의 규정에 의한 결산보고서의 승인을 증명하는 서류를 첨부하여야 한다.

제100조(등기일의 기산일) 등기사항으로서 행정관청의 인가·승인 등을 필요로 하는 것은 그 인가 등의 문서가 도달한 날부터 등기기간을 기산한다.

제101조(등기부) 등기소는 지역농협등기부를 비치하여야 한다.

제102조(비송사건절차법의 준용) (생략)

제3장 지역축산업협동조합

제103조(목적) 지역축산업협동조합(이하 이 장에서 "지역축협"이라 한다)은 조합원의 축산업생산성을 향상시키고 조합원이 생산한 축산물의 판로확대 및 유통원활화를 도모하며, 조합원이 필요로 하는 기술, 자금 및 정보 등을 제공함으로써 조합원의 공동이익을 도모함을 목적으로 한다.

제104조(구역) 지역축협의 구역은 행정구역 또는 경제권 등을 중심으로 하여 정관으로 정한다. 다만, 같은 구역안에서는 2 이상의 지역축협을 설립할 수 없다.

제105조(조합원의 자격)

① 조합원은 지역축협의 구역안에 주소나 거소 또는 사업장이 있는 자로서 축산업을 경영하는 농업인이어야 하며, 조합원은 2 이상의 지역축협에 가입할 수 없다.
② 제1항의 규정에 의한 축산업을 경영하는 농업인의 범위는 대통령령으로 정한다.
제106조(사업) 지역축협은 그 목적을 달성하기 위하여 다음 각호의 사업의 전부 또는 일부를 행한다.
 1. 교육 · 지원사업
   가. 축산업생산 및 경영능력의 향상을 위한 상담 및 교육훈련
   나. 축산업 및 농촌생활관련 정보의 수집 및 제공
   다. 농촌생활 개선 및 문화향상을 위한 교육 · 지원
   라. 도시와의 교류촉진을 위한 사업
   마. 축산관련 자조조직의 육성 및 지원
   바. 신품종의 개발, 보급 및 축산기술의 확산을 위한 사육장, 연구소의 운영
   사. 가축의 개량 · 증식 · 방역 및 진료사업
   아. 축산물의 안전성에 관한 교육 및 홍보
   자. 기타 사업수행과 관련한 교육 및 홍보
 2. 경제사업
   가. 조합원의 사업과 생활에 필요한 물자의 구입 · 제조 · 가공 · 공급 등의 사업
   나. 조합원이 생산한 축산물의 제조 · 가공 · 판매 · 수출 등의 사업
   다. 조합원이 생산한 축산물의 유통조절 및 비축사업
   라. 조합원의 사업 또는 생활에 필요한 공동이용시설의 운영 및 기자재의 임대사업
   마. 조합원의 노동력 또는 농촌의 부존자원을 활용한 가공사업 · 관광사업 등 농외소득증대사업
   바. 위탁양축사업
   사. 축산업노동력의 알선 및 제공
   아. 보관사업
 3. 신용사업
   가. 조합원의 예금과 적금의 수입
   나. 조합원에게 필요한 자금의 대출
   다. 내국환
   라. 어음할킨

마. 국가·공공단체 및 금융기관의 업무의 대리

바. 조합원을 위한 유가증권·귀금속·중요물품의 보관 등 보호예수업무

4. 공제사업
5. 조합원을 위한 의료지원사업 및 복지시설의 운영
6. 다른 경제단체·사회단체 및 문화단체와의 교류·협력
7. 국가, 공공단체, 중앙회 또는 다른 조합이 위탁하는 사업
8. 다른 법령이 지역축협의 사업으로 정하는 사업
9. 제1호 내지 제8호의 사업과 관련되는 부대사업
10. 기타 설립목적의 달성에 필요한 사업으로서 농림부장관의 승인을 얻은 사업

제107조(준용규정) 제14조제2항, 제15조 내지 제18조, 제19조제2항, 제20조 내지 제56조, 제57조제2항 내지 제6항, 제58조 내지 제102조의 규정은 지역축협에 관하여 이를 준용한다. 이 경우 제28조제4항중 "제19조제1항"은 "제105조제1항"으로, 제58조제1항중 "제57조제1항"은 "제106조"로, "동조제1항제2호나목(농업인이 아닌 자의 판매사업을 제외한다)·바목·사목·차목, 제3호마목, 제5호(다목을 제외한다), 제7호 및 제10호"는 "동조제2호나목(농업인이 아닌 자의 판매사업을 제외한다)·바목·아목, 제5호(복지시설의 운영에 한한다), 제7호 및 제10호"로, 제58조제3항중 "제57조제1항제3호"는 "제106조제3호"로, 제61조제1항중 "제57조제1항제4호"는 "제106조제4호"로, 제67조제3항중 "제57조제1항제1호"는 "제106조제1호"로 본다.

제4장 품목별·업종별협동조합

제108조(목적) 업종조합은 정관이 정하는 품목 또는 업종의 농업이나 축산업을 경영하는 조합원의 공동이익을 도모함을 목적으로 한다.

제109조(구역) 업종조합의 구역은 경제권 등을 중심으로 하여 정관으로 정한다.

제110조(조합원의 자격)

① 업종조합의 조합원은 다음 각호의 요건을 모두 갖춘 농업인이어야 한다.

1. 업종조합의 구역안에 주소나 거소 또는 사업장이 있는 농업인
2. 대통령령이 정하는 농업 또는 축산업의 범위와 경영기준에 적합한 농업인

② 조합원은 동일 품목 또는 업종을 대상으로 하는 2 이상의 업종조합에 가입할 수 없다. 다만, 연작에 따른 피해로 인하여 사업장을 업종조합의 구역외로 이전하는 경우에는 그러하지 아니하다.

제111조(사업) 업종조합은 그 목적을 달성하기 위하여 다음 각호의 사업의 전부 또는 일부를 행한다.
　1. 교육·지원사업
　　가. 생산력의 증진과 경영능력의 향상을 위한 상담 및 교육훈련
　　나. 조합원이 필요로 하는 정보의 수집 및 제공
　　다. 신품종의 개발, 보급 및 기술확산 등을 위한 시범포, 육묘장, 사육장 및 연구소의 운영
　　라. 가축의 증식, 방역 및 진료와 축산물의 안전성에 관한 교육 및 홍보(축산업의 업종조합에 한한다)
　　마. 기타 사업수행과 관련한 교육 및 홍보
　2. 경제사업
　　가. 조합원의 사업과 생활에 필요한 물자의 구입·제조·가공·공급 등의 사업
　　나. 조합원이 생산하는 농산물 또는 축산물의 제조·가공·판매·수출 등의 사업
　　다. 조합원이 생산한 농산물 또는 축산물의 유통조절 및 비축사업
　　라. 조합원의 사업 또는 생활에 필요한 공동이용시설의 운영 및 기자재의 임대사업
　　마. 위탁영농 또는 위탁양축사업
　　바. 노동력의 알선 및 제공
　　사. 보관사업
　3. 공제사업
　4. 조합원을 위한 의료지원사업 및 복지시설의 운영
　5. 다른 경제단체·사회단체 및 문화단체와의 교류·협력
　6. 국가, 공공단체, 중앙회 또는 다른 조합이 위탁하는 사업
　7. 다른 법령이 업종조합의 사업으로 정하는 사업
　8. 제1호 내지 제7호의 사업과 관련되는 부대사업
　9. 기타 설립목적의 달성에 필요한 사업으로서 농림부장관의 승인을 얻은 사업

제112조(준용규정) 제14조제2항, 제15조 내지 제18조, 제19조제2항, 제20조 내지 제56조, 제57조제2항 내지 제6항, 제58조 내지 제77조, 제79조 내지 제95조, 제97조 내지 제102조의 규정은 업종조합에 관하여 이를 준용한다. 이 경우 제28조제4항중 "제19조제1항"은 "제110조제1항"으로 하고, 제57조제3항중 "제1항제3호의 신용사업의 한도와 방법"을 "제78조제4항(제107조에서 준용하는 경우를 포함한다)의 규정에 의한 신용사

업의 한도와 방법"으로 하며, 제58조제1항중 "제57조제1항"은 "제111조"로, "동조제1항제2호나목(농업인이 아닌 자의 판매사업을 제외한다) · 바목 · 사목 · 차목, 제3호마목, 제5호(다목을 제외한다), 제7호 및 제10호"는 "제111조제2호나목(농업인이 아닌 자의 판매사업을 제외한다) · 마목 · 사목, 제4호(복지시설의 운영에 한한다), 제6호 및 제9호"로, 제61조제1항중 "제57조제1항제4호"는 "제111조제3호"로, 제67조제3항중 "제57조제1항제1호"는 "제111조제1호"로 본다.

제5장 농업인협동조합중앙회

제1절 통칙

제113조(목적) 중앙회는 회원의 공동이익의 증진과 그 건전한 발전을 도모함을 목적으로 한다.

제114조(사무소와 구역)

① 중앙회는 서울특별시에 주된 사무소를 두고, 필요한 경우 지사무소를 둘 수 있다.

② 중앙회는 전국을 그 구역으로 한다.

제115조(회원) 중앙회는 지역조합 및 업종조합을 회원으로 한다.

제116조(준회원) 중앙회는 정관이 정하는 바에 따라 농업 또는 농촌관련 단체와 법인을 준회원으로 할 수 있다.

제117조(출자)

① 회원은 정관이 정하는 좌수 이상의 출자를 하여야 한다.

② 출자 1좌의 금액은 정관으로 정한다.

제118조(당연탈퇴) 회원이 해산 또는 파산한 때에는 당연히 탈퇴된다.

제119조(회원의 책임) 중앙회의 회원의 책임은 그 출자액을 한도로 한다.

제120조(정관기재사항)

① 중앙회의 정관에는 다음 각호의 사항을 기재하여야 한다.

   1. 목적, 명칭과 구역

   2. 주된 사무소의 소재지

   3. 출자에 관한 사항

   4. 우선출자에 관한 사항

   5. 회원의 가입과 탈퇴에 관한 사항

   6. 회원의 권리의무에 관한 사항

7. 총회와 이사회에 관한 사항
   8. 임원, 집행간부 및 집행간부외의 간부직원(이하 "일반간부직원"이라 한다)에 관한 사항
   9. 사업의 종류 및 업무집행에 관한 사항
   10. 경비부과와 과태금 징수에 관한 사항
   11. 농업금융채권의 발행에 관한 사항
   12. 회계에 관한 사항
   13. 공고의 방법에 관한 사항
② 중앙회의 정관변경은 총회의 의결을 거쳐 농림부장관의 인가를 받아야 한다. 다만, 농림부장관은 신용사업에 관한 사항은 금융감독위원회와 합의하여야 한다.

제121조(설립·해산)
① 중앙회를 설립하고자 하는 때에는 15개 이상의 조합이 발기인이 되어 정관을 작성하고 창립총회의 의결을 얻어 농림부장관의 인가를 받아야 한다.
② 제1항의 규정에 의한 인가를 받은 때에는 제17조의 규정에 준하여 조합으로 하여금 출자금을 납입하도록 하여야 한다.
③ 중앙회의 해산에 관하여는 따로 법률로 정한다.

제2절 기관
제122조(총회)
① 중앙회에 총회를 둔다.
② 총회는 회장과 회원으로 구성하며, 회장이 이를 소집한다.
③ 회장은 총회의 의장이 된다.
④ 정기총회는 매년 1회 정관에서 정한 시기에 소집하고 임시총회는 필요한 때에 수시로 소집한다.
제123조(총회의 의결사항) 다음 각호의 사항은 총회의 의결을 얻어야 한다.
   1. 정관의 변경
   2. 회원의 제명
   3. 임원의 선출과 해임 및 임명동의
   4. 사업계획·수지예산 및 결산의 승인
   5. 기타 이사회 또는 회장이 필요하다고 인정하는 사항

제124조(대의원회)

① 중앙회에 총회에 갈음하는 대의원회를 둔다. 다만, 제130조제1항 및 제4항의 규정에 의한 회장 및 상임감사의 선출을 위한 총회의 경우에는 그러하지 아니하다.

② 대의원의 수는 회원의 3분의 1의 범위안에서 정관으로 정하되, 회원인 지역조합 및 업종조합의 대표성이 보장될 수 있도록 하여야 한다.

③ 대의원의 임기와 선출방법은 정관으로 정한다.

제125조(이사회)

① 중앙회에 이사회를 둔다.

② 이사회는 회장·사업전담대표이사를 포함한 이사로 구성하되, 회장·사업전담대표이사를 제외한 이사의 3분의 2 이상은 회원인 조합의 조합장(이하 "회원조합장"이라 한다)이어야 한다.

③ 이사회는 다음 각호의 사항을 의결한다.

  1. 중앙회의 경영목표의 설정
  2. 중앙회의 사업계획 및 자금계획의 종합조정
  3. 조직·경영 및 임원에 관한 규정의 제정 및 개폐
  4. 총회로부터 위임된 사항
  5. 기타 회장 또는 이사 3분의 1 이상이 필요하다고 인정하는 사항

④ 이사회는 이사의 업무집행상황을 감독한다.

⑤ 감사와 집행간부는 이사회에 출석하여 의견을 진술할 수 있다.

⑥ 이사회의 운영에 관하여 필요한 사항은 정관으로 정한다.

제3절 임원과 직원

제126조(임원)

① 중앙회에 임원으로서 회장 1인, 사업전담대표이사 3인을 포함한 이사 21인 이상과 감사 2인 이상을 둔다.

② 제1항의 임원중 회장 1인, 사업전담대표이사 3인 및 감사 1인은 상임으로 한다.

제127조(회장의 직무)

① 회장은 중앙회를 대표한다. 다만, 제128조의 규정에 의하여 사업전담대표이사가 대표하는 업무에 대하여는 그러하지 아니하다.

② 회장은 다음 각호의 업무를 전담하여 처리한다.

1. 제134조제1항제1호의 사업 및 이와 관련되는 사업
2. 제1호의 소관업무에 관한 경영목표의 설정
3. 제1호의 소관업무에 관한 사업계획 및 자금계획의 수립
4. 제128조제2항 내지 제4항의 업무와 관련한 사업전담대표이사간의 이견조정
5. 기타 제128조제2항 내지 제4항의 규정에 의한 사업전담대표이사의 업무에 속하지 아니하는 업무의 처리

③ 회장이 제46조제3항의 규정에 의한 사유로 그 직무를 수행할 수 없는 때에는 이사회가 정하는 순서에 따라 사업전담대표이사가 그 직무를 대행한다.

제128조(사업전담대표이사의 직무)

① 제126조제1항의 규정에 의한 사업전담대표이사는 농업경제대표이사, 축산경제대표이사 및 신용대표이사로 한다.

② 농업경제대표이사는 다음 각호의 업무를 전담하여 처리하며 그 업무에 관하여 중앙회를 대표한다.
1. 제134조제1항제2호의 사업과 제9호 내지 제14호의 사업중 농업경제와 관련된 사업 및 그 부대사업
2. 제1호의 소관업무에 관한 경영목표의 설정
3. 제1호의 소관업무에 관한 사업계획 및 자금계획의 수립

③ 축산경제대표이사는 다음 각호의 업무를 전담하여 처리하며 그 업무에 관하여 중앙회를 대표한다.
1. 제134조제1항제3호의 사업과 제9호 내지 제14호의 사업중 축산경제와 관련되는 사업 및 그 부대사업
2. 제1호의 소관업무에 관한 경영목표의 설정
3. 제1호의 소관업무에 관한 사업계획 및 자금계획의 수립

④ 신용대표이사는 다음 각호의 업무를 전담하여 처리하며 그 업무에 관하여 중앙회를 대표한다.
1. 제134조제1항제4호 내지 제7호의 사업과 제9호 내지 제14호의 사업중 신용사업과 관련되는 사업 및 그 부대사업
2. 제1호의 소관업무에 관한 경영목표의 설정
3. 제1호의 소관업무에 관한 사업계획 및 자금계획의 수립

⑤ 사업전담대표이사가 제46조제3항의 규정에 의한 사유로 그 직무를 수행할 수 없는

때에는 회장이 지명하는 이사가 그 직무를 대행한다.

⑥ 제2항 내지 제4항의 규정에 의한 사업전담대표이사의 업무의 원활한 집행을 지원하기 위하여 각 소관별로 조합장대표로 구성되는 심의기구를 둘 수 있다.

⑦ 제6항의 규정에 의한 심의기구의 명칭, 구성 및 운영 등에 관하여 필요한 사항은 정관으로 정한다.

제129조(감사의 직무) 감사는 중앙회의 재산과 업무집행상황을 감사한다.

제130조(임원의 선출과 임기)

① 회장은 총회에서 선출하되 회원인 조합의 조합원이어야 한다.

② 사업전담대표이사는 제128조제2항 내지 제4항의 규정에 의한 전담사업에 관하여 전문지식과 경험이 풍부한 자로서 대통령령이 정하는 요건에 적합한 자중에서 정관이 정하는 추천절차에 따라 추천된 자를 총회의 동의를 얻어 회장이 임명한다. 다만, 축산경제대표이사는 제128조제6항의 규정에 의한 축산경제 소관의 심의기구에서 추천된 자중에서 총회의 동의를 얻어 회장이 임명한다.

③ 회장·사업전담대표이사를 제외한 이사는 총회에서 선출한다. 다만, 제125조제2항의 규정에 의한 회원조합장이어야 하는 이사외의 이사는 회장이 사업전담대표이사와 협의하여 추천한 자를 총회에서 선출한다.

④ 감사는 총회에서 선출하되, 비상임감사는 회원조합장이어야 한다.

⑤ 회장·사업전담대표이사 및 이사의 임기는 4년으로 하고, 감사의 임기는 3년으로 한다.

⑥ 회원조합장이 제126조제2항의 규정에 의한 상임인 임원으로 선출된 경우에는 취임 전에 그 직을 사임하여야 한다.

⑦ 회장이 사업전담대표이사를 해임하고자 하는 때에는 총회의 동의를 얻어야 한다.

제131조(집행간부)

① 중앙회에 회장 및 사업전담대표이사의 업무를 보좌하기 위하여 집행간부를 두되, 그 명칭·직무 등에 관하여는 정관으로 정한다.

② 제1항의 규정에 의한 집행간부중에는 인삼관련사업을 전담하는 집행간부를 두되, 농업경제대표이사는 인삼관연 업무를 그 집행간부에게 위임·전결 처리하게 하여야 한다.

③ 집행간부의 임기는 2년으로 한다.

④ 집행간부는 소관 사업전담대표이사의 제청으로 회장이 임면한다.

제132조(직원의 임면)

① 직원은 회장이 임면하되, 제128조제2항 내지 제4항의 규정에 의한 사업전담대표이사 소속직원의 승진 및 전보는 정관이 정하는 바에 따라 각 사업전담대표이사가 이를 행한다.

② 집행간부 및 일반간부직원에 관하여는 상법 제11조제1항·제3항, 제12조, 제13조 및 제17조와 비송사건절차법 제149조, 제179조 내지 제181조의 규정을 준용한다.

제133조(다른 직업종사의 제한) 상임인 임원과 집행간부 및 일반간부직원은 직무와 관련되는 영리를 목적으로 하는 업무에 종사할 수 없으며, 이사회가 승인하는 경우를 제외하고는 다른 직업에 종사할 수 없다.

제4절 사업

제134조(사업)

① 중앙회는 그 목적달성을 위하여 다음 각호의 사업의 전부 또는 일부를 행한다.

1. 교육·지원사업

  가. 회원의 조직 및 경영의 지도

  나. 회원의 조합원과 직원에 관한 교육·훈련 및 정보의 제공

  다. 회원과 그 조합원의 사업에 관한 조사·연구 및 홍보

  라. 회원과 그 조합원의 사업 및 생활개선을 위한 정보망의 구축, 정보화의 교육 및 보급 등을 위한 사업

  마. 회원과 그 조합원 및 직원에 대한 보조금의 교부

  바. 농업·축산업관련 신기술 및 신품종의 연구·개발 등을 위한 연구소와 시범농장의 운영

  사. 회원에 대한 감사

2. 농업경제사업

  가. 회원을 위한 구매·판매·제조·가공 등의 사업

  나. 회원 및 출자회사의 경제사업의 조성·지도 및 조정

  다. 인삼의 경작지도·인삼류 제조사업 및 검사

3. 축산경제사업

  가. 회원을 위한 구매·판매·제조·가공 등의 사업

  나. 회원 및 출자회사의 경제사업의 조성·지도 및 조정

  다. 가축의 개량·증식·방역 및 진료에 관한 사업

4. 신용사업
   가. 회원의 여신자금과 사업자금의 대출
   나. 중앙회의 사업부문에 대한 자금의 공급
   다. 농어촌자금의 대출
   라. 은행법에 의한 은행업무
   마. 국가·공공단체 또는 금융기관(은행법에 의한 금융기관과 그외에 금융업무를 취급하는 금융기관을 포함한다. 이하 같다)의 업무의 대리
   바. 신탁업법에 의한 신탁업무
   사. 여신전문금융업법에서 정하는 신용카드 업무
   아. 기타 은행법이 정하는 바에 따라 인가를 받은 업무
5. 회원의 상환준비금과 여유자금의 운용·관리
6. 제141조의 규정에 의한 상호금융예금자보호기금의 운용·관리
7. 공제사업
8. 의료지원사업
9. 선물거래법에 의한 선물거래
10. 국가 또는 공공단체가 위탁하거나 보조하는 사업
11. 다른 법령에서 중앙회의 사업으로 정하는 사업
12. 제1호 내지 제11호의 업무와 관련되는 대외무역
13. 제1호 내지 제12호의 사업과 관련되는 부대사업
14. 기타 설립목적의 달성에 필요한 사업으로서 농림부장관의 승인을 얻은 사업

② 중앙회는 제1항의 규정에 의한 목적을 달성하기 위하여 국가·공공단체·한국은행 또는 다른 금융기관으로부터 자금을 차입하거나 한국은행 또는 다른 금융기관에의 예치 등의 방법으로 자금을 운용할 수 있다.

③ 중앙회는 제1항의 규정에 의한 목적을 달성하기 위하여 국제기구·외국 또는 외국인으로부터 자금을 차입하거나 물자 및 기술을 도입할 수 있다.

④ 중앙회는 제128조제2항 내지 제4항의 규정에 의한 사업전담대표이사 소관업무에 대하여는 정관이 정하는 바에 따라 독립회계를 설치·운영하여야 하며, 신용사업중 제1항 제5호 내지 제7호의 사업에 대하여는 그 독립회계내에서 회계와 손익을 각각 구분하여 관리하여야 한다.

⑤ 중앙회는 제1항의 규정에 의한 사업을 수행하기 위하여 필요한 경우에는 정관이 정

하는 바에 따라 사업손실보전자금, 대손보전자금, 조합상호지원자금 및 조합합병지원 자금을 조성·운용할 수 있다.

제135조(비회원의 사업이용)

① 중앙회는 회원의 이용에 지장이 없는 범위안에서 회원이 아닌 자에게 제134조제1항의 규정에 의한 사업을 이용하게 할 수 있다. 다만, 동조제1항제1호, 제2호 및 제3호중 판매사업(농업인이 아닌 자의 판매사업을 제외한다), 제4호라목·마목·바목·사목·아목, 제7호, 제8호, 제10호, 제11호 및 제14호의 사업외의 사업에 대한 비회원의 이용은 정관이 정하는 바에 따라 이를 제한할 수 있다.

② 회원의 조합원의 사업이용은 이를 회원의 이용으로 본다.

제136조(유통지원자금의 조성·운용)

① 중앙회는 회원의 조합원이 생산한 농산물·축산물 및 가공품 등의 원활한 유통을 지원하기 위하여 유통지원자금을 조성·운용할 수 있다.

② 국가는 제1항의 유통지원자금의 조성을 위하여 적극 지원하여야 한다.

제137조(사업의 공동운영 등)

① 중앙회는 제134조제1항제2호 및 제3호의 사업을 수행함에 있어 회원과 공동으로 출자하여 운영할 수 있다.

② 중앙회는 제1항의 규정에 의하여 사업을 실시하는 경우 당해 사업의 이익금중 일부를 공동출자를 한 회원에게 우선적으로 배당하여야 한다.

③ 중앙회는 제134조제1항의 사업을 수행하기 위하여 자기자본(제11조제1항 및 제2항의 규정에 의하여 은행법 제2조제1항제5호의 규정을 적용하여 산정한 자기자본을 말한다. 이하 같다)의 범위안에서 다른 법인에 출자할 수 있다. 다만, 동一법인에 대한 출자한도는 자기자본의 100분의 20 이내에서 정관으로 정하며, 금융업종에 대한 출자의 총합계액은 자기자본의 100분의 20의 범위안에서 대통령령이 정하는 비율을 초과할 수 없다.

제138조(업종조합연합회)

① 업종조합의 발전과 그 권익증진을 위하여 중앙회에 품목별 또는 업종별로 업종조합을 회원으로 하는 업종조합연합회를 둘 수 있다.

② 제1항의 규정에 의한 업종조합연합회는 다음 각호의 업무를 행한다.

1. 회원을 위한 사업의 개발 및 정책의 건의
2. 회원을 위한 생산·유통조절 및 시장개척

3. 제품홍보, 기술보급 및 회원간의 정보교환

4. 기타 회원의 공동이익의 증진을 위하여 정관이 정하는 사업

③ 업종조합연합회의 구성·운영 등에 관하여 필요한 사항은 정관으로 정한다.

제139조(장기대출) 중앙회는 자기자본 또는 국가로부터의 차입금, 한국은행 기타 금융기관·공공단체·국제기구·외국 또는 외국인으로부터의 1년 이상의 차입금, 1년 이상의 기한부예금 또는 농업금융채권 발행에 의하여 조성한 자금에 한하여 1년을 초과하는 장기대출을 할 수 있다.

제140조(여신자금의 관리)

① 중앙회는 그 공급하는 자금이 특정된 목적과 계획에 따라 사용되도록 관리하기 위하여 자금이용자 등에 대하여 필요한 감사 또는 기타의 조치를 할 수 있다.

② 중앙회가 국가로부터 차입한 자금중 신용사업자금(조합이 중앙회로부터 차입한 자금을 포함한다)은 압류의 대상이 될 수 없다.

제141조(상호금융예금자보호기금의설치·운영)

① 중앙회는 회원(신용사업을 실시하는 회원을 말한다. 이하 이 조에서 같다)의 조합원(제58조의 규정에 의한 사업이용자를 포함한다. 이하 이 조에서 같다)이 조합에 납입한 예금 및 적금에 대한 환급을 보장하며 조합의 건전한 육성을 도모하기 위하여 중앙회에 상호금융예금자보호기금(이하 이 조에서 "기금"이라 한다)을 설치·운영한다.

② 회원은 제1항의 규정에 의한 기금에 출연하여야 한다.

③ 기금은 다음 각호의 자금으로 조성한다.

1. 회원의 출연금

2. 다른 회계로부터의 전입금 및 차입금

3. 기금의 운용에 의하여 생기는 수익금

4. 기타 수익금

④ 제3항제1호의 규정에 의한 출연금의 납입금액·시기 및 방법 등에 관하여 필요한 사항은 대통령령으로 정한다.

⑤ 중앙회는 기금의 운용에 관한 중요한 사항을 심의·의결하기 위하여 기금관리위원회를 둔다.

⑥ 회원이 예금 또는 적금을 지급할 수 없는 경우에는 제3항의 규정에 의한 기금의 범위안에서 기금관리위원회가 정하는 바에 따라 당해 회원에 갈음하여 예금 또는 적금의 채무를 변제할 수 있다.

⑦ 회원은 제3항제1호의 규정에 의하여 납입한 출연금의 반환을 청구할 수 없다.

⑧ 기금의 운용과 기금관리위원회의 구성·운영 등에 관하여 필요한 사항은 대통령령으로 정한다.

제5절 중앙회의 지도·감사

제142조(중앙회의 지도)

① 회장은 이 법이 정하는 바에 따라 회원을 지도하며 이에 필요한 규정 또는 지침 등을 정할 수 있다.

② 회장은 회원의 경영상태를 평가하고 그 결과에 따라 당해 회원에게 경영개선, 합병권고 등의 필요한 조치를 요구할 수 있다. 이 경우 조합장은 그 결과를 조합의 이사회 및 총회에 보고하여야 한다.

③ 회장은 회원에 대하여 그 업무의 건전한 운영과 조합원 또는 제3자의 보호를 위하여 필요하다고 인정하는 때에는 당해 업무에 관하여 정관 또는 공제규정의 변경, 업무의 전부 또는 일부의 정지, 재산의 공탁·처분의 금지 등의 필요한 처분을 하여 줄 것을 농림부장관에게 요청할 수 있다.

제143조(조합감사위원회)

① 회원의 건전한 발전을 도모하기 위하여 회장 소속하에 회원의 업무를 지도·감사할 수 있는 조합감사위원회(이하 "위원회"라 한다)를 둔다.

② 위원회는 위원장을 포함한 5인의 위원으로 구성하되, 위원장은 상임으로 한다.

③ 위원회의 감사사무를 처리하기 위하여 정관이 정하는 바에 따라 위원회에 필요한 기구를 둔다.

제144조(위원의 선임 등)

① 위원장은 회장이 총회의 동의를 얻어 임명한다.

② 위원은 위원장이 제청한 자중에서 회장이 임명한다.

③ 제1항 및 제2항의 규정에 의한 위원장과 위원은 감사 또는 회계업무에 관한 지식과 경험이 풍부한 자중에서 선임한다.

④ 위원장 및 위원의 임기는 4년으로 한다.

제145조(의결사항) 위원회는 다음 각호의 사항을 의결한다.

  1. 회원에 대한 감사방향 및 그 계획에 관한 사항

  2. 감사결과에 따른 회원의 임·직원에 대한 징계 및 문책의 요구 등에 관한 사항

3. 감사결과에 따른 변상책임의 판정에 관한 사항

4. 회원에 대한 시정 및 개선요구 등에 관한 사항

5. 감사규정의 제정 및 개폐에 관한 사항

6. 회장이 요청하는 사항

7. 기타 위원장이 필요하다고 인정하는 사항

제146조(회원에 대한 감사 등)

① 위원회는 회원의 재산 및 업무집행상황에 대하여 2년마다 1회 이상 회원을 감사하여야 한다.

② 위원회는 회원의 건전한 발전을 도모하기 위하여 필요하다고 인정하는 때에는 회원의 부담으로 회계법인에 회계감사를 요청할 수 있다.

③ 회장은 제1항 및 제2항의 규정에 의한 감사결과를 당해 회원의 조합장과 감사에게 통지하여야 하며 감사결과에 따라 당해 회원에게 시정 또는 업무의 정지, 관련 임·직원에 대한 다음 각호의 조치를 할 것을 요구할 수 있다.

1. 임원에 대하여는 개선, 직무의 정지, 견책 또는 변상

2. 직원에 대하여는 징계면직, 정직, 감봉, 견책 또는 변상

④ 회원이 제3항의 규정에 의하여 소속 임·직원에 대한 조치요구를 받은 때에는 2월 이내에 필요한 조치를 하고 그 결과를 위원회에 통지하여야 한다.

⑤ 회장은 회원이 제4항의 기간내에 필요한 조치를 하지 아니하는 경우에는 1월 이내에 제3항의 조치를 할 것을 재요구하고, 동기간내에도 이를 이행하지 아니하는 경우에는 필요한 조치를 하여 줄 것을 농림부장관에게 요청할 수 있다.

제6절 우선출자

제147조(우선출자)

① 중앙회는 자기자본의 확충을 통한 경영의 건전성을 도모하기 위하여 정관이 정하는 바에 따라 회원외의 자(국가 및 공공단체를 제외한다)를 대상으로 잉여금배당에 있어서 우선적 지위를 가지는 우선출자를 발행할 수 있다.

② 제1항의 규정에 의한 우선출자 1좌의 금액은 제117조의 규정에 의한 출자 1좌의 금액과 동일하여야 하며, 우선출자의 총액은 자기자본의 2분의 1을 초과할 수 없다.

③ 우선출자자는 의결권 및 선거권을 가지지 아니한다.

④ 우선출자에 대한 배당은 회원에 대한 배당보다 우선하여 실시하되, 그 배당율은 정관이 정하는 최저배당율과 최고배당율 사이에서 정기총회에서 정한다.

제148조(우선출자증권의 발행) 중앙회는 우선출자의 납입기일후 지체없이 우선출자증권을 발행하여야 한다.

제149조(우선출자자의 책임) 우선출자자의 책임은 그가 가진 우선출자의 인수가액을 한도로 한다.

제150조(우선출자의 양도)

① 우선출자는 이를 양도할 수 있다. 다만, 우선 출자증권 발행전의 양도는 중앙회에 대하여 효력이 없다.

② 우선출자를 양도하는 때에는 우선출자증권을 교부하여야 한다.

③ 우선출자증권의 점유자는 적법한 소지인으로 추정한다.

제151조(우선출자자총회)

① 중앙회는 정관을 변경함으로써 우선출자자에게 손해를 미치게 되는 때에는 우선출자자총회의 의결을 얻어야 한다.

② 제1항의 규정에 의한 우선출자자총회의 의결은 발행한 우선출자 총좌수의 과반수의 출석과 출석한 출자좌수의 3분의 2 이상의 찬성이 있어야 한다.

③ 제1항의 규정에 의한 우선출자자총회의 운영 등에 관하여 필요한 사항은 정관으로 정한다.

제152조(우선출자에 관한 기타 사항) 이 법에 규정하는 사항외에 우선출자의 발행·모집 등에 관하여 필요한 사항은 대통령령으로 정한다.

제7절 농업금융채권

제153~158조(생략)

제8절 회계

제159조(사업계획 및 수지예산) 중앙회는 매회계년도의 사업계획서 및 수지예산서를 작성하여 당해 회계년도개시 1월전에 총회의 의결을 얻어야 한다. 이를 변경하고자 하는 경우에도 또한 같다.

제160조(결산)

① 중앙회는 매회계년도 경과후 2월 이내에 당해 사업년도의 결산을 완료하고 그 결산보고서(사업보고서, 대차대조표, 손익계산서, 잉여금처분안 또는 손실금처리안)에 관하여 총회의 승인을 얻어야 한다.

② 중앙회는 제1항의 규정에 의하여 결산보고서의 승인을 얻은 때에는 지체없이 대차대조표를 공고하여야 한다.
③ 중앙회의 결산보고서에는 회계법인의 회계감사를 받은 의견서를 첨부하여야 한다.
④ 중앙회는 매회계년도 경과후 3월 이내에 그 결산보고서를 농림부장관에게 제출하여야 한다.

제9절 준용규정
제161조(준용규정) (생략)

제6장 감독

제162조(감독)
① 농림부장관은 이 법이 정하는 바에 따라 조합과 중앙회를 감독하며 대통령령이 정하는 바에 따라 감독상 필요한 명령과 조치를 할 수 있다. 다만, 신용사업에 대하여는 재정경제부장관과 협의하여 감독한다.
② 농림부장관은 제1항의 규정에 의한 직무를 수행하기 위하여 필요하다고 인정하는 때에는 금융감독위원회에 조합 또는 중앙회에 대한 검사를 요청할 수 있다.
③ 농림부장관은 이 법의 규정에 의한 조합에 관한 감독권의 일부를 대통령령이 정하는 바에 따라 중앙회장에게 위탁할 수 있다. 다만, 지방자치단체가 보조한 사업과 관련된 업무에 대한 감독권의 일부는 지방자치단체의 장에게 위임할 수 있다.
④ 금융감독위원회는 제1항의 규정에 불구하고 대통령령이 정하는 바에 따라 조합과 중앙회의 신용사업에 대하여 그 경영의 건전성 확보를 위한 감독을 하고, 이에 필요한 명령을 할 수 있다.
⑤ 금융감독원장은 신용협동조합법 제95조의 규정에 의하여 조합에 적용되는 동법 제83조의 규정에 의한 조합에 관한 검사권의 일부를 중앙회장에게 위탁할 수 있다.

제163조(위법 또는 부당의결사항의 취소 또는 집행정지) 농림부장관은 조합과 중앙회의 총회 또는 이사회가 의결한 사항이 위법 또는 부당하다고 인정하는 때에는 그 전부 또는 일부를 취소하거나 집행을 정지하게 할 수 있다.

제164조(위법행위에 대한 행정처분)
① 농림부장관은 조합 또는 중앙회의 업무와 회계가 법령, 법령에 의한 행정처분 또는 정관에 위반된다고 인정하는 때에는 당해 조합 또는 중앙회에 대하여 기간을 정하여 그

시정을 명하고 관련 임·직원에 대하여 다음 각호의 조치를 하게 할 수 있다.

1. 임원에 대하여는 개선, 직무의 정지
2. 직원에 대하여는 징계면직, 정직, 감봉

② 농림부장관은 조합 또는 중앙회가 제1항의 규정에 의한 시정명령 또는 임·직원에 대한 조치를 이행하지 아니한 때에는 기간을 정하여 그 업무의 전부 또는 일부를 정지시킬 수 있다.

제165조(중앙회의 신용사업에 대한 시정조치)

① 금융감독위원회는 중앙회의 신용사업의 재무상태가 금융감독위원회가 정하여 고시하는 건전성기준(이하 이 조에서 "건전성기준"이라 한다)에 미달하거나, 거액의 금융사고 또는 부실채권의 발생으로 건전성기준에 미달하게 될 것이 명백하다고 인정되는 때에는 중앙회의 신용사업에 대하여 다음 각호의 사항을 요구할 수 있다. 다만, 인력 및 조직운용의 변경 등 중앙회의 설립목적의 수행에 중대한 영향을 미칠 수 있는 사항에 관하여는 농림부장관과 미리 합의하여야 한다.

1. 중앙회 및 임·직원에 대한 주의, 경고, 견책 또는 감봉
2. 자본의 증가 또는 감소, 보유자산의 처분 또는 점포·조직의 축소
3. 채무불이행 또는 가격변동 등의 위험이 높은 자산의 취득금지 또는 비정상적으로 높은 금리에 의한 수신의 제한
4. 임원의 직무정지 또는 임원의 직무를 대행하는 관리인의 선임
5. 영업의 전부 또는 일부의 정지

② 금융감독위원회는 건전성기준을 정함에 있어서 중앙회의 신용사업외의 사업수행에 중대한 지장을 초래할 우려가 있는 영업의 전부정지명령 및 이에 준하는 조치는 중앙회의 재무상태가 건전성기준에 크게 미달하고 건전한 신용질서나 예금자의 권익을 해할 우려가 현저하다고 인정되는 경우에 한하여 행하도록 하여야 한다.

③ 금융감독위원회는 중앙회가 건전성기준에 일시적으로 미달하였으나 단기간내에 건전성기준을 충족시킬 수 있다고 판단되거나 이에 준하는 사유가 있다고 인정되는 때에는 기간을 정하여 그 조치를 유예할 수 있다.

제166조(경영지도)

① 농림부장관은 조합이 다음 각호의 1에 해당되어 조합원보호에 지장을 초래할 우려가 있다고 인정되는 경우에는 당해 조합에 대하여 경영지도를 한다.

1. 조합에 대한 감사결과 조합의 부실대출의 합계액이 자기자본의 2배를 초과하는 경

우로서 단기간내에 통상적인 방법으로는 회수하기가 곤란하여 자기자본의 전부가 잠식될 우려가 있다고 인정되는 경우
2. 조합의 임·직원의 위법·부당한 행위로 인하여 조합에 재산상의 손실이 발생하여 자력으로 경영정상화를 추진하는 것이 어렵다고 인정되는 경우
3. 조합의 파산위험이 현저하거나 임·직원의 위법·부당한 행위로 인하여 조합의 예금 및 적금의 인출이 쇄도하거나 조합이 예금 및 적금을 지급할 수 없는 상태에 이른 경우
4. 제142조제2항 및 제146조의 규정에 의한 경영평가 또는 감사의 결과 경영지도가 필요하다고 인정하여 중앙회장이 건의하는 경우
5. 신용협동조합법 제95조의 규정에 의하여 조합에 적용되는 동법 제83조의 규정에 의한 검사의 결과 경영지도가 필요하다고 인정하여 금융감독원장이 건의하는 경우
② 제1항에서 "경영지도"라 함은 다음 각호의 사항에 대하여 지도하는 것을 말한다.
1. 불법·부실대출의 회수 및 채권의 확보
2. 자금의 수급 및 여·수신에 관한 업무
3. 기타 조합의 경영에 관하여 대통령령이 정하는 사항
③ 농림부장관은 제1항의 규정에 의한 경영지도가 개시된 때에는 6월의 범위안에서 채무의 지급을 정지하거나 임원의 직무를 정지할 수 있다. 이 경우 중앙회장으로 하여금 지체없이 조합의 재산상황을 조사(이하 "재산실사"라 한다)하게 하거나 금융감독원장에게 재산실사를 요청할 수 있다.
④ 중앙회장 또는 금융감독원장은 제3항 후단의 규정에 의한 재산실사의 결과 위법·부당한 행위로 인하여 조합에 손실을 끼친 임·직원에 대하여 재산조회 및 가압류신청 등 손실금보전을 위하여 필요한 조치를 하여야 한다.
⑤ 농림부장관은 제4항의 규정에 의한 조치에 필요한 자료를 중앙행정기관의 장에게 요청할 수 있다. 이 경우 요청을 받은 중앙행정기관의 장은 특별한 사유가 없는 한 이에 응하여야 한다.
⑥ 농림부장관은 재산실사의 결과 당해 조합의 경영정상화가 가능한 경우 등 특별한 사유가 있다고 인정되는 경우에는 제3항 본문의 규정에 의한 정지의 전부 또는 일부를 철회하여야 한다.
⑦ 농림부장관은 제1항의 규정에 의한 경영지도에 관한 업무를 중앙회장에게 위탁할 수 있다.

⑧ 제1항 내지 제3항의 규정에 의한 경영지도, 채무의 지급정지 또는 임원의 직무정지의 방법, 기간 및 절차 등에 관하여 필요한 사항은 대통령령으로 정한다.

제167조(설립인가의 취소 등)
① 농림부장관은 조합이 다음 각호의 1에 해당하게 된 때에는 중앙회장의 의견을 들어 설립인가를 취소하거나 합병을 명할 수 있다.
  1. 설립인가일부터 90일을 경과하여도 설립등기를 하지 아니한 때
  2. 정당한 사유없이 1년 이상 사업을 실시하지 아니한 때
  3. 2회 이상 제164조의 규정에 의한 처분을 받고도 이를 시정하지 아니한 때
  4. 조합의 설립인가기준에 미달한 때
  5. 조합에 대한 감사 또는 경영평가의 결과 경영이 부실하여 자본을 잠식한 조합으로서 제142조제2항, 제146조 또는 제166조의 조치에 따르지 아니하여 조합원 및 제3자에게 막대한 손실을 끼칠 우려가 있는 때
  6. 금융감독위원회의 인가취소 요청이 있는 때
② 농림부장관은 제1항의 규정에 의하여 조합의 설립인가를 취소한 때에는 즉시 그 사실을 공고하여야 한다.

제168조(조합원 또는 회원의 검사청구)
① 농림부장관은 조합원이 조합원 300인 이상이나 조합원 또는 대의원 100분의 10 이상의 동의를 얻어 소속조합의 업무집행상황이 법령 또는 정관에 위반된다는 사유로 검사를 청구한 때에는 중앙회장으로 하여금 당해 조합의 업무상황을 검사하게 할 수 있다.
② 농림부장관은 중앙회의 회원이 회원 100분의 10 이상의 동의를 얻어 중앙회의 업무집행상황이 법령 또는 정관에 위반된다는 사유로 검사를 청구한 때에는 금융감독원장에게 중앙회에 대한 검사를 요청할 수 있다.

제169(청문) 농림부장관은 제167조의 규정에 의하여 설립인가를 취소하고자 하는 경우에는 청문을 실시하여야 한다.

제7장 벌칙 등

제170(벌칙)
① 조합 또는 중앙회의 임원 또는 집행간부가 조합 또는 중앙회의 사업목적외에 자금을 사용 또는 대출하거나 투기의 목적으로 조합 또는 중앙회의 재산을 처분 또는 이용하거

나 이 법과 정관의 규정에 위반하는 행위를 함으로써 조합 또는 중앙회에 손실을 끼친 때에는 10년 이하의 징역 또는 3천만원 이하의 벌금에 처한다.

② 제1항의 징역형과 벌금형은 이를 병과할 수 있다.

제171조(벌칙) 조합 또는 중앙회의 조합장, 회장, 간부직원, 사업전담대표이사, 이사, 감사, 집행간부, 일반간부직원, 파산관재인 또는 청산인이 다음 각호의 1에 해당하는 때에는 3년 이하의 징역 또는 1천만원 이하의 벌금에 처한다.

1. 감독기관의 인가 또는 승인을 얻어야 할 사항에 관하여 인가 또는 승인을 얻지 아니한 때
2. 부정한 등기를 한 때
3. 감독기관·총회 또는 이사회에서 부실한 보고를 하거나 사실을 은폐한 때
4. 총회 또는 이사회의 의결을 요하는 사항에 대하여 의결을 얻지 아니하고 이를 집행한 때
5. 제66조 내지 제71조, 제72조제1항(제80조의 규정에 의하여 준용되는 경우를 포함한다)의 규정에 위반한 때(각 해당 조에 대하여는 제107조, 제112조 또는 제161조의 규정에 의하여 준용되는 경우를 포함한다)
6. 제85조, 제87조 또는 제88조의 규정에 위반한 때(각 해당 조에 대하여는 제107조, 제112조 또는 제161조의 규정에 의하여 준용되는 경우를 포함한다)
7. 감독기관의 감사(중앙회의 감사를 포함한다)를 거부·방해 또는 기피한 때

제172조(벌칙)

① 제7조제2항 또는 제50조제1항 각호의 1(제107조, 제112조 또는 제161조의 규정에 의하여 준용되는 경우를 포함한다)의 규정에 위반한 자는 2년 이하의 징역 또는 500만원 이하의 벌금에 처한다.

② 제50조제2항 내지 제4항(제107조, 제112조 또는 제161조의 규정에 의하여 준용되는 경우를 포함한다)의 규정에 위반한 자는 1년 이하의 징역 또는 300만원 이하의 벌금에 처한다.

③ 제1항 및 제2항에 규정된 죄의 공소시효는 당해 선거일후 6월을 경과함으로써 완성된다. 다만, 범인이 도피한 때에는 그 기간을 3년으로 한다.

제173조(당선인의 선거범죄로 인한 당선무효) 조합 또는 중앙회의 임원선거의 당선인이 당해 선거에 있어서 제172조의 규정에 의하여 징역 또는 100만원 이상의 벌금형의 선고를 받은 때에는 그 당선은 무효로 한다.

제174조(과태료)

① 제3조제2항의 규정에 위반한 자는 200만원 이하의 과태료에 처한다.

② 조합 또는 중앙회의 조합장, 회장, 간부직원, 사업전담대표이사, 이사, 감사, 집행간부, 일반간부직원, 파산관재인 또는 청산인이 공고 또는 최고하여야 할 사항에 대하여 공고 또는 최고를 게을리하거나 부정한 공고 또는 최고를 한 때에는 200만원 이하의 과태료에 처한다.

③ 제1항 및 제2항의 규정에 의한 과태료는 대통령령이 정하는 바에 따라 농림부장관이 부과·징수한다.

④ 제3항의 규정에 의한 과태료처분에 불복이 있는 자는 그 처분의 고지를 받은 날부터 30일 이내에 이의를 제기할 수 있다.

⑤ 제3항의 규정에 의한 과태료처분을 받은 자가 제4항의 규정에 의하여 이의를 제기한 때에는 농림부장관은 지체없이 관할법원에 그 사실을 통보하여야 하며, 그 통보를 받은 관할법원은 비송사건절차법에 의한 과태료의 재판을 한다.

⑥ 제4항의 규정에 의한 기간내에 이의를 제기하지 아니하고 과태료를 납부하지 아니한 때에는 국세체납처분의 예에 따라 이를 징수한다.

부   칙

제1조(시행일)

① 이 법은 2000년 7월 1일부터 시행한다. 다만 제11조, 제63조제5항(제107조에서 준용하는 경우를 포함한다) 및 부칙 제3조의 규정은 공포한 날부터 시행한다.

② 제11조 및 제63조제5항(제107조에서 준용하는 경우를 포함한다)의 규정을 적용함에 있어서 2000년 6월 30일까지는 농업협동조합중앙회 및 축산업협동조합중앙회를 이 법에 의한 중앙회로, 지역농업협동조합·지역별축산업협동조합 및 부칙 제15조의 규정에 의한 조합은 이 법에 의한 조합으로 각각 본다.

제2조(폐지법률) 다음 각호의 법률은 이를 폐지한다.

1. 농업협동조합법
2. 축산업협동조합법
3. 인삼협동조합법

제3조(설립위원회의설치)

① 종전의 농업협동조합법에 의한 농업협동조합중앙회(이하 "농업협동조합중앙회"라

한다), 종전의 축산업협동조합법에 의한 축산업협동조합중앙회(이하 "축산업협동조합중앙회"라 한다) 및 종전의 인삼협동조합법에 의한 인삼협동조합중앙회(이하 "인삼협동조합중앙회"라 한다)의 해산과 중앙회의 설립에 관한 사무를 처리하기 위하여 농업인협동조합중앙회 설립위원회(이하 "설립위원회"라 한다)를 설치한다.

② 설립위원회는 농림부장관이 위촉하는 위원장을 포함한 15인 이내의 위원으로 구성하되, 농업협동조합중앙회·축산업협동조합중앙회 및 인삼협동조합중앙회의 임·직원이 포함되어야 한다.

③ 설립위원회의 위원장은 농림부차관과 제2항의 규정에 의한 위원중 농림부장관이 위촉하는 자가 된다.

④ 설립위원회는 이 법 시행일 60일전까지 중앙회의 정관을 작성하여 농림부장관의 인가를 받아야 한다.

⑤ 농림부장관이 제4항의 규정에 의하여 중앙회의 정관을 인가함에 있어서 정관사항중 신용사업에 관한 사항은 금융감독위원회의 의견을 들어야 한다.

⑥ 설립위원회는 중앙회의 설립절차를 완료한 때에는 지체없이 중앙회의 설립등기를 하여야 한다.

제4조(업무인계)

① 설립위원회는 중앙회의 설립등기를 한 때에는 지체없이 중앙회장에게 그 업무를 인계하여야 한다.

② 설립위원회의 위원은 제1항의 규정에 의한 업무인계가 끝난 때에 해촉 된 것으로 본다.

제5조(설립비용 등)

① 농업협동조합중앙회, 축산업협동조합중앙회 및 인삼협동조합중앙회의 해산비용 및 중앙회의 설립비용은 중앙회가 이를 부담한다.

② 국가는 농업협동조합중앙회, 축산업협동조합중앙회 및 인삼협동조합중앙회의 부실채권 정리와 제1항의 규정에 의한 설립비용을 지원할 수 있다.

제6조(해산의 특례) 이 법 시행과 동시에 농업협동조합중앙회, 축산업협동조합중앙회 및 인삼협동조합중앙회는 각각 해산된 것으로 본다. 이 경우 중앙회의 설립은 농업협동조합중앙회, 축산업협동조합중앙회 및 인삼협동조합중앙회의 합병으로 본다.

제7조(권리·의무의 승계)

① 중앙회는 농업협동조합중앙회, 축산업협동조합중앙회 및 인삼협동조합중앙회의 재

산과 채권·채무 기타 권리·의무(법률 제670호 농업협동조합법 부칙 제10조 내지 제13조의 규정에 의한 승계재산을 포함한다)를 포괄적으로 승계한다.

② 등기부 기타 공부에 표시된 농업협동조합중앙회, 축산업협동조합중앙회 및 인삼협동조합중앙회의 명의는 중앙회의 명의로 본다.

③ 중앙회에 승계된 재산의 가액은 이 법 시행일 전일의 장부가액으로 한다.

제8조(농업협동조합중앙회 등의 임원 등의 임기) 이 법 시행과 동시에 농업협동조합중앙회, 축산업협동조합중앙회 및 인삼협동조합중앙회의 임원·집행간부 및 대의원은 그 임기가 종료된 것으로 본다.

제9조(중앙회 임원 등의 선출·선임에 관한 특례) 이 법 시행일전이라도 이 법 및 부칙 제3조의 규정에 의하여 설립위원회가 작성하여 농림부장관의 인가를 받은 정관에 의하여 중앙회의 최초의 임원 및 대의원을 선출 또는 선임할 수 있다. 이 경우 선출 또는 선임된 임원 및 대의원의 임기는 이 법 시행일부터 기산한다.

제10조(중앙회의 직원에 관한 경과조치) 농업협동조합중앙회, 축산업협동조합중앙회 및 인삼협동조합중앙회의 직원은 각각 중앙회의 직원으로 본다.

제11조(조합 및 중앙회의 회원에 관한 경과조치)

① 이 법 시행당시 다음 표의 왼편란에 기재된 종전의 농업협동조합법에 의한 지역농업협동조합 등은 같은 표의 오른편란에 기재된 이 법에 의한 지역농업협동조합 등으로 본다.

  1. 종전의 농업협동조합법에 의한 지역농업협동조합
  1. 지역농업협동조합
  2. 종전의 축산업협동조합법에 의한 지역별축산업협동조합
  2. 지역축산업협동조합
  3. 종전의 농업협동조합법에 의한 전문농업협동조합, 종전의 축산업협동조합법에 의한 업종별축산업협동조합 및 종전의 인삼협동조합법에 의한 인삼협동조합
  3. 품목별·업종별협동조합

② 이 법 시행당시의 농업협동조합중앙회, 축산업협동조합중앙회 및 인삼협동조합중앙회의 회원은 중앙회의 회원으로 본다.

제12조(설립인가기준에 미달하는 조합에 관한 경과조치) 이 법 시행당시 설립인가기준에 미달하는 조합은 이 법 시행일부터 2년 이내에 그 인가기준을 충족하여야 한다.

제13조(조합임원에 관한 경과조치) 이 법 시행당시의 조합장은 제49조제1항제11호의 규

정에 의한 자격을 갖춘 것으로 본다.

제14조(안전기금에 관한 경과조치) 이 법 시행당시 법률 제5506호 신용협동조합법 부칙 제3조의 규정에 의하여 농업협동조합중앙회 및 축산업협동조합중앙회가 조성한 예금자 안전기금은 제141조의 규정에 의한 상호금융예금자보호기금으로 본다.

제15조(업종조합의 신용사업에 관한 경과조치) 이 법 시행당시 종전의 법률 제4819호 농업협동조합법 부칙 제6조, 종전의 법률 제4821호 축산업협동조합법 부칙 제7조 및 종전의 인삼협동조합법의 규정에 의하여 신용사업을 실시하고 있는 조합은 종전의 규정에 의한 신용사업의 범위안에서 당해 사업을 실시할 수 있다.

제16조(벌칙에 관한 경과조치) 이 법 시행전의 행위에 대한 벌칙의 적용에 있어서는 종전의 농업협동조합법, 축산업협동조합법 및 인삼협동조합법의 규정에 의한다.

제17조(다른 법률의 개정)

① 축산법중 다음과 같이 개정한다.

제26조제1항중 "축산업협동조합법에 의한 축산업협동조합중앙회(이하 "축산업협동조합중앙회"라 한다)"를 "농업인협동조합법에 의한 농업인협동조합중앙회(이하 "농업인협동조합중앙회"라 한다)로 하고, 동조제2항중 "축산업협동조합중앙회"를 "농업인협동조합중앙회"로 한다.

제27조제1항중 "축산업협동조합법"을 "농업인협동조합법"으로 한다.

제29조제1항·제2항·제4항제1호·제5항, 제40조제1항 내지 제3항, 제41조제2항 및 제3항중 "축산업협동조합중앙회"를 "농업인협동조합중앙회"로 한다.

법률 제5720호 부칙 제3조제2항중 "축산업협동조합법에 의하여 설립된 지역별·업종별 축산업협동조합 및 축산업협동조합중앙회"를 "농업인협동조합법에 의하여 설립된 지역축산업협동조합, 품목별·업종별협동조합 및 농업인협동조합중앙회"로 한다.

② 낙농진흥법중 다음과 같이 개정한다.

제2조제5호중 "축산업협동조합법"을 "농업인협동조합법"으로 한다.

제5조제2항중 "축산업협동조합중앙회(이하 "축협중앙회"라 한다)"를 "농업인협동조합중앙회(이하 "중앙회"라 한다)"로 한다.

제18조제2항중 "축협중앙회"를 "중앙회"로 한다.

③ 은행법중 다음과 같이 개정한다.

제5조를 다음과 같이 한다.

제5조(농업인협동조합중앙회등에 대한 특례) 농업인협동조합중앙회, 수산업협동조

합중앙회 및 그 회원인 수산업협동조합의 신용사업부문은 이를 하나의 금융기관으로 본다.
④ 한국은행법중 다음과 같이 개정한다.
 제11조제2항을 다음과 같이 한다.
  ② 농업인협동조합중앙회, 수산업협동조합중앙회 및 그 회원인 수산업협동조합의 신용사업부문은 이를 하나의 금융기관으로 본다.
⑤ 금융감독기구의설치등에관한법률중 다음과 같이 개정한다.
 제38조제11호를 다음과 같이 하고, 동조제13호를 삭제한다.
 11. 농업인협동조합법에 의한 농업인협동조합중앙회의 신용사업부문
⑥ 예금자보호법중 다음과 같이 개정한다.
 제2조제1호마목을 다음과 같이 하고, 동조동호사목을 삭제한다.
 마. 농업인협동조합법에 의한 농업인협동조합중앙회
⑦ 신용협동조합법중 다음과 같이 개정한다.
 제95조제1항제1호를 다음과 같이 하고, 동항제3호 및 제5호를 각각 삭제하며, 동조 제4항중 "제78조 및 제83조"를 "제78조, 제83조 및 제84조"로 한다.
 1. 농업인협동조합법에 의하여 설립된 지역농업협동조합과 지역축산업협동조합(동법 부칙 제15조의 규정에 의하여 신용사업을 실시하는 조합을 포함한다)
 법률 제5506호 신용협동조합법 부칙 제3조중 "농업협동조합중앙회, 수산업협동조합중앙회, 축산업협동조합중앙회, 임업협동조합중앙회 및 인삼협동조합중앙회"를 "수산업협동조합중앙회 및 임업협동조합중앙회"로 한다.
⑧ 기금관이기본법중 다음과 같이 개정한다.
 별표에 제126호를 다음과 같이 신설한다.
 126. 농업인협동조합법

제18조(다른 법률의 개정에 따른 경과조치) 이 법 시행당시 예금자보호법 제30조의 규정에 의하여 농업협동조합중앙회 및 축산업협동조합중앙회가 예금보험공사에 납부한 보험료는 중앙회가 이를 납부한 것으로 본다.

제19조(다른 법령과의 관계)
 ① 이 법 시행당시 다른 법령에서 농업협동조합법, 축산업협동조합법 및 인삼협동조합법을 인용한 경우 이 법중 그에 해당하는 규정이 있는 때에는 이 법 또는 이 법의 해당 규정을 인용한 것으로 본다.

② 이 법 시행당시 다른 법령에서 종전의 농업협동조합법, 축산업협동조합법 및 인삼협동조합법에 의한 조합과 그 중앙회를 인용한 경우 이 법에 의한 조합과 중앙회를 인용한 것으로 본다.

■ 부록 ②/1950~60년대 협동조합 운동 연표

1950~60년대 협동조합 운동 연표

1945.
11. 동양척식주식회사를 신한공사로 신발족
    금련 재발족. 초대 회장에 미군정 재무장
    관 랜드리씨 겸임

1946.
3. 북한, 토지개혁을 단행
4. 금련, 해방 후 처음으로 임시총회 개최
5. 북한, 금융조합 농민은행에 흡수를 단행
6. 전국 금융조합이사협의회 개최(해방 후
   제1회 중앙대회)
7. 금련, 회장 경질. 최초의 한국인 회장으
   로 배의환씨 재무부에서 겸임으로 취임
8. 금련, 대중지《협동》창간
11. 미국에서 비료 수입, 농회가 배급업무
    담당

1947.
6. 금융조합의 일체의 감독권 연합회에 이관
   금융조합 출자증액운동 전개
9. 군정 이양으로 겸임 회장은 퇴임하고 연
   합회 전임회장 최태욱씨 취임. 부회장제
   신설, 하상룡씨 취임
12. 북한, 화폐개혁 실시를 단행

1948.
1. 조선농회 기구개혁에 관한 법령 공포

4. 정부, 통제물자 사무 중앙물자행정처로
   이관. 금련 일원화 취급키로 결정. 대행
   계약 체결
5. 10일 남한, 처음으로 총선거 실시
   31일 국회 개원
7. 17일 헌법 공포
8. 15일 대한민국 정부 수립. 초대 농림장관
   조봉암씨 취임(~1949.2.22)
9. 제헌국회서 이승만대통령 협동조합 고려
   한다고 발표
10. 금련, 금융조합을 협동조합으로 개혁 재
    출발할 것을 정부 당국에 건의
11. 농업기술원 신설
    24일 농림부 4종사업 겸영의 농업협동조
    합법을 작성하여 국무회의에 제출하였으
    나 유보됨

1949.
2. 기획처, 농협법안 경제위원회에 자문
   23일 2대 농림장관 이종현씨 취임
   (~1950.1.21)
4. 기획처에서 위의 농림부안 다시 국무회의
   를 거침
5. 일반협동조합법 제정 결정
   (정부안으로 국회 회부)
   비료취급대행기관 금련으로 결정
6. 21일, 농지개혁법 공포

7. 금련 회장 이순택씨 취임
9. 비료배합공장 인천에 설치
10. 비료업무 완전 이관. 대한식량공사 해체. 식량업무를 금련에 이양토록 대통령 특명(11월에 인계완료)
11. 금융조합연합회, 대한금융조합연합회로 개칭
    금련, 양곡매상개시
12. 대통령 "농회를 농민총연맹에 인계하라" 유시
    고공품 취급업무 금련에 대행 지시
    대한농회, 농민회로 개편

1950.
1. 금련, 운수업무 개시
   21일, 3대 농림장관 운영선씨 취임 (~1950.11.23)
2. 금련 회장 하상룡씨 취임
4. 대한(중앙)농민회 발족
6. 한국은행 발족
   25일, 북한 남침
9. 28일, 정부 환도
10. 한국은행에 '임시부흥본부' 설치
11. 23일, 4대 농림장관 공진항씨 취임(~1951.5.7)

1951.
1. 4일 후퇴, 부산에 임시수도 설치
3. 14일, 서울 탈환
4. 대한농회 해산
5. 7일, 5대 임문항 농림장관 취임 (~1952.3.6)
7. 대한농총, 협동조합조직추진위원회 결성

9. 국회, 농림분과위원회 농협법 성안 발표
10. 한국농민회의 창립

1952.
3. 6일, 제6대 농림장관에 함인섭씨 취임 (~1952.8.29)
8. 29일, 제7대 농림장관에 신중목씨 취임 (~1953.9.10)
11. 금련, 부회장에 채규항씨 취임
    농협법안 3개안 만들어짐(국회농림위원회,농총,협동조합운동사 등)
12. 대한농총, 농민회로 발족
    농총계 대한농협중앙연합회 창립총회 개최

1953.
3. 이대통령 농민회 성격에 대해 유시
   농림부, 농업지도요원 운용요강 제정
   농림부, 농업(실행)협동조합 조직지도요강 제정
4. 농민회 주도권 문제 극심화
   금련, 금융조합 식산계 신발족을 위해 식산계 운영요강 제정
7. 농림부, 한국은행과 공동으로 농가경제실태조사 착수
8. 27일, 판문점 휴전협정 조인
   M·S·A 해체에 따른 FOA 원조개시
9. 경제부흥 5개년계획 발표
   금련, 배민수 회장 취임
10. 김홍범 부회장 취임
    금련, 금융조합사상 최초로 전국금융조합장대회 개최(활동기구로서 전국금융조합동우회 발족)

10. 7일 제8대 농림장관에 양승봉씨 취임
11. 이대통령, "금융조합 및 연합회 명칭을 '대한산업조합'으로 개칭하여 종전과 같이 농촌금융을 위하여 힘써라"는 유시내림(개칭 않음)

1954.
1. 23일, 가축보호법 시행(축산동업조합 환원)
2. 농림부, 임시농업교도원 양성소 설치
   농협법안 국회농림위 통과
4. 한국식산은행 개편 한국산업은행 발족
   사단법인 농업교도사업연구회 발족
   금련, 제1회 농촌지도자 모집 제1회 농촌지도자 강습회 개최
5. UNKRA와의 경제원조계획에 관한 협약 조인
   제3대 민의원 총선거 실시(이기붕씨 등장)
   제9대 농림장관 추천함 통해 윤건중씨 취임(~1954.6.30)
   이대통령, '민간기성단체가 있음에도 불구하고 다른 단체를 만들어서 파당을 만들지 말라' 유시. 또한 이대통령은 농업협동조합에 대한 법률적 해결책을 법무부장관에게 물었다. 법무부장관은 금융조합측과 상의하여 금융조합을 산업조합으로 개정함이 가능하다는 답을 하였다. 이로 인하여 금융조합을 토대로 하는 산업조합법이 성안되어 국회에 제출되었으나 대한농민회의 반대 등으로써 성립되지 못하였다.

6. 금련, 식산계 부흥사업 전개방침 천명
   (지도식산계 설치운영 착수)
   제10대 농림장관 최규각씨 취임
8. 산업조합법안 국무회의 통과
   (이대통령 국회 회부 않음)
11. 자유경제원칙 개헌 공포

1955.
1. 금련, 식산계 지도직원 강습회 개최
2. 제11대 농림장관 임철호씨 취임(불신임 당함,~1955.8.30)
3. 금련, 농사자금 식산계 통한 집단융자방식으로 변경 실시
   집권당인 자유당 전당대회에서 농협 조속 추진을 결의 성안함
6. 미 잉여농산물 원조 협정 조인
   제3대 국회가 성립되자 국회 농림 재경 양분과위원회에서 협동조합제도를 빨리 처리할 것을 상의하였으나 의견이 상충되고 결국 농림위원회는 금융조합연합회를 중앙금고로 개편하는 농업협동조합법을 성안하였으며, 재정경제위원회는 금련을 농업은행으로 개편하는 농업은행법과 판매 구매 이용의 세 가지 사업만을 영위하는 협동조합법을 작성하여 각각 법사위에 제출하였으나 근본방침을 결정하지 못하였다.
7. 축산동업조합 가축매매중개업무 담당
8. 제12대 농림장관 정락훈씨 취임
   (~1955.11.1)
   '존슨' 씨 내한 1개월간 각 기관과 절충하여 지방농촌을 답사

10. 국무회의, 비료·양곡조작업무 정부직영
    으로 결정
    금련, 총회·전국금융조합장대회 열어
    정부 직영 성토
    '존슨'씨 건의안 제출로 농업은행 설립
    기운 성숙
    이대통령 농업은행 설립촉진 유시 내림
    농민회, 농은의 기본성격을 '농협의 중
    앙금고화하라' 촉구 성명
10. 13 금련회장에 김진형씨 취임
11. 14 국회 본회의, 양곡비료업무 정부직영
    반대결의
    금련, 정부양곡조작업무 반상 이관 실시
11. 17 제13대 농림장관 정운갑씨 취임
    (~1957.6.17)

1956.
 2. 농협법 '쿠퍼안' 한미간 협의 위해 회합
    금련, 비료조작업무 정부에 반상 이관,
    외자청에 관장 결정, 이와 함께 고공품
    대행업무도 중지됨
    비료조작업무 정부직영을 미측에서 이의
    제기
    외자청 비료수송대행기관으로 조운 결정
 3. 국무회의, (주)농업은행 설립요강 결정
    국회 재경위, 농업은행의 일반은행화 반
    대
    이대통령, 일반은행법에 의한 농업은행
    설립은 잠정적 조치라고 천명
    정부 부흥 5개년 계획 공표
    (총소요자금으로 23억불을 계상)
    미공법(PL) 480호에 의한 미잉여 농산
    물 원조개시

29일 농업은행 설립안 대통령 재가(자본
금 30억환)
30일 금련, 임시총회 개최, 농은 주식 인
수 및 업무이양 한계 등 결의
 4. 3일 금융조합장 회의 개최, 10명의 농은
    설립발기인 선출, 금융조합 및 연합회 해
    산문제 토의
    4일 제1차 농업은행 설립 발기인회에서
    농업은행 정관 결정
    재무장관 서민금융기관 설립을 시사
    6일 농은 설립발기인회, 농은 설립인가
    신청서 제출
    금융통화위원회 '서민금융요강' 제정
    11일 농은 설립발기인회, 농은역원 10명
    선출
    21일 농은 역원 10명 대통령 재가, 농은
    행장에 김진형씨 결정(연합회장 겸임),
    발기인회 개최
 5. 1일 주식회사 농업은행 발족, 금융조합
    및 연합회 업무 농은에 이양
    농업은행에 금융조합 및 연합회 직무처
    리를 위하여 관리부 설치
    경제부흥5개년계획 새로 수립할 것을 당
    국 언명
 7. 31일 금련 업무 농은에 추가 이양
11. 가축공제규정 농림부령으로 공포
    농림부, 개간 및 개척사업 5개년계획 수
    립
12. 농은행장겸 금련회장 경질, 박주희씨 취
    임
    농림부 비료의 일선배급 및 대금 징수업
    무를 읍면으로부터 다시 농은에 이관

1957.
1. 농은 및 농협 양법안 국회본회의 상정
2. 14일 농업은행법(법률제437호), 농업협동조합법(법률제436호) 공포. 금융조합 법적으로 폐지
   농사교도법 공포
4. 농은법 시행령 및 농협법 시행령 공포
6. 17 제14대 농림장관 정재설씨 취임
   (~1959.3.20)
8. 국무회의 추곡정부매상 중지 및 구호양곡 폐지를 결의
   정부 농약 관리법 공포
9. 주식회사 농업은행 기구개혁으로 금련사무국 설치
10. 금통위 추곡담보융자안 결의
11. FAO 한국협회 창립총회 개최

1958.
1. 나주비료공장 건설계약체결 서독 루루기 회사와 체결
2. 농은법 중 개정 법률안 국회에서 통과.
   농협법 중 개정법률안도 통과
3. 농은법 시행령중 개정의 건을 대통령령 제1353호로 공포
   농은 설립위, 개정농협법에 따른 농은 정관심의 통과, 자본금 제1회 불입 완료로 농은 설립
   정부 윤영선, 김교철, 김홍범, 윤여중 등을 농은 운영위원회 임명. 대통령은 박주희씨를 농은총재로 임명
   재무부, 산업은행 취급중인 수리자금 농은에 이양토록 지시
4. 특수법에 의한 농업은행 발족

5. 농협중앙회 창립총회 개최. 회장에 공진항씨 취임
   재무·농림관계 실무자회의 농어촌고리채정리법안을 성안
6. 농은, 농가경제조사 및 미곡생산비 조사 착수
   농은과 산은간 수리자금 이관에 관한 조인 완료
8. 농사원, 수도 이모작 시험재배에 성공
9. 농은 운영위 농은 융자 준칙 제정
   미곡 수출조합 64개사 가입아래 발족
11. 농림부, 대한농회 재산 일체를 농협중앙회에 인도

1959.
3. 농은 현행서민금융요강의 개정안을 한은에 제의
   21일 제15대 농림장관 이근직씨 취임
   (~1960.5.2)
6. 도입비료 업무취급은 1960비료년도부터, 고공품 업무는 1960미곡년도부터 농협에 이관한다는 원칙 결정
9. 농은 운영위, 농은 융자 준칙을 개정
10. 미곡수출협의회 창립총회 개최
12. 농은 운영위, 귀재적립금농업자금융자요 강을 제정
    국회 재경위, 농업금융채권 및 산업금융채권 발행에 동의

1960.
1. 농은 운영위, 제1회 농업금융채권발행요강 통과

농은 운영위, 농어촌고리채정리자금 요강 수정 통과, 금리 연1할2분
2. 부흥부 외자청 간에 관수비료 구매 및 조작업무를 농협에 이관키로 원칙적 합의
3. 농은, 26,028만 환을 재원으로 한 이동조합 공동이용시설자금 융자취급요강 제정
   농림부, 종전의 식목일(4월5일)을 폐지하고 3월15일을 '사방의 날'로 제정
4. 농림부, 농협의 관수비료 취급을 위한 준비위원회 구성
5. 국무회의, 미담융자회수금 115억환을 회수하여 농업협동신용기금으로 설정, 이를 영농자금으로 방출결의
   2일 제16대 농림장관 이해익씨 취임 (~1960.8.23)
6. 재무부 관수비료수입세 과세기준을 불당 800환으로 인상결정
8. 23일 제17대 농림장관 박제한씨 취임 (~1961.51.6)

1961.
1. 1일 농림부, 농협중앙회에 대한 일체의 업무정치처분을 통고
5. 16일 혁명 발발, 농어촌고리채 정리령 공포
6. 최고회의, 농업협동조합과 농업은행의 통합을 결정하고 이를 농림부장관에게 지시
   농협·농은 통합위, 통합처리위원회규정과 통합추진계획을 심의 통과
7. 정부, 법률 제641호로 중소기업은행법 공포

정부, 대한금련 및 금융조합의 청산재산 처리에 관한 특별조치법을 공포
28일 정부, 농업협동조합법 공포(법률 제670호)
8. 농림부, 농협재무기준 공표
1일 중소기업은행 개업
15일 종합농협 발족

농협 이야기만 나오면 나도 목이 메인다

초판인쇄 · 1999년 6월 15일
초판발행 · 1999년 6월 21일

지은이 · 권갑하
펴낸이 · 최정헌
펴낸곳 · 좋은날
주소 · 서울시 서대문구 충정로 3가 8-5호 동아 아트 1층
전화번호 · 392-2588~9
팩시밀리 · 313-0104

등록일자 · 1995년 12월 9일
등록번호 · 제 13-444호

값은 표지 뒷면에 있습니다.
ISBN 89-86894-28-9 03800
*잘못된 책은 바꿔 드립니다.
*저자와의 협의에 의해 인지를 생략합니다.